云计算与大数据

张运香　黄丽霞　王崇　主编

北京出版集团
北京出版社

图书在版编目（CIP）数据

云计算与大数据 / 张运香，黄丽霞，王崇主编. —
北京 ：北京出版社，2024.1
ISBN 978-7-200-16369-8

Ⅰ. ①云… Ⅱ. ①张… ②黄… ③王… Ⅲ. ①云计算
Ⅳ. ①TP393.027

中国版本图书馆CIP数据核字(2022)第007828号

云计算与大数据
YUNJISUAN YU DASHUJU

张运香　黄丽霞　王崇　主编

出　版　北京出版集团
　　　　北京出版社
地　址　北京北三环中路6号
邮　编　100120
网　址　www.bph.com.cn
总发行　北京出版集团
经　销　新华书店
印　刷　三河市天润建兴印务有限公司
开　本　787毫米×1092毫米　16开本
印　张　20
字　数　390千字
版印次　2024年1月第1版　2024年1月第1次印刷
书　号　ISBN 978-7-200-16369-8
定　价　68.00元
质量监督电话　010-58572697，58572393
如有印装质量问题，由本社负责调换

前　言

现在是一个高速发展的社会，科技发达，信息流通，人们之间的交流越来越密切，生活也越来越方便，大数据就是这个高科技时代的产物。云计算（cloud computing）是基于互联网的相关服务的增加、使用和交付模式，通常涉及通过互联网来提供动态易扩展且经常是虚拟化的资源。大数据时代已经来临，它将在众多领域掀起变革的巨浪。但我们要冷静地看到，大数据的核心在于为客户挖掘数据中蕴藏的价值，而不是软硬件的堆砌。因此，针对不同领域的大数据应用模式、商业模式研究将是大数据产业健康发展的关键。我们相信，在国家的统筹规划与支持下，通过各地方政府因地制宜制定大数据产业发展策略，通过国内外 IT 龙头企业以及众多创新企业的积极参与，大数据产业未来发展前景十分广阔。

全书从大数据由来、挖掘、应用、技术，安全等不同的角度为读者展示了一个较为全面的、完整的大数据。分析了行业共性业务需求和个性业务需求，并且详细阐述了满足这些业务需求的大数据的技术，探讨了大数据下的商业智能技术和现有技术架构的整合，介绍大数据处理、存储的方法与技术，研究了大数据挖掘方法及实践案例，介绍了大数据可视化工具。

本书共十四章，从概念到应用，由浅入深，全面深入地探析了基于云计算的大数据处理技术。结合云计算技术对大数据架构进行分析，并对大数据的发展和应用进行探索，根据大数据的巨量分析，进一步对机器学习和数据挖掘等领域进行研究，结合实际应用，从而让读者更好地了解云计算与大数据研究，对未来有更高的期待。由于编者水平有限，书中难免有不当的地方，恳请同行专家和广大读者朋友不吝赐教。

本书由佳木斯大学信息电子技术学院张运香、湖南应用技术学院黄丽霞、海南软件职业技术学院王崇担任主编。其中张运香负责第一章至第六章的编写（共计 15 万字），黄丽霞负责第七章至第十章的编写（共计 15 万字），王崇负责第十一章至第十四章的编写（共计 9 万字）。张运香负责全书的统稿和修改。

目 录

第一章 云计算与大数据概述

本章简要介绍了云计算的历史及其商业和技术驱动力，其次介绍了大数据时代背景、大数据基本概念、大数据系统以及大数据与企业等方面，最后介绍了云计算与大数据的应用发展。本章很清晰地解释了有关的定义。

第一节 云计算基础知识

一、云计算术语

本小节主要阐述一组基础术语，这些术语代表了云及其最基本部件的基本概念和特点。

（一）什么是云

云（cloud）是指一个独特的 IT 环境，其设计目的是为远程供给可扩展和可测量的 IT 资源，这个术语原来用于比喻 Internet，意为 Internet 在本质上是由网络构成的网络，用于对一组分散的 IT 资源进行远程访问。在云计算正式成为 IT 产业的一部分之前，云符号作为 Internet 的代表，出现在各种基于 Web 架构的规范和主流文献中。

区分术语云、云符号与 Internet 是非常重要的。作为远程供给 IT 资源的特殊环境，云具有有限的边界。通过 Internet 可以访问到许多单个的云。Internet 提供了对多种 Web 资源的开放接入，与之相比，云通常是私有的，而且对提供的 IT 资源的访问也是需要计量的。

Internet 主要提供了对基于内容的 IT 资源的访问，这些资源是通过互联网发布的。而对于由云环境提供的 IT 资源来说，主要提供的是后端处理能力和对这些能力进行基于用户的访问。另一个关键区别在于，虽然云通常是基于 Internet 协议和技术的，但是它并非必须基于 Web。这里的协议是指一些标准和方法，它们使得计算机能以预先定义好的结构化方式相互通信，而云可以基于任何允许远程访问其 IT 资源的协议。

（二）IT 资源

IT 资源（IT resource）是指一个与 IT 相关的物理的或虚拟的事物，它既可以是基于软件的（比如虚拟服务器或定制软件程序），也可以是基于硬件的（比如物理服务器或网络设备）。

（三）企业内部的

作为一个独特且可以远程访问的环境，云代表了 IT 资源的一种部署方法。处于一个组织边界（并不特指云）中的传统 IT 企业内部承载的 IT 资源被认为是位于 IT 企业内部的，简称为内部的（on-premise）。换句话说，术语"内部的"是指"在一个不基于云的可控的 IT 环境内部的"，它和"基于云的"是对等的，用来对 IT 资源进行限制。一个内部的 IT 资源不可能是基于云的，反之亦然。

其有三点需要注意：

①一个内部的 IT 资源可以访问一个基于云的 IT 资源，并与之交互。

②一个内部的 IT 资源可以被迁移到云中，从而成为一个基于云的 IT 资源。

③IT 资源既可以冗余部署在内部的环境中，也可以在云环境中。

二、云计算的特点

为了理解云计算这个概念，只了解一些简单的定义是不够的，我们还需要利用云计算技术的特点来判断一个技术是否是云计算技术。与传统的资源提供方向相比，云计算具有以下特点。

（一）资源池弹性可扩张

云计算系统的一个重要特征就是资源的集中管理和输出，这就是所谓的资源池。从资源低效率的分散使用到资源高效的集约化使用正是云计算的基本特征之一。分散的资源使用方法造成了资源的极大浪费，现在每个人都可能有一至两台自己的计算机，但对这种资源的利用率却非常的低，计算机在大量时间都是在等待状态或是在处理文字数据等低负荷的任务。资源集中起来后资源的利用效率会大大地提高，随着资源需求的不断提高，资源池的弹性化扩张能力成为云计算系统的一个基本要求，云计算系统只有具备了资源的弹性化扩张能力才能有效地应对不断增长的资源需求。大多数云计算系统都能较为方便地实现新资源的加入。

（二）按需提供资源服务

云计算系统带给客户最重要的好处就是敏捷地适应用户对资源不断变化的需求，云计算系统实现按需向用户提供资源能大大节省用户的硬件资源开支，用户不用自己购买并维护大量固定的硬件资源，只需支付自己实际消费的资源量。按需提供资源服务使应用开发者在逻辑上可以认为资源池的大小是不受限制的，这就使应用软件的开发者，拥有了更大的想象空间和创新空间，更多的有趣应用将在云计算时代被创造出来，应用开发者的主要精力只需要集中在自己的应用上。

（三）虚拟化

现有的云计算平台的重要特点是利用软件来实现硬件资源的虚拟化管理、调度及应用。用户通过虚拟平台使用网络资源、计算资源、数据库资源、硬件资源、存储资源等，与在自己的本地计算机上使用的感觉是一样的，相当于是在操作自己的计算机，而在云计算中利用虚拟化技术可大大降低维护成本和提高资源的利用率。

(四）网络化的资源接入

从最终用户的角度看，基于云计算系统的应用服务通常都是通过网络来提供的，应用开发者将云计算中心的计算、存储等资源封装为不同的应用后往往会通过网络提供给最终的用户。云计算技术必须实现资源的网络化接入才能有效地向应用开发者和最终用户提供资源服务。这就像有了发电厂必须还要有输电线才能将电传送给用户。所以网络技术的发展是推动云计算技术出现的首要动力。目前一些企业将网络化的软件和硬件都称为云计算，就是因为网络化的资源接入方式是从最终用户角度能看到的云计算的重要特征之一，这些产品的称呼不一定准确但却是对云计算特征的反映。

(五）高可靠性和安全性

用户数据存储在服务器端，而应用程序在服务器端运行，计算则是由服务器端来处理。所有的服务分布在不同的服务器上，如果什么地方（节点）出问题就在什么地方终止它，另外再启动一个程序或节点，即自动处理失败节点，从而保证了应用和计算的正常进行。数据被复制到多个服务器节点上有多个副本（备份），存储在云里的数据即使遇到意外删除或硬件崩溃也不会受到影响。

第二节 大数据技术基础知识

在这个日新月异发展的社会中，人们发现未知领域的规律主要依赖抽样数据、局部数据和片面数据，甚至无法获得真实数据时只能纯粹依赖经验、理论、假设和价值观去认识世界。因此，人们对世界的认识往往是表面的、肤浅的、简单的、扭曲的或者是无知的。然而大数据时代的来临使人类拥有更多的机会和条件在各个领域更深入地获得和使用全面数据、完整数据和系统数据，深入探索现实世界的规律。大数据的出现可帮助商家了解用户、锁定资源、规划生产、做好运营及开展服务。

一、大数据简介

中国拥有庞大的人口数量和应用市场，其复杂性高并且充满变化，从而成为世界上拥有最复杂的大数据的国家。解决这种由大规模数据引发的问题，探索以大数据为基础的解决方案，是中国产业升级、效率提高的重要手段。因此，解决大数据这一问题不仅提高公司的竞争力，也会提高国家竞争力。

(一）大数据的数据源

近年来，随着信息技术的发展，我国在各个领域产生了海量数据，主要分布如下：
①以 BAT 为代表的互联网公司。
②电信、金融与保险、电力与石化系统。
③公共安全、医疗、交通领域。
④气象与地理、政务与教育等领域。

⑤其他行业。

（二）大数据的价值和影响

大数据的应用很广泛，解决了大量的日常问题。大数据将重塑人们的生活、工作和思维方式，比其他时代创新引起的社会信息范围和规模急剧扩大所带来的影响更大。大数据需要人们重新讨论决策、命运和正义的性质。人们的世界观正受到大数据优势的挑战，拥有大数据不但意味着掌握过去，更意味着能够预测未来。因此，大数据给人们带来了巨大的价值和影响。

①全面分析来自渠道的反馈、社会传媒等多源信息，让每个个体全面了解、洞察客户信息。

②提升企业的资源管理。利用实时数据实现预测性维护，并减少故障，推动产品和服务开发。

③数据深度利用。梳理结构化、非结构化、海量历史/实时、地理信息四类数据资源，以企业核心业务及应用为主线实现四类数据资源的关联利用。

④风险及时感知和控制。通过全面数据分析改进风险模型，结合交易流数据实时捕获风险，及时有效地控制风险。

⑤辅助智能决策。实时分析所有的运营数据和效果反馈，优化运营流程。利用投资回报率最大限度地减少信息技术成本。

⑥更快和更大规模的产品创新。多源捕获市场反馈，利用海量市场数据和研究数据来快速驱动创新。

（三）大数据技术应用场景

当前，大数据技术的应用涉及各个行业领域。

1. 大数据在金融行业的应用

近年来，随着"互联网金融"概念的兴起，催生了一大批金融、类金融机构转型或布局的服务需求，相关产业服务应运而生。而随着互联网金融向纵深发展，行业竞争日趋白热化，金融、类金融机构在其中的短板日益凸显。为了更好地获得最佳商机，金融行业也步入了大数据时代。

2. 大数据在政府的应用

为充分运用大数据的先进理念、技术和资源，加强对我国各地市场主体的服务和监管，推进简政放权和政府职能转变，提高政府治理能力，我国一些省市运用大数据加强对市场主体服务和监管的实施方案已然出炉。

3. 大数据在医疗健康的应用

随着医疗卫生信息化建设进程的不断加快，医疗数据的类型和规模也在以前所未有的速度迅猛增长，甚至产生了无法利用目前主流软件工具的现象。这些医疗数据能帮助医院在合理的时间内撷取、管理信息并整合成为能够帮助医院进行更积极的经营决策的有用信息。这些具有特殊性、复杂性的庞大的医疗大数据，仅靠个人甚至个别机构来进行搜索，那根本是不可能完成的。

4. 大数据在宏观经济管理领域的应用

IBM 日本分公司建立了一个经济指标预测系统，它从互联网新闻中搜索出能影响制造业的 480 项经济数据，再利用这些数据进行预测，准确度相当高。

印第安纳大学学者利用 Google 提供的心情分析工具，根据用户近千万条短信、微博留言预测琼斯工业指数，准确率高达 87%。

淘宝网建立了"淘宝 CPI"，通过采集、编制淘宝网上 390 个类目的热门商品价格来统计 CPI，预测某个时间段的经济走势。

5. 大数据在农业领域的应用

Climate 公司从美国气象局等部门数据库中获得几十年的天气数据，将各地的降雨、气温和土壤状况及历年农作物产量做成紧凑的图表，从而能够预测美国任一农场下一年的产量。农场主可以去该公司咨询明年种什么能卖出去、能赚钱，如果公司说错了就由该公司负责赔偿，赔偿金额比保险公司还要高。

6. 大数据在商业领域的应用

沃尔玛基于每个月的网络购物数据，并结合社交网络上有关产品的大众评分开发了机器学习语义搜索引擎"北极星"，方便购物者浏览，在线购物者数量因此增加 10% ~ 15%，销售额增加很多。

沃尔玛通过手机定位，可以分析顾客在货柜前停留时间的长短，从而判断顾客对什么商品感兴趣。

不仅仅是通过手机定位，实际上美国有的超市在购物推车上也安装了位置传感器，根据顾客在不同货物前停留时间的长短来分析顾客可能的购物行为。

在淘宝网上买东西时，消费者会在阿里的广告交易平台上留下记录，阿里不仅从交易记录平台把消费记录拿来供自己使用，还会把消费记录卖给其他商家。

7. 大数据在银行的应用

在信用卡服务方面，银行首先利用移动互联网技术的定位功能确定商圈；其次利用用户活动轨迹追踪，确定高价值商业圈设计业务；最后利用大数据进行客户需求的体验分析，既包括客户的需要，也包括客户的体验，得出用户体验的 LIKE 曲线。

二、大数据基本概念

(一) 大数据定义

①大数据并没有明确的界限，它的标准是可变的。大数据在今天的不同行业中的范围可以从几十太字节 (TB) 到几拍字节 (PB)；但在 20 多年前 1GB 的数据已然是大数据了。可见，随着计算机软硬件技术的发展，符合大数据标准的数据集容量也会增长。

②大数据不仅仅大，它还包含了数据集规模已经超过了传统数据库软件获取、存储、分析和管理能力的意思。

（二）大数据结构类型

当今企业存储的数据不仅仅是内容多，而且结构已发生了极大改变，不再仅仅是以二维表的规范结构存储。大量的数据来自非结构化的数据类型（半结构化数据、准结构化数据或非结构化数据），如办公文档、文本、图片、XML、HTML、各类报表、图片、音频和视频等，并且这些数据在企业的所有数据中是大量且增长迅速的。企业80%的数据来自不是结构化的数据类型，结构化数据仅有20%。全球结构化数据增长速度约为32%，而非结构化的数据类型增速高达63%。

①结构化数据：包括预定义的数据类型、格式和结构的数据，例如关系型数据库中的数据。

②半结构化数据：具有可识别的模式并可以解析的文本数据文件，例如自描述和具有定义模式的XML数据文件。

③准结构化数据：具有不规则数据格式的文本数据，使用工具可以使之格式化，例如包含不一致的数据值和格式化的网站点击数据。

④非结构化数据：没有固定结构的数据，通常保存为不同类型的文件，例如文本文档、图片、音频和视频。

（三）大数据核心特征

业界通常用4个V，即Volume（数据量大）、Variety（类型繁多）、Value（价值密度低）、Velocity（速度快，时效高）来概括大数据的特征。

1. 数据量大

如今存储数据的数量正在急速增长，人们深陷在数据之中。人们存储的数据包括环境数据、财务数据、医疗数据、监控数据等。有关数据量的对话已从太字节（TB）级别转向拍字节（PB）级别，并且不可避免地转向泽字节（ZB）级别。现在经常听到一些企业使用存储集群来保存拍字节（PB）级别的数据。随着可供企业使用的数据量不断增长，可处理、理解和分析的数据比例却不断下降。

2. 类型繁多

与大数据现象有关的数据量为尝试处理其数据中心带来了新的挑战。随着传感器、智能设备以及社交协作技术的激增，企业中的数据也变得更加复杂，因为它不仅包含传统的关系数据，还包括来自网页、互联网日志文件（包括点击流量数据）、音频、视频、图片、电子邮件、文档、地理位置信息、主动和被动的传感器数据等原始、半结构化和非结构化数据，这些多类型的数据对数据的处理能力提出了更高要求。

3. 价值密度低

价值密度的高低与数据总量的大小成反比。以视频为例，一部1小时的视频，在连续不断的监控中，用数据可能仅有一二秒。如何通过强大的机器算法更迅速地完成数据的价值"提纯"成为目前大数据背景下亟待解决的难题。

4. 速度快、时效高

速度快、时效高是大数据区分于传统数据挖掘的最显著特征。根据IDC的"数字宇宙"的报告，预计到2022年，全球数据使用量将达到35.2ZB，在如此海量的数据面前，处理数据的效率就是企业的生命。

（四）大数据技术

大数据处理的关键技术一般包括：大数据采集、大数据预处理、大数据存储及管理、大数据分析及挖掘、大数据展现和应用。

1. 大数据采集技术

数据是指通过 RFID 射频数据、传感器数据、社交网络交互数据及移动互联网数据等方式获得的各种类型的结构化、半结构化（或称之为弱结构化）及非结构化的海量数据，是大数据知识服务模型的根本。重点要突破分布式高速高可靠数据爬取或采集、高速数据全映象等大数据收集技术；突破高速数据解析、转换与装载等大数据整合技术；设计质量评估模型，开发数据质量技术。

大数据采集一般分为大数据智能感知层和基础支撑层。智能感知层主要包括数据传感体系、网络通信体系、传感适配体系、智能识别体系及软硬件资源接入系统，实现对结构化、半结构化、非结构化的海量数据的智能化识别、定位、跟踪、接入、传输、信号转换、监控、初步处理和管理等，必须着重攻克针对大数据源的智能识别、感知、适配、传输、接入等技术。基础支撑层提供大数据服务平台所需的虚拟服务器，结构化、半结构化及非结构化数据的数据库及物联网络资源等基础支撑环境。重点攻克分布式虚拟存储技术，大数据获取、存储、组织、分析和决策操作的可视化接口技术，大数据的网络传输与压缩技术，大数据隐私保护技术等。

2. 大数据预处理技术

大数据预处理主要完成对已接收数据的辨析、抽取、清洗等操作。

①抽取。因获取的数据可能具有多种结构和类型，数据抽取过程可以帮助我们将这些复杂的数据转化为单一的或者便于处理的构型，以达到快速分析处理的目的。

②清洗。大数据并不全是有价值的，有些数据并不是人们所关心的内容，而另一些数据则是完全错误的干扰项，因此要对数据通过过滤、去噪等方法提取出有效数据。

3. 大数据存储及管理技术

大数据存储与管理要用存储器把采集到的数据存储起来，建立相应的数据库，并进行管理和调用，重点解决复杂结构化、半结构化和非结构化大数据管理与处理技术，主要解决大数据的可存储、可表示、可处理、可靠性及有效传输等几个关键问题。

①开发新型数据库技术。数据库分为关系型数据库、非关系型数据库以及数据库缓存系统。其中，非关系型数据库主要指的是 NoSQL 数据库，分为键值数据库、列存数据库、图存数据库以及文档数据库等类型。关系型数据库包含了传统关系数据库系统和 NewSQL 数据库。

②开发大数据安全技术。大数据安全技术包括改进数据销毁、透明加解密、分布式访问控制、数据审计等技术及突破隐私保护和推理控制、数据真伪识别和取证、数据持有完整性验证等技术。

4. 大数据分析及挖掘技术

大数据分析及挖掘技术包括改进已有数据挖掘和机器学习技术，开发数据网络挖掘、特异群组挖掘、图挖掘等新型数据挖掘技术，突破基于对象的数据连接、相似性连接等大数据融合技术，突破用户兴趣分析、网络行为分析、情感语义分析等面向领域的大数据挖掘技术。

数据挖掘就是从大量的、不完全的、有噪声的、模糊的、随机的实际应用数据中，提取隐含在其中的、人们事先不知道的但又是潜在有用的信息和知识的过程。数据挖掘涉及的技术方法很多，有多种分类法。

根据挖掘任务，其可分为分类或预测模型发现，数据总结、聚类、关联规则发现，序列模式发现，依赖关系或依赖模型发现，异常和趋势发现等。

根据挖掘对象，其可分为关系数据库、面向对象数据库、空间数据库、时态数据库、文本数据源、多媒体数据库、异质数据库、遗产数据库以及互联网 Web。

根据挖掘方法，其可粗分为机器学习方法、统计方法、神经网络方法和数据库方法。在机器学习中可细分为归纳学习方法（决策树、规则归纳等）、基于范例学习法、遗传算法等。在统计方法中可细分为回归分析（多元回归、自回归等）、判别分析（贝叶斯判别、费歇尔判别、非参数判别等）、聚类分析（系统聚类、动态聚类等）、探索性分析（主元分析法、相关分析法等）等。

挖掘任务和挖掘方法需着重突破以下方面：

①可视化分析。数据可视化无论对于普通用户或是数据分析专家，都是最基本的功能。数据图像化可以让数据自己说话，让用户直观地感受到结果。

②数据挖掘算法。图像化是将机器语言翻译给人看，而数据挖掘就是机器的母语。通过分割、集群、孤立点分析及其他各种算法让人们精炼数据，挖掘价值。这些算法一定要能够应付大数据的量，同时还要具有很高的处理速度。

③预测性分析。预测性分析可以让分析师根据图像化分析和数据挖掘的结果做出一些前瞻性判断。

④语义引擎。语义引擎需要采用人工智能技术从数据中主动地提取信息。语言处理技术包括机器翻译、情感分析、舆情分析、智能输入、问答系统等。

⑤数据质量与管理。数据质量与管理是管理的最佳实践，透过标准化流程和机器对数据进行处理可以确保获得一个预设质量的分析结果。

5. 大数据展现与应用技术

大数据技术能够将隐藏于海量数据中的信息和知识挖掘出来，为人类的社会经济活动提供依据，从而提高各个领域的运行效率，大大提高了整个社会经济的集约化程度。在我国，大数据将重点应用于商业智能、政府决策、公共服务三大领域。应用技术包括商业智能技术、政府决策技术、电信数据信息处理与挖掘技术、电网数据信息处理与挖掘技术、气象信息分析技术、环境监测技术、警务云应用系统（道路监控、视频监控、网络监控、智能交通、反电信诈骗、指挥调度等公安信息系统）、大规模基因序列分析比对技术、Web 信息挖掘技术、多媒体数据并行化处理技术、影视制作渲染技术、其他各种行业的云计算和海量数据处理应用技术等。

三、大数据处理系统

大数据处理的数据源类型多种多样，如结构化数据、半结构化数据、非结构化数据，数据处理的需求各不相同，有些场合需要对海量已有数据进行批量处理，有些场合需要对大量的实时生成的数据进行实时处理，有些场合需要在进行数据分析时进行反复迭代计算，有些场合需要对图数据进行分析计算。目前主要的大数据处理系统有数据查询分析计算系统、批处理系统、流式计算系统、迭代计算系统、图计算系统和内存计算系统。

（一）数据处理系统

1. 数据查询分析计算系统

大数据时代，数据查询分析计算系统需要具备对大规模数据进行实时或准实时查询的能力，数据规模的增长已经超出了传统关系型数据库的承载和处理能力。目前主要的数据查询分析计算系统包括 HBase、Hive、Cassandra，Dremel、Shark、HANA 等。

2. 批处理系统

MapReduce 是被广泛使用的批处理计算模式。MapReduce 对具有简单数据关系、易于划分的大数据采用"分而治之"的并行处理思想，将数据记录的处理分为 Map 和 Reduce 两个简单的抽象操作，提供了一个统一的并行计算框架。批处理系统将复杂的并行计算的实现进行封装，大大降低了开发人员的并行程序设计难度。Hadoop 和 Spark 是典型的批处理系统。MapReduce 的批量处理模式不支持迭代计算。

Hadoop 是大数据处理最主流的平台，是 Apache 基金会的开源软件项目，使用 Java 语言开发实现。Hadoop 平台使开发人员无须了解底层的分布式细节，即可开发出分布式程序，在集群中对大数据进行存储、分析。

Spark 由加州伯克利大学 AMP 实验室开发，适合用于机器学习、数据挖掘等迭代运算较多的计算任务。Spark 引入了内存计算的概念，运行 Spark 时服务器可以将中间数据存储在 RAM 专存中，大大加速数据分析结果的返回速度，可用于需要互动分析的场景。

3. 流式计算系统

流式计算具有很强的实时性，需要对应用源源不断产生的数据实时进行处理，使数据不积压、不丢失，常用于处理电信、电力等行业应用以及互联网行业的访问日志等。Facebook 的 Scribe、Cloudera 的 Flume、Twitter 的 Storm、Yahoo 的 S4、UCBerkeley 的 Spark Streaming 是常用的流式计算系统。

Scribe：Scribe 是由 Facebook 开发的开源系统，用于从海量服务器实时收集日志信息，对日志信息进行实时的统计分析处理，应用在 Facebook 内部。

Flume：Flume 由 Cloudera 公司开发，其功能与 Scribe 相似，主要用于实时收集在海量节点的日志信息，存储到类似于 HDFS 的网络文件系统中，并根据用户的需求进行相应的数据分析。

Storm：基于拓扑的分布式流数据实时计算系统，由 BackType 公司（后被 Twitter 收购）开发，现已经开放源代码，并应用于淘宝、百度、支付宝、Groupon、Facebook 等平台，是主要的流数据计算平台之一。

S4：S4 的全称是 Simple Scalable Streaming System，是由雅虎开发的通用、分布式、可扩展、部分容错、具备可插拔功能的平台，其设计目的是根据用户的搜索内容计算得到相应的推荐广告，现已经开源，是重要的大数据计算平台。

Spark Streaming：构建在 Spark 上的流数据处理框架，将流式计算分解成一系列短小的批处理任务进行处理。网站流量统计是 Spark Streaming 的一种典型的使用场景，这种应用既需要具有实时性，还需要进行聚合、去重、连接等统计计算操作，如果使用 Hadoop MapReduce 框架，则很容易地实现统计需求，但无法保证实时性；如果使用 Storm 这种流式框架则可以保证实时性，但实现难度较大；Spark Streaming 可以准实时的方式方便地实现复杂的统计需求。

4. 迭代计算系统

针对 MapReduce 不支持迭代计算的缺陷，人们对 Hadoop 的 MapReduce 进行了大量改进，ha100p、iMapReduce、Twister、Spark 是典型的迭代计算系统。

ha100p：ha100p 是 Hadoop MapReduce 框架的修改版本，用于支持迭代、递归类型的数据分析任务，如 Pagerank、K-means 等。

iMapReduce：一种基于 MapReduce 的迭代模型，实现了 MapReduce 的异步迭代。

Twister：基于 Java 的迭代 MapReduce 模型，上一轮 Reduce 的结果会直接传送到下一轮的 Map。

Spark：基于内存计算的开源集群计算框架。

5. 图计算系统

社交网络、网页链接等包含具有复杂关系的图数据，这些图数据的规模巨大，可包含数十亿顶点和上百亿条边，图数据需要由专门的系统进行存储和计算。

6. 内存计算系统

随着内存价格的不断下降、服务器可配置内存容量的不断增长，使用内存计算完成高速的大数据处理已成为大数据处理的重要发展方向。

（二）大数据处理的基本流程

大数据的处理流程可以定义为在适合工具的辅助下，对广泛异构的数据源进行抽取和集成，结果按照一定的标准统一存储，利用合适的数据分析技术对存储的数据进行分析，从中提取有益的知识并利用恰当的方式将结果展示给终端用户。

1. 数据抽取与集成

由于大数据处理的数据来源类型丰富，大数据处理的第一步是对数据进行抽取和集成，从中提取出关系和实体，经过关联和聚合等操作，按照统一定义的格式对数据进行存储。现有的数据抽取和集成方法有 3 种：基于物化或 ETL 方法的引擎（Materialization or ETL Engine）、基于联邦数据库或中间件方法的引擎（Federation Engine or Mediator），基于数据流方法的引擎（Stream Engine）。

2. 数据分析

数据分析是大数据处理流程的核心步骤，通过数据抽取和集成环节，我们已经从异构的数据源中获得了用于大数据处理的原始数据，用户可以根据自己的需求对这些数据进行分析处理，如数据挖掘、机器学习、数据统计等，数据分析可以用于决策支持、商业智能、推荐系统、预测系统等。

3. 数据解释

大数据处理流程中用户最关心的是数据处理的结果，正确的数据处理结果只有通过合适的展示方式才能被终端用户正确理解，因此数据处理结果的展示非常重要，可视化和人机交互是数据解释的主要技术。

我们在开发调试程序的时候经常通过打印语句的方式来呈现结果，这种方式非常灵活、方便，但只有熟悉程序的人才能很好地理解打印结果。

使用可视化技术，可以将处理的结果通过图形的方式直观地呈现给用户，标签云（Tag Cloud）、历史流（History Flow）、空间信息流（Spatial Information Flow）等是常用的可视化技术，用户可以根据自己的需求灵活地使用这些可视化技术；人机交互技术可以引导用户对数据进行逐步的分析，使用户参与到数据分析的过程中，使用户可以深刻地理解数据分析结果。

第三节　云数据与大数据的应用发展

一、云计算与大数据发展历程

网络技术在云计算和大数据的发展历程中发挥了重要的推动作用。可以认为信息技术的发展经历了硬件发展推动和网络技术推动两个阶段。早期主要以硬件发展为主要动力，在这个阶段硬件的技术水平决定着整个信息技术的发展水平，硬件的每一次进步都有力地推动着信息技术的发展，从电子管技术到晶体管技术再到大规模集成电路，这种技术变革成为产业发展的核心动力。但网络技术的出现逐步地打破了单纯的硬件能力决定技术发展的格局，通信带宽的发展为信息技术的发展提供了新的动力，在这一阶段通信宽带成了信息技术发展的决定性力量之一。云计算、大数据技术的出现正是这一阶段的产物，其广泛应用并不是单纯靠某一个人发明而是由于技术发展到现在的必然产物，生产力决定生产关系的规律在这里依然是成立的。当前移动互联网的出现并迅速普及更是对云计算、大数据的发展起到了推动作用。移动客户终端与云计算资源池的结合大大拓展了移动应用的思路，云计算资源得以在移动终端上实现随时、随地、随身资源服务。移动互联网再次拓展了以网络化资源交付为特点的云计算技术的应用能力，同时也改变了数据的产生方式，推动了全球数据的快速增长，推动了大数据的技术和应用的发展。

云计算是一种全新的领先信息技术，结合 IT 技术和互联网实现超级计算和存储的能力，而推动云计算兴起的动力是高速互联网和虚拟化技术的发展，更加廉价且功能强劲的芯片及硬盘、数据中心的发展。云计算作为下一代企业数据中心，其基本形式为大量链接在一起的共享 IT 基础设施，不受本地和远程计算机资源的限制，可以很方便地访问云中的"虚拟"资源。使用户和云服务提供商之间可以像访问网络一样进行交互操作。具体来讲，云计算的兴起有以下因素。

（一）高速互联网技术发展

网络用于信息发布、信息交换、信息收集、信息处理。网络内容不再像早些年那样是静态的，门户网站随时在更新着网站中的内容，网络的功能、网络速度也在发生巨大的变化，网络成为人们学习、工作和生活的一部分。不过网站只是云计算应用和服务的缩影，云计算强大的功能正在移动互联网、大数据时代崭露头角。

云计算能够利用现有的 IT 基础设施在极短的时间内处理大量的信息以满足动态网络的高性能的需求。

（二）资源利用率需求

能耗是企业特别关注的问题。大多数企业服务器的计算能力使用率很低，但同样需要消耗大量的能源进行数据中心降温。引入云计算模式后可以通过整合资源或采用租用存储空间、租用计算能力等服务来降低企业运行成本和节省能源。

同时，利用云计算将资源集中，统一提供可靠服务，并能减少企业成本，提升企业灵活性，企业可以把更多的时间用于服务客户和进一步研发新的产品上。

（三）简单与创新需求

在实际的业务需求中，越来越多的个人用户和企业用户都在期待着计算机操作能简单化，能够直接通过购买软件或硬件服务而不是软件或硬件实体，为自己的学习、生活和工作带来更多的便利，能在学习场所、工作场所、住所之间建立便利的文件或资料共享的纽带。而对资源的利用可以简化到通过接入网络就可以实现自己想要实现的一切，就需要在技术上有所创新，利用云计算来提供这一切，将我们需要的资料、数据、文档、程序等全部放在云端实现同步。

（四）其他需求

连接设备、实时数据流、SOA 的采用以及搜索、开放协作、社会网络和移动商务等移动互联网应用急剧增长，数字元器件性能的提升也使 IT 环境的规模大幅度提高，从而进一步加强了对一个由统一的云进行管理的需求。

个人或企业希望按需计算或服务，能在不同的地方实时实现项目、文档的协作处理，能在繁杂的信息中方便地找到自己需要的信息等需求也是云计算兴起的原因之一。

人类历史不断地证明生产力决定生产关系，技术的发展历史也证明了技术能力，决定技术的形态，纵观整个信息技术的发展历史，信息产业发展有两个重要的内在动力在不同时期起着作用：硬件驱动力、网络驱动力。这两种驱动力量的对比和变化决定着产业中不同产品的出现时期以及不同形态的企业出现和消亡的时间。也正是这两种驱动力的不断变化造成了信息产业技术体系的分分合合，技术的形态也经历了从合到分和从分到合的两个过程，由最早集中的计算到个人计算机分散的计算再到集中的云计算。整个信息产业中出现的各种产品模式和企业模式都能在图中找到位置，这幅图既能解释产业历史又能预测产业未来，是我们解开很多产业困惑的钥匙。

硬件驱动的时代诞生了 IBM、微软、Intel 等企业。20 世纪 50 年代最早的网络开始出现，信息产业的发展驱动力中开始出现网络的力量，但当时网络性能很弱，网络并不是推动信息产业发展的主要动力，处理器等硬件的影响还占绝对主导因素。但随着网络的发展，网络通信带宽逐步加大，从 20 世纪 80 年代的局域网到 20 世纪 90 年代的互联网，网络逐渐成了推动信息产业发展的主导力量，这个时期诞生了百度、谷歌、亚马逊等企业。直到云计算的出现才标志着网络已成为信息产业发展的主要驱动力，此时技术的变革即将出现。

二、为云计算与大数据发展做出贡献的科学家

在云计算与大数据的发展过程中不少科学家都做出了重要的贡献，让我们向这些科学家表示崇高的敬意。

云计算的出现得益于网络的发展，特别是互联网的出现大大推动了网络技术的发展，从而使资源和服务能通过网络提供给用户。云计算和大数据是密不可分的两个概念，云计算时代网络的高度发展，每个人都成了数据产生者，物联网的发展更是使数据的产生呈现出随时、随地、自动化、海量化的特征，大数据不可避免地出现在了云计算时代。

三、云计算与大数据的国内发展现状

云计算与大数据概念进入中国以来，国内高度重视云计算产业和技术的发展，中国电子学会率先成立了云计算专业委员会，并在 2009 年举办了第一届中国云计算大会。云计算大会每年都举办一次，成为云计算领域的一个重要会议；同时每年出版一本《云计算技术发展报告》，报道当年云计算的发展状况。中国计算机学会于 2012 年成立了大数据专家委员会，2013 年发布了《中国大数据技术与产业发展白皮书》，并举办了第一届 CCF 大数据学术会议。

国内的研究机构也纷纷开展云计算、大数据研究工作，如清华大学、中国科学院计算所、华中科技大学、成都信息工程大学并行计算实验室都在开展相关的研究工作。科研人员逐步发现在云计算的新的体系下，有大量需要研究解决的问题，如理论框架、安全机制、调度策略、能耗模型、数据分析、虚拟化、迁移机制等。自"第四范式"提出后，数据成为科学研究的研究对象，大数据概念成为云计算之后信息产业的又一热点，成为科研领域研究的热点。

国内的企业也对云计算、大数据给予了高度关注，华为、阿里、腾讯都宣布了自己庞大的云计算计划。这些企业多年来积累的数据在大数据时代将发挥巨大作用。数据分析、数据运营的作用已经显现出来，拥有用户数据的 IT 企业对传统的行业产生了巨大影响，"数据为王"的时代正在到来。

思考题

1. 大数据产生的原因有哪些？说出大数据发展历程中的三件标志性事件。

2. 大数据的定义有哪些？大数据的特征是什么？

3. 如何区分非结构化数据、结构化数据、半结构化数据？

4. 国内大数据发展现状是什么样子的？目前国内的大数据产品有哪些？简单举两个例子。

第二章　云计算与大数据技术

与大数据相比，云计算更像是对一种新的技术模式的描述而不是对某一项技术的描述，而大数据则较为准确地与一些具体的技术相关联。目前新出现的一些技术如 Hadoop、HPCC、Storm 都较为准确地与大数据相关，同时并行计算机技术、分布式存储技术、数据挖掘技术这些传统的计算机学科在大数据条件下又再次萌发出生机，并在大数据时代找到了新的研究内容。大数据其实是对面向数据计算机技术中对数据量的一个形象描述，通常也可以被称为海量数据。云计算整合的资源主要是计算和存储资源，云计算技术的发展也清晰地呈现出两大主题——计算和数据。伴随着两大主题，出现了云计算和大数据这两个热门的概念，任何概念的出现都不是偶然的，取决于当时的技术发展状况。

第一节　云计算与大数据

海量的数据本身很难直接使用，只有通过处理的数据才能真正地成为有用的数据，因此，云计算时代计算和数据两大主题可以进一步明确为数据和针对数据的计算，计算可以使海量的数据成为有用的信息，进而处理成为知识。目前提到云计算时，有时将云存储作为单独的一项技术来对待，只是把网络化的存储笼统地称为云存储，事实上在面向数据的时代不管是出现了云计算的概念还是大数据的概念，存储都不是一个独立存在的系统。特别是在集群条件下，计算和存储都是分布式的，如何让计算"找"到自己需要处理的数据是云计算系统需要具有的核心功能。计算是面向数据的，那么数据的存储方式将会深刻地影响计算实现的方式。这种在分布式系统中实现计算和数据有效融合从而提高数据处理能力，简化分布式程序设计难度，降低系统网络通信压力从而使系统能有效地面对大数据处理的机制称为计算和数据的协作机制，在这种协作机制中计算如何找到数据并启动分布式处理任务的问题是需要重点研究的课题，在本书中这一问题被称为计算和数据的位置一致性问题。

面向数据也可以更准确地称为"面向数据的计算"，面向数据要求系统的设计和架构是围绕数据为核心展开的，面向数据也是云计算系统的一个基本特征，而计算与数据的有效协作是面向数据的核心要求。

在计算机技术的早期，由于硬件设备体积庞大、价格昂贵，这一阶段数据的产生还是"个别"人的工作。这个时期的数据生产者主要是科学家或军事部门，他们更关注计算机的计算能力，计算能力的高低决定了研究能力和一个国家军事能力的高低。相对而言，由于这时数据量很小，数据在整个计算系统中的重要性并不突出。这时网络还没有出现，推动计算技术发展的主要动力是硬件的发展，这个时期是硬件的高速变革时期，硬件从电子管迅速发展到大规模集成电路。

从云计算之父 John McCarthy 提出云计算的概念到大数据之父 Gray 等人提出科学研究的第四范式，时间已经跨越了半个世纪。以硬件为核心的时代也是面向计算的时代，那时数据的构成非常简单，数据之间基本没有关联性，物理学家只处理物理实验数据，生物学家只处理生物学数据，计算和数据之间的对应关系非常简单和直接，这个时期研究计算和存储的协作机制并没有太大的实用价值。到了以网络为核心的时代，数据的构成变得非常复杂，数据来源多样化，不同数据之间存在大量的隐含关联性，这时计算所面对的数据变得非常复杂，如社会感知、微关系等应用将数据和复杂的人类社会运行相关联，由于人人都是数据的生产者，人们之间的社会关系和结构就被隐含到了所产生的数据之中。数据的产生目前呈现出了大众化、自动化、连续化、复杂化的趋势。云计算、大数据概念正是在这样的一个背景下出现的。这一时期的典型特征就是计算必须面向数据，数据是架构整个系统的核心要素，这就使计算和存储的协作机制研究成为需要重点关注的核心技术，计算能有效找到自己需要处理的数据，可以使系统能更高效地完成海量数据的处理和分析。云计算和大数据这两个名词也可看作描述面向计算时代信息技术的两个方面，云计算侧重于描述资源和应用的网络化交付方法，大数据信息技术领域提出的面向数据的概念同时也开始深刻地改变了科学研究的模式。

人类早期知识的发现主要依赖于经验、观察和实验，需要的计算和产生的数据都是很少的。人类在这一时期对于宇宙的认识都是这样形成的，就像伽利略为了证明自由落体定理，是通过在比萨斜塔扔下两个大小不一的小球一样，人类在那个时代知识的获取方式是原始而朴素的。当人类知识积累到一定的程度后，知识逐渐形成了理论体系，如牛顿力学体系、Maxwell 的电磁场理论，人类可以利用这些理论体系去预测自然并获取新的知识，这时对计算和数据的需求已经在萌生，人类已可以依赖这些理论发现新的行星，如海王星、冥王星的发现不是通过观测而是通过计算得到。计算机的出现为人类发现新的知识提供了重要的工具。这个时代正好对应于面向计算的时代，可以在某些具有完善理论体系领域利用计算机仿真计算来进行研究。这时计算机的作用主要是计算，例如人类利用仿真计算可以实现模拟核爆这样的复杂计算。现在人类在一年内所产生的数据可能已经超过人类过去几千年产生的数据的总和，人类逐步进入面向数据的时代。第四范式说明可以利用海量数据加上高速计算发现新的知识，计算和数据的关系在面向数据时代变得十分紧密，也使计算和数据的协作问题面临巨大的技术挑战。

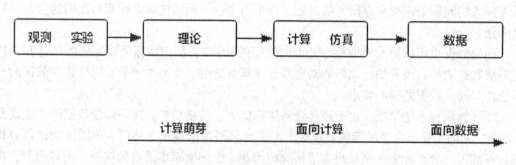

图 2-1　科学研究四个范式的发展历程

第二节　云计算与物联网

云计算和物联网的出现时间非常接近，以至于有一段时间云计算和物联网两个名词总是同时出现在各类媒体上，物联网的出现部分得益于网络的发展。大量传感器数据的收集需要良好的网络环境，特别是部分图像数据的传输更是对网络的性能有较高的要求。在物联网技术中传感器的大量使用使数据的生产实现自动化，数据生产的自动化也是推动当前大数据技术发展的动力之一。物联网的英文名称为"Internet of Things"，简称IOT。由该名称可见，物联网就是"物物相连的互联网"。这有两层意思：第一，物联网的核心和基础仍然是互联网，是在互联网基础之上延伸和扩展的一种网络；第二，其用户端延伸和扩展到了任何物品与物品之间进行信息交换和通信。因此，物联网的定义是通过射频识别（RFID）装置、红外感应器、全球定位系统、激光扫描器等信息传感设备，按约定的协议，把任何物品与互联网相连接，进行信息交换和通信，以实现智能化识别、定位、跟踪、监控和管理的一种网络。

物联网系统需要大量的存储资源来保存数据，同时也需要计算资源来处理和分析数据，当前我们所指的物联网传感器连接呈现出以下特点：

第一，连接的传感器种类多样；

第二，连接的传感器数量众多；

第三，连接的传感器地域广大。

这些特点都会导致物联网系统会在运行过程中产生大量的数据，物联网的出现使数据的产生实现自动化，大量的传感器数据不断地在各个监控点产生，特别是现在信息采样的空间密度和时间密度不断增加，视频信息的大量使用，这些因素也是目前导致大数据概念出现的原因之一。

物联网的产业链可以细分为标识、感知、处理和信息传送4个环节，每个环节的关键技术分别为RFID、传感器、智能芯片和电信运营商的无线传输网络。云计算的出现使物联网在互联网基础之上延伸和发展成为可能。物联网中的物，在云计算模式中相当于是带上传感器的云终端，与上网本、手机等终端功能相同。这也是物联网在云计算日渐成熟的今天，才能重新被激活的原因之一。

新的平台必定造就新的物联网，把云计算的特点与物联网的实际相结合，云计算技术将给物联网带来以下深刻的变革。

①解决服务器节点的不可靠性问题，最大限度地降低服务器的出错率。近年来，随着物联网从局域网走向城域网，其感知信息也呈指数型增长，同时导致服务器端的服务器数目呈线性增长。服务器数目多了，节点出错的概率肯定也随之变大，更何况服务器并不便宜，如今商场如战场，节点不可信问题使得一般的中小型公司要想独自撑起一片属于自己的天空，那是难上加难。

②低成本的投入可以换来高收益，让限制访问服务器次数的瓶颈成为历史。服务器相关硬件资源的承受能力都是有一定范围的，当服务器同时响应的数量超过自身的限制时，服务器就会崩溃。而随着物联网领域的逐步扩大，物的数量呈几何级增长，而物的信息也呈爆炸性增长，随之而来的是访问量空前高涨。

因此，为了让服务器能安全可靠地运行，只有不断增加服务器的数量和购买更高级的服务器，或者限制同时访问服务器的数量。然而这两种方法都存在致命的缺点：服务器的增加，虽能通过大量的经费投入解决一时的访问压力，但设备的浪费却是巨大的。而采用云计算技术，可以动态地增加或减少云模式中服务器的数量和提高质量，这样做不仅可以解决访问的压力，还经济实惠。

③让物联网从局域网走向城域网甚至是广域网，在更广的范围内进行信息资源共享。局域网中的物联网就像是一个超市，物联网中的物就是超市中的商品，商品离开这个超市到另外的超市，尽管它还存在，但服务器端内该物体的信息会随着它的离开而消失。其信息共享的局限性不言而喻。

但通过云计算技术，物联网的信息直接存放在 Internet 的"云"上，而每个"云"有几百种服务器分布在全国甚至是全球的各个角落，无论这个物走到哪儿，只要具备传感器芯片，"云"中最近的服务器就能收到它的信息，并对其信息进行定位、分析、存储、更新。用户的地理位置也不再受限制，只要通过 Internet 就能共享物体的最新信息。

④将云计算与数据挖掘技术相结合，增强物联网的数据处理能力，快速做出商业抉择。伴随着物联网应用的不断扩大，业务应用范围从单一领域发展到各行各业，信息处理方式从分散到集中，产生了大量的业务数据。

运用云计算技术，由云模式下的几百万台的计算机集群提供强大的计算能力，并通过庞大的计算机处理程序自动将任务分解成若干个较小的子任务，快速地对海量业务数据进行分析、处理、挖掘，在短时间内提取出有价值的信息，为物联网的商业决策服务，这也是将云计算技术与数据挖掘技术相结合给物联网带来的一大竞争优势。

任何技术从萌芽到成形，再到成熟，都需要经历一个过程。云计算技术作为一项有着广泛应用前景的新兴前沿技术，尚处于成形阶段，自然也面临着一些问题。

首先是标准化问题。虽然云平台解决的问题一样，架构一样，但基于不同的技术、应用，其细节很可能完全不同，从而导致平台与平台之间可能无法互通。目前在 Google、EMC、Amazon 等云平台上都存在许多云技术打造的应用程序，却无法跨平台运行。这样一来，物联网的网与网之间的局限性依旧存在。

其次是安全问题。物联网从专用网到互联网，虽然信息分析、处理得到了质的提升，但同时网络安全性也遇到了前所未有的挑战。Internet 上的各种病毒、木马以及恶意入侵程序让架于云计算平台上的物联网处于非常尴尬的境地。

云计算作为互联网全球统一化的必然趋势，其统一虚拟的基础设施平台、方便透明的上层调用接口、计算信息的资源共享等特点，完全是在充分考虑了各行各业的整合需求下才形成的拯救互联网的诺亚方舟。尽管目前云计算的应用还处在探索测试阶段，但随着物联网界对云计算技术的关注以及云计算技术的日趋成熟，云计算技术在物联网中的广泛应用指日可待。

第三节　非线性数据库

一、从关系型数据库到非关系型数据库

随着信息产业的发展，特别是在云计算和互联网 Web2.0 蓬勃发展的今天，数据库系

统成了 IT 架构中信息存储和处理的必要组成部分，Web2.0 是相对 Web1.0 的新的一类互联网应用的统称。Web1.0 的主要特点在于用户通过浏览器获取信息。Web2.0 则更注重用户的交互作用，用户既是网站内容的浏览者，也是网站内容的制造者。所谓网站内容的制造者，是说互联网上的每一个用户不再仅仅是互联网的读者，同时也成为互联网的作者；不再仅仅是在互联网上冲浪，同时也成为波浪制造者；在模式上由单纯的"读"向"写"以及"共同建设"发展；由被动地接收互联网信息向主动创造互联网信息发展，从而更加人性化。云计算资源网络化的提供方式更是为 Web2.0 发展提供了无限的想象空间，从这一点看我们已很难将这两者完全区分开来。云计算技术对数据库高并发读写的需求，对海量数据的高效率存储和访问的需求，对数据库的高可扩展性和高可用性的需求都让传统关系型数据库系统显得力不从心。同时关系型数据库技术中的一些核心技术要求如数据库事务一致性需求、数据库的写实时性和读时性需求、对复杂的 SQL 查询特别是多表关联查询的需求等在 Web2.0 技术中却并不是必要的，而且系统为此付出了较大的代价。

二、非关系型数据库的定义

非关系型数据库，又被称为 NoSQL（Not Only SQL），意为不仅仅是 SQL（Structured Query Language，结构化查询语言）。据维基百科介绍，NoSQL 最早出现于 1998 年，是由 Carlo Strozzi 最早开发的一个轻量、开源、不兼容 SQL 功能的关系型数据库。2009 年，在一次关于分布式开源数据库的讨论会上，再次提出了 NoSQL 的概念，此时 NoSQL 主要是指非关系型、分布式、不提供 ACID（数据库事务处理的四个基本要素）的数据库设计模式。同年，在亚特兰大举行的"NoSQL（east）"讨论会上，对 NoSQL 最普遍的定义是"非关联型的"，强调 Key-Value 存储和文档数据库的优点，而不是单纯地反对 RDBMS，至此，NoSQL 开始正式出现在世人面前。

三、非关系型数据库的分类

NoSQL 描述的是大量结构化数据存储方法的集合，根据结构化方法以及应用场合的不同，主要可以将 NoSQL 分为以下几类。

（一）Column-Oriented

面向检索的列式存储，其存储结构为列式结构，不同于关系型数据库的行式结构，这种结构会让很多统计聚合操作更简单方便，使系统具有较高的可扩展性。这类数据库还可以适应海量数据的增加以及数据结构的变化，这个特点与云计算所需的相关需求是相符合的。比如 Google App Engine 的 Bigtable 以及相同设计理念的 Hadoop 子系统 HBase 就是这类的典型代表。需要特别指出的是，Bigtable 特别适用于 MapReduce 处理，这对于云计算的发展有很高的适应性。

（二）Key-Value

面向高性能并发读/写的缓存存储，其结构类似于数据结构中的 Hash 表，每个 Key 分别对应一个 Value，能够提供非常快的查询速度、大数据存放量和高并发操作，非常适合通过主键对数据进行查询和修改等操作。Key-Value 数据库的主要特点是具有极高的并发读写性能，非常适合作为缓存系统使用。MemcacheDB、Berkeley DB、Redis、Flare 就是 Key-Value 数据库的代表。

（三）Document-Oriented

面向海量数据访问的文档存储，这类存储的结构与 Key-Value 非常相似，也是每个 Key 分别对应一个 Value，但是这个 Value 主要以 JSON（JavaScript Object Notations）或者 XML 等格式的文档来进行存储。这种存储方式可以很方便地被面向对象的语言所使用。这类数据库可以在海量的数据中快速查询数据，典型代表为 MongoDB，CouchDB 等。

NoSQL 具有扩展简单、高并发、高稳定性、成本低廉等优势，也存在一些问题。例如，NoSQL 暂不提供对 SQL 的支持，会造成开发人员的额外学习成本；NoSQL 大多为开源软件，其成熟度与商用的关系型数据库系统相比有差距；NoSQL 的架构特性决定了其很难保证数据的完整性，适合在一些特殊的应用场景使用。

第四节　一致性哈希算法

一、一致性哈希算法的基本原理

主从结构的云计算系统负载的均衡往往通过主节点来完成，而一些对等结构的云计算系统可以采用一致性哈希算法来实现负载的均衡，这种模式避免了主从结构云计算系统对主节点失效的敏感。

哈希算法是一种从稀疏值范围到紧密值范围的映射方法，在存储和计算定位时可以被看作一种路由算法，通过这种路由算法文件块能被唯一地定位到一个节点的位置。传统的哈希算法的容错性和扩展性都不好，无法有效地适应面向数据系统节点的动态变化。Facebook 开发的 Cassandra 系统也是采用了一致性哈希算法的存储管理算法。一致性哈希算法及其改进算法已成为分布式存储领域的一个标准技术。使用一致性哈希算法的系统无须中心节点来维护元数据，解决了元数据服务器的单点失效和性能瓶颈问题，但对于系统的负载均衡和调度节点的有效性提出了更高的要求。

传统的哈希算法在节点数没有变化时能很好地实现数据的分配，但当节点数发生变化时，传统的哈希算法将对数据进行重新分配，这样系统恢复的代价就非常大。例如系统中节点数为 W，传统的哈希算法的计算方法为 Hash（Key）% IV，当 N 发生变化时整个哈希的分配次序将完全重新生成。云计算系统通常涉及大量的节点，节点的失效和加入都是非常常见的，传统的哈希算法无法满足这种节点数目频繁变化的要求。

简单来说，一致性哈希算法的基本实现过程为：对 Key 值首先用 MD5 算法将其变换为一个长度为 32 位的十六进制数值，再用这个数值对 2^{32} 取模，将其映射到由 2^{32} 个值构成的环状哈希空间，对节点也以相同的方法映射到环状哈希空间，最后 Key 值会在环状哈希空间中找到大于它的最小的节点值作为路由值。

一致性哈希算法的采用使集群系统在进行任务划分时不再依赖某些管理节点来维护，并且在节点数据发生变化时能够以最小的代价实现任务的再分配，这一优点特别符合云计算系统资源池弹性化的要求。因此，一致性哈希算法成了实现无主节点对等结构集群的一种标准算法。

二、一致性哈希算法中计算和存储位置的一致性

基于一致性哈希的原理可以给出计算和存储的一致性哈希方法，从而使计算能在数据存储节点发起。对于多用户分布式存储系统来说，"用户名＋逻辑存储位置"所构成的字符串在系统中是唯一确定的，如属于用户 wang，逻辑存储位置为/test/test1.txt 的文件所构成的字符串。"wang/test/test1.txt"在系统中一定是唯一的，同时某一个计算任务需要对 test1.txt 这个文件进行操作和处理，则它一定会在程序中指定用户名和逻辑位置，因此存储和计算 test1.txt 都利用相同的一致性哈希算法，就能保证计算被分配的节点和当时存储 test1.txt 文件时被分配的节点是同一个节点。

现在以下面这个应用场景为例，说明一致性哈希算法实现计算和存储位置一致性的方法：

①面向相对"小"的数据进行处理，典型的文件大小为 100MB 之内，通常不涉及对文件的分块问题，这一点与 MapReduce 框架不同。

②待处理数据之间没有强的关联性，数据块之间的处理是独立的，数据处理不需要进行数据块之间的消息通信，保证节点间发起的计算是低耦合的计算任务。

③程序片的典型大小远小于需要处理的数据大小，计算程序片本质上也可以看作一种特殊的数据，这一假设在大多数情况下是成立的。

④数据的存储先于计算发生。

根据一致性哈希算法的基本原理，在面向数据的分布式系统中计算和存储位置一致性方法如图 2-2 所示，其主要步骤如下：

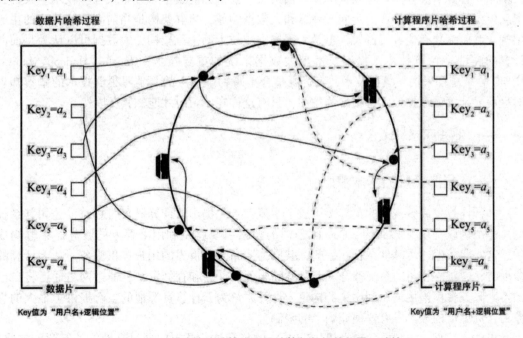

图 2-2　一致性哈希算法实现计算与数据的位置一致性

①将服务器节点以 IP 地址作为 Key 值，以一致性哈希方法映射到哈希环上。

②在数据存储时以（用户名＋文件逻辑位置）作为唯一的 Key 值，映射到哈希环上，并顺时针找到离自己哈希值最近的节点作为实际数据存储的位置。

③在发起计算任务时提取计算任务所要操作的数据对应的（用户名＋文件逻辑位置）值作为 Key 值，映射到哈希环上，并顺时针找到离自己哈希值最近的节点注入程序并发起计算的节点。由于相同用户的相同数据（用户名＋文件逻辑位置）在一致性哈希算法作用下一定会被分配到相同的节点，从而保证了计算所发起的节点刚好就是计算所需要处理的数据所在的节点。

在这种算法的支持下，只要计算程序片需要处理的数据逻辑位置是确定的，系统就会将计算程序片路由到数据存储位置所在的节点，这时节点间的负载均衡性是由数据分布的均衡化来实现的。

一致性哈希算法可以实现无中心节点的计算和数据定位，使计算可以唯一地找到其所要处理和分析的数据，使计算能最大可能地在数据存储的位置发起，从而节约大量的网络资源，避免了系统单点失效造成的不良影响。利用一致性哈希方法在面对海量文件时系统不用维护一个庞大的元数据库用于保存文件的存储信息，计算寻找数据的速度非常直接，路由的算法复杂度非常低。需要存储大量 Key-Value 的 Amazon 的电子商务应用和 Facebook 的社交网站应用都采用了一致性哈希算法。

第五节　集群系统

当前云计算技术领域存在两个主要技术路线，一个是基于集群技术的云计算资源整合技术，另一个是基于虚拟机技术的云计算资源切分技术。基于集群技术的云计算资源整合技术路线将分散的计算和存储资源整合输出，主要依托的技术为分布式计算技术。集群技术从传统的高性能计算逐步走向云计算和大数据领域，集群架构是当前高性能计算的主流架构，然而无独有偶，集群架构也是大数据领域技术的主流架构，大数据可以认为是面向计算的高性能计算技术，集群技术是大数据系统的重要技术。Google、Hadoop、Storm、HPCC 等系统都采用了集群技术，其资源整合是跨物理节点的。学习集群技术的基本知识对理解云计算大数据技术有很好的作用，只有这样在学习时才能知其所以然。

一、概念及分类

（一）集群系统的基本概念

并行计算发展到现在的集群架构成了主流，首先提出云计算概念的 Google 公司其系统的总体结构就是基于集群的，Google 公司的搜索引擎就是利用上百万的服务器集群构成的，这些服务器通过软件结合在一起，共同为遍布于全世界的用户提供服务。从云计算的角度看，Google 公司的系统整合了上百万的服务器计算和存储资源，通过网络通道将自己的搜索服务提供给用户。利用集群构建云计算系统为云计算资源池的整合提供了最大的想象力，资源池的大小没有任何原则上的限制。

集群系统是一组独立的计算机（节点）的集合体，节点间通过高性能的互联网连接，各节点除了作为一个单一的计算资源供交互式用户使用外，还可以协同工作，并表示为一个单一的、集中的计算资源，供并行计算任务使用。集群系统是一种造价低廉、易于构建并且具有较好可扩放性的体系结构。

近年来，集群系统之所以发展如此迅速，主要是因为：

①作为集群节点的工作站系统的处理性能越来越强大，更快的处理器和更高效的多CPU机器将大量进入市场。

②随着局域网上新的网络技术和新的通信协议的引入，集群节点间的通信能获得更高的带宽和较小的延迟。

③集群系统比传统的并行计算机更易于融合到已有的网络系统中去。

④集群系统上的开发工具更成熟，而传统的并行计算机上缺乏一个统一的标准。

⑤集群系统价格便宜并且易于构建。

⑥集群系统的可扩放性良好，节点的性能也很容易通过增加内存或改善处理器性能获得提高。

集群系统具有以下重要特征：

①群系统的各节点都是一个完整的系统，节点可以是工作站，也可以是 PC 或 SMP 服务器。

②互联网络通常使用商品化网络，如以太网、FDDI、光纤通道和 ATM 开关等，部分商用集群系统也采用专用网络互联。

③网络接口与节点的 I/O 总线松耦合相连。

④各节点有一个本地磁盘。

⑤各节点有自己的完整的操作系统。

集群系统作为一种可扩放并行计算体系，与 SMP、MPP 体系具有一定的重叠性，三者之间的界限是比较模糊的，有些 MPP 系统如 IBM SP2，采用了集群技术，因此也可以把它划归为集群系统。表 2 - 1 给出了这三种体系特性的比较，其中 DSM 表示分布式共享内存。

MPP 通常是一种无共享（Shared-Nothing）的体系结构，节点可以有多种硬件构成方式，不过大多数只有主存和处理器。SMP 可以认为是一种完全共享（Shared-Everything）的体系结构，所有的处理器共享所有可用的全局资源（总线、内存和 I/O 等）。对于集群来说，集群的节点复杂度通常比 MPP 高，因为各集群节点都有自己的本地磁盘和完整的操作系统；MPP 的节点通常没有磁盘，并且可以只使用一个微内核，而不是一个完整的操作系统；SMP 服务器则比一个集群节点要复杂，因为它有更多的外设终端，如终端、打印机和外部 RAID 等。

表 2 - 1　SMP、MPP、集群的比较一览表

系统特征	SMP	MPP	集群
节点数量（N）	≤0（10）	0（100）~0（1000）	≤0（10）
节点复杂度	中粒度或细粒度	细粒度或中粒度	中粒度或粗粒度
节点间通信	共享存储器	消息传递或共享变量（有 DSM 时）	消息传送
节点操作系统	1	N（微内核）和 1 个主机 OS（单一）	N（希望为同构）

系统特征	SMP	MPP	集群
支持单一系统映象	永远	部分	希望
地址空间	单一运行队列	多或单一（有 DSM 时）	多个
作业调度	非标准	主机上单一运行队列	协作多队列
网络协议	通常较低	非标准	标准或非标准
可用性	通常较低	低到中	高可用或容错
性能/价格比	一般	一般	高
互联网络	总线/交叉开关	定制	商用

集群系统不仅带来了上述研究方向，同时也带来了不少具有挑战性的设计问题，如可用性、良好的性能、可扩放性等。所以在集群系统的设计中要考虑 5 个关键问题：可用性、统一系统映象、作业管理、并行文件系统和高效通信。

①可用性：如何充分利用集群系统中的冗余资源，使系统在尽可能长的时间内为用户服务。集群系统有一个可用性的中间层，它使集群系统可以提供检查点、故障接管、错误恢复以及所有节点上的容错支持等服务。

②单一系统映象 SSI（Single System Image）：集群系统与一组互联工作站的区别在于，集群系统可以表示为一个单一系统。集群系统中也有一个单一系统映象的中间层，它通过组合各节点上的操作系统提供对系统资源的统一访问。

③作业管理（Job Management）：因为集群系统需要获得较高的系统使用率，集群系统上的作业管理软件需要提供批处理、负载平衡、并行处理等功能。

④并行文件系统 PFS：由于集群系统上的许多并行应用要处理大量数据，需进行大量的 I/O 操作，而这些应用要获得高性能，就必须要有一个高性能的并行支持文件。

⑤高效通信（Effcient Communication）：集群系统比 MPP 机器更需要一个高效的通信子系统，因为集群系统有以下几点。A. 节点复杂度高，耦合不可能像 MPP 那样紧密。B. 节点间的连接线路比较长，带来了较大的通信延迟，同时也带来了可靠性、时钟扭斜（Clock Shew）和串道（Cross-Talking）等问题。C. 集群系统一般使用标准通信协议下的商品化网络，标准的通信协议开销比较大，影响系统的性能，而性能较好的低级通信协议缺乏一个统一的标准。

（二）集群系统的分类

1. 高可用性集群系统

高可用性集群系统通常通过备份节点的使用来实现整个集群系统的高可用性，活动节点失效后备份节点自动接替失效节点的工作。高可用性集群系统就是通过节点冗余来实现的，一般这类集群系统主要用于支撑关键性业务的需要，从而保证相关业务的不间断服务。

2. 负载均衡集群系统

负载均衡集群系统中所有节点都参与工作，系统通过管理节点（利用轮询算法、最小负载优先算法等调度算法）或利用类似一致性哈希等负载均衡算法实现整个集群系统内负载的均衡分配。

3. 高性能集群系统

高性能集群系统主要是追求整个集群系统计算能力的强大，其目的是完成复杂的计算任务，在科学计算中常用的集群系统就是高性能集群系统，目前物理、生物、化学等领域有大量的高性能集群系统提供服务。

4. 虚拟化集群系统

在虚拟化技术得到广泛使用后，人们为了实现服务器资源的充分利用和切分，将一台服务器利用虚拟化技术分割为多台独立的虚拟机使用，并通过管理软件实现虚拟资源的分配和管理。这类集群系统称为虚拟集群系统，其计算资源和存储资源通常在一台物理机上。利用虚拟化集群系统可以实现虚拟桌面技术等云计算的典型应用。

目前基于集群系统结构的云计算系统往往是几类集群系统的综合，集群系统式云计算系统既需要满足高可用性的要求又尽可能地在节点间实现负载均衡，同时也需要满足大量数据的处理任务，所以像 Hadoop、HPCC 这类云计算大数据系统中前三类集群系统的机制都存在。而在基于虚拟化技术的云计算系统中采用的往往是虚拟化集群系统。

二、集群文件系统

（一）集群文件系统概念

数据的存储一直是人类在不懈研究的内容之一，最早的原始人类采用结绳记事的方式实现数据的记录和存储，后来中国商代利用甲骨作为信息存储的载体。竹简作为信息载体的时代大约出现在西周和春秋时期，竹简是中国历史上使用时间最长的信息记录载体之一。公元前 2 世纪初，东汉蔡伦改进造纸术成功，纸张从此在长达一千多年的时间里成了主要的信息记录载体，直到今天我们仍然在使用纸张这一信息记录载体。

计算机的出现使信息的记录方式再次发生了巨大的变化，计算机的信息记录方式从穿孔纸带、磁带、磁鼓到硬盘、光盘、Flash 芯片，几十年的时间使人类对信息的记录能力实现了多个数量级的跃迁。

信息记录方式可以说一直伴随着人类历史的发展，数据的存储方式对云计算系统架构有着重要的影响。传统的存储方式一般是基于集中部署的磁盘阵列，这种存储方式结构简单、使用方便，但数据的集中存放使数据在使用时不可避免地会在网络上传输，这给网络带来了很大的压力。随着大数据技术的出现，面向数据的计算成为云计算系统需要解决的问题之一，集中的存储模式更是面临巨大的挑战，计算向数据迁移这种新的理念，使集中存储风光不再，集群文件系统在这种条件下应运而生。目前常用的 HDFS、GFS、Lustre 等文件系统都属于集群文件系统。

集群文件系统存储数据时并不是将数据放置于某一个节点存储设备上，而是将数据按一定的策略分布式地放置于不同物理节点的存储设备上。集群文件系统将系统中每个节点上的存储空间进行虚拟的整合，形成一个虚拟的全局逻辑目录，集群文件系统进行文件存取时依据逻辑目录，按文件系统内在的存储策略与物理存储位置对应，从而实现文件的定位。集群文件系统相比传统的文件系统要复杂，它需要解决在不同节点上的数据一致性问题及分布式锁机制等问题，所以集群文件系统一直是云计算技术研究的核心内容之一。

在云计算系统中采用集群文件系统有以下几个优点。

①由于集群文件系统自身维护着逻辑目录和物理存储位置的对应关系，集群文件系统是很多云计算系统实现计算向数据迁移的基础。利用集群文件系统可以将计算任务在数据的存储节点位置发起，从而避免了数据在网络上传输所造成的堵塞。

②集群文件系统可以充分利用各节点的物理存储空间，通过文件系统形成一个大规模的存储池，为用户提供一个统一的可弹性扩充的存储空间。

③利用集群文件系统的备份策略、数据切块策略可以实现数据存储的高可靠性以及数据读取的并行化，提高数据的安全性和数据的访问效率。

④利用集群文件系统可以实现利用廉价服务器构建大规模高可靠性存储的目标，通过备份机制保证数据的高可靠性和系统的高可用性。

（二）典型的集群文件系统 Lustre

Lustre 是一个应用广泛的集群文件系统，Lustre 系统适合作为并发要求不是很高的云平台的存储模块，因为所有的数据请求都会经过 Lustre 系统元数据服务器。元数据服务器里存放着文件系统的整个基本信息，负责管理整个系统的命名空间，并维护整个文件系统的目录结构、文件名、文件的用户权限，还负责维护文件系统数据的一致性。这就有可能造成整个数据传输在高并发时的瓶颈。因此，Lustre 存储系统最适合的应用场景为：数据请求传输并发不是太高但数据量很大的云平台，例如 HP 公司的 Storage Works Scalable File Share（HP SFS，可扩展文件共享），是首款采用 Lustre 技术的商业化产品，而英特尔公司在 2013 年也表示，在发布的 Hadoop 发行版 2.5 版本中加入对 Lustre 的支持能力。由此可见，Lustre 存储系统具备支撑大数据存储的能力，下面先对 Lustre 存储系统本身做一个简单的介绍。

Lustre 存储系统是高性能分布式存储领域中最为著名的系统之一，在全球，有过半的超级计算中心使用 Lustre 存储系统，随着 Lustre 存储系统的发展，越来越多的中大型计算中心和集成平台都在采用 Lustre 存储系统。追溯其起源，Lustre 名字由 Linux 和 Clusters 派生而来。它是为解决海量存储问题而设计的全新文件系统，是 HP、Intel、Cluster File System 公司联合美国能源部开发的 Linux 集群并行文件系统，来源于卡耐基梅隆大学的 NASD 项目研究工作。Lustre 是基于对象的存储系统，能支持 10000 个节点，PB 级别的存储量，峰值达到 100GB/s 的传输速度，是一个优秀的安全可靠、易于管理的大数量级高性能存储系统。

1. Lustre 存储系统的优点

通过接口提供高性能传输的数据共享，具备并行访问的能力，在数据高并发交互时，系统能对上传、下载的数据操作进行负载均衡。Lustre 存储系统采用双网分离的方式和分布式的锁管理机制来实现并发控制，元数据所走的网络和文件数据传输所走的网络不同，元数据的 VFS（Virtual File System，存储数据的逻辑视图）部分通常是元数据服务器 10% 的负载，剩下 90% 的工作由分布在各个节点的数据所在服务器完成。

Lustre 存储系统能够在不影响现行网络的情况下弹性扩充系统的存储容量，还能增加节点数来扩充网络带宽，具备灵活的扩展性。

在发生访问故障时，Lustre 还能对元数据进行切换，具备访问的稳定可靠性。Lustre 系统中可以拥有两个元数据服务器，采用 Active-Standby（主备方式，指一台服务器处于某种业务的激活状态即 Active 状态时，另一台服务器处于该业务的备用状态即 Standby 状态）的机制，当一台服务器坏掉时，马上切换到另外一个备份服务器。

Lustre 提供相对健全的接口给用户进行二次开发，以满足不同需求的项目。例如一个在线网盘存储的项目就可以通过 Lustre 存储系统提供的接口进行上层开发，网盘系统里所有用户所存储的文件都最终存储在 Lustre 存储系统中，而对于用户来说则是透明的，用户只需面对网盘系统的视图。同时 Lustre 存储系统本身属于开源项目，对有条件的技术工程师来说，可以进行改造并加以优化。

2. Lustre 存储系统的缺点

与其他很多能支持多操作系统平台安装部署的开源系统不同，Lustre 存储系统只能部署在 Linux 操作系统上，其核心程序很依赖 Linux 操作系统的内核和底层文件操作方法。

对于存储系统来说，节点之间的故障是一个常见的问题，存储系统要考虑节点间发生故障时如何快速恢复正常。Lustre 在遇到这样的故障时，恢复正常势必要进行切换，切换的条件则需依赖第三方的心跳技术（heartbeat）。Heartbeat 包含心跳监测和资源接管两个核心模块。心跳监测可以通过网络链路和串口进行，而且支持冗余链路，它们之间相互发送报文来告诉对方自己当前的状态，如果在指定的时间内未收到对方发送的报文，那么就认为对方失效，这时需启动资源接管模块来接管运行在对方主机上的资源或者服务。

最重要的一点，Lustre 存储系统本身不具备数据自备份的能力，也就意味着使用 Lustre 存储系统作为存储方案时，在系统开发之前，一定要规划一套在其上层开发的存储备份方案，也就是在写入 Lustre 存储资源池的同时，要通过上层软件再把数据写一份到其他存储资源池来备用。

3. Lustre 存储系统的组成

（1）元数据服务器

元数据服务器（Meta Data Server，MDS）负责管理文件系统的基本信息，负责管理整个系统的命名空间，维护整个文件系统的目录结构、用户权限，并负责维护文件系统数据的一致性。通过 MDS 的文件和目录访问管理，Lustre 能够控制客户端对文件系统中文件和目录的创建、删除、修改。Client（客户端）可以通过 MDS 读取保存到元数据存储节点（Meta Data Target，MDT）上的数据。当 Client 读写文件时，从 MDS 得到文件信息，从 OSS 中得到数据。Client 通过 LNET 协议和 MDS/OSS 通信。在 Lustre 中，MDS 可以有两个，采用 Active-Standby 的容错机制，当其中一个 MDS 不能正常工作时，另外一个后备 MDS 可以启动服务。

（2）元数据存储节点

元数据存储节点负责存储元数据服务器所要管理的元数据的文件名、目录、权限和文件布局，一个文件系统有且只能有一个 MDT，不同的 MDS 之间共享同一个 MDT。

（3）对象存储服务器

对象存储服务器（Object Storage Service，OSS）提供针对一个或多个本地对象存储节点（Object Storage Target，OST）网络请求和文件 I/O 服务，OST、MDT 和 Client 可以同时运行于一个节点。但是典型的配置是一个 MDT 专用一个节点，每个 OSS 节点可以有两个或多个 OST，一个客户端可以有大量的计算节点。

（4）对象存储节点

OST 负责实际数据的存储，处理所有客户端和物理存储之间的交互。这种存储是基于对象的，OST 将所有的对象数据放到物理存储设备上，并完成对每个对象的管理。OST 和实际的物理存储设备之间通过设备驱动方式来实现交互。通过驱动程序的事件响应，Lustre 能继承新的物理存储技术及文件系统，实现对物理存储设备的扩展。为了满足高性能计算系统的需要，Lustre 针对大文件的读写进行优化，为集群系统提供较高的 I/O 吞吐率。Lustre 将数据条块化，再把数据分配到各个存储服务器上，以提供比传统存储区域网络 SAN 的"块共享"更为灵活和可靠的共享方式。

（5）客户端

客户端（Client）通过标准的 POSIX 接口向用户提供对文件系统的访问。对客户端而言，客户端同 OST 进行文件数据的交互，包括文件数据的读写、对象属性的改动等；同 MDS 进行元数据的交互，包括目录管理、命名空间管理等。存储设备是基于对象的智能存储设备，与基于块的 IDE 存储设备不同。客户端在需要访问文件系统的文件数据时，先访问 MDS，获取文件相关的元数据信息，然后就直接和相关的 OST 通信，获取文件的实际数据。客户端通过网络读取服务器上的数据，存储服务器负责实际文件系统的读写操作以及存储设备的连接，元数据服务器负责文件系统目录结构、文件权限和文件的扩展属性以及维护整个文件系统的数据一致性和响应客户端的请求。

三、分布式系统中计算与数据协作机制

计算和存储也是云计算系统研究的核心问题，分布式系统中计算和数据的协作关系非常重要，在分布式系统中实施计算都存在计算如何获得数据的问题，在面向计算时代这一问题并不突出，在面向数据时代计算和数据的协作机制问题就成了必须考虑的问题，通常这种机制的实现与系统的架构有紧密的关系，系统的基础架构决定了系统计算和数据的基本协作模式。下面以几种常见的分布式系统为例对其计算和数据的协作机制进行分析对比。

（一）基于计算切分的分布式计算

在硬件为核心的时代，高性能计算从以 Cray C–90 为代表的并行向量处理机发展到以 IBM R50 为代表的对称多处理器机（SMP）最终到工作站集群（COW）及 Beowulf 集群结构，这一过程对应的正是 CPU 等硬件技术的高速发展，可以采用便宜的工作站甚至通用的 PC 来架构高性能系统，完成面向计算的高性能计算任务。

典型的利用 MPI 实现的分布式计算系统在发起计算时实际上是首先将计算程序由主节点通过 NFS 等网络共享文件系统分发到各子节点内存启动计算，由于没有分布式文件系统的支持，MPI 一般不能直接从节点存储设备上读取数据，计算程序在子节点发起后只有通过网络共享文件读取需要处理的数据来进行计算，在这里数据和计算程序一般都被集中存储在阵列等专门的存储系统中。这一过程并没有计算寻找数据的过程，计算程序只是按设

计要求先被分发给了所有参与计算的节点。在进行 MPI 并行程序设计时，程序设计者需要事先将计算任务本身在程序中进行划分，计算程序被分配到节点后根据判断条件启动相应的计算工作，计算中需要进行节点间的数据交换时通过 MPI 提供的消息传递机制进行数据交换。由于 CPU 的运行速度远远大于网络数据传输的速度，通常希望不同节点间的任务关联性越小越好，在 MPI 的编程实践中就是"用计算换数据通信"的原则，使系统尽可能少地进行数据交换。MPI 的消息传递机制为计算的并行化提供了灵活的方法，但目前对于任意问题的自动并行化并没有非常有效的方法，因此计算的切分工作往往需要编程人员自己根据经验来完成，这种灵活性是以增加编程的难度为代价的。

基于 MPI 的高性能计算是一种典型的面向计算的分布式系统，这种典型的面向计算的系统往往要求节点的计算能力越强越好，从而降低系统的数据通信代价。MPI 的基本工作过程可以总结为：切分计算，注入程序，启动计算，读取数据。

通常将 MPI 这样以切分计算实现分布式计算的系统称为基于计算切分的分布式计算系统。这种系统计算和存储的协作是通过存储向计算的迁移来实现的，也就是说系统先定位计算节点再将数据从集中存储设备通过网络读入计算程序所在的节点。在数据量不大时这种方法是可行的，但对于海量数据读取，这种方式会很低效。

（二）基于计算和数据切分的混合型分布式计算技术网格计算

硬件和网络发展到一定阶段后，硬件价格的便宜使大多数人都有了自己的个人电脑，但却出现了一方面一些需要大量计算的任务资源不够，另一方面大量个人电脑闲置的问题。得益于网络的发展，网格技术正好是在这个时期解决这一矛盾的巧妙方法。人们对网格技术的普遍理解是将分布在世界各地的大量异构计算设备的资源整合起来，构建一个具有强大计算能力的超级计算系统。

网格计算出现于 20 世纪 90 年代，网格出现的历史背景是当时全世界已有了初步的网络，硬件价格还较昂贵，个人电脑已逐步普及，但在面对海量计算时当时的计算中心还是显得力不从心，利用世界各地闲置的计算资源构建一个超级计算资源池具有了可能性。计算网格是提供可靠、连续、普遍、廉价的高端计算能力的软硬件基础设施。网格系统的数据逻辑上也是集中存储的，网格服务器负责切分数据并向计算终端传送需要计算的数据块。在这种系统结构下计算和数据的协作机制是通过数据来寻找计算实现的，即在网格中移动的主要是数据而不是计算，这种情况在数据量较小时是容易实现的，但如果需要处理的数据量很大，那么这种以迁移数据为主的方法就显得很不方便了。在网格系统中计算是先于数据到达计算终端的，这与 MPI 十分相似，数据由计算程序主动发起请求获得，从而实现计算和数据的一致性。总体来看，网格系统既具有面向数据系统中切分数据来实现分布式计算的思想，又具有面向计算的系统中计算向数据迁移的特征，所以典型的网格系统是一种既有面向数据又有面向计算特征的混合系统，完成的任务主要还是计算密集的需要高性能计算的任务，应用领域主要是在科学计算等专业的领域。

随着面向数据逐步成为计算发展的主流，网格技术也在不断改变，Globus 也面向大数据进行了相应的改变以适应当前的实际需求，网格技术现在已呈现出全面向云计算靠拢的趋势。而作为典型的网格技术可以被认为是从面向计算走向面向数据发展过程中的过渡性技术，网格计算会在专业领域获得更好的发展，但可能会在一定程度上淡出普通用户的视野，网格计算的一些思想和技术为后来云计算技术的出现提供了可以借鉴的方法。

（三）基于数据切分的分布式计算技术

进入网络高速发展的时期，数据的产生成了全民无时无刻不在进行的日常行为，数据量呈现出了爆炸式增长，大数据时代到来，数据的作用被提到很高的地位，人们对数据所能带来的知识发现表现出强烈的信心。长期以来数据挖掘技术的应用一直都处于不温不火的状态，大数据时代的到来也使这一技术迅速地被再次重视起来，基于海量数据的挖掘被很快应用于网页数据分析、客户分析、行为分析、社会分析，现在可以经常看到被准确推送到自己电脑上的产品介绍和新闻报道就是基于这类面向数据的数据挖掘技术的。基于数据拆分实现分布式计算的方法在面向计算时代也被经常使用，被称为数据并行（Data Parallel）方法，但在计算时代真正的问题在于计算和数据之间只是简单的协作关系，数据和计算事实上并没有很好地融合，计算只是简单读取其需要处理的数据而已，系统并没有太多考虑数据的存储方式、网络带宽的利用率等问题。

通过数据切分实现计算的分布化是面向数据技术的一个重要特征。Google 的文件系统 GFS 实现了在文件系统上对数据进行拆分，这一点对利用 MapReduce 实现对数据的自动分布式计算非常重要，文件系统自身就对文件施行了自动的拆分完全改变了分布式计算的性质。MPI、网格计算都没有相匹配的文件系统支持，从本质上看数据都是集中存储的，网格计算虽然有数据切分的功能，但只是在集中存储前提下的拆分。具有数据切分功能的文件系统是面向数据的分布式系统的基本要求。

MapReduce 框架使计算在集群节点中能准确找到所处理的数据所在节点位置的前提是所处理的数据具有相同的数据类型和处理模式，从而可以通过数据的拆分实现计算向数据的迁移，事实上这类面向数据系统的负载均衡在其对数据进行分块时就完成了，系统各节点的处理压力与该节点上的数据块的具体情况相对应，因此，在 MapReduce 框架下某一节点处理能力低下可能会造成系统的整体等待，形成数据处理的瓶颈。在 MapReduce 框架下节点服务器主要是完成基本的计算和存储功能，因此可以采用廉价的服务器作为节点，这一变化改变了人们对传统服务器的看法。2005 年 Apache 基金会以 Google 的系统为模板启动了 Hadoop 项目，Hadoop 完整地实现了上面描述的面向数据切分的分布式计算系统，对应的文件系统为 HDFS。Hadoop 成了面向数据系统的一个被广泛接纳的标准系统。

数据分析技术是基于数据切分的分布式系统的研究热点。对类似于 Web 海量数据的分析需要对大量的新增数据进行分析，由于 MapReduce 框架无法对以往的局部、中间计算结果进行存储，MapReduce 框架只能对新增数据后的数据集全部进行重新计算，以获得新的索引结果，这样的计算方法所需要的计算资源和耗费的计算时间会随着数据量的增加线性增加。Percolator 是一种全新的架构，可以很好地用于增量数据的处理分析，已在 Google 索引中得到应用，大大提升了 Google 索引更新速度，但与 MapReduce 等非增量系统不再兼容，并且编程人员需要根据应用开发动态增量的算法，使算法和代码复杂度大大增加。

在分布式文件系统条件下数据的切分使对文件的管理变复杂，此类集群系统下文件系统的管理和数据分析是需要进行重点关注的研究领域之一。

（四）三种分布式系统的分析对比

从面向计算发展到面向数据，分布式系统的主要特征也发生了变化，表 2－2 对三种典型的分布式系统进行了对比和分析，从表中可以看出分布式系统的发展大体分为了三种类型：面向计算的分布式系统、混合型分布式系统和面向数据的分布式系统。其中混合型分布式系统是发展过程中的一个中间阶段，它同时具有面向计算和面向数据的特征，如混合型系统中也存在数据拆分这类面向数据系统的典型特征，但却是以集中式的存储和数据向计算迁移的方式实现计算和数据的位置一致性。对于面向数据的分布式系统往往有对应的分布式文件系统的支持，从文件存储开始就实现数据块的划分，为数据分析时实现自动分布式计算提供了可能，计算和数据的协作机制在面向数据的系统中成了核心问题，其重要性凸显出来。

表2-2 三种分布式系统的对比

方式	面向计算的 分布式系统	混合型 分布式系统	面向数据的 分布式系统
分布式计算的实现方法	计算拆分	数据拆分	数据拆分
典型的存储方式	集中存储	集中存储	分布式存储
计算与数据的位置 一致性关系	数据向计算迁移	数据向计算迁移	计算向数据迁移
系统物理位置模式	集中	分散	集中
节点性能要求	高	低	中
计算与数据协作机制	计算直接读取数据	计算主动请求读取数据	一致性哈希，主节点 元数据
并行程序开发难度	难	N/A	易
应用场景	计算密集	计算密集	数据密集
负载均衡方式	CPU 参数均衡	CPU 参数均衡，数据块均衡	数据块均衡
主要应用领域	专业领域	专业领域	专业领域
典型系统	MPI，高性能计算	网格计算，高性能计算	Hadoop、Dyname、 Cassandra、Google

由于面向计算的分布式系统具有灵活和功能强大的计算能力，能完成大多数问题的计算任务，而面向数据的分布式系统虽然能较好地解决海量数据的自动分布式处理问题，但目前其仍是一种功能受限的分布式计算系统，并不能灵活地适应大多数的计算任务，因此现在已有一些研究工作在探讨将面向计算的分布式系统与面向数据的分布式系统进行结合，希望能在计算的灵活性和对海量数据的处理上都获得良好的性能。目前技术的发展正在使面向计算和面向数据的系统之间的界限越来越不明确，很难准确地说某一个系统一定是面向计算的还是面向数据的系统，数据以及面向数据的计算在云计算和大数据时代到来时已紧密结合在了一起，计算和数据的协作机制问题也成为重要的研究课题。

特别是 HPCC（High Performance Computing Cluster，高性能的计算集群）系统的出现表明这一融合过程正在成为现实，HPCC 系统是 Lexis Nexis 公司开发的面向数据的开源高性能计算平台。HPCC 是采用商品化的服务器构建的面向大数据的高性能计算系统。HPCC

系统希望能结合面向数据和面向计算系统的优点，既能解决大数据的分布式存储问题又能解决面向大数据的数据处理问题。

HPCC 系统主要由数据提取集群 Thor、数据发布集群 Roxie 和并行编程语言 ECL（Enterprise Control Language）组成。其中 Thor 集群是一个主从式集群，这一集群有一个能实现冗余功能的分布式文件系统 Thor DFS 支持，其主要完成大数据的分析处理，从类比的角度可以将这一部分看成是一个有分布式文件系统支持的 MPI，这一点正好弥补了 MPI 没有分布式文件系统支持的弱点。在 HPCC 系统中高性能计算和大数据存储的融合再次提示：计算和数据的协作问题是解决面向数据时代大数据分析处理问题中的一项关键技术。

思考题

1. 简述云计算的基本特征与云架构的三种服务层次。
2. 简述虚拟化技术的概念和实现原理。
3. 简述云计算下实现能耗降低的主要措施。
4. 简述大数据与云计算的关系。

第三章　云服务

云服务是基于互联网的相关服务的增加、使用和交互模式，通常涉及通过互联网来提供动态易扩展且经常是虚拟化的资源。云服务包括云查询、云存储、云计算、云安全等。

云安全的策略构想是使用者越多，每个使用者就越安全，因为如此庞大的用户群，足以覆盖互联网的每个角落，只要某个网站被挂马或某个新木马病毒出现，就会立刻被截获。本章简要介绍了云服务内涵、云服务体系、云服务类型及应用等方面，最后介绍了云部署模型。本章很清晰地解释了有关的定义。

第一节　云服务概述

一、云服务的概念

云服务是指可以在互联网上使用一种标准接口来访问一个或多个软件功能。调用云服务的传输协议不局限于 HTTP 和 HTTPS，还可以通过消息传递机制来实现，云服务有点类似于云计算出来之前的"软件即服务（Software as a Service，SaaS）"。此前的"软件即服务"指服务提供商只需要在几个固定的地方安装和维护软件，而不需要到客户现场去安装和调试软件，同时，客户可以通过互联网随时随地地访问各类服务，从而访问和管理自己的业务数据。

通常情况下，在"软件即服务"系统上，服务提供商自己提供和管理硬件平台与系统软件。对于云计算平台上的云服务，服务提供商一般不需要提供硬件平台和系统软件，或者说，云计算允许公司在不属于自己的硬件平台和系统软件上提供软件服务。这是云服务和"软件即服务"的一个主要区别。对于企业来说，这是一个好事，软件公司可以将硬件和系统软件问题委托给云计算平台来负责。

企业作为云服务的客户，通过访问服务目录来查询相关软件服务，然后订购服务。云平台提供了统一的用户管理和访问控制管理。一个用户使用一个用户名和密码就可以访问所订购的多个服务。云平台还需要定义服务响应的时间。如果超过该时间，云平台需要考虑负载平衡，如：安装服务到一个新的服务器上，云平台还需要考虑容错性，当一个服务器瘫痪时，其他服务器能够接管，在整个接管中要保证数据不丢失。多个客户在云计算平台上使用云服务，要保证各个客户的数据安全性和私密性。要让每个客户觉得只有他自己在使用该服务。服务定义工具包括使用服务流程将各个小服务组合成一个大服务。

二、云服务的特征

云服务是按照 SOA 来设计的，云服务之间是一个松散耦合。云计算将软件系统看作一些有标准接口的服务集合。针对不同的业务需求，企业可以将不同服务组合在一起，构造一个新的业务系统，云服务具有以下特征：

1. 松耦合性

云计算平台的不同服务之间保持着一种相对独立无依赖的松耦合关系，即：服务请求者到服务提供者的绑定与服务之间是松耦合的。这也就意味着，服务请求不知道提供者实现的技术细节，比如程序设计语言、部署平台等。服务请求者往往通过消息调用操作，而不是通过使用 API。

在保持消息模式不变的情况下，松耦合使得服务软件可以在不影响另一端的情况下发生改变。比如服务提供者可以改变程序编程语言实现原有服务，又不对服务请求者造成任何影响。

2. 有明确定义的接口

服务必须有明确定义的接口来描述服务请求者如何调用服务提供者的服务。

3. 使用粗粒度接口

服务的粒度也很重要，太大太小都不好。太大的话，很难重用；太小的话，很难将业务操作同服务对应起来。虽然云服务并不要求一定使用粗粒度接口，但是被外部调用的服务一般采用粗粒度接口。

4. 位置透明

云计算平台上的所有服务对于调用者来说都是位置透明的，每个服务的调用者只需要知道他们调用的是哪一个服务，并不需要知道所调用服务的物理位置在哪里。

5. 无状态的服务

服务不应该依赖于其他服务的上下文和状态，应该是独立的服务。

6. 协议无关性

建议云服务可以通过不同的协议来调用，使其他的设备也可以访问云服务。

7. 软件即服务

在云计算平台上，软件不像传统的软件那样作为一个商品来销售，而是作为一个服务来销售。其变化在于软件服务需要天天维护。

由以上的特性可知，云计算的出现为企业系统架构提供了更加灵活的构建方式。如果基于云计算来构建系统架构，就可以从架构上保证整个系统的松耦合性和灵活性，为未来企业的业务逻辑的扩展打好基础。

三、云服务的设计原则

云服务是采用 SOA 来设计的，在 SOA 中，系统的体系结构通常由无状态、全封装和自描述的服务组成。设计云服务时，要坚持以下一些原则：

（1）要有构思良好的服务，这些服务能够使业务更加灵活和敏捷；它们通过松散耦合、封装和信息隐藏使重构更加容易。

（2）服务间的依赖程度降至最低，且依赖性是显示声明的。

（3）服务是无状态的。

（4）服务抽象是内聚、完整和一致的。

（5）服务的命名和描述是面向用户的，需要通俗易懂。

（6）将重用性作为标识和定义服务的最主要的标准之一。如果组件或服务不能重用，就无法将其作为服务进行部署。服务定义为一组可重用的组件，这些组件又可以用来构建新的应用程序或集成现有的软件。

（7）不要被现有的系统束缚，如果考虑太多现有的 IT 系统，而不是现在和将来的业务需求，那么自底向上的业务流程往往会导致不好的业务服务。

（8）服务可以是低级函数，也可以是高级函数。选择时，要综合考虑其灵活性、可维护性和可重用性等性能。

（9）要高度重视各种服务质量需求，避免系统在运行时出现重大问题。

（10）定义企业命名模式（如 Java 包、Internet 域名）。一般用名词命名服务，用动词命名操作。

（11）在构建云计算平台的云服务时，需要特别注意无状态服务的设计和对于服务粒度的控制。

使用 SOA 设计的具体云服务都应该是独立的、自包含的请求，不应该依赖于其他服务的上下文和状态，也就是说，SOA 架构中的云服务应该是无状态的服务。SOA 系统中的服务粒度的控制也是一项十分重要的设计任务。一般来说，要公开在整个系统外部的服务推荐使用粗粒度接口，而企业系统架构的内部一般使用相对较细的服务接口。从技术上讲，粗粒度的服务接口可能是一个特定服务的完整执行，而细粒度的服务接口可能是实现这个粗粒度接口的具体内部操作。虽然面向服务的体系结构不强制使用粗粒度的服务接口，但是一般使用它们作为外部集成的接口。选择正确的抽象级别是服务建模的一个关键问题，在不损害相关性、一致性和完整性的情况下应尽可能地使用粗粒度建模。

四、云服务的优缺点

（一）云服务的优点

云服务的优点之一就是规模经济。与同在单一的企业内开发相比，利用云计算供应商提供的基础设施，开发者能够提供更好、更便宜和更可靠的应用。如果需要，应用能够利用云的全部资源，而不必要求公司投资类似的物理资源。

由于云服务遵循一对多的模型，与单独的桌面程序部署相比，成本极大地降低了。云应用通常是"租用的"，以每个用户为基础计价，像订阅模型而不是资产购买模型，这就意味着更少的前期投资和一个更可预知的月度业务费用流。

对于部门来说，所有的管理活动都是经过一个中央位置而不是一个单独的站点工作站来管理，各部门员工能够通过 Web 来远程访问应用。云服务还能实现用需要的软件快速装备用户。当需要更多的存储空间或宽带时，公司只需要从云中添加一个虚拟服务器，这比在自己的数据中心购买、安装和配置一个新的服务器容易得多。

对于开发者而言，有了云服务，升级一个云应用比传统的桌面软件更容易。只需要升级集中应用程序，应用特征就能快速、顺利地得到更新，而不必手工去升级每台台式机上的单独应用。有了云服务，一个改变就能影响运行应用的每一个用户，大大降低了开发者的工作量。

（二）云服务的缺点

云服务的最大的缺点就是其安全性。由于云服务是基于 Web 的应用，而基于 Web 的应用长期以来就被认为具有潜在的安全风险。因此，很多公司还是宁愿将应用、数据和 IT 操作保持在自己的掌控之下。

也就是说，利用云托管的应用和存储在少数情况下会产生数据丢失；另外一个不足就是云计算宿主离线导致的事件。也就是说，如果一个公司依赖于第三方的云平台来存放数据而没有其他的物理备份，该数据可能会处于危险之中。

第二节　云服务体系简介

被广泛引用的云构架包含三个基本层次：基础设施层（Infrastructure Layer）、平台层（Platform Layer）和应用层（Application Layer）。该架构层次中每层的功能都以服务的形式提供，这就是云服务类型分类方式的来源，即从云架构不同层次所提供的服务来进行划分。本节主要介绍云架构层次和云服务体系的划分。

一、云架构层次

按照基本功能来分，云分为基础设施云、平台云和应用云，这样的分类已经包含了云架构的基本层次。云架构通过虚拟化、标准化和自动化的方式有机地整合了云中的硬件和软件资源，并通过网络将云中的服务交付给用户。广泛应用的云架构包含三个层次，各个层次为用户提供各种级别的服务，即业界普遍认同的典型云计算服务体系——基础设施即服务（IaaS）、平台即服务（PaaS）和软件即服务（SaaS）。

基础设施层以 IT 资源为中心，包括经过虚拟化后的硬件资源和相关管理功能的集合。云的硬件资源包括计算、存储以及网络等资源。基础设施层通过虚拟化技术对这些物力资源进行抽象，并实现高效的管理、操作流程自动化和资源优化，从而为用户提供动态、灵活的基础设施层服务。

平台层介于基础设施层和应用层之间。该层以平台服务和中间件为中心，包括具有通用性和可复用的软件资源的集合，是优化的"云中间件"，提供了应用开发、部署、运行相关的中间件和基础服务，能更好地满足云应用在可用性、可伸缩性和安全性等方面的要求。

应用层是云上应用软件的集合，这些应用是构建在基础设施层提供的资源和平台层提供的环境之上的，通过网络交付给用户。云应用种类繁多，主要包括三类。第一类如文档编辑、日历管理等能满足个人用户的日常生活办公需求的应用；第二类如财务管理、客户关系管理等主要面向企业和机构用户的可定制解决方案；第三类为由独立软件开发商或团队为了满足某一特定需求而提供的创新性应用。

图 3-1 所示为逐层依赖的云架构。某个云计算提供商所提供的云计算服务可能专注在云架构的某一层，而无须同时提供三个层次上的服务。位于云架构上层的云提供商在为用户提供该层的服务时，同时要实现该架构下层所必须具备的功能。事实上，上层服务的提供者可以利用那些位于下层的云计算服务来实现自己的云计算服务，而无须自己实现所有下层的架构和功能。

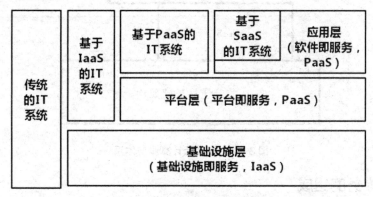

图 3-1 云架构层次示意图

图 3-1 展示了在云计算时代企业 IT 系统可能的实现方式。从左到右经历四种方式：首先是传统的 IT 系统，即：企业自建自营从硬件到软件到应用的整个 IT 系统；其次，企业将自己特定的软件系统运行在 IaaS 服务上，从而减轻运营维护 IT 硬件的负担；再次，企业可以将应用系统运行在 PaaS 所提供的服务上，这样可以更大程度地减轻运营管理 IT 系统的负担；最后就是企业可以直接采用云应用，不再拥有 IT 系统，而直接通过云服务来满足自己所需的各种软件服务。当然，企业采取何种形式的云服务取决于企业的 IT 战略发展规划。总体来说云计算带来的种种优势为企业 IT 系统发展提供了极大的便利。

二、云服务体系

由前述可知，被广泛引用的云架构包含三个基本层次：基础设施层（Infrastructure Layer）、平台层（Platform Layer）和应用层（Application Layer）。该架构层次中每层的功能都以服务的形式提供，这就是云服务类型分类方式的来源，即从云架构不同层次所提供的服务来进行划分。该架构各个层次为用户提供各种级别的服务，即业界普遍认同云计算基础架构的典型云计算服务体系——基础设施即服务（IaaS）、平台即服务（PaaS）和软件即服务（SaaS）的典型云计算服务体系，如图 3-2 所示。这些服务的交付可以与云计算实现模型的不同层次对应：IaaS 服务主要依托于云计算基础设施层，向外提供基础资源服务；PaaS 服务主要依托于平台层，向外提供应用开发与运行托管服务；SaaS 服务主要通过云计算应用软件层向外提供应用软件服务。需要注意的是：IaaS、PaaS、SaaS 都是在云计算基础架构上提供的服务，都利用了云计算基础架构提供的基础资源能力，不同的服务只是在基础架构上叠加了不同的实现部件，具有不同的服务内容和服务交付方式。另外，IaaS、PaaS、SaaS 只是层次不同，没有必然的上下层关系，即 PaaS 不一定架构在 IaaS 之上，而 SaaS 也不一定架构在 PaaS 之上。

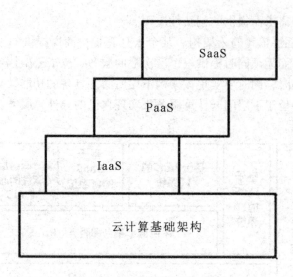

图3-2　经典云计算服务体系

三、云服务的组成

云服务是将应用程序功能作为服务提供给客户。当使用 SOA 构建软件系统时，除了要考虑系统的功能外，还要关注整个架构的可用性、性能问题、可重用性、安全性、容错能力、可靠性、可扩展性等各个方面。因此云服务的组成可以分为功能部分和服务质量部分。

（一）服务的功能

服务的功能主要包括服务通信协议、服务描述、实际可用的服务和业务流程。

（1）通信协议、传输协议用于将来自服务使用者的服务请求传送给服务提供者，并且将来自服务提供者的响应传送给服务使用者。通信协议是基于传输协议层的协议。

（2）服务描述用于描述服务是什么、如何调用服务以及调用服务所需要的数据。服务代理是一个服务和数据描述的存储库，服务提供者可以通过服务注册中心发布他们的服务，服务使用者可以通过服务注册中心查找可用的服务。

（3）业务流程是一个服务的集合，我们可以按照特定的顺序并使用一组特定的规则调用多个服务，以满足一个业务需求。

（二）服务质量

服务质量主要包括安全管理和其他一些质量要求。其中，安全管理是管理服务使用者的身份验证、授权和访问控制。其他的服务质量要求包括：性能、可升级性、可用性、可靠性、可维护性、可扩展性、易管理性及安全性。在设计架构过程中需要平衡所有这些服务质量的需求。

为了保证云服务的服务质量和非功能性需求，我们必须监视和管理已经部署的云服务。

第三节　云服务类型及应用

云服务的类型主要有基础设施即服务（IaaS）、平台即服务（PaaS）和软件即服务（SaaS）。

一、基础设施即服务（IaaS）

基础设施即服务（IaaS）交付给用户的是基本的基础设施资源。用户无须购买、维护硬件设备和相关系统软件，就可以直接在该层上构建自己的平台和应用。基础设施向用户提供虚拟化的计算资源、存储资源、网络资源和安全防护等。这些资源能够根据用户的需求动态地分配。支撑该服务的技术体系主要包括虚拟化技术和相关的资源动态管理与调度技术。

（一）IaaS 的基本抽象模型

从图 3-3 中可以看出，首先对 IT 基础设施进行资源池化（Pooling），即通过整合树立 IT 基础设施，采取相应技术形成动态资源池。第二，对资源池的各种资源进行管理，诸如调度、监控、计量等，为服务打下基础。第三，交付给用户可用的服务包，一般是用户通过网络访问统一的服务界面，按照服务目录提供的相关服务包来选择并获取所需的服务。

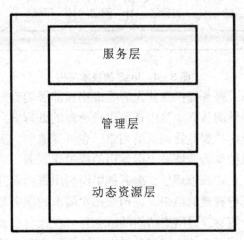

服务层

管理层

动态资源层

图 3-3　IaaS 的抽象模型

IaaS 服务的核心思想是以产品的形式向用户交付各种能力，而这些能力直接来自各种资源池，因此 IaaS 的技术构架对于资源池化、产品设计与封装以及产品交付等方面有一定要求。

（二）IaaS 的技术构架

在 IaaS 的技术架构中，通过采用资源池构建、资源调度、服务封装等手段，可以将IT 资源迅速转变为可交付的 IT 服务，从而实现 IaaS 云的按需自服务、资源池化、快速扩展和服务可度量。一般来讲，基础设施即服务（IaaS）的总体技术架构主要分为资源层、虚拟化层、管理层和服务层四层架构，如图 3 - 4 所示。

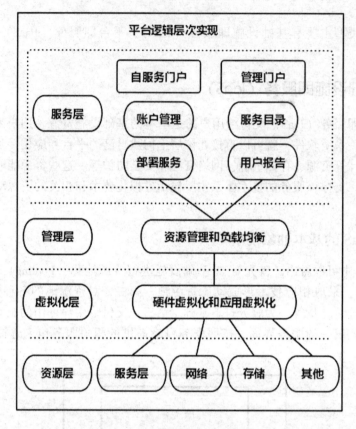

图 3 - 4 IaaS 的技术架构

为了有效地交付 IaaS，服务提供商首先需要搭建和部署拥有海量资源的资源池。当获取用户的需求后，服务提供商从资源池中选取用户所需的处理器、内存、磁盘、网络等资源，并将这些资源组织成虚拟服务器提供给用户。在资源池层，服务提供商通过使用虚拟化技术，将各种物理资源抽象为能够被上层使用的虚拟化资源，以屏蔽底层硬件差异的影响，提高资源的利用率。在资源管理层，服务提供商利用资源管理软件根据用户的需求对基础资源层的各种资源进行有效的组织，以构成用户需求的服务器硬件平台。在使用 IaaS 时，用户看到的就是一台能够通过网络访问的服务器。在这台服务器上，用户可以根据自己的实际需要安装软件，而不必关心该服务器底层硬件的实现细节，也无须控制底层的硬件资源。但是，用户需要对操作系统、系统软件和应用软件进行部署和管理。

1. 资源层

资源层位于架构的最底层，主要包含数据中心所有的物理设备，如硬件服务器、网络设备、存储设备等其他设备，在云平台中，位于资源层中的资源不是独立的物理设备个体，而是将所有的资源形象地集中在"池"中，组成一个集中的资源池，因此，资源层中的所有资源都将以池化的概念出现。这种汇总或池化不是物理上的，只是概念上的，便于IaaS 管理人员对资源池中的各种资源进行统一的、集中的运维和管理，并且可以按照需求随意地进行组合，形成一定规模的计算资源或计算能力。其中，资源层中的主要资源包括计算资源、存储资源和网络资源。

2. 虚拟化层

虚拟化位于资源层之上，按照用户或者业务的需求，从池化资源中选择资源并打包，从而形成不同规模的计算资源，也就是常说的虚拟机。虚拟化层主要包含服务器虚拟化、存储器虚拟化和网络虚拟化等虚拟化技术，虚拟化技术是 IaaS 架构中的核心技术，是实现 IaaS 架构的基础。

服务器虚拟化能够将一台物理服务器虚拟成多台虚拟服务器，供多个用户同时使用，并通过虚拟服务器进行隔离封装来保证其安全性，从而达到改善资源的利用率的目的。服务器虚拟化的实现依赖处理器虚拟化、内存虚拟化和 I/O 设备虚拟化等硬件资源虚拟化技术。

存储虚拟化将各个分散的存储系统进行整合和统一管理，并提供了方便用户调用资源的接口。存储虚拟化能够为后续的系统扩容提供便利，使资源规模动态扩大时无须考虑新增的物理存储资源之间可能存在的差异。

网络虚拟化可以满足在服务器虚拟化应用过程中产生的新的网络需求。服务器虚拟化使每台虚拟服务器都要拥有自己的虚拟网卡设备才能进行网络通信，运行在同一台物理服务器上的虚拟服务器的网络流量则统一经由物理网卡输入/输出。网络虚拟化能够为每台虚拟服务器提供专属的虚拟网络设备和虚拟网络通路，同时，还可以利用虚拟交换机等网络虚拟化技术提供更加灵活的虚拟组网。

虚拟化资源管理的目的是将系统中所有的虚拟硬件资源"池"化，实现海量资源的统一管理、动态扩放，以及对用户进行按需配合。同时，虚拟化资源管理技术还需要为虚拟化资源的可用性、安全性、可靠性提供保障。

3. 管理层

管理层位于虚拟化层之上，主要对下面的资源层进行统一的运维和管理，包括收集资源的信息，了解每种资源的运行状态和性能情况，选择如何借助虚拟化技术选择、打包不同的资源，以及如何保证打包后的计算资源——虚拟机的高可用性或者如何实现负载均衡等。

通过资源层，一方面可以了解虚拟化层和资源层的运行情况和计算资源的对外提供情况；另一方面，管理层可以保证虚拟化层和资源层的稳定、可靠，从而为最上层的服务层打下坚实的基础。

4. 服务层

服务层位于整体架构的最上层，主要面向用户提供使用管理层、虚拟化层以及资源层的能力。

基于动态云方案构建的云计算包含了完善的自服务系统，为平台上的客户提供 7×24 小时资源支持，并可在线提交服务请求，与客户直接沟通。自服务云平台首先提供服务的自由选择，用户可以根据实际业务的需求选择不同的服务套餐，同时自服务云平台还将提供订阅资源的综合运行监控管理，一目了然地掌握系统实时运行状态。通过自服务系统，用户可以远程管理和维护已购买的产品和服务。

另外，对所有基于资源层、虚拟化层、管理层，但又不限于这几层资源的运维和管理任务，将被包含在服务层中。这些任务在面对不同的企业、业务时往往有很大差别，其中包含比较多的自定义、个性化因素。例如，用户账号管理、虚拟机权限设定等各类服务。

以上4层的结构是IaaS架构中的基础部分，只有将以上内容规划好才能为服务层提供良好的支撑。

（三）代表性产品

最具代表性的IaaS产品有：IBM Blue Cloud、Amazon EC2、Cisco UCS和Joyent。

1. IBM Blue Cloud "蓝云"

IBM Blue Cloud "蓝云"解决方案是由IBM云计算中心开发的业界第一个。同时也是在技术上比较领先的企业级云计算解决方案。该解决方案可以对企业现有的基础架构进行整合，通过虚拟化技术和自动化管理技术来构建企业自己的云计算中心，并实现对企业硬件资源和软件资源的统一管理、统一分配、统一部署、统一监控和统一备份，也打破了应用对资源的独占，从而为企业提供云计算的诸多优越性。

2. Amazon EC2

EC2基于著名的开源虚拟化技术Xen，主要以提供不同规格的计算资源（也就是虚拟机）为主。通过Amazon的各种优化和创新，EC2不论在性能上还是在稳定性上都已经可以满足企业级的需求，而且它还提供完善的API和Web管理界面来方便用户使用。

3. Cisco UCS

这是一个集成的可扩展多机箱平台，在一个紧密结合的系统中整合了计算、网络、存储与虚拟化功能。该系统包含一个低延时、无丢包和支持万兆以太网的统一网络阵列，以及多台企业级x86架构刀片服务器等设备，并在一个统一的管理域中管理所有资源。用户可以通过在UCS上安装VMware vSphere来支撑多达几千台虚拟机的运行。通过Cisco UCS，企业能够快速在本地数据中心搭建基于虚拟化技术的云环境。

4. Joyent

Joyent提供基于Open Solaris技术的IaaS服务。其IaaS服务中最核心的是Joyent Accelerator，它能够为Web应用开发人员提供基于标准的、非专有的、按需供应的虚拟化计算和存储解决方案。基于Joyent Accelerator，用户可以使用具备多核CPU、海量内存和存储的服务器设备来搭建自己的网络服务，并提供超快的访问、处理速度和超高的可靠性。

（四）优势

与传统的企业数据中心相比，IaaS服务在很多方面都具有一定的优势，其中比较明显的有以下几个方面。

（1）用户免维护。用户不用操心IaaS服务的维护工作，主要的维护工作都由IaaS云供应商来负责。

（2）成本低，经济性好。使用IaaS服务，用户不用购买大量的前期硬件，免去了前期的硬件购置成本，而且由于IaaS云大都采用虚拟化技术，所以应用和服务器的整合率普遍在10（也就是一台服务器运行十个应用）以上，这样能有效降低使用成本。

（3）开放标准。IaaS 在跨平台方面稳步向前，这样应用能在多个 IaaS 云上灵活地迁移，而不会被固定在某个企业数据中心内。

（4）伸缩性强。传统的企业数据中心则往往需要几周时间才能给用户提供一个新的计算资源，而 IaaS 云只需几分钟，并且计算资源可以根据用户需求来调整其资源的大小。

（5）支持的应用广泛。因为 IaaS 主要是提供虚拟机，并且普通的虚拟机就能支持多种操作系统，所以 IaaS 所支持应用的范围也非常广泛。

二、平台即服务（PaaS）

PaaS 是为用户提供应用软件的开发、测试、部署和运行环境的服务。所谓环境，是指支撑使用特定开发工具开发的、应用能够在其上有效运行的软件支撑系统平台。支撑该服务的技术体系主要是分布式系统。

（一）PaaS 基本架构

PaaS 把软件开发环境当作服务提供给用户，用户可以通过网络将自己创建的或者从别处获取的应用软件部署到服务提供商提供的环境上运行。

PaaS 架构由分布式平台和运营管理系统构成，如图 3-5 所示。

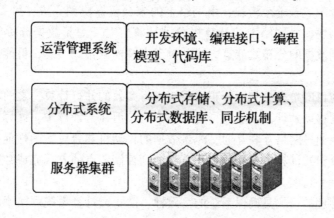

图 3-5　PaaS 基本架构

PaaS 平台构建在物理服务器集群或虚拟服务器集群上，通过分布式技术解决集群系统的协同工作问题。从图 3-5 中可知，PaaS 分布式平台由分布式文件系统、分布式计算、分布式数据库和分布式同步机制 4 部分组成。分布式文件系统和分布式数据库共同完成 PaaS 平台结构化和非结构化数据的存取，分布式计算确定了 PaaS 平台的数据处理模型，分布式同步机制主要用于解决并发访问控制问题。

为了使用 PaaS 提供的环境，用户部署的应用软件需要使用该环境提供的接口进行编程。运营管理系统针对 PaaS 服务特性，解决用户接口和平台运营相关问题。在用户接口方面，需要提供代码库、编程模型、编程接口、开发环境等在内的工具。PaaS 运营平台除完成计费、认证等运营管理系统基本功能外，还需要解决用户应用程序运营过程中所需要的存储、计算、网络基础资源的供给和管理问题，需要根据应用程序实际的运行情况动态地增加或减少运行实例。同时，该系统还需要保证应用程序的可靠运行。

（二）PaaS 关键技术——分布式技术

大多数 PaaS 服务提供商都将分布式系统作为其开放平台的基础构架，并且分布式基础平台能直接集成到运行环境中，使利用 PaaS 服务运行的应用在数据存储和处理方面具有很强大的可扩展能力。分布式技术主要包括分布式文件系统、分布式数据库、并行计算模型和分布式同步等。

分布式文件系统的目的是在分布式系统中以文件的方式实现数据的共享。分布式文件系统实现了对底层存储资源的管理，屏蔽了存储过程的细节，实现了位置透明和性能透明，使用户无须关心文件在云中的存储位置。与传统的分布式文件系统相比，云计算分布式文件系统具有更为海量的存储能力、更强的系统可扩展性和可靠性，也更为经济。

分布式文件系统偏向于对非结构化的文件进行存储和管理，分布式数据库利用分布式系统对结构化/半结构化数据实现存储和管理，是分布式系统的有益补充，它能够便捷地实现对数据的随机访问和快速查询。

分布式计算研究如何把一个需要非常巨大的计算能力才能解决的问题分解成许多小的部分，并由许多相互独立的计算机进行协同处理，以得到最终结果。如何将一个大的应用程序分解为若干可以并行处理的子程序，有两种可能的处理方法：一种是分割计算，即把应用程序的功能分割成若干个模块，由网络上的多台机器协调完成；另一种是分割数据，即把数据分割成小块，由网络上的计算机分别计算。对于海量数据分析等数据密集型问题，通常采取分割数据的分布式计算方法，对于大规模分布式系统，可能同时采取这两种方法。

分布式计算的目的是充分利用分布式系统进行高效的并行计算。之前的分布式并行计算普遍采用将数据移动到计算节点进行处理的方法，但在云计算中，计算资源和存储资源分布得更为广泛并通过网络互联互通，海量数据的移动将导致巨大的性能损失。因此，在云计算系统中，分布式计算通常采用把计算移动到存储节点的方式完成数据处理任务，具有更高的性能。

分布式协同管理的目的是确保系统的一致性，防止云计算系统网络中的数据操作的不一致性，从而严重影响系统的正常运行。

（三）PaaS 代表性产品

和 SaaS 产品相比，PaaS 产品以少而精为主，其中相关代表产品主要有 Force. com、Google App Engine、Windows Azure Platform 和 Heroku。

1. Force. com

Force. com 是业界第一个 PaaS 平台，基于多租户的架构，主要通过提供完善的开发环境等功能来帮助企业和第三方供应商交付健壮的、可靠的和可伸缩的在线应用。Force. com 是一组集成的工具和应用程序服务，ISV 和公司 IT 部门可以使用它构建任何业务应用程序并在提供 Salesforce CRM 应用程序的相同基础结构上运行该业务应用程序。

2. Google App Engine

Google App Engine 是一种使用户可以在 Google 的基础架构上运行自己的网络应用程序

的 PaaS 应用程序。该应用程序还提供一整套开发工具和 SDK（Softwore Development Kit，软件开发工具包）来加速应用的开发，并提供大量免费额度来节省用户的开支。Google App Engine 易于构建和维护，并可根据用户的访问量和数据存储需要的增长轻松扩展。

3. Windows Azure Platform

Windows Azure Platform 是微软推出的 PaaS 产品，运行在微软数据中心的服务器和网络基础设施上，通过公共互联网来对外提供服务。Windows Azure Platform 由具有高扩展性的云操作系统、数据存储网络和相关服务组成，而且服务都是通过物理或虚拟的 Windows Server 2008 实例提供的。另外，它附带的 Windows Azure SDK 软件开发包提供了一整套开发、部署和管理 Windows Azure 云服务所需要的工具和 API。

4. Heroku

Heroku 是一个用于部署 Ruby On Rails 应用的 PaaS 平台，并且其底层基于 Amazon EC2 的 IaaS 服务，支持多种编程语言，在 Ruby 程序员中有非常好的口碑。

（四）PaaS 的优势

和现有的基于本地的开发和部署环境相比，PaaS 平台主要有如下几方面的优势。

（1）友好的开发环境。通过提供 SDK 和 IDE（Integrated Development Environment，集成开发环境）等工具来让用户不仅能在本地方便地进行应用的开发和测试，而且能进行远程部署。

（2）丰富的服务。PaaS 平台会以 API 的形式将各种各样的服务提供给上层的应用。

（3）精细的管理和监控。PaaS 能够提供应用层的管理和监控，能够观察应用运行的情况和具体数值来更好地衡量应用的运行状态，还能通过精确计量应用所消耗的资源来更好地计费。

（4）多租户（Multi-Tenant）机制。许多 PaaS 平台都自带多租户机制，不仅能更经济地支撑庞大的用户规模，而且能提供一定的可定制性以满足用户的特殊需求。

（5）伸缩性强。PaaS 平台会自动调整资源来帮助运行于其上的应用更好地应对突发流量。

（6）整合率高。PaaS 平台的整合率非常高，比如 Google App Engine 能在一台服务器上承载成千上万个应用。

（五）PaaS 与 IaaS 比较

IaaS 提供的只是"硬件"，保证同一基础设施上的大量用户拥有自己的"硬件"资源，实现硬件的可扩展性和可隔离性。PaaS 在同一基础设施上同时为大量用户提供其专属的应用运行平台，实现多应用的可扩展性和隔离运行，使用户的应用不受影响，具有很好的性能和安全性。

PaaS 消除了用户自行搭建软件开发平台和运行环境所需要的成本和开销，但应用软件的实现功能和性能会受到服务提供商提供的环境的约束，特别是当前各个服务提供商提供的应用接口尚不统一，彼此之间有差异，影响了应用软件的跨平台的可移植性。

三、软件即服务（SaaS）

SaaS 是一种以互联网为载体，以浏览器为交互方式，把服务器端的程序软件传给远程用户来提供软件服务的应用模式。在服务器端，SaaS 提供商为用户搭建信息化所需要的所有网络基础设施及软硬件运作平台，负责所有前期的实施、后期的维护等一系列工作；客户只需要根据自己的需要，向 SaaS 提供商租赁软件服务，无须购买软硬件、建设机房、招聘 IT 人员。

SaaS 一般可以分为两大类：一种是面向个人消费者的服务，这类服务通常是把软件服务免费提供给用户，只是通过广告来赚取收入；另一种是面向企业的服务，这种服务通常采用用户预定的销售方式，为各种具有一定规模的企业和组织提供可定制的大型商务解决方案。

（一）SaaS 的一般技术框架

一般情况下，SaaS 从上到下依次包含用户界面层、控制层、业务逻辑层和数据访问层，如表 3-1 所示。

表 3-1　SaaS 的主要层次

层次体系	主要技术
用户界面层	Web 2.0
控制层	Struts
业务逻辑层	元数据开发模式
数据访问层	Hibernate

用户界面层封装系统界面和用户接口，用于对业务逻辑层的显示，该层传统的方式主要是使用 Web 技术，以提高界面的交互性和丰富性。控制层封装系统在整个 SaaS 系统中起到沟通用户界面层和业务逻辑层的作用，负责用户在视图上的输入，并转发给业务逻辑层进行处理。业务逻辑层用于处理用户请求的数据，是整个 SaaS 的核心部分。业务逻辑层和控制层通常采用 Struts 和元数据开发模式来实现。Strust 技术用来搭建基本程序框架，实现业务逻辑层和控制层的分离。元数据用来描述程序框架中的各应用程序模块，这样客户就可以通过创建及配置新的元数据来定制具有个性化的应用程序，从而获得软件的可配置性。数据访问层将业务逻辑层和控制层对数据管理方面的内容独立出来，负责对数据库的操作，包括数据结构的管理、数据存取和物理数据结构与逻辑数据结构间的转换。数据访问层对物理数据源的访问进行了有效的封装。以上三层都不需要关心数据源的构造及其存取方式，只需对数据访问层的逻辑数据进行操作即可。SaaS 系统各层不是相互独立的，整合于多租户软件框架之上。

（二）SaaS 的关键技术

SaaS 系统的关键技术主要包括 Web 呈现技术和多租户技术。

1. Web 呈现技术

人们之所以开始使用 SaaS，是因为 SaaS 随时随地都可以使用，但是人们仍然希望保持原有的用户体验，即"像使用本地应用程序那样使用 SaaS 应用"。因此，呈现技术就决定了云应用是否能够实现本地应用那样的用户体验。

满足 SaaS 交付需求的 Web 技术至少应该包括以下几个要素：动态的交互性；可以接收非文字输入的丰富的交互手段；较高的呈现性能；Web 界面的定制化；离线使用；使用教程的直观展示。

基于浏览器的 Web 呈现有重要改变的技术包括 HTML5、CSS3 及 Ajax。HTML5 是对传统 HTML 语言的改进，其新增加的特性能较好地满足 SaaS 应用的需要。CSS3 是对 CSS2.1 的升级，使页面显示呈现出更炫的效果，Ajax 的应用改变了用户提交请求后全页面刷新的长时间等待问题，可以使用户感受到更好的交互性。

2. 多租户技术

采用多租户方式开发的应用软件，一个实例可以同时处理多个用户的请求，即所有的应用共享一个高性能的 Server，成千上万的客户通过这个 Server 访问应用，共享一套代码，同时可以通过配置的方式改变特性。

多租户架构具有以下特点：软件部署在软件托管方，软件的安装、维护、升级对于用户是透明的，这些工作由软件供应商来完成；该架构采用先进的数据存储技术，保证了各租户之间的数据相互隔离，使得各租户之间在保证自身数据安全的情况下能共享同一程序软件，因此，租户之间是相互透明的。

数据存储问题是多租户架构的关键问题，在 SaaS 设计中多租户架构在数据存储上主要有独立数据库、共享数据库单独模式和共享数据库共享模式 3 种解决方案。

（1）单独数据库：每个客户的数据单独存放在一个独立数据库，从而实现数据隔离。在应用这种数据模型的 SaaS 系统中，客户共享大部分系统资源和应用代码，但物理上有单独存放的一整套数据。系统根据元数据来记录数据库与客户的对应关系，并部署一定的数据库访问策略来确保数据安全。这种方法简单便捷，数据隔离级别高，安全性好，又能很好地满足用户个性化需求，但是成本和维护费高，因此适合安全性要求高的用户。

（2）共享数据库单独模式：客户使用同一数据库，但是各自拥有一套不同的数据表组合存在于其单独的模式之内。当客户第一次使用 SaaS 系统时，系统在创建用户环境时会创建一整套默认的表结构，并将其关联到客户的独立模式。这种方式在数据共享和隔离之间获得了一定的平衡，它既借由数据库共享使得一台服务器就可以支持更多的用户，又在物理上实现了一定程度的数据隔离以确保数据安全，不足之处是当出现故障时，数据恢复比较困难。

（3）共享数据库共享模式：用一个数据库和一套数据表来存放所有客户的数据。在这种模式下一个数据表内可以包含多个客户的记录，由一个客户 ID 字段来确认哪条记录是属于哪个客户的。这种方案共享程度最高，支持的客户数量最多，维护和购置成本也最低，但隔离级别低。

以上 3 种方案可以通过物理隔离、虚拟化和应用支持的多租户架构来实现。物理分割法为每个用户配置其独占的物理资源，安全性和扩展性都很好，但是硬件成本高，虚拟化方法通过虚拟技术实现物理资源的共享和用户的隔离。

3. 元数据

元数据就是命令指示，描述了应用程序如何运行的各个方面。元数据以非特定语言的方式描述在代码中定义的每一类型和成员。它可能存储以下信息：程序集的说明、标识、导出的类型、依赖的其他的程序集，运行程序所需的安全权限，类型的说明、名称、基类和实现的接口、成员、属性、修饰的类型和成员的其他说明性元素等。元数据被广泛地应用在 SaaS 模式中，应用程序的基本功能以元数据的形式存储在数据库中，当用户在 SaaS 平台上选择自己的配置时，SaaS 系统就会根据用户的设置，把相应的元数据组合并呈现在用户的界面上。

元数据是一种对信息资源进行有效组织、管理、利用的基础命令集和工具。使用元数据开发模式，可以提高应用开发人员的生产效率，提高程序的可靠性，具有良好的功能可扩展性。

（三）代表性产品

SaaS 产品起步较早，而且开发成本低，所以在现在的市场上，SaaS 产品不论是在数量还是在种类上都非常丰富。

1. Google Apps

Google Apps 中文名为"Google 企业应用套件"，它提供企业版 Gmail，Google 日历、Google 文档和 Google 协作平台等多个在线办公工具，而且大部分应用程序组件都有单独的文档站点，包括产品特定的文档和常见问题解答。该套件价格低廉，使用方便，已经有大量企业购买了 Google Apps 服务。

2. Salesforce CRM

Salesforce CRM 是一款在线客户管理工具，并在销售、市场营销、服务和合作伙伴这 4 个商业领域中提供完善的 IT 支持，还提供强大的定制和扩展机制，使用户的业务更好地运行在 Salesforce 平台上。这款产品常被业界视为 SaaS 产品的"开山之作"。

3. Office Web Apps

Office Web Apps 是微软所开发的在线版 Office，提供基于 Office 2010 技术的简易版 Word、Excel、PowerPoint 及 One Note 等功能。它属于 Windows Live 的一部分，并与微软的 Sky Drive 云存储服务有深度的整合，而且兼容 Firefox、Safari 和 Chrome 等非 IE 系列浏览器。Office Web Apps 以两种不同方式提供给消费者和企业用户，作为在线版 Office 2010，它主要为用户提供随时随地的办公服务，而且无须用户在本地安装微软 Office 客户端。对于普通消费者，Office Web Apps 完全免费提供，用户只需使用有效 Windows Live ID 即可在浏览器内使用 Office Web Apps。和其他在线 Office 相比，它的最大优势是，由于其本身属于 Office 2010 的一部分，所以在与 Office 文档的兼容性方面该在线 Office 远胜其他在线 Office 服务。

4. Zoho

Zoho 是 AdventNet 公司开发的一款在线办公套件。在功能方面，它绝对是现在业界最全面的，有邮件、CRM、项目管理、Wiki、在线会议、论坛和人力资源管理等几十个在线工具供用户选择。包括美国通用电气在内的多家大中型企业已经开始在其内部引入 Zoho 的在线服务。

（四）SaaS 的优势

虽然和传统桌面软件相比，现有的 SaaS 服务在功能方面还稍逊一筹，但是在其他方面 SaaS 还是具有一定的优势的。

（1）操作简单。在任何时候或者任何地点，只要接上网络，用户就能访问这个 SaaS 服务，而且无须安装、升级和维护。

（2）成本低。使用 SaaS 服务时，不仅无须在使用前购买昂贵的许可证，而且几乎所有的 SaaS 供应商都允许免费试用。

（3）安全保障。SaaS 供应商需要提供一定的安全机制，不仅要使存储在云端的用户数据处于绝对安全的境地，而且也要通过一定的安全机制来确保与用户之间通信的安全。

（4）支持公开协议。现有的 SaaS 服务在公开协议的支持方面都做得很好，用户只需一个浏览器就能使用和访问 SaaS 应用，这对用户而言非常方便。

第四节　云部署模型

根据 NISI 的定义，云计算按照部署可以分为公有云、私有云、社区云和混合云 4 种云服务部署模型。不同的部署模式对基础架构提出了不同的要求，在正式进入云计算网络设计之前，我们必须弄清楚这几种云计算部署模式之间的不同。

一、公有云

公有云由某个组织拥有，其云基础设施对公众或某个很大的业界群组提供云服务。这种模式下，应用程序、资源、存储和其他服务，都由云服务提供商来提供给用户，这些服务多半是免费的，也有部分按需和使用量来付费使用，都是通过互联网提供服务。目前典型的公共云有微软的 Windows Azure Platform、Amazon EC2，以及国内的阿里巴巴等。

对使用者而言，公共云的最大优点是，其所应用的程序、服务以及相关的数据都存放在公共云的提供者处，自己无须做相应大的投资和建设。但由于数据不存储在自己的数据中心，其安全性存在一定的风险。同时，公共云的可用性不受使用者控制，这方面也存在一定的不确定性。

二、私有云

私有云的建设、运营和使用都在某个组织或企业内部完成，其服务的对象被限制在这个企业内部，没有对外公开接口。私有云不对组织外的用户提供服务，但是私有云的设计、部署与维护可以交由组织外部的第三方完成。私有云的部署比较适合有众多分支机构的企业或政府部门。随着这些大型企业数据中心的集中化，私有云将会成为他们部署 IT 系统的主流模式。

相对于公有云，私有云部署在企业自身内部，其数据安全性、系统可用性都可由自己控制。但是投资较大，尤其是一次性建设的投资较大。

三、社区云

社区云是面向一群由共同目标、利益的用户群体提供服务的云计算类型。社区云的用户可能来自不同的组织或企业，因为共同的需求如任务、安全要求、策略和准则等走到一起，社区云向这些用户提供特定的服务，满足他们的共同需求。

由大学教育机构维护的教育云就是一个社区云业务，大学和其他的教育机构将自己的资源放到云平台上，向校内外的用户提供服务。在这个模型中，用户除了在校学生，还可能有在职进修学生、其他机构的科研人员，这些来自不同机构的用户，因为共同的课程作业或研究课题走到一起。

社区云虽然也面向公众提供服务，但与公有云比较起来，更具有目的性。社区云的发起者往往是具有共同目的和利益的机构，而公共云则是面向公众提供特定类型的服务，这个服务可以被用作不同的目的，一般没有限制。所以，社区云一般比公共云小。

四、混合云

混合云也是云基础设施，由两个或多个云（公共的、私有的或社区的）组成的综合云，独立存在，但是它们通过标准的或私有的技术绑定在一起，这些技术促成数据和应用的可移植性。

混合云服务的对象非常广，包括特定组织内部的成员，以及互联网上的开放受众。混合云架构中有一个统一的接口和管理平面，不同的云计算模式通过这个结构以一致的方式向最终用户提供服务。同单独的公有云、私有云或社区云相比较，混合云具有更大的灵活性和可扩展性，在应对需求的快速变化时具有无可比拟的优势。

在市场产品消费需求越来越成熟的过程中，可能还会出现其他派生的云部署模型。方案设计时的构架思路对将来方案的灵活性、安全性、移动性及协作性能力都有很大的影响。同样的道理，对于以上的四个设计模型，采用私有的还是开放的方案也需要仔细考量。

思考题

1. 云服务器主要作用是什么呢？
2. 云服务器的主要功能和作用是什么？
3. 云服务与云计算的区别与联系是什么？
4. 云部署模型包括什么？

第四章 ISDM 云平台

第一节 ISDM 平台介绍

ISDM 是 IBM 的 IaaS 架构，其核心技术就是虚拟化技术和云计算服务管理平台 ISDM（IBM Service Delivery Manager），是一个预封装的自包含软件设备，在虚拟数据中心环境中实施。它使数据中心能够促进针对各种工作负载类型创建服务平台，并具有高度集成、灵活性和资源优化特点。如果希望从私有云开始入门，可以使用 ISDM 云平台。该产品使用户能够快速实施完整的软件解决方案，以用于虚拟数据中心环境中的服务管理自动化，从而帮助组织的基础结构朝着更为动态的方向发展。

ISDM 云平台是单个解决方案，提供了实施云计算所需的所有软件组件。云计算是 IT 资源的服务获取与交付模型，它可以帮助改进业务性能并控制为组织提供 IT 资源的成本。作为云计算的快速入门，ISDM 云平台使组织能够通过其数据中心的某个已定义部分或通过某个特定内部项目来利用此交付模型的好处。其潜在的好处包括：

（1）降低运营成本和资本支出。

（2）提高生产率——使用更少资源进行更多创新的能力。

（3）缩短业务功能的上市时间，从而提高竞争力。

（4）标准化的统一 IT 服务，从而提高资源利用率。

（5）提升对市场需求的承受力。

（6）改进针对 IT 使用者的服务质量。

ISDM 云平台提供对于云模型必不可少的预安装功能，包括：

（1）自助服务门户网站界面，可用于预留计算机、存储器和网络资源，包括虚拟化资源。

（2）资源的自动供应和自动取消供应。

（3）预封装的自动化模板和工作流程，可用于大多数常见资源类型，如 VMware 虚拟映象和 LPAR。

（4）云计算的服务管理。

（5）实时监视弹性。

（6）备份和恢复。

ISDM 云平台包含的软件：

（1）IBM Tivoli Service Automation Manager。

（2）IBM Tivoli Monitoring。

（3）IBM Tivoli Usage and Accounting Manager。

（4）IBM Web Sphere Application Server ND。

（5）IBM Tivoli Provisioning Manager。

（6）IBM Tivoli Service Request Manager。

（7）IBM Tivoli Directory Server。

第二节　ISDM 平台准备工作

一、安装环境

为了简化 ISDM 的部署和配置，虚拟映象上已预安装了软件堆栈。

通过虚拟映象中嵌入的技术，用户可以定制映象以符合自己的环境配置。这意味着用户可以为每个虚拟映象指定以下参数：

（1）网络配置（IP 地址、网络掩码、网关、主 DNS 服务器、辅助 DNS 服务器、域名）。

（2）主机名。

（3）root 和 virtuser 用户的密码（virtuser 是非管理用户标识，拥有虚拟映象上安装的几乎所有 IBM 软件权限）。

虚拟映象启动时，将处理配置参数，并将根据这些参数配置操作系统以及映象上安装的软件堆栈。即使 ISDM 包含的软件产品位于不同的虚拟映象上，它们之间的所有功能关联也将根据用户的规范自动配置。

这意味着启动映象之后，完整的软件堆栈就已运行，并已进行了相应配置以适合用户的网络环境，而且已向 root 和 virtuser 用户分配了您指定的密码。已使用缺省凭证为用户设置了其他必需的管理用户和服务用户。

ISDM 云平台安装包是由四个可导入 VMware 的 SUSE 镜像组成，因此需要在一台物理服务器上安装 VMware 虚拟化软件后再将四个镜像依次导入（这台物理服务器被称为"管理节点"），其他接受管理的服务器需要安装 Hypervisor 来接受管理（这些物理服务器被称为"计算节点"）。

管理节点的最低硬件需求见表 4－1（注：管理节点的配置决定了管理软件的性能，配置越高，性能越好，另外管理节点只能安装在 x86 结构服务器上），管理节点可以安装的 VMware 虚拟化软件列表见表 4－2，计算节点的最低硬件需求见表 4－3（注：计算节点的配置决定了可以使用的虚拟服务器的数量及虚拟服务器的性能，IBM Powe6/7 需要有 KVM 支持），可以安装到计算节点的 Hypervisor 列表见表 4－4，ISDM 云平台每个镜像的硬件需求见表 4-5，ISDM 云平台安装的流程如图 4－1 所示。

表 4－1　管理节点的最低硬件需求

服务器架构	CPU 核数	磁盘空间/GB	内存/GB	其他
x86_ 64	8	200	24	CPU 需要支持硬件虚拟化 VT_X

表4-2　管理节点安装 VMware 虚拟化软件

VMware 软件名称	软件版本
VMware ESX	4.0 or later
VMware ESXi	4.0 or later

表4-3　计算节点的最低硬件需求

服务器架构	CPU 核数	磁盘空间/GB	内存/GB	其他
x86_64	4	73	4	CPU 需要支持硬件虚拟化 VT_X
Power6 或 Power7	1	73	4	

表4-4　可安装到计算节点的 Hypervisor 列表

Hypervisor 名称		操作系统版本
x86_64	Xen	Red Hat Enterprise Linux 5.4 SUSE Linux Enterprise Server 10.2 CentOS 5.3
	KVM	Red Hat Linux 5.3 Red Hat Linux 5.4 Red Hat Linux 5.5 SUSE Linux （SLES） 10 SUSE Linux （SLES） 11
Power	PowerVM	AIX 6.1 TL3 （IBM System p 64-bit） AIX 5.3 TL10 （IBM System p 64-bit）

表4-5　ISDM 云平台每个镜像的硬件需求

虚拟镜像	CPU 物理核数	磁盘空间/GB	内存/GB
TIVSAM_image	4	125	12
ITM_image	2	20	4
TUAM_image	2	14	4
NFS_image	2	19	2

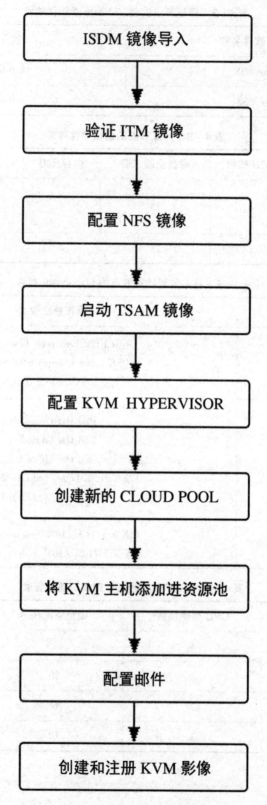

图 4－1　ISDM 云平台安装流程

二、网络设备选型

Network：Configuration flow。

（1）分配 Mac 地址。

（2）为每个网络分配 IP。

（3）为每个虚拟机分配 IP。

（4）在 Hypervisor 上安装网络。

（5）更新 DHCP 配置。

（6）初始化 Gateway。

（7）VPN 配置（可选）。

（8）更新网络信息到 DB。

ISDM 云平台包含四个可导入 VMware ESX 或 ESXi 的镜像，本节以将其中三个镜像导入一台 VMware ESXi 为例（未导入 TUAM 镜像），计算节点安装 KVM Hypervisor IP 地址规划如表 4 - 6 所示。

表 4 - 6　安装 KVM Hypervisor IP 地址规划

主机	IP 地址	主机名	主机域名	说明
VMware ESXi Server	192.168.0.10	ESXi - 01	自定义	管理节点的物理 IP 地址，此服务器用于导入 ISDM 云平台的四个镜像
Red Hat KVM Server	192.168.0.11	KVM - 01	自定义	计算节点的物理 IP 地址，作为云计算的计算资源池
TSAM_image	192.168.0.20	Icb-tivsam	Icb-tivsim. cloudburst. net	需要导入 ESXi 的镜像，此镜像中已安装 TSAM 套件
NFS_image	192.168.0.2	icb-nfs	Icb-nfs. cloudburst. net	需要导入 ESXi 的镜像，此镜像中已安装 NFS 套件
ITM_image	192.168.0.22	Icb-itm	icb-itm. cloudburst. net	需要导入 ESXi 的镜像，此镜像中已安装 ITM 套件

三、存储网络结构

（一）SCSI

SCSI 是连接存储设备与服务器最通用的方法。SCSI 产生于 1979 年，是支持 1 ~ 2 个磁盘的 8-bit 的并行总线接口。这一协议不断发展,直至成为其他存储相关技术的基础。今天,串行 SCSI 成为存储设备领域里,具有层结构和良好体系结构的协议族。美国国家信息技术委员会所制定的 T10 标准,也就是 SAM-2,为 SCSI 的实现提供了一个层次化的模型。这一框架包括 SCSI 驱动器软件、物理互联、命令实现以及存储管理,这些内容一起为 SCSI 的互操作性和可扩展性提供了可能。它支持多驱动器类型、排队、多任务、缓存、自动驱动器 ID 识别、双向接口操作等内容。SCSI-3 命令集将逻辑层转化为基于包的格式,从而为网络传输提供了可能。目前对串行 SCSI 有多种实现,包括 Fibre Channel、Apple's Firewire、SSA 等。最近又有 ISCSI。

SCSI 标准共提供了三种可能的电气配置:

(1) 低成本的单端可选配置,适用于临近设备的连接,距离最大为 6 m。

(2) 较昂贵的 HVD,可支持 25 m 距离,具有较好的抗噪声性能。

(3) 最近提出的 LVD,支持 SCSI-3,作用距离可达 12 m。

随着基于因特网的应用的不断增长,不断加速的信息需求使得存储容量的增长速度超过了服务器处理能力的增长速度。一方面是服务器有限的内部存储极限,另一方面是不断增长的存储内容,这就要求服务器的存储"外部化",以适应新的应用的要求。然而随着存储容量的不断增长和服务器的不断发展,在单一的服务器上实现同时对应用环境和存储环境管理就成为一项新的挑战。将服务器和存储器分开虽然有助于提高这方面的管理能力,但是由于 SCSI 的 25 m 极限,以及它的速度和共享能力,还是一个重要问题。

(二) TCP/IP

TCP 协议和 IP 协议共同构成了通信协议族。这组协议是因特网获得成功的主要因素。一方面它们的扩展性很强,可以实现巨大的网络;另一方面 TCP/IP 也在因特网不同的使用者之间实现了安全和可靠的信息共享。由于这些特性的存在,使得因特网成为一个真正的开放性网络,它可以支持数以百万计的家庭、学校、政府、公司直至世界的遥远角落。由于 TCP/IP 能够支持大量的网络技术,所以它完全有能力成为全球存储网络的基础。

(三) Ethernet

Ethernet 是今天局域网领域得到最广泛使用的技术。它是 IEEE 802.3 标准,最早是由 Xerox 公司开发的。因为它是桌面电脑互联的最佳技术,所以得到 Intel 公司和 Digital 公司的进一步开发。它的发展经历了 10 MB/s 到 100 MB/s 再到 1 000 MB/s 的过程,现在 10 GB/s 的 Ethernet 也即将问世。10 GB/s 的 Ethernet 和 TCP/IP 的组合为存储网络应用的实现提供了引人注目的解决案。

(四) Fibre Channel

大多数的存储域网络 (Storage Area Networks) 都是基于一个叫 Fibre Channel (FC) 的体系构建。FC 的发展是为了解决服务器和存储设备之间通信的诸多要求。这些要求包括速度、容量、可靠性等。目前它能够实现 1 GB/s 及 2 GB/s 的速率,以及 100 MB/s 半工和 200 MB/s 全工的持续吞吐量。

第三节　ISDM 平台备份与恢复

一、ISDM 云平台的备份

(一) 备份系统建设思路和架构

虚拟化给信息化建设带来的好处是显而易见的快速系统部署、方便使用计算资源等方面，都给系统管理员带来了极大的便利，但同时带来备份方面的严重挑战，采用传统备份手段不能有效解决虚拟化的备份。

虚拟化备份面临的主要问题包括：

资源争用问题——虚拟化可以带来整合优势，但是，在单一物理服务器上集中多个应用，资源（CPU、I/O、内存、网络）将高度紧张，如果再采用传统备份方式进行备份，即在虚拟机内部安装备份软件进行备份操作，这将导致过度消耗共享资源（CPU、I/O、内存、网络），使得虚拟化效率降低。避免资源备份引起的资源竞争的最好方式是采用 VMware vStorage API 对 VMDK 快照进行备份，备份通过一台或多台代理 VM 进行，代理 VM 可以部署在生产 ESX 服务器，也可以部署在专门的 ESX 服务器上，该服务器只作为备份代理，不对外提供服务，从而解决资源争用问题。通过 vStorage API 在代理服务器上完成备份的好处包括：

(1) 资源消耗少——不在单台虚拟机上部署备份软件，大大降低资源消耗。

(2) 提供裸机恢复——可以恢复到源虚拟机或新的虚拟机。

(3) 快速部署——通过 vCenter 可以快速导入和部署。

(4) 数据库备份一致性问题——由于第 1 层应用程序被虚拟化，确保交易型数据库备份一致性成为进行可靠恢复的关键。通过 vStorage API 备份 VMDK 的方式虽然节省了资源，但不能确保交易型数据库备份时处于一致性状态，可能备份出来的数据不能完全恢复甚至不能恢复。对于此类型的应用，必须采用客户机模式备份，即使用支持数据库应用程序的代理，通过在虚拟机上安装数据库热备份代理软件，确保交易型数据库备份的数据一致性。

(5) "虚拟机剧增"带来的大量冗余数据问题——虚拟机的创建和部署非常方便，且虚拟机创建多数来自于相同的模板，相同的数据非常多，过快导致冗余数据太多，备份数据量太大，网络传输压力太大，备份时间过长，同时后端备份存储空间压力大，也难以通过电子复制实现异地备份。如何解决？业界最成熟的做法是采用源端重复数据消重技术进行解决。通过源端重复数据消重技术，可以大大减轻网络压力、存储压力，减少备份时间。

综上分析，本项目云平台的备份解决方案必须遵循以下原则：

(1) 支持客户机备份。

①模拟熟悉的物理服务器备份。

②提供应用程序一致性。

(2) 支持映象备份。

①支持灾难恢复和裸机恢复。

②备份负载与应用程序分离。

③可快速部署。

（3）支持源端重复数据消重。

①减轻网络压力。

②降低存储容量需求。

③易用实现异地备份。

（4）与 VMware 紧密集成。

①vCenter Server 集成，通过 vCenter 集中部署、管理和控制。

②与 VMware vStorage API 集成，实现高效率备份。

（二）系统备份网络拓扑图

本项目采用业界最先进、最成熟且简单易用源端重复数据消重磁盘备份解决方案——EMC Avamar 虚拟化备份解决方案，解决项目中 100 台虚拟机的备份问题，为虚拟机部署和数据安全提高保障。备份系统网络拓扑图如图 4-2 所示。虚拟机的备份架构说明如下。

（1）Avamar 提供两种备份模式——映象备份和客户机备份，建议大部分采用 VMDK 映象备份方式，Avamar 代理安装在代理 VM 上，通过代理（Proxy）装载备份作业；可通过多台代理 VM 同时对多台虚拟机进行备份，并且代理 VM 之间自动负载均衡。每台虚拟机需要把数据备份到 Avamar Datastore。

（2）由于 VMDK 映象备份方式无法确保数据库事务的一致性，如果虚拟机安装了数据库，并且该业务 24 小时运行，针对这类虚拟机则采用客户机备份模式，在虚拟机的操作系统之上安装 Avamar 客户端和数据库代理软件，再备份到 Avamar Datastore，实现数据的一致性保护。

（3）两地之间的 Avamar Datastore 通过互为复制实现异地保护，提高备份数据的安全性。

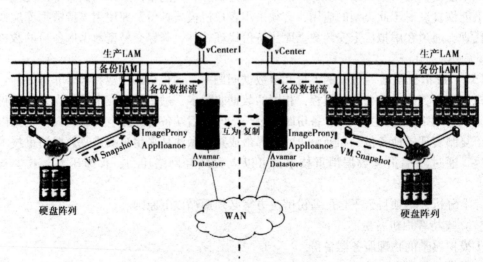

图 4-2　备份系统网络拓扑图

（三）Avamar 备份虚拟机的优势

Avamar 被称为内嵌备份软件的消重存储，是虚拟化项目中被广泛采用的备份解决方案，其对虚拟机备份的主要优势如下：

（1）支持虚拟机客户机备份。

①Avamar 内置了备份软件，在虚拟机上通过 IE 浏览器即可下载并安装客户端软件，简单易用。

②备份软件支持广泛应用和数据库，可确保数据库及应用程序的一致性。

③所有客户端软件免费，方便虚拟机扩展。

（2）支持映象备份。

①通过代理服务器进行 VMDK 映象备份。

②支持改变块备份，备份数据时间大大缩短，通常备份一台虚拟机仅需 5 分钟。

③支持改变块恢复，大大加快恢复速度，几分钟即可恢复一台虚拟机。

（3）支持源端重复数据删除。

①移动数据量减少 95%。

②备份时间缩短 90%。

③磁盘影响减少 50%。

④网卡使用率降低 95。

⑤CPU 使用率降低 80%。

⑥内存使用率降低 50%。

⑦减轻存储空间压力。

⑧容易实现异地复制。

（4）与 VMware 紧密集成。

①Avamar 与 vCenter Server 紧密集成，通过 vCenter 可集中快速部署、管理和控制。

②与 VMware vStorage API 紧密集成，备份效率非常高。

（5）异地备份非常容易实现

①Avamar 高效的重复数据消重效率，大量减少磁盘后端的容量。

②备份数据经过消重后非常容易实现云端之间的互为异地备份，提高数据安全性。

（四）备份策略规划建议

由于 Avamar 采用了重复数据消重技术，可采用每天全备份的单一备份策略。

（1）VMDK 映象备份。

①每天一次全备份，安排在业务不繁忙时进行；配置支持改变块跟踪（CBT）备份模式，每天全备份实际上仅需备份改变块。

②每天备份自动复制到异地。

（2）客户机备份。

①对于安装了数据库的虚拟机，通过安装 Avamar 备份客户端软件和数据库备份模块进行备份，同样采用每天一次全备份策略。

②对于某些需要单独备份文件系统的虚拟机，也采用客户机备份模式，可采取全量方

式每天进行备份。

二、ISDM 云平台的恢复

虚拟机出现故障时，通过 Avamar 进行快速数据恢复，由于每天均采用全备策略，故恢复时只需简单地定义为恢复到某一天即可。

（1）VMDK 映象恢复：对于采用 VMDK 映象备份的虚拟机，可直接恢复到原有虚拟机上或者新建一台虚拟机。

（2）客户机模式恢复：对于采用客户机备份的虚拟机，可选择需要恢复的文件或者数据库，文件和数据库同样可恢复到原位置或者重定向到新位置。

（3）异地恢复模式：如果本地备份由于故障不能恢复，那么可直接在异地进行恢复或者复制回本地再恢复。

（一）Avamar 虚拟化备份解决方案的特点

EMC Avamar 可显著提高备份效率和可靠性，降低成本，并最大限度地减少管理工作。

（1）缩减基础架构成本。

EMC Avamar 减少或消除了与存储每周和/或每月完整磁带备份相关的该期间的介质成本和管理成本。磁带备份过程的自然结果是，反复地提取、发送和存储相同数据的多个拷贝。创建这些数据的每个副本都耗费宝贵的服务器、网络、存储设备和管理人员，导致总体拥有成本的连续攀升。EMC Avamar 消除了与介质管理（磁带搬运、条形码/标签制作、磁带分段和物理存储）、磁带硬件子系统（机械故障）、索引管理（索引和介质数据库的可扩展性）和异地问题（运输管理、介质老化、介质获取时间）相关的运营开销。

（2）减少备份时间（实际执行时间）。

通过在源位置上消除冗余数据，备份速度加快了 10 倍。这就避免出现备份占用生产时间或拖延到周末这样的情况。EMC Avamar 腾出机器运转时间和人力，以用于其他目的。

（3）集中式管理。

与传统的远程数据备份解决方案不同，EMC Avamar 使用户可以从单个管理控制台屏幕上管理多个站点，并同时查看多个系统。此外，EMC Avamar 的企业管理功能可对本地和远程的所有 EMC Avamar 系统保留的备份数据进行终止期管理。可通过全局政策强制执行保留政策，以确保贯穿整个企业的一致性。

（4）提高恢复时间目标。

EMC Avamar 增强了对数据的访问功能，使公司可以达到其恢复时间的目标。既然数据可通过单个步骤即时恢复，那么，与传统的多步骤恢复过程相比，就提高了员工的生产率。传统的过程相当耗时，要求先进行完整恢复，然后进行后续的增量恢复，才能达到所需的恢复点。

（5）每日完整性检查。

EMC Avamar 每天对 Avamar 服务器和存储的备份数据进行完整性检查。可以确信，所有备份数据的可恢复性每天都得到了验证。

（6）远程系统保护。

由于采用 EMC Avamar 的全局重复数据消除技术，通信成本显著降低，因为只有新的、具有唯一性的子文件数据段才通过网络从远程位置发送到远程站点。因此，将来可将现有备份架构升级到异地备份架构。

（二）Avamar 虚拟机备份解决方案介绍

EMC Avamar 是一种针对 VMware 虚拟基础架构进行了优化的企业级备份和恢复/灾难恢复解决方案，它使用独特的重复数据消除技术来高效地备份 VMware Virtual Infrastructure 组件，并消除了共享资源上的传统备份负担。

EMC Avamar 备份和恢复软件与集成的源位置全局重复数据消除可以解决与传统备份相关的难题，能够对远程办公室、VMware 环境和数据中心 LAN/NAS 服务器实现快速、高效的保护。EMC Avamar 利用享有专利的全局重复数据消除技术，从源头上确定冗余数据段，减少每日备份数据最高 300 倍，在网络传输之前完成。可对数据进行加密，以提高安全性，同时通过集中式管理，轻松而高效地保护数百个远程站点。

使用 VMware 进行服务器整合为 IT 部门提供了许多好处，其中包括降低成本、简化资源调配、减少数据中心占地空间以及降低能耗。但是，随着存储在共享通用资源的虚拟机上的数据总量不断增加，传统的备份方法已显得力不从心，而且不利于进一步推广虚拟化。

（三）Avamar 提供多种基于虚拟化的备份方式

（1）客户系统级备份和恢复。

Avamar 与 VMware vStorage API for Data Protection 紧密集成在一起。在客户系统级别，每个虚拟机（VM）中都安装了轻量级 Avamar 代理，负责在各 VM 中执行重复数据消除。随后，Avamar 只将经过更改的唯一数据块通过 ESX Server 移到 Avamar Data Store 中。由于只移动了经过更改的数据块，所以减少了资源的争用现象，同时缩短了备份窗口。Avamar 可在客户系统级别实现最大的重复数据消除幅度，同时为应用程序提供一致的热备份功能。快速文件级恢复可最大限度地减少延迟，确保业务连续性。

（2）映象级（VMDK）备份和恢复。

Avamar 代理安装在代理 VM 上，可从正在运行应用程序的任何 VM 中卸载备份流程。vSphere 可将每个 VM 动态装载到代理中，而无须通过网络实际移动数据，这使 Avamar 可以在几分钟内完成多个虚拟机的备份。为最大限度地提高备份吞吐量，Avamar 跨多个代理 VM 应用循环调度负载平衡算法。Avamar 利用多个代理来备份一组 VM，并将备份作业发送给可用的代理，因而可以避免只使用一个代理时的限制。Avamar 还利用 VMware 的已更改数据块跟踪（CBT）功能进一步加快备份和还原流程的速度。VMware 只将经过更改的数据块提供给 Avamar 代理，后者会将每个数据块分为可变长度的数据段，并进一步评估其唯一性。由于只有唯一的数据段才会被送去备份，所以最大限度地提高了备份速度。反过来，还原过程也利用 CBT 加快恢复速度。Avamar 支持直接从 Avamar 用户界面进行完整 VMDK 或文件级还原，目标位置可以是原始 VM、现有 VM 或新 VM。

（四）轻松管理虚拟环境

Avarrtar 的用户界面及其与 vCenter 的集成简化了虚拟环境的备份管理。通过自动发现所有 VM 及其保护方案（客户系统级或映象级保护）的功能，可以清楚地了解每个 VM 的受保护状态，更重要的是知道哪些 VM 尚未受到保护。Activity Monitor 会显示各项备份和还原操作。用户可以非常轻松地定义备份组和策略，从而快速满足保护动态虚拟环境的要求。

（五）保护 VMware View 环境

保护整个 VMware View 基础架构的最佳方法是使用 Avamar 客户端软件代理独立地保护各个关键组件。这种方法可帮助企业避免重复配置整个 VMware View 解决方案以供备份环境使用所导致的基础架构成本。作为最佳做法，用户主目录和虚拟桌面模板应该存储在集中式的共享存储设备上。Avamar 提供了专用的加速器节点来保护可使用 NFS、CIFS 或 NDMP 访问数据的 NAS 存储设备。通过 Avamar 可以恢复构成 VMware View 环境的各个组件。随后，可以基于所需的恢复级别手动将各个组件恢复到 VMware View 环境中。

（六）灵活地部署选项，满足用户的实际需要

Avamar 提供了多种部署选项，用户可以根据具体使用情形和恢复要求灵活选择。EMC Avamar Data Store 是一款全包式备份和恢复解决方案，它将 Avamar 软件与经 EMC 认证的硬件和 RAIN 体系结构集成在一起，可简化部署过程并提供高可用性。EMC Avamar Virtual Edition 是业界第一个将重复数据消除技术用于备份和恢复的虚拟应用装置，包括部署为虚拟应用装置的 EMC Avamar 软件。在执行特定于应用程序的备份时，Avamar 可使用 EMC Data Domain Boost 软件将 VMDK 映象数据直接发送至 Data Domain 系统。现在，客户可以利用业界领先的重复数据消除软件和硬件来统一数据保护过程，从而打造出性能最高、可扩展性最强的备份和恢复解决方案。

第四节　ISDM 自助服务管理

一、ISDM 自助服务简介

首先，回顾一下云计算三大平台中 IaaS 的核心是什么？IaaS 的核心技术就是虚拟化技术和云计算服务管理平台。

而 ISDM（IBM Service Delivery Manager）的角色就是云计算服务管理平台，ISDM 是单个解决方案，提供了实施云计算服务管理所需的所有软件组件。ISDM 提供对于云模型必不可少的安装功能，包括：

（1）自助服务门户网站界面，可用于预留计算机、存储器和网络资源，包括虚拟化资源。

（2）资源的自动供应和自动取消供应。

（3）预封装的自动化模板和工作流程，可用于大多数常见资源类型，如 VMware 虚拟映象和 LPAR。

（4）云计算的服务管理。

（5）实时监视弹性。

（6）备份和恢复。

IBM Service Delivery Manager 使用以下软件：

（1）Tivoli Service Automation Manager。

Tivoli Service Automation Manager 协助进行 IT 架构（由硬件服务器、网络、操作系统、中间件和应用级软件构成）的自动化供应、管理以及取消供应。在 System X，System P 或 System Z，Tivoli Service Automation Manager 为最终用户启动的虚拟服务器供应和管理提供支持。自助服务用户界面支持自助服务环境，自助服务虚拟服务器管理功能可以满足数据中心高效管理虚拟服务器及关联软件的自助服务部署的长期需求。使用一组简单的指点工具，最终用户可以选择软件，然后在自动供应的虚拟主机中自动安装或卸载软件。

（2）IBM Tivoli Monitoring。

IBM Tivoli Monitoring 监视并管理系统和网络应用程序，跟踪企业系统的可用性和性能，并提供报告来跟踪趋势并对问题进行故障诊断。可以使用 IBM Tivoli Monitoring 执行以下任务：

①使用预定义的情景或定制情景监视所管理的系统是否有报警。

②建立自己的性能阈值（临界值）。

③跟踪导致报警的原因。

④收集有关系统情况的综合数据。

⑤使用策略执行操作、调度工作以及自动进行手动任务。

（3）IBM Tivoli Usage and Accounting Manager。

帮助度量服务使用情况数据，TSAM 实例化并管理服务实例，它能够跟踪服务实例本身的创建、修改和删除以及分配该实例的容量，这些信息可以定时抽取并变换成所谓的 CSR（公共服务器资源）文件，然后 IBM Tivoli Usage and Accounting Manager 可以通过检索 CSR 文件来生成报告，这些报告显示资源使用成本，可在管理用户界面中对报告进行管理。IBM Tivoli Usage and Accounting Manager 允许生产以下报告：

①配置：包含有关报告配置的信息。

②客户机：列出 IBM Tivoli Usage and Accounting Manager 数据库中注册的所有客户机。

③发票：根据记账代码显示使用的服务器小时数、内存小时数和 CPU 小时数。

④运行总发票：显示整个基础结构内使用的总服务器小时数、内存小时数和 CPU 小时数。

⑤费率：列出 IBM Tivoli Usage and Accounting Manage 数据库中定义的费率。

二、用户与权限管理

（一）用户管理功能介绍

与团队管理功能相对应，用户管理功能包括用户的创建、修改和删除等。用户管理可以为不同用户分别赋予相应的使用权限，保证云计算平台的安全性。

（二）用户权限

目前，云计算平台共有 4 种用户，分别为云计算平台管理员、云计算平台操作员、团队管理员和团队用户。

（1）云计算平台管理员（Cloud Administrator）：能够对云计算平台上所有项目进行查看和审批，变更项目资源，改变项目周期或者终止项目。

（2）云计算平台操作员（Cloud Manager）：能够查看云计算平台的所有项目。

（3）团队管理员（Team Administrator）：能够提出项目创建、资源或周期变更的申请，并送交云计算管理员审批。

（4）团队用户（Team User）：能够查看所属团队在云计算平台上的项目。

需要注意的是，只有云计算平台管理员和团队管理员才有用户管理权限。其中，云计算平台管理员能够管理所有用户，而团队管理员则只能对其所属团队的用户进行管理。

（三）创建用户

（1）以云计算平台管理员或团队管理员的身份登录云计算平台。

（2）单击"请求新服务"—"虚拟服务器管理"—"管理用户和团队"—"创建用户"，在弹出的对话框中输入如下信息。

①用户 ID。

②账户设置：显示名称，用户口令、角色以及所属团队等。

③个人信息：姓名、E-mail、电话和地址等。

④区域设置。

（四）修改用户资料

（1）以云计算平台管理员或团队管理员的身份登录云计算平台。

（2）单击"请求新服务"—"虚拟服务器管理"—"管理用户和团队"—"修改用户"，在用户列表中选择需要修改的用户。

（3）修改用户资料，例如用户的账户设置、个人信息和区域设置等。

（4）单击"确定"按钮即可完成用户资料的修改。

（五）删除用户

（1）以云计算平台管理员或团队管理员的身份登录云计算平台。

（2）单击"请求新服务"—"虚拟服务器管理"—"管理用户和团队"—"除去用户"，在用户列表中选择需要删除的用户。

（3）查看被删除用户的明细信息。注意：删除用户的操作无法撤销，并且该用户 ID 无法复用。

第五节　ISDM 服务管理

一、镜像管理

注册虚拟机镜像，首先需要将虚拟机模板加入资源池中。下面以 VMware 为例介绍虚拟机镜像的管理方法。

（一） 注册虚拟机镜像

（1） 以云计算平台管理员身份登录云计算平台。

（2） 点击"请求新服务"—"虚拟服务器管理"—"管理映象库"—"注册 VM-ware 映象"，在资源池列表中选择 VMware System X，选择该资源池中发现的镜像，并输入最低/推荐的系统配置。

（二） 删除虚拟机镜像

（1） 以云计算平台管理员身份登录云计算平台。

（2） 单击"请求新服务"—"虚拟服务器管理"—"管理映象库"—"注销映象"，在资源池列表中选择 VMware System X，并选择需要删除的虚拟机镜像。单击"确定"按钮即可删除该虚拟机镜像。

二、虚拟机管理

虚拟机管理模块允许用户对虚拟机进行远程控制，例如虚拟机的启动、停止和重启。同时，用户还可以对虚拟机进行备份，并从备份恢复虚拟机。此外，利用云计算平台还可以重置虚拟机的密码。

（一） 远程控制虚拟机

（1） 以云计算平台管理员或团队管理员的身份登录云计算平台。

（2） 单击"请求新服务"—"虚拟服务器管理"—"修改服务器"—"启动服务器"，在弹出的对话框中首先选择虚拟机所属的项目，然后选择需要启动的虚拟机。单击"确定"按钮即可启动虚拟机，并等待开机过程完成。

（二） 停止虚拟机

（1） 以云计算平台管理员或团队管理员的身份登录云计算平台。

（2） 单击"请求新服务"—"虚拟服务器管理"—"修改服务器"—"停止服务器"，在弹出的对话框中首先选择虚拟机所属的项目，然后选择需要停止的虚拟机。单击"确定"按钮即可停止虚拟机，并等待关机完成。

（三） 重启虚拟机

（1） 以云计算平台管理员或团队管理员的身份登录云计算平台。

（2） 单击"请求新服务"—"虚拟服务器管理"—"修改服务器"—"重启服务器"，在弹出的对话框中首先选择虚拟机所属的项目，然后选择需要重启的虚拟机。单击"确定"按钮即可重启虚拟机，并等待重启过程完成。

（四） 重设虚拟机密码

（1） 以云计算平台管理员或团队管理员的身份登录云计算平台。

（2） 单击"请求新服务"—"虚拟服务器管理"—"修改服务器"—"重置服务器

密码"，在弹出的对话框中首先选择虚拟机所属的项目，然后选择需要重设密码的虚拟机，单击"确定"按钮即可重设虚拟机的密码，并查收邮件以获取重置后的密码。

（五）修改服务器资源

（1）以云计算平台管理员或团队管理员的身份登录云计算平台。

（2）单击"请求新服务"—"虚拟服务器管理"—"修改服务器"—"修改服务器资源"，在弹出的对话框中首先选择虚拟服务器所属的项目，然后选择需要修改的虚拟服务器。

（3）在资源选择中，选择要添加的资源量，并单击"检查资源"按钮。

（4）单击"确定"按钮并提交服务器资源修改请求。

（六）服务器安装软件

（1）以云计算平台管理员或团队管理员的身份登录云计算平台。

（2）单击"请求新服务"—"虚拟服务器管理"—"修改服务器"—"安装软件"，在弹出的对话框中首先选择虚拟服务器所属的项目，然后选择需要修改的虚拟服务器。

（3）在资源选择中，选择要添加的软件，并单击"配置软件"按钮。

（4）单击"确定"按钮并提交服务器软件安装请求。

三、监控与计费管理

云计算发展到现在已经有较完整的系统，其中监控是不可缺少的环节。部分监控企业都适时地提出了"云监控""云服务"的概念。

（一）"云监控"的概念

云监控是基于物联网模式并且采用云存储技术来满足现代化监控的需求。具体实现是指通过集群应用、网格技术、分布式文件系统等功能，将视频监控、门禁控制、RFID 射频识别、入侵报警、消防报警、短信报警、GPS 卫星定位等技术通过"云"集合起来协同工作，进行信息交换和通信，完成智能化识别、定位、跟踪和监控的监控管理。用户可以通过 C/S、B/S 以及移动设备的客户端进行 24 小时的无缝远程监管。

（二）"云监控"的技术架构

从技术架构上来看，云监控可分为四层：感知层、网络层，处理层和应用层。

（1）感知层由各种传感器以及传感器网关构成，包括摄像机、拾音器、指纹仪、入侵探测、烟感探测、震动探测、温度探测、RFID、二维码、GPS 等感知终端等。

（2）网络层由各种私有网络、互联网、电话网和无线通信网等组成。

（3）处理层由集中存储服务、报警服务、消息服务、数据服务等部分组成。

（4）应用层是物联网和用户（包括人，组织和其他系统）的接口，与行业需求结合，实现物联网的智能应用。

监控与配置界面。该用户界面和 IBM Tivoli Monitoring Health Console 在所有 IBM Tivoli Monitoring 产品中都可以使用。

云计算计费方面，主要分为 4 步：

（1）基于事件的监控系统，主要是监控每个终端用户使用 IT 资源的变化情况。

（2）计量，记录每个用户每时间段使用每类 IT 资源的数据。

（3）计费，根据指定费率将资源使用详单转化为费用，形成费用详单。

（4）预算控制，根据费用详单按指定的时间段到用户的账号中扣除费用，超过预算的用户账号不允许继续使用 IT 资源，这样的好处在于将 IT 资源的应用透明化，同时迫使各个业务系统用 IT 资源并归还。

思考题

1. ISDM 云平台是什么？

2. ISDM 云平台准备工作是什么？

3. ISDM 云平台的备份包括什么？

4. ISDM 自助服务用户与权限管理是什么？

第五章　虚拟化

　　虚拟化是云计算的基石，一个云计算的应用必定是基于虚拟化的。云计算已经是第三代的 IT，第一代是静态的 IT，第二代是一个共享的概念，即数据和信息的共享，第三代则是动态的，所有的信息和数据都在动态的架构上，而将硬件变成服务一定是动态的，虚拟化是动态的基础，只有在虚拟化的环境下，云计算才能成为可能。

　　毫无疑问，虚拟化正在重组 IT 工业，同时它也正在支撑起云计算，如果把云计算单纯地理解为虚拟化，其实也并不为过，因为没有虚拟化的云计算，是不可能实现按需计算的目标的。云计算使得应用软件脱离已经成为一种可能，目前 Amazon 所提供的 Web 服务就是以大规模云为基础的虚拟化应用，所以要了解云计算，就必须先要了解虚拟化。

第一节　虚拟化技术简介

　　虚拟化是一个广义的术语，在计算机方面通常是指计算元件在虚拟的基础上而不是真实的基础上运行。虚拟化技术可以扩大硬件的容量、简化软件的重新配置过程。CPU 的虚拟化技术可以单 CPU 模拟多 CPU 并行，允许一个平台同时运行多个操作系统，并且应用程序都可以在相互独立的空间内运行且互不影响，从而显著提高计算机的工作效率。

　　虚拟化是一种经过验证的软件技术，它正迅速改变着 IT 的面貌，并从根本上改变着人们的计算方式。如今，具有强大处理能力的 x86 计算机硬件仅仅运行了单个操作系统和单个应用程序，这使得大多数计算机远未得到充分利用。利用虚拟化，将物理硬件与操作系统分开，在一台物理机上运行多个虚拟机，因而得以在多个环境中共享这一台计算机的资源。

　　虚拟化技术与多任务及超线程技术是完全不同的。多任务是指在一个操作系统中多个程序同时并行运行，在虚拟化技术中，将底层的计算资源切分（或合并）成多个（或一个）运行环境，以实现部分和完全的机器模拟和时间共享，可以同时运行多个操作系统，而且每一个操作系统中都有多个程序运行，每一个操作系统都运行在一个虚拟的 CPU 或者是虚拟主机上，而超线程技术只是单 CPU 模拟双 CPU 来平衡程序运行性能，这两个模拟出来的 CPU 是不能分离的，只能协同工作。

一、虚拟机的工作原理

　　虚拟化的基础是虚拟机，每个虚拟机都有自己的一套虚拟硬件（如 RAM、CPU、网卡等），可以在这些硬件中加载操作系统和应用程序。无论实际采用了什么物理硬件组件，操作系统都将它们视为一组一致、标准化的硬件。一台常见的虚拟机工作原理如下：

　　虚拟机是一种严密隔离的软件容器，它可以运行自己的操作系统和应用程序，就好像一台物理计算机一样。虚拟机的运行完全类似于一台物理计算机，它包含自己的虚拟（即基于软件实现的）CPU、RAM 硬盘和网络接口卡（NIC）。

操作系统无法分辨虚拟机与物理计算机之间的差异，应用程序和网络中的其他计算机也无法分辨。即使是虚拟机本身也认为自己是一台"真正的"计算机。不过，虚拟机完全由软件组成，不含任何硬件组件。因此，虚拟机具备物理硬件所没有的很多独特优势。

通过实现 IT 基础架构的虚拟化，可以降低 IT 成本，同时提高现有资产的效率、利用率和灵活性。在全世界，各种规模的公司都享受着服务器的虚拟化带来的好处。数千家组织（包括财富 100 强中的所有企业）都在采用服务器虚拟化解决方案。虚拟技术在很多重要领域（如服务集成、安全计算、多操作系统并行运行、内核的调试与开发、系统迁移等）都有其潜在的应用价值。

二、虚拟化技术的特性

综合虚拟化技术的发展过程和工作原理，可以总结出以下虚拟化技术的六大特性：

（1）软件实现。以软件的方式模拟硬件，通过软件的方式逻辑切分服务器资源，形成统一的虚拟资源池，创建虚拟机运行的独立环境。

（2）隔离运行。运行在同一物理服务器上的多个虚拟机之间相互隔离，虚拟机与虚拟机之间互不影响。包括计算隔离、数据隔离、存储隔离、网络隔离、访问隔离，虚拟机之间不会泄露数据，应用程序只能通过配置的网络连接进行通信。

（3）封装抽象。操作系统和应用被封装成虚拟机，封装是虚拟机具有自由迁移能力的前提。真实硬件被封装成标准化的虚拟硬件，整个虚拟机以文件形式保存，便于进行备份、移动和复制。

（4）硬件独立。服务器虚拟化带来了虚拟机和硬件相互依赖性的剥离，为虚拟机的自由移动提供了良好的平台。能够设定并且随时修改操作系统的操作环境，如内存、磁盘空间、周边设备等。

（5）广泛兼容。兼容多种硬件平台，支持多种操作系统平台。

（6）标准接口。虚拟硬件遵循业界标准化接口，以保证兼容性。

三、虚拟化的意义

虚拟化所带来的好处是多方面的，总体来说主要包括以下几点：

（1）效率。将原本一台服务器的资源分配给数台虚拟化的服务器，有效地利用了闲置资源，确保企业应用程序发挥出最高的可用性和性能。

（2）隔离。虽然虚拟机可以共享一台计算机物理资源，但它们彼此之间仍然是完全隔离的，就像它们是不同物理计算机一样。因此，在可用性和安全性方面，虚拟环境中运行的应用程序之所以远优于在传统的非虚拟化系统中运行的应用程序，隔离就是一个重要的原因。

（3）可靠。虚拟服务器是独立于硬件进行工作的，通过改进灾难恢复解决方案提高了业务的连续性，当一台服务器出现故障时，可在最短时间内恢复且不影响整个集群的运作，在整个数据中心实现高可用性。

（4）成本。降低了部署成本，只需要更少的服务器就可以实现需要更多服务器才能做到的事情，也间接降低了安全等其他方面的成本。

（5）兼容。所有的虚拟服务器都与正常的 x86 系统兼容，它改进了桌面管理的方式，可部署多套不同的系统，将因兼容性造成问题的可能性降至最低。

（6）便于管理。提高了服务器/管理员比率，一个管理员可以轻松地管理比以前更多的服务器而不会造成更大的负担。

第二节　虚拟化解决方案

VMware vSphere 可以说是虚拟化界的微软，更是全世界第三大软件公司，财富 100 的企业中 100% 都是使用 VMware 产品，可见其影响力之大。2009 年 4 月 VMware 推出新一代的 vSphere 解决专案。VMware 号称 vSphere 是一个云端操作系统。随着 VMware 的 vSphere 上市，微软虽然当前没有真正能抗衡的产品，但伴随着 Hyper-V 和早期的 Vir-tual Server，也推出了集成 Service Console 的 Virtual Machine Manager（SCVMM）。微软 Hyper-VR2 的成败将决定微软在虚拟机领域的下一步动作，虽然当前还无法和 VMware 抗衡，但微软进入企业虚拟机市场的决心，让企业虚拟机市场绝对无法平静。Citrix 最有名的是做桌面环境虚拟化，Citrix Xen 最有名的就是资源占用是所有主流产品中最小的。Xen 在虚拟化市场中系统资源占 2%，最大也只到 8%，这和大部分其他虚拟机产品动辄到 20% 的占用率比当然是好很多。

一、VMware 虚拟化

VMware 产品可以使用户在一台机器上同时运行两个或更多 Windows、DOS、Linux 系统。与"多启动"系统相比，VMware 采用了完全不同的概念。多启动系统在一个时刻只能运行一个系统，在系统切换时需要重新启动机器。VMware 是真正的"同时"运行，多个操作系统在主系统的平台上，就像标准 Windows 应用程序那样切换，而且每个操作系统用户都可以进行虚拟的分区、配置而不影响真实硬盘的数据，用户甚至可以通过网卡将几台虚拟机用网卡连接为一个局域网，极其方便。安装在 VMware 操作系统性能上比直接安装在硬盘上的系统低不少，比较适合学习和测试。

VMware 虚拟化平台基于可投入商业使用的体系结构构建。使用像 VMware vSphere 和 VMware ESXi（一款免费下载产品）这样的软件可转变或"虚拟化"基于 x86 的计算机的硬件资源（包括 CPU、RAM、硬盘和网络控制器），以创建功能齐全、可像"真实"计算机一样运行其自身操作系统和应用程序的虚拟机。在 VMware 虚拟化技术中，每个虚拟机都包含一套完整的系统，因而不会有潜在冲突。VMware 虚拟化技术的工作原理是，直接在计算机硬件或主机操作系统上面插入一个精简的软件层。

该软件层包含一个以动态和透明方式分配硬件资源的虚拟机监视器（或称"管理程序"）。多个操作系统可以同时运行在单台物理机上，彼此之间共享硬件资源。由于是将整台计算机（包括 CPU、内存、操作系统和网络设备）封装起来，因此，虚拟机可与所有标准的 x86 操作系统、应用程序和设备驱动程序完全兼容。可以同时在单台计算机上安全运行多个操作系统和应用程序，每个操作系统和应用程序都可以在需要时访问其所需的资源。

VMware vSphere 的虚拟体系结构如图 5 – 1 所示。

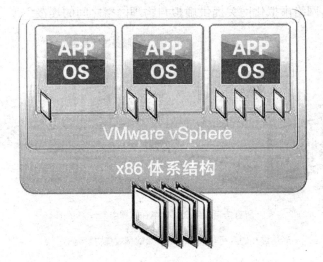

图 5 – 1　VMware vSphere 的虚拟体系结构

　　VMware 是付费的虚拟化软件，可虚拟 Windows 系统，不管是虚拟化软件本身，还是其中的子系统，都要支付许可费用。

二、Citrix Xen 虚拟化

　　思杰（Citrix）公司致力于帮助企业通过利用虚拟化、网络、协作和云技术来充分适应并利用消费化趋势，从根本上转变企业拓展业务的模式。全球 23 万多家企业依赖思杰虚拟化、网络和云计算解决方案交付 1 亿多个企业虚拟桌面，75% 的网民每天在使用思杰产品。思杰在桌面虚拟化领域拥有较为成熟的解决方案 Xen Desktop，可将 Windows 桌面转变为任何用户随时随地可通过任何设备访问的按需服务，同时实现企业办公的简便性和可扩展性。

　　在按需应用交付方面，思杰拥有 Citrix Xen APP。Citrix Xen APP 是一款按需应用交付解决方案，允许在数据中心对任何 Windows 应用进行虚拟化、集中保存和管理，然后随时随地通过任何设备按需交付给用户（如图 5 – 2 所示）。全球范围内已有 1 亿多用户使用 Xen APP，借助公认的广泛应用兼容性，它有着非常光明的前景，而且 Xen 是开源免费的虚拟化软件。在客户端虚拟化上，Citrix 的 Xen Client 是一款完整的思杰客户端虚拟化解决方案，可将桌面虚拟化的优势扩展到企业笔记本上，并使 PC 更易于管理、更可靠而且安全，而 Xen Server 用于服务器虚拟化。Citrix 可虚拟 Windows 和 Linux，仅其中的子系统要支付许可费用。

三、Hyper-V 虚拟化

　　在 Windows Server 2012 R2 和 System Center 2012 R2 虚拟机管理器中，Microsoft 提供了端到端网络虚拟化解决方案。四个主要组件构成了 Microsoft 的网络虚拟化解决方案：

　　（1）Windows Azure Pack for Windows Server 提供面向租户的门户用于创建虚拟网络。

　　（2）System Center 2012 R2 虚拟机管理器（VMM）提供虚拟网络的集中化管理。

（3）Hyper-V 网络虚拟化提供虚拟化网络流量所需的基础结构。

（4）Hyper-V 网络虚拟化网关提供虚拟与物理网络之间的连接。

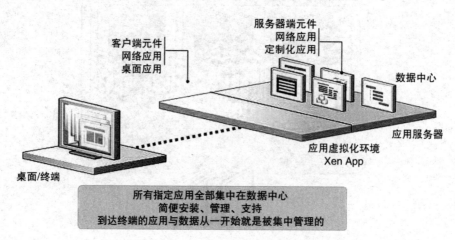

图 5-2　Xen APP 应用虚拟化

　　Hyper-V 网络虚拟化为虚拟机提供"虚拟网络"（称为 VM 网络），就如服务器虚拟化（Hypervisor）能为操作系统提供"虚拟机"一样。网络虚拟化将虚拟网络与物理网络基础结构脱耦，并摆脱了 VLAN 以及虚拟机配置的分等级 IP 地址分配的限制。这种灵活性使客户容易移至 IaaS 云中，并且使主机和数据中心管理员更有效地管理其基础结构，同时能保持必要的多租户隔离、安全要求，还能支持重叠的虚拟机 IP 地址。

　　（1）VM 网络。每个 VM 网络由一个或多个虚拟子网组成。一个 VM 网络构成一个独立边界，VM 网络中的虚拟机可相互通信。因此，同一个 VM 网络中的虚拟子网不得使用重叠的 IP 地址前缀。另外，每个 VM 网络包含一个用于标识 VM 网络的路由域。标识 VM 网络的路由域 ID（RDID）由数据中心管理员或者数据中心管理软件分配。

　　（2）虚拟子网。虚拟子网为同一个虚拟子网中的虚拟机实行第三层 IP 子网语义。虚拟子网是一个广播域（与 VLAN 类似）。同一虚拟子网中的虚拟机必须使用相同的 IP 前缀。每个虚拟子网都属于一个 VM 网络（RDID），并分配有唯一的虚拟子网 ID（VSID）。VSID 在数据中心内部必须是唯一的，可在 4096 到 224~2 的范围内。

　　用户如果想要将其数据中心无缝地延伸到云中，当前构建这种无缝混合云架构面临一些技术挑战。用户面临的最大障碍之一是需要在云中重复使用其现有网络拓扑（子网、IP 地址、网络服务等），并在本地资源与云资源之间搭建桥梁。Hyper-V 网络虚拟化提供了一种独立于底层物理网络的 VM 网络的概念。VM 网络由一个或多个虚拟子网组成，在这种概念下，连接到虚拟网络的虚拟机在物理网络中的确切位置与虚拟网络拓扑相互脱耦。

　　因此，客户可轻松地将其虚拟子网移至云中，同时在云中仍保持其现有 IP 地址和拓扑，这样现有的服务程序能继续运作，而不会察觉到子网的物理位置。也就是说，Hyper-V 网络虚拟化可实现无缝混合云的建立，实例如图 5-3 所示。

　　除了混合云，许多组织正在整合其数据中心，建立私有云，以享受云架构所带来的效率和扩展性。通过将业务部门的网络拓扑与实际的物理网络拓扑分离开来（通过将业务部门网络拓扑变成虚拟网络拓扑），Hyper-V 网络虚拟化可为私有云带来更好的灵活性和更

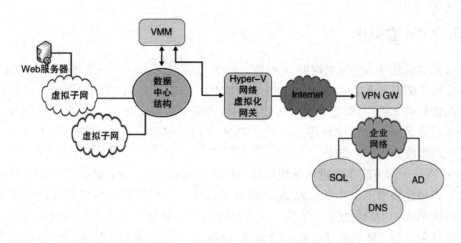

图 5 -3　Hyper-V 混合云部署

高的效率。这样的话，业务部门就能轻松地共享一个内部私有云，同时又相互独立，并继续保持现有的网络拓扑。数据中心操作小组能灵活地部署以及实时迁移工作负荷于数据中心的任何地方，而且不会出现服务器中断，能提高操作效率，并带来一个整体更加有效的数据中心。Hyper-V 私有云实例如图 5 -4 所示。

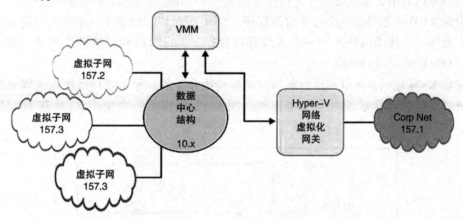

图 5 -4　Hyper-V 私有云部署

　　对于工作负荷拥有者，其主要优势在于，能在不更改其 IP 地址或重写其应用程序的基础上，将工作负荷"拓扑"移至云中。例如，典型的三层 LOB 应用程序由前端层、业务逻辑层以及数据库层构成。通过策略，Hyper-V 网络虚拟化能让客户将这三层的整体或者部分装载到云中，同时保持服务程序的路由选择拓扑以及 IP 地址（虚拟机 IP 地址），而不需更改应用程序。

　　对于基础结构拥有者，虚拟机布置的额外灵活性使其可以将工作负荷移至数据中心的任何地方，而不用改变虚拟机或者重新配置网络。比如，通过 Hyper-V 网络虚拟化，可以实现跨子网实时迁移，这样虚拟机就能在数据中心实时迁移到任何地方，并且不会发生服务中断现象。原本实时迁移只限于在同一子网中，这样就限制了虚拟机可处的位置。跨子网实时迁移可让管理员在动态资源需求以及能源效率的基础上整合工作负荷，也可以在不干扰客户工作负荷正常操作的条件下适应基础结构维护。

　　Hyper-V 虚拟 Windows 系统，不管是虚拟化软件本身，还是子系统都要支付许可费用。

四、KVM 虚拟化

考虑到虚拟化技术的发展时间并不长，KVM 实际上还是一种相对较新的技术。目前存在各具特色的开源技术，如 Xen、Bochs、UML、Linux-VServer 和 CoLinux，但是开源免费的虚拟化软件 KVM 目前正在被大量使用，可虚拟 Windows 和 Linux，虚拟化软件本身和其中的子系统无须产生任何费用。另外，KVM 不再仅仅是一个全虚拟化解决方案，而将成为更大的解决方案的一部分。

KVM 所使用的方法是通过简单地加载内核模块而将 Linux 内核转换为一个系统管理程序。这个内核模块导出了一个名为/dev/KVM 的设备，它可以启用内核的客户模式（除了传统的内核模式和用户模式）。有了/dev/KVM 设备，VM 使自己的地址空间独立于内核或运行着的任何其他 VM 的地址空间。设备树（/dev）中的设备对于所有用户空间进程来说都是通用的。为了支持 VM 间的隔离，每个打开/dev/KVM 的进程看到的都是不同的映射。然后 KVM 会简单地将 Linux 内核转换成一个系统管理程序（在安装 KVM 内核模块时）。由于标准 Linux 内核就是一个系统管理程序，因此它会从对标准内核的修改中获益良多（如内存支持、调度程序等）。对这些 Linux 组件进行优化，如 2.6 版本内核中的新 I/O 调度程序都可以让系统管理程序（主机操作系统）和 Linux 客户操作系统同时受益。

但是 KVM 并不是第一个这样做的程序。UML 很久以前就将 Linux 内核转换成一个系统管理程序了。使用内核作为一个系统管理程序，就可以启动其他操作系统，如另一个 Linux 内核或 Windows 系统。

安装 KVM 之后，可以在用户空间启动客户操作系统。每个客户操作系统都是主机操作系统或系统管理程序的一个单个进程。图 5 – 5 提供了一个使用 KVM 进行虚拟化的框图。

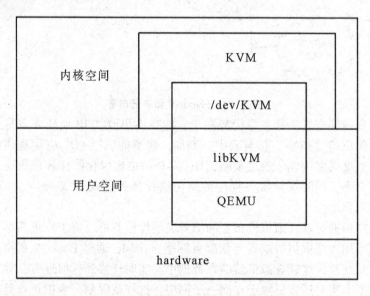

图 5 – 5　使用 KVM 进行虚拟化的框图

底部是能够进行虚拟化的硬件平台（目前指因特尔 VT 或 AMD-SVM 处理器）。在裸硬件上运行的是系统管理程序（带有 KVM 模块的 Linux 内核）。这个系统管理程序与可以运行其他应用程序的普通 Linux 内核类似。但是这个内核也可以支持通过 KVM 工具加载的用户操作系统。最后,用户操作系统可以支持主机操作系统所支持的相同应用程序。

KVM 只是虚拟化解决方案的一部分,处理器直接提供了虚拟化支持(可以为多个操作系统虚拟化处理器)。内存可以通过 KVM 进行虚拟化。最后,I/O 通过一个稍加修改的 QEMU 进程(执行每个客户操作系统进程的一个拷贝)进行虚拟化。

KVM 向 Linux 中引入了一种除现有的内核和用户模式之外的新进程模式。这种新模式就称为客户模式。顾名思义,它是用来执行客户的操作系统代码(至少是一部分代码)。内核模式表示代码执行的特权模式,而用户模式则表示非特权模式(用于那些运行在内核之外的程序)。根据运行的内容和目的,执行模式可以针对不同的目的进行定义。客户模式的存在就是为了执行客户操作系统代码,但是只针对那些非 I/O 的代码。在客户模式中有两种标准模式,因此,客户操作系统在客户模式中运行可以支持标准的内核,而在用户模式下运行则支持自己的内核和用户空间应用程序。客户操作系统的用户模式可以用来执行 I/O 操作,这是单独进行管理的。

在客户操作系统上执行 I/O 功能是由 QEMU 提供的。QEMU 是一个平台虚拟化解决方案,允许对一个完整的计算机环境进行虚拟化(包括磁盘、图形适配器和网络设备)。客户操作系统所生成的任何 I/O 请求都会被中途截获,并重新发送到 QEMU 进程模拟的用户模式中。

KVM 通过/dev/KVM 设备提供内存虚拟化。每个客户操作系统都有自己的地址空间,并且是在实例化客户操作系统时映射的。映射给客户操作系统的物理内存实际上是映射给这个进程的虚拟内存。为了支持客户物理地址到主机物理地址的转换,系统维护了一组影子页表(Shadow Page Table)。处理器也可以通过在访问未经映射的内存位置时使用系统管理程序(主机内核)来支持内存转换进程。

KVM 是解决虚拟化问题的一个有趣的解决方案,现在已经有服务器采用这种技术进行虚拟化。还有其他一些方法一直在为进入内核而竞争(如 UML 和 Xen),但是由于 KVM 需要的修改较少,并且可以将标准内核转换成一个系统管理程序,因此它的优势不言而喻。

KVM 的另外一个优点是它是内核本身的一部分,因此可以利用内核的优化和改进。与其他独立的系统管理程序解决方案相比,这种方法是一种不会过时的技术。KVM 两个最大的缺点是需要较新的能够支持虚拟化的处理器,以及一个用户空间的 QEMU 进程来提供 I/O 虚拟化。

五、Virtual Box 虚拟化

甲骨文 VM Virtual Box 版本 4.1 以上支持 Windows、Linux、Macintosh 和 Solaris 等主机,支持数量众多的访客操作系统,包括 Windows(NT4.0、2000、XP、Server2003、Vista 和 Windows7)、OSx、DOS/Windows3.x、Linux(2.4 和 2.6)、Solaris、Open Solaris、OS/2 以及 Open BSD 等主机操作系统。可以通过"访客附加模块"(Guest Additions)来加固访客操作系统,这些驱动程序或补丁程序包旨在改进兼容性或功能。

Virtual Box 可以为每个虚拟机提供最多 32 个虚拟处理器,不管主机设备上的物理处理器核心如何。可配置的物理地址扩展处理器兼容性让 32 位操作系统的寻址能力可以达到

4GB 以上。一些 Linux 操作系统（比如 Ubuntu）需要启用这项功能，才允许进行虚拟化操作。虚拟处理器热插拔允许为某个特定的虚拟机"实时"扩展处理器资源。还有存储区域网络（SAN）启动功能，这取决于使用 PXE 启动的访客操作系统以及通过主机的 ISCSI 目标机制。

Virtual Box 第一次运行时，一个出色的向导逐步引导用户完成虚拟化过程。首先，用户为虚拟机指定名称和操作系统类型，还必须分配虚拟机所用的内存。推荐的基本内存量取决于所选择的访客操作系统。最大内存取决于同时不会影响主机 PC 性能的最大分配量。然后，安装向导创建虚拟硬盘，操作人员必须选择动态大小或固定大小的镜像。动态扩展的镜像在物理驱动器上所占的空间会比较小。然后，该镜像会动态扩展，扩大到指定的虚拟机驱动器的大小。固定大小的镜像不会扩展。它以一个文件的形式存储在物理驱动器上，其大小与指定虚拟机的硬驱差不多。

一旦虚拟机创建完毕，它会在 Virtual Box 客户软件里面作为空白机器来启动。一旦虚拟机启动成功，可以将安装操作系统的磁盘驱动器指定为物理磁盘驱动器（含有可启动介质），或者指定为位于硬驱上某个地方的 ISO 镜像。介质路径指定后，操作系统就会像往常那样启动和安装。从访客系统访问主机文件是一个复杂过程，因为虚拟机与物理硬驱之间没有拖放操作支持。相反，文件共享依赖共享文件夹，而这又是一个复杂过程，需要"访客附加模块"才能正常运行。

Virtual Box 在其客户软件里面支持全面虚拟化，这样可以从访客系统获得全面的操作系统功能。与每个虚拟机有关的所有资源很容易在 Virtual Box 客户软件里面加以改动，比如内存、已分配的视频内存和硬驱大小。在一台 PC 上可以安装几个虚拟机方面没有限制，所以唯一的限制因素就是主机硬驱空间和主机内存分配。

综上所述，VMware 适合大型企业基础设施，其可扩展性比微软 Hyper-V 或思杰 Xen Server 更好，而且是一款更成熟的产品。开源免费虚拟化软件 KVM 目前正在被大量使用，可虚拟 Windows 和 Linux，虚拟化软件本身和其中的子系统无须产生任何费用。另外，KVM 不再仅仅是一个全虚拟化解决方案，而将成为更大的解决方案的一部分。Virtual Box 提供一条经济可行的道路，比较适合个人或小公司。

第三节　桌面虚拟化架构

迄今为止，虚拟化在工业界还没有一个公认的定义。实际上，虚拟化涉及的范围较广泛，包括网络虚拟化、存储虚拟化、服务器虚拟化、桌面虚拟化、应用程序虚拟化和表示层虚拟化等。其中，服务器虚拟化是目前虚拟化技术应用的重要领域。服务器虚拟化技术可以大大提高服务器的使用效率。随着计算机技术的发展，服务器虚拟化技术已被越来越多的企业采用。采用虚拟化技术，可以减少用户对服务器数量的需求，简化服务器管理，同时还可以明显提高服务器的利用率、网络的灵活性和可靠性。

由于虚拟化技术能够通过资源共享与合并资源来提高效率并降低成本，它已经被迅速地应用于数据中心与其他设备上。在网络核心上，由于受到法规、运营、组织以及安全等各方面的影响，使不同网络与服务的虚拟化工作变得更具有挑战性。因此，在服务器整合的基础上进一步部署标准的虚拟化平台来实现整个 IT 基础架构的自动化显得尤为重要。

而利用虚拟化的强大功能可以更有效地管理 IT 容量，提供更高的服务级别，并使简化 IT 流程变成可能。因此，我们为 IT 基础架构的虚拟化创造了一个术语，将其称作"虚拟基础架构"。

利用虚拟基础架构，可以在整个基础架构范围内共享多台计算机的物理资源。利用虚拟机可以在多台虚拟机之间共享单台物理计算机的资源以达到最高效率。资源在多个虚拟机和应用程序之间进行共享。业务需要是将基础架构的物理资源动态映射到应用程序的驱动力上，即便在这些需要发生变化时也是如此。可将 x86 服务器与网络和存储器聚合成一个统一的 IT 资源池，供应用程序根据需要随时使用。这种资源优化方式有助于组织实现更高的灵活性，使资金成本和运营成本得以降低。一个虚拟基础架构通常包括以下组件：

（1）裸机管理程序，可使每台 x86 计算机实现全面虚拟化。

（2）虚拟基础架构服务（如资源管理和备份），可在虚拟机间使可用资源达到最优配置。

（3）自动化解决方案，用于通过提供特殊功能来优化特定 IT 流程，如部署或灾难恢复。

将软件环境与其底层硬件基础架构分离，以便管理员可以将多个服务器、存储基础架构和网络聚合成共享资源池。然后，根据需要安全可靠地向应用程序动态提供这些资源。借助这种具有开创意义的方法，我们可以使用价格低廉的行业标准服务器以构造块的形式来构建自我优化的数据中心，并实现高水平的利用率、可用性、自动化和灵活性。

以前的虚拟软件必须是安装在一个操作系统上，然后再在虚拟软件之上安装虚拟机，最后在其中运行虚拟的系统及其应用。在当前的架构下，虚拟机可以通过虚拟机管理器（Virtual Machine Monitor，简称 VMM）来进行管理。VMM 是在底层实现对其上的虚拟机的管理和支持。但现在许多硬件，比如因特网的 CPU 已经对虚拟化技术做了硬件支持，大多数 VMM 可以直接装在裸机上，在其上再装几个虚拟机就可以大大提升虚拟化环境下的性能体验。目前，常见的一块物理网卡虚拟多块网卡的 VMM 工作模式如图 5 - 6 所示。按照虚拟机所在中间层位置的不同，可以将虚拟机划分为硬件（HM）虚拟机、操作系统（OS）虚拟机、应用程序二进制接口（Application Binary Interface，ABI）虚拟机和应用程序接口（Application Programming Interface，API）虚拟机。硬件虚拟机在操作系统和底层硬件之间截获 CPU 指令，如 VMware、Virtual PC、Boch 等。操作系统虚拟机位于操作系统和应用程序之间截获操作系统调用，如 OpenVZ、User-mode Linux 等。应用程序二进制接口虚拟机通过仿真其他操作系统的应用程序二进制接口运行该平台上的应用程序。例如，Wine 虚拟机支持在 Linux 系统中运行 Windows 程序，FreeBSD 系统中的 Linux ABI 虚拟机支持在 FreeBSD 中运行 Linux 应用程序。

由此可见，虚拟化是云存储平台不可或缺的技术，虚拟化与云计算是相辅相成的，虚拟化造就了云计算，而云计算也令虚拟化得以在这个网络时代被重新定义。

近年来，VMware、Citrix、微软以及 Oracle、VEsystem 等公司陆续推出了自己的桌面虚拟化产品。然而，服务器虚拟化技术方向的出现到成熟基本没有争议和变化，而桌面虚拟化在实际的业务推广中却逐步出现了两种不同的发展思路，即 VDI（Virtual Desktop Infrastructure）和 VOI（Virtual OS Infrastructure）。

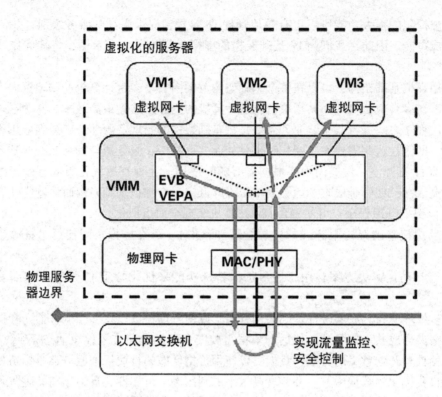

图 5-6　一块物理网卡虚拟多块网卡的 VMM 工作模式

一、虚拟桌面基础架构

在虚拟化技术领域里，相对于服务器虚拟化这个发展比较早的虚拟化技术，桌面虚拟化目前还处于萌芽阶段。随着虚拟化的进一步发展，越来越多的企业正在准备部署该公司的桌面虚拟产品，以便更好地提高系统安全性、降低成本、便于管理，是全球化办公的需要。对于桌面虚拟市场的争夺也日趋激烈，微软、VMware 等公司都是桌面虚拟化市场的强有力争夺者，它们不断地推出新的技术产品来增强自己的市场竞争力。VMware 公司推出的 VMware VDI 端对端的虚拟桌面架构解决方案算是最早走入人们视线的综合性桌面虚拟化解决方案。

VDI 的概念很简单，它不是给每个用户都配置一台运行 Windows7 或 Windows8 的桌面个人计算机，而是通过在数据中心的服务器上运行 Windows7，将用户的桌面进行虚拟化。用户通过来自客户端设备（瘦客户机或是家用个人计算机）的瘦客户计算协议与虚拟桌面进行连接，用户访问虚拟桌面就像是访问传统的本地安装桌面一样。

VMware VDI 的优势源自于 VMware 服务器虚拟化的成功及其对 IT 业的经验优势。在 VDI 中，ESX Server 包含的不是一系列虚拟服务器，而是虚拟桌面，每个 VM 都是使用用户的操作系统和应用程序载入或动态供应的，它拥有熟悉的用户体验。这是一个 VMware 的解决方案，而不是一种产品，因为它涉及使用虚拟化去提供虚拟桌面给使用者。

（一）工作原理

VMware VDI 易于管理，它集成了 VMware Infrastructure 3 和 VMware Virtual Desktop

Manager 2，管理在数据中心上运行的多个 PC 系统，并进行安全灵活地分发给客户端使用。首先，用户使用 VMware VDI 需要以下几个步骤：

（1）在 ESX 服务器上创建一个虚拟机。

（2）安装 VDI 代理连接。

（3）在虚拟机上安装一个桌面操作系统，如 Windows XP 或 Windows7。

（4）接着在虚拟机上安装桌面应用系统。

（5）允许通过网络使用任何一些可能的远程控制选项去远程访问虚拟桌面系统。

典型的 VMware VDI 环境包括以下几个组件：VMware Infrastructure 3、VMware Virtual Desktop Manager、客户端。此外，要运行 VMware Virtual Desktop Manager 软件，还需要有 Microsoft Active Directory。

运行 VMware VDI 的同时，可以使用 VMware Virtual Desktop Manager（VDM），它是一种企业级桌面管理服务器，可安全地将用户连接到数据中心的虚拟桌面，并提供易于使用的基于 Web 的界面来管理集中的环境。企业可以在位于中央数据中心的虚拟机内部运行桌面。使用 VMware Virtual Desktop Manager 连接代理，用户可通过远程显示协议（如 RDP）从 PC 机或从客户端远程访问这些桌面。

（二）VMware VDI 的优点

VMware VDI 在其官网上称：可提供支持远程和分支机构的用户可以访问设在数据中心的虚拟台式机，并可以提高远程工作者和在家工作者的桌面安全性。通过将数据中心的桌面集中在一起，企业便可从提高的管理和控制能力中获益。最终用户从任何位置均可访问其熟悉的企业桌面，这种功能可以使单个最终用户从中获益。也就是说，企业桌面虚拟化在以往基础上更进一步，除去了桌面上的计算机，取而代之的是超小型、完全安全的智能网络应用终端，它们连接到各自位于数据中心的虚拟桌面。通过整合到数据中心的桌面环境，企业可以提供始终可用的安全、独立的桌面。从网络上的任何位置都可以集中管理和访问每台智能网络应用终端，从而使 IT 部门获益：

（1）减少个人计算机维护成本。

（2）提高安全性。

（3）在中央服务器上部署完整的个人计算机桌面。

（4）几分钟内就可以设置工作组和整个部门。

VDI 是一种基于服务器的计算技术，但是与终端服务或共享应用程序解决方案相比，它能提供一些令人信服的优势：

（1）与应用程序共享技术不同的是，在集中式服务器上运行的 VMware VDI 桌面是完全独立的，这有助于阻止对桌面映 X 象进行未经授权的访问，并同时提高可靠性。

（2）使用虚拟机模板和自动部署功能可以轻松地部署 VMware 桌面，而且无须更改应用程序，因为用户只需通过远程连接即可访问同一桌面。

（3）公司可以利用 VMware Infrastructure 3 组件（如 VMware Consolidated Backup）和共享存储来提供终端服务解决方案解决目前无法提供的桌面灾难恢复功能。

（4）VMware VDI 仍享有基于服务器的计算技术所能带来的一些引人注目的好处，包括简化桌面管理以及能够从中央位置升级和修补系统。

VMware VDI 还避免了大多数刀片 PC 技术（另一种基于服务器的计算技术）的一些缺点。未利用 VMware 虚拟化技术的刀片 PC 需要每一个桌面有一个专用的刀片 PC，而这需要大量的成本。使用 VMware VDI，公司可以实现桌面虚拟化技术在整合和效率方面所能带来的相同好处，同时仍可以为最终用户提供可自定义的个人桌面。

（三）发展与不足

VMware VDI 在拥有诸多优点的情况下，也存在一些不足。据测试人员的报告，VMware VDI 主要的问题是需要强大的数据中心支持。例如，在其运行过程中，每个 XP 镜像只能提供给一个客户端使用，有 n 个客户端使用网络镜像，则要在数据中心建立 n 个这样的 XP 镜像，ESX 上要运行 n 个 XP 系统。这对数据存储设备的要求很高。VMware VDI 更适宜拥有广大的数据中心或者磁盘阵列的大企业。

实际上，中小型企业部署 VDI 有些得不偿失。首先，网络架构上要求比较高，需要比较完善的数据存储中心、设备冷却、监控等系统配合数据中心连续高效的工作。其次，管理技术的复杂性大大提升，虽然对于原来的单台设备支持降低了成本，但服务器管理的成本提高了。所以，很多中小型企业对于部署虚拟化也持观望态度。

近期，VMware 公司发布了最新软件 VMware View 3。它对 VMware VdI 进行了进一步的编写和提高，针对虚拟桌面管理中出现的一些问题做了解决。相信在不久的将来，桌面虚拟会适合各个规模的企业。

在桌面虚拟化领域，一直由国外厂商制定行业标准和技术方向，一定程度上制约了国内厂商的创新。不过近年来国内也不乏华为、联想、和信创天（VEsystem）等厂商坚持自主研发的道路，从理论到实践完成国产虚拟化技术的成形，成为下一代桌面虚拟化技术的开拓创新者。例如：华为在 VDI 基础上重新定义了桌面云解决方案，通过在云平台上部署华为桌面云软件，使终端用户通过瘦客户端或者其他任何与网络相连的设备来访问跨平台的应用程序，以及整个客户桌面。

另外，OSV（Operating System Virtualization）智能桌面虚拟化，是基于 x86 标准计算机系统下实现 PC 桌面的集中管理、控制、存储、维护的 PC 桌面虚拟化技术。OSV 与 VDI 方案最大的区别在于前者使用集中管理、分布运算机制，而后者采用的是集中管理、集中计算，显然后者对于服务器的依赖远远超过前者。OSV 不仅实现了计算机的集中化管理，在保证本身运算速度和特性不变的前提下做到了计算环境 OS&AP 和 PC 硬件的完全脱离。桌面计算环境可以在 OSV 控制下随需派发，并且用户可以开机自行选择桌面环境。用户桌面数据与应用数据均集中存储于 OSV Server 上，实现了用户桌面数据的统一管理、统一派发、与计算机硬件分离。OSV Server 通过同步派发或者异步派发模式将桌面流数据派发至本地计算机进行计算并显示桌面。这样可以让 IT 管理更加灵活，IT 架构更加安全和可靠，达到了客户端随需选择应用环境（OS&AP on-demand）的 IT 管理的理想境界，使得客户端具备在任何时间、任何地点都有安全稳定的计算环境，同时实现了以 PC 为标准的 IT 基础架构的完全虚拟化，IT 基础架构更加弹性和灵活，极大地增强了企业的竞争力，做到了 PC 应用的随需应变。

二、虚拟操作系统架构

（一）传统桌面虚拟化存在的问题

众所周知，桌面虚拟化经历了多个时期。微软的 3389 远程桌面可以看作桌面虚拟化的鼻祖，它们通过 RDP 协议来实现数据和运算的集中处理，客户机只是作为输入输出的显示设备，而后又出现了瘦客户机系统。从 2009 年开始有不少国外厂家开始推广 VDI 桌面虚拟化，但随着近年来云计算概念和服务器虚拟化的兴起，VDI 桌面虚拟化成了新热点，并纷纷向高校、普教等各教育行业推广。

传统桌面虚拟化有其优秀的一面，主要是对新型设备如手机、平板等移动设备的支持。但从未来趋势来看，移动操作系统的 APP 才是主流，越来越多的数字校园应用将会通过手机 APP 程序来实现移动接入和使用，而不可能是采用桌面虚拟化先映射传统 PC 图像到手机或者平板，然后再进行操作。移动设备的桌面虚拟化还没有兴起，就已经走向没落了。

（二）解决方法

虽然 VDI 桌面虚拟化不能令教育用户满意，但人们并没有放弃对桌面虚拟化的希望。从 2011 年开始有教育用户发现了一种最新的桌面虚拟操作系统基础架构——VOI，它也是目前逐步被人们将其与 VDI 并称为两大主流桌面的虚拟化技术。

IBM 的 Steve Mills 是最早提出 VOI 架构思路的，也是在传统桌面虚拟化模式上的重大突破和延伸。传统桌面虚拟化完全浪费了本地硬件资源，而基于虚拟操作系统架构的桌面虚拟化解决方案，就是将这些分散的终端软资源（含操作系统、客户应用策略、应用软件、客户数据）集中在云端管理起来，进行有效组织、安全存储、按需分配，并充分利用原有的本地硬件资源。

VOI 不仅可实现基于服务端的远程虚拟 OS、Apps、User Profiles 的按需交付，也可实现基于客户端的本地缓存 OS、App 及 User Profiles，这样不仅可以利用终端本地资源处理计算及图形密集型应用，如音视频、大型设计及工业软件等，也可支持各种计算机外设以适应复杂的应用环境及未来的应用扩展。同时，对网络和服务器的依赖性将大大降低，即使网络中断或服务器宕机，终端也可继续使用。数据可实现云端集中存储，也可实现终端本地加密存储，且终端应用数据不会因网络或服务端故障而丢失。

通过理论验证和实践部署，人们惊奇地发现，VOI 桌面虚拟化才是真正可以满足教育行业电子机房、多媒体教室、电子图书馆等众多终端管理需求的最佳解决方案。适合应用 VOI 应用环境的如图 5-7 所示。

VOI 应用环境可以概括如下：

环境一：支持 10/100M 环境下的网络环境，有着复杂的业务应用，要求在部署桌面虚拟化后无须调整任何业务应用，例如电力信息网、大型企业、能源企业、政府机构等单位。

环境二：对终端防护有特定需求，需要桌面虚拟化产品能够兼容身份认证、安全审计等各类终端安全产品，已经符合公安等级保护和保密分级保护的单位，例如政府内网、军工涉密单位。

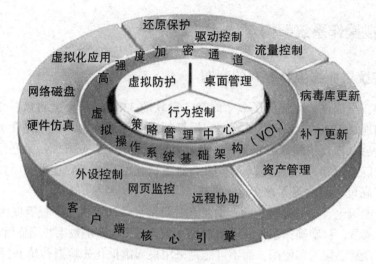

图 5 – 7　VOI 应用环境

环境三：高清影像播放、视频和语音会议等多媒体远程应用较多的单位，同时涉及3DMAX、PRO/E 等大型工业软件和设计软件的单位，要求能够在桌面虚拟环境下很流畅的同时运行百台以上终端，例如科研院所、设计单位、教育行业电子机房等单位。

环境四：外设较多，特别是种类品牌差异较大，同时要求桌面虚拟化产品能够支持特定行业外设，例如医疗行业的 B 超机、体验中心的二维码打印机、政府行政中心的识别器等。

环境五：要求无须管理员干预，终端客户机能够自动保存用户私有数据并保证操作系统安全可靠，在网络完全断开的情况下，终端机器能够启动并正常运行单机程序，例如电力生产网、金融行业、电信运营商等单位。

从上述环境应用剖析来看，从实际应用方面考虑，VOI 具有更强、更符合用户环境的适应性。其可脱离服务器和网络运行的特点，让 VOI 具有更好的可用性和安全性以及更好的用户体验，尤其是可轻松地为企业搭建"私有云"。

事实上，桌面虚拟化业务在我国开始蓬勃发展，包括 IBM 中国研发中心、TCL 多媒体中心、中国石化、中国移动、中国人民大学、泰康资产等客户均已经采用桌面虚拟化技术来替代传统 PC，其发展势头有超过服务器虚拟化的趋势。

随着国内用户在信息化建设观念方面的不断成熟和理性化，用户不再盲目接受国外厂家的宣传推广，而是更多地考虑从自身信息体系现状和业务特点出发，要求所部署桌面虚拟化架构必须能够保证原有业务的平滑迁移，不影响用户使用习惯，并能够具有很强的拓展性，全面兼容未来的新业务和新技术。这也是越来越多的客户关注 VOI 桌面虚拟化架构的重要因素。

三、桌面云的实现方案

（一）桌面云基本结构

虚拟桌面云架构是什么样的呢？先来看看一个桌面云的基本结构，如图 5 – 8 所示。

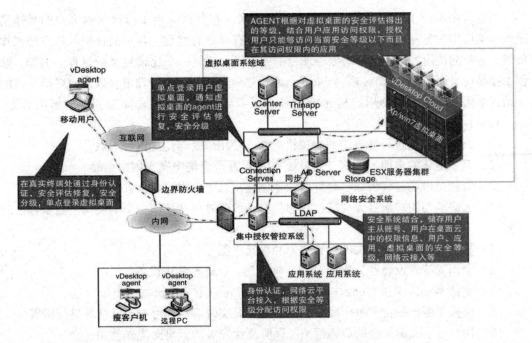

图 5-8 桌面云的基本架构

其中，几个主要模块含义如下：

（1）瘦客户机，也称瘦终端，是使用桌面云的设备，一般是一个内嵌了独立的嵌入式操作系统，可以通过各种协议连接到运行在服务器上的桌面设备，为了充分利用已有资源，实现 IT 资产的最大化应用，架构中也支持对传统桌面做一些改造，安装一些插件，使得它们有能力连接到运行在服务器上的桌面。

（2）网络接入。桌面云提供了各种接入方式供用户连接。用户可以通过有线或者无线网络连接，这些网络既可以是内网（局域网），也可以是互联网（广域网），连接的时候既可以使用普通的连接方式，也可以使用安全的连接方式。

（3）集中授权监控系统。集中授权监控系统可以对运行着虚拟桌面的服务器进行配置，如配置网络连接、配置存储设备等。集中授权监控系统还可以监控运行时服务器的一些基础性能指标，如内存的使用状况、CPU 的使用率等。

（4）身份认证。一个企业级应用解决方案必须有安全控制的解决方案，安全方案中比较重要的是用户的认证和授权。在桌面云中一般是通过 Active Directory 或者 LDAP 这些产品来进行用户的认证和授权的，这些产品可以很方便地对用户进行添加、删除、配置密码、设定角色、赋予不同的角色不同的权限、修改用户权限等操作。

（5）操作系统或应用程序。在一些特定的应用场景，例如，使用的用户是呼叫中心的操作员，他们一般都是使用同一种标准桌面和标准应用，基本上不需要修改，在这种场景下，云桌面架构提供了共享服务的方式来提供桌面和应用，这样可以在特定的服务器上提供更多的服务。

（6）应用服务器。在桌面云解决方案中，更多的应用方式是把各种应用分发到虚拟桌面中，这样客户只需要连接到一个桌面就可以使用所有的应用，就好像这些应用安装在桌面上一样，在这种架构下提供给用户的体验是和使用传统的桌面完全一样的。

当然，图 5-8 中的架构只是我们的一个参考，在具体应用中应该根据客户的具体情况做出架构中的各种决定。这些考虑的因素主要有客户的类型、客户的规模、客户的工作负载、客户的使用习惯、客户对服务质量的要求等，这是一个比较复杂的过程。例如，联创中控易优桌面云 Eyou-CDesk。该桌面云通过集服务器、桌面管理平台以及瘦终端一体的一站式桌面云架构，帮助用户构建统一私有桌面云平台，提供桌面端到端的解决方案。eyou-CDesk 主要功能和特征如下：

（1）终端用户通过云终端访问虚拟机桌面，使用感受与传统电脑一致。

（2）基于池化的桌面云部署，通过统一的 Web 平台集中发布用户桌面。

（3）管理员可通过模板在一分钟内快速创建出几十台虚拟机，并分配给用户。

（4）云终端与用户账号无关联，用户凭自己的账号可在任何一个云终端上登录自己的桌面。

（5）软件灵活定义虚拟机的计算资源和存储资源。

（6）全面支持外设硬件，比如 U 盘、加密狗、U 盾等常用设备。

（7）支持 Windows 和 Linux 主流操作系统，并可自定义编辑系统模板。

（8）提供桌面云平台和单个虚拟机图形化资源实时监控并可对异常情况进行报警。

（9）用户可定义虚拟机的启动策略，保障高优先级的云桌面优先使用。

（10）用户可自主定义资源和提交云桌面使用申请，系统自动审批或在线审批。

（二）桌面云和无盘工作站的区别

无盘工作站是指本地没有硬盘，通过一些网络协议（如 PXE）等连接到远程的服务器，但是本地还是保留主板等硬件。无盘工作站的程序执行和桌面云一样，也是在服务器端进行的，也可以有效地保证数据的安全性等。那么它们之间有什么区别呢？其实它们从概念到架构都完全不一样，具体区别如下：

（1）最主要的区别是桌面云可以动态地调整用户所需要的资源，无盘工作站只能分配固定的资源。

（2）桌面云可以根据需要定制个人信息，安装自己需要的程序，也可以让用户不可以做任何修改，而无盘工作站只能运行一个统一的操作系统。

（3）桌面云只需要一个能耗很少的瘦客户端设备，而无盘工作站还是需要保留除了硬盘以外的传统个人计算机的所有硬件。

桌面云前端设备的配置很简单，对有的设备来说甚至只要安装一个插件就可以运行，无盘工作站前端设备则有特殊的要求。

思考题

1. 虚拟化技术是什么？
2. 桌面虚拟化架构包括什么？
3. 虚拟操作系统架构的优劣势有哪些？
4. 桌面云的实现方案包括哪些内容？

第六章 云计算安全技术

云计算在资源利用上的确很高效，但是云计算在运行中并非一帆风顺，最近发生的一系列安全事件一再表明，对于云而言，安全问题至关重要。那么，云计算究竟存在什么安全问题？这些安全事件将带来怎样的反思？云计算面临安全威胁的来源有哪些？如何对云计算的安全性进行评估？本章主要围绕这些问题展开讨论。

第一节 云计算安全分析

一、云计算安全事件

（一）云计算滥用

"泛滥"势必"成灾"，对于云计算也是这样。犯罪分子可能通过云计算的滥用来实施网络犯罪活动，这是一类边缘化的云计算安全事件。以亚马逊 EC2 为代表的云计算服务以前所未有的简单方式提供了强大的计算能力，其本意是通过引入云计算服务，企业可以不再为购置和维护软/硬件设备花费大量资金。然而，EC2 的超强计算能力在满足企业客户需求的同时也给恶意用户带来了机会，已有黑客利用亚马逊 EC2 等云计算服务来暴力破解并窃取用户信用卡密码，还有黑客利用 EC2 作为跳板进行攻击，最近发生的索尼数据泄露事件就是例证。

（二）使用云计算进行暴力破解

利用云计算所具有的强大计算能力，任何人都可以做原先只能由超级计算机才能做的事情，这意味着以往被认为安全的应用和机制不再安全。尽管一些云服务商为单独一名用户提供的云计算服务计算能力有限，但用户可以很容易地绕过这些限制以获得更大计算能力，例如，一些黑客利用窃取的多个信用卡账号同时登录云计算服务，让这些计算同时进行。黑客们窃取了用户的信用卡后，可以利用这些卡里的钱来购买足够强劲的云计算能力，这些机器的威力甚至比国家安全机关中装备的超级计算机还强。

2010 年 11 月 15 日，亚马逊和 NVIDIA 联合推出了新的 EC2 "集群 GPU 实例"，云服务中的每个实例能用两个 NVIDIA Tesla Fermi M2050 GPU 加速。一个德国安全研究人员使用租用的计算机资源来破解用 SHA-1 散列算法生成的单向哈希（Hash）值。他在"集群 GPU 实例"上安装了基于 CUDA 的哈希破解程序，49 分钟内破解了一个文件中的所有哈希数，文件使用的密码长度为 1~6 位。这种随用随付的计算机资源破解一个 SHA-1 散列只需 2 美元，他同时还宣称利用亚马逊的 EC2 云服务，能在 20 分钟内破解 WPA-PSK 加密的无线网络。通过改进程序，他可以将破解时间减少至 6 分钟。EC2 云计算每分钟的费用为 28 美分，因此 6 分钟只需 1.68 美元，让 EC2 成为最廉价的暴力破解工具之一。亚马逊新推出的 EC2 GPU 实例，在暴力破解 SHA-1 和 MD5 加密算法方面，GPU 的速度甚至能比四核 CPU 快数百倍。GPU 加速的服务器拥有此前只有超级计算机才拥有的计算能力。这些研究引起的一个疑问是在防止客户利用服务器从事犯罪行为上，亚马逊和其他云服务商将担负何种角色。

像这样以前需要全世界花费数月时间大量人力物力的项目，现在只需一人用租用的计算机资源在几分钟内就可以完成，而且只需花费 2 美元。不久以前，安全专家还对 1024 位的 RSA 密码长度感到放心。但随着计算机技术的发展，现在愿意使用 2048 位密码长度的安全专家数量也越来越多。随着云计算开始加入到为密码破解技术提供服务的阵营中，需要对传统安全措施进行重新审视和改进。

（三）使用云计算作为网络犯罪平台

除了使用云计算能力来进行暴力破解，云计算还可能被黑客用来作为攻击跳板或其他犯罪活动平台。CA 网络安全业务团队发现黑客利用 AWS EC2 云服务来掌控变种的 Zeus Bot（Zbot）僵尸网络病毒，通过云执行其命令与控制功能。该团队研究工程师表示，黑客先是通过电子邮件传送链接，虽然该链接连到的是合法网站，但该网站已遭黑客植入恶意程序（如用来打造僵尸网络的 Zbot 变种病毒），当使用者打开链接并自动下载 Zbot 后，Zbot 就会命令与控制服务器进行通信，黑客利用云服务来操控这个僵尸网络。

由于云服务商（如 Amazon）代管了大量企业团体用户的服务，如果黑客入侵任意一个防范薄弱的服务从而进入云内部发起攻击，则将导致严重安全问题。在 2011 年 5 月发生的索尼大规模用户数据泄露案例中，黑客使用假名通过亚马逊 EC2 服务租用了服务器，并利用这些服务器对索尼在线娱乐系统发动攻击。这些攻击展现了黑客利用云计算技术来实施至今为止的第二大窃取用户个人信息的事件的全过程。在此恶性事件中，约有 1 亿多索尼用户的个人账户被盗。对此结果，索尼方面表示："这是一起精心策划、非常专业且高度复杂的网络攻击犯罪。"黑客们并未攻击亚马逊服务器，而是利用亚马逊这家合法的公司，来伪造虚假信息用于签订服务协议，并对索尼在线娱乐系统发动恶意攻击。

使用劫持或租赁的服务器发动攻击是那些熟练的黑客们经常使用的手段。美国 Online Intelligence 公司总裁、前美国联邦调查局网络犯罪调查员希尔伯特（E. J. Hilbert）认为：云计算的深入应用使这种网络犯罪活动越来越容易，任何人都可以用假名字申请到亚马逊云端服务账号来使用，并将云作为黑客攻击基地，这比从自家计算机来发动攻击，更不易被追踪。亚马逊没有任何方法来侦测其云端服务器内部的违法行为，事实上亚马逊也缺乏对此类行为的阻止手段，因为无法分辨出合法使用者与网络罪犯。作为业界最大规模的云服务商尚且如此，其他云服务商就更不用说了。

（四）云计算安全事件反思

云计算的安全问题，特别是公有云的安全问题，一直是困扰企业用户、云服务商和政府的重大难题，也是云计算发展的主要阻力之一。假如大部分云安全问题能够通过技术或管理手段解决，则云的潜力将会完全发挥出来，在各相关应用领域实现跳跃式发展，使公用和个人计算能力得到前所未有的提升。

而事实上，近年来频频发生的宕机事件和云服务商故障使得服务使用者的信心不断下降，特别是针对云计算资源的滥用这一问题，目前还没有很好的防范措施，云计算在全球范围内的进一步推广困难重重。云安全问题的普遍存在使得企业和政府对于公有云和混合云的选择更加谨慎，因而倾向于搭建更为安全的私有云。通过私有云低成本和高资源利用效率的优点，企业和政府将云数据中心作为传统数据中心的替代品，为组织内部提供计算、存储和网络服务。

如果仅仅从这些云服务失效事件，就得出"云计算一无是处，无法成为计算模式的革命"的结论则显得过于武断。云计算本质上是信息系统的延伸和发展，而任何信息系统都有自身的安全问题和安全风险，云计算在继承信息系统优点的同时不可避免地引入了一些缺陷。所有基于互联网的信息服务系统都无法逃避安全问题，服务商在实践中通过不断摸索，逐步完善产品质量、改进用户体验、增强可靠性，使服务的整体安全效能大大提升，漏洞越来越少，服务运行也越来越稳定。对云服务商而言也是如此，既然无法逃避安全问题，那么只能从信息系统的共性安全问题和云的特殊架构出发，在技术不断完善的同时，还需要从用户角度出发重点关注用户数据的安全性保障。

云计算作为革命性的计算模式，为高速发展的企业提供了更加高效和低成本的服务。相较于传统复杂昂贵的数据中心，中小型企业更愿意尝试新的 IT 技术，通过承担一定的风险使用云计算助力于企业的快速发展。在云计算尚未完全成熟的背景下，企业在尝试过程中将不可避免地面对安全问题，如数据丢失或泄露、服务中断等，企业可以根据自身的风险承受能力制定应对策略，如仅将非关键数据托管至云供应商以防万一，以及通过同时使用多家云供应商的服务来确保业务连续性等。这样看来，尽管云计算服务目前仍然存在诸多不确定因素，但是它的革命性和创新性仍然是最引人注目之处，其弹性、低价优质、按需获取的服务模式满足了一部分中小企业的发展需求，随着安全这最后一道阻碍的突破，云计算必将迎来其全面、规模化的发展阶段。

二、云计算安全威胁

（一）基本安全威胁

云计算由于自身架构复杂、涉及技术众多，与云相关的设计、构建运行和应用技术研究还不是很充分，目前云计算在安全方面尚存在较多问题，主要的安全威胁如下。

（1）基础设施层面的安全威胁：云计算基础设施环境面临多种类型的安全威胁，如网络攻击、渗透等传统网络安全威胁，资源虚拟化技术引入的越权访问、反向控制、内存泄漏等基础设施层安全威胁，以及临近攻击等物理安全威胁等。由于云的公共服务特性，拒绝服务攻击是恶意用户对云计算在网络安全方面的主要攻击类型。在云计算环境中，企业的关键数据、核心应用离开了企业网，迁移到云数据中心，随着越来越多的应用和集成业务依靠云计算，拒绝服务带来的后果和破坏将会对企业的运行产生严重影响。另外，在虚拟化安全方面，各层次虚拟化技术的不成熟导致 IaaS、PaaS 和 SaaS 存在安全风险，产生隔离、访问控制、用户等级划分及实施、服务质量保证和多租户实现机制方面的问题，如果被恶意攻击者利用将导致合法用户的利益受到损害。

（2）应用层面的安全威胁：云计算服务推动了服务的网络化趋势，其最终目的是向用户交付多种多样的应用。与传统的基于操作系统、数据库的浏览器/服务器（B/S）或客户机/服务器（C/S）系统相比，云计算服务调用方式具有统一接口、多租户、虚拟化、动态、复杂业务实现等特点，因此在服务安全、Web安全、身份认证、访问控制等方面也具有相应的安全需求。在当前的网络环境下，病毒、木马等恶意代码不断涌现，云计算环境的开放性特点使得自身的安全漏洞更容易暴露出来，需要在服务自身的运行和与用户交互的过程中实施全程的安全保障。

（3）数据层面的安全威胁：云计算环境中数据威胁突出表现为数据泄露和滥用。由于企业的重要数据和业务应用为云服务商控制和维护，在这种模式下如何实现云服务商自身内部的安全管理、职责划分和审计追踪，如何避免多用户共存带来的潜在数据风险等，都是需要重点考虑和关注的安全问题。

（4）管理和合规层面的安全威胁：目前云计算管理标准方面的规范尚不完善，云实现方式的多样性、结构的复杂性导致云服务通用性差、云间协同能力不足，管理边界模糊、责任划分难以明确，云服务商的服务状态展现不够透明。在可能出现的合同纠纷和法律诉讼等方面，云服务合同、服务商的SLA和IT流程规范等都还很不完善。另外，虚拟化技术带来的物理位置不确定性和国际相关法律法规的复杂性，使得云计算环境中合同纠纷和法律诉讼成为云服务推广的硬性障碍。

（二）云安全联盟定义的安全威胁

云安全联盟（CSA）对云计算面临的安全威胁进行了细化，在《云计算安全威胁2.1版》文档中给出了云计算面临的7种安全威胁（图6-1）并给出了相应的解决方案和建议。由于云计算正处于快速发展之中，所以这七大威胁可能还会扩展或不断变化。下面对这些威胁进行较详细介绍：

1. 威胁1：拒绝服务攻击

网络上的恶意攻击行为（如窃取银行卡密码和信用卡卡号、发送垃圾邮件和传播恶意代码等）近年来越来越频繁，严重威胁着网络使用者的安全。网络犯罪分子始终对互联网的相关技术情有独钟，对崭露头角的新应用、新产品、新趋势密切关注，对云计算也不例外。恶意入侵者能够潜入云服务商的网络，运行蠕虫病毒程序并在云计算环境内肆意破坏，使虚拟机、虚拟应用互相感染，危害云计算基础设施及用户安全；犯罪分子还可以伪装成合法用户，以云计算环境为跳板，向其他应用系统发起匿名攻击，或者直接使用IaaS、PaaS、SaaS对外提供非法服务；另外，外部攻击者可以采取拒绝服务攻击降低云服务的可用性，使云计算运行质量降低，导致用户流失，从而实现自己的商业性攻击目的。

分布式拒绝服务攻击（DDOS）是在拒绝服务攻击（DOS）基础之上产生的一类攻击方式。单一的DOS攻击一般是采用一对一方式进行，而DDOS则可以利用网络上已被攻陷的计算机作为"僵尸"主机针对特定目标进行攻击。所谓"僵尸"主机即感染了僵尸程序（即包含恶意控制功能的程序代码）的主机，这些主机可以被远程控制从而发动攻击。在"僵尸"主机量非常大的情况下（如10万台以上），攻击者可以发动大规模DDOS攻击，其产生的破坏力非常惊人。

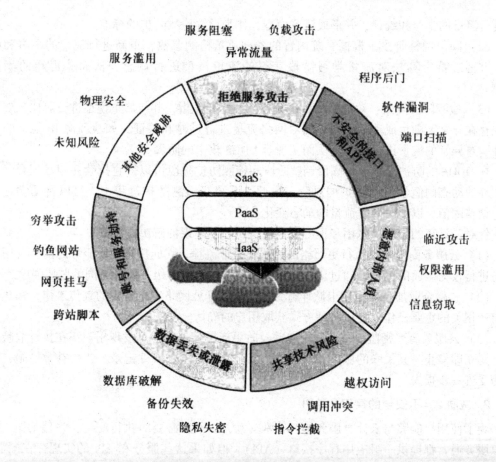

图 6-1 CSA 定义的云计算安全威胁

网络中数据包利用 TCP/IP 协议传输，但即使是无害的数据包，在数量过多的情形下也会造成网络设备或者服务器过载。在 DDOS 攻击中，攻击者利用某些网络协议或者应用程序的缺陷人为构造不完整或畸形的数据包，造成网络设备或服务器服务处理时间长而消耗过多系统资源，从而无法响应正常的业务。

DDOS 攻击之所以难以防御，是因为非法流量和正常流量是相互混杂的。非法流量与正常流量没有太大区别，且非法流量没有固定的特征，无法通过特征库方式识别。同时，许多 DDOS 攻击都采用了源地址欺骗技术，使用伪造的源 IP 地址发送报文，从而能够躲避基于异常模式识别的检测工具。

DDOS 攻击在云计算环境下逐渐成为数据中心管理人员需要面临的新挑战。随着越来越多的组织、单位开始使用虚拟化数据中心和云服务，数据中心基础设施出现了新的弱点。云计算快速弹性的特征要求云服务商自身必须具备非常强大的网络和服务器资源来支撑，按需自服务的特征又对业务开通和服务变更等环节提出了灵活性的要求。这两个特征结合在一起，使得云计算服务很容易成为滥用、恶意使用服务的温床。此外，云计算提供的服务通常在互联网上以公开的、门户的方式存在，且后台往往托管着海量用户数据，因此，云计算平台很容易成为攻击者的重要目标。

云计算数据中心防御 DDOS 攻击可以划分为以下几个步骤。

（1）流量学习阶段：在保护对象正常工作的状态下，根据系统内置的各种流量检测参数进行流量的学习和统计，并形成流量模型，作为后续检测防护的标准。

（2）阈值调整阶段：根据系统内置的各种流量检测参数，重新进行流量的学习和统计，并通过特定算法对流量学习阶段获得的流量模型进行调整，从而获得新的流量模型。

（3）检测防护阶段：对网络流量进行各种统计和分析，并与流量模型进行对比，如果发现存在异常，则生成动态过滤规则对网络流量进行过滤和验证，如验证源 IP 地址的合法性、对异常的流量进行清洗，从而实现对 DDOS 攻击的防御。

在 DDOS 的防护过程中，阈值调整阶段和检测防护阶段可以一直持续并相互配合，实现闭环的动态阈值学习和防护的过程。因此，系统在检测防护过程中，可以自动学习流量、调整阈值，以适应网络流量的动态变化。

针对云计算的滥用、恶用和拒绝服务攻击，CSA 建议的解决方案如下：

（1）云服务商向用户执行更严格的注册和验证流程，在向用户提供服务之前，对用户身份进行较为全面的审查，通过历史记录判定用户的风险等级并配置不同的监控强度。

（2）金融企业加强对信用卡欺诈行为的监控，开展网络安全常识的宣传工作，在执行与财产相关的重要操作前使用多种方式获取用户的确认。

（3）云服务商严密监控自己的用户并及时更新黑名单，一旦发现用户正在执行危险操作，则立即停止与其关联的服务，并通过应急响应预案检查事件记录、执行补救措施，避免遭受进一步损失。

2. 威胁 2：不安全的接口和 API

为了使用户能够与云计算服务进行正常交互，以及在必要时执行配置、管理工作，云计算服务通常都提供一组应用程序接口（API）。但如果这些服务和 API 的实现存在漏洞、缺乏安全保障，可能会使黑客有机可乘，盗取用户数据。在大多数情况下，接口不安全是开发速度盲目提高的结果，为了追赶项目进度而仓促进行代码编写和测试，会使应用程序质量和安全都无法达到要求。另外，API 中的第三方插件也可能引入更高的复杂度和更大的安全风险。

不安全的接口和 API 风险的形成来源于以下方面。

（1）跨站脚本漏洞：Web 应用程序直接将来自使用者的执行请求送回浏览器执行，使得攻击者可获取使用者的 Cookie 或 Session 信息，从而直接以使用者身份登录陆，利用伪造的身份非法获取信息。

（2）注入类问题：Web 应用程序执行在将用户输入转换为命令或查询语句的一部分时没有做过滤，如 SQL 注入、命令注入等攻击。

（3）任意文件执行：Web 应用程序引入来自外部的恶意文件并执行。

（4）不安全的对象直接引用：攻击者利用 Web 应用程序本身的文件操作功能，读取系统上任意文件或重要资料。

（5）跨站请求截断攻击：已登录 Web 应用程序的合法使用者执行恶意的超文本传输协议（HTTP）指令，但 Web 应用程序却当成合法请求处理，使得恶意指令被正常执行。

（6）信息泄露：Web 应用程序的执行错误信息中包含敏感资料，可能包括系统文件路径、产品信息、内部 IP 地址等。

（7）用户验证和 Session 管理缺陷：Web 应用程序中自行撰写的身份验证功能有缺陷，

存在被恶意入侵的可能。

（8）不安全的加密存储：Web 应用程序没有对敏感资料加密或使用较弱的加密算法以及将密钥储存于容易被获取之处。

（9）不安全的通信：Web 应用经常在传输敏感信息时没有使用加密算法对数据进行加密。

（10）未对 URL 路径进行限制：某些网页因为没有权限控制，使得攻击者可通过网址直接存取后台关键程序的运行数据。

为防范不安全接口带来的风险，可以对应用代码及其中间件、数据库、操作系统进行加固，并改善其应用部署的合理性。从补丁、管理接口、账号权限、文件权限、通信加密、日志审核等方面，增强应用支持环境和应用模块间部署方式的安全性。CSA 建议的解决方案如下：

（1）云应用开发者应仔细分析云计算提供商接口的安全模型，采用规范化的输入、输出方式并严加审查。

（2）云应用开发者应了解与 API 关联的性能要求和限制，避免内存泄漏、越界访问、缓冲区溢出等设计问题。

（3）在云计算应用运行过程中，必须确保用户身份的严格验证，在传输时使用加密机制，对管理接口实施必要的访问控制。

3. 威胁 3：恶意内部人员

在信息系统中，传统的安全手段主要集中于对外界威胁的防护，特别是在终端和网络边界处的防护力度最高。而从组织内部发起的攻击具备逻辑位置的优势，能够渗透至外界攻击所不能及的区域，因此破坏更为直接，其影响和危害程度也更高。在云计算环境中，云服务商员工并不都是可靠的，如果云服务商没有实施统一级别的员工身份担保或背景审查，则用户根本无法了解到其雇用标准及工作制度。随着云服务的不断扩大，留给服务供应商做后台检查的时间越来越少，安全风险也随之增加。

恶意内部人员发起的攻击可归类于安全风险中的临近攻击或特权攻击，相对于外部的病毒、蠕虫、间谍软件等恶意代码，内部人员造成的安全威胁更大而且更容易被管理人员忽视。这些具有高级运维权限或者能够接近重要资产的人员造成的数据被窃、基础设施破坏等行为将导致企业付出高昂的代价和成本，并造成复杂而深远的后续影响，如生产力的下降、商业声誉的损失等。随着信息系统日益复杂，需要更多的雇员、合约人、托管服务供应商来维护系统和网络，一些单位对于内部人员可以自由地访问公司重要网络资源的现象漠然视之，并没有意识到这种做法造成的高风险。

内部人员进行窃取或破坏有两个原因：一是为了获取钱财，二是为了建立商业优势。企业本应像监视外部人员一样监视内部人员，然而由于工作上的原因，内部人员拥有对企业资源的一些特殊的访问权限，因此在保证业务流转顺畅的同时规范内部人员的操作行为就成为一项挑战。受利益或其他原因驱使，内部人员能够利用自身的系统操作权限及已知的内部漏洞，自由篡改数据库信息、删除关键组件或破坏整个系统。这些行为将导致云计算环境遭受难以计量的损害，可能导致云服务无法运行、数据无法恢复或使得 IT 资源受到不可逆的破坏。

企业可通过以下措施保护自己。

（1）强制执行严格的内部员工管理并进行综合的云服务商评估，用户在付费使用服务前有权检查云服务商的员工管理制度。

（2）指定将人力资源条件要求作为法律合同的一部分，并明确说明在违背条款的情况下，云服务商应如何补偿用户的损失。

（3）要求实现整体信息安全，云服务商的管理实践应符合相关法律法规要求，并遵从透明性原则。

（4）定义安全违规通知流程，云服务商应考虑内部员工发起的恶意行为，并将可能导致的损失降低到最低限度。

4. 威胁4：共享技术风险

在 IT 资源稀缺的时代，设计者们采用 CPU 时间片轮转、磁盘分区、网络协议聚合等方式尽量提高设备的运转效率，使多个用户能够协同工作互不影响，当前，IT 资源的性能已呈几何级数上升，已经能满足为单一用户提供独占式资源的需求。但是，由于用户数的大量增长，为每个用户都提供独占式资源，会导致大量的资源浪费。共享技术可以提高闲置资源使用率，同时也为云服务商节约了大量成本。

尽管共享技术提供了较强的用户鉴别和权限判定机制，但在运行过程中多个用户同时操作资源仍然具有风险，因为资源隔离和用户访问控制依赖于共享的管理机制，如果这种机制在运作过程中存在漏洞，则可能为合法用户分配本不该其占有的资源，或是使恶意攻击者能够越过隔离机制非法访问到其他用户的资源。这一过程可能导致正常用户的资源被抢占、云服务的可用性和服务水平下降、共享机制故障，甚至服务器被植入木马窃取敏感数据等一系列严重后果。

共享技术实现资源共享的同时又引入了新的风险。如果资源基础设施存在隔离的漏洞，当成功攻击服务器上的特定用户时，该服务器的所有资源就都向攻击者敞开了大门。在云计算环境中，虚拟化是最为广泛的共享技术，它允许多个用户（如云租户）在同一物理主机上共享数据和应用程序，从而降低各自的使用成本。然而，虚拟化技术存在多方面的安全问题，用户的关键数据有可能在不经意间落入攻击者之手。

云计算用户可以通过以下措施降低共享风险。

（1）在应用虚拟化方面实现应用程序的全生命周期安全，包括安装、配置和运行阶段，通过完善的监控和审计机制对应用程序的状态进行实时感知和检测。

（2）监控和及时处理未授权的访问行为，根据规则进行阻断、记录或告警。

（3）要求云服务商采用严格的身份验证和访问控制策略，特别是关系用户财产安全的数据存储服务、数据应用服务和统计服务等。

（4）按照 SLA 要求强制执行补丁和漏洞修复，维持整个云计算环境的安全运行。

（5）定期进行安全检查和配置核查，防范安全风险。

5. 威胁5：数据丢失或泄露

云计算中存储的最重要的数据莫过于个人的隐私及企业的敏感信息。隐私是指自然人自身所享有的与公众利益无关并不愿他人知悉的私人信息，隐私空间和网络生活安宁受法律保护，禁止他人非法知悉、侵扰、传播或利用。网络为人们的生活带来巨大的便利同时，也为隐私权、敏感数据保护带来了挑战。网络环境的开放性、虚拟性、交互性、匿名性等特点，使得通常的数据保护手段在网络环境中无能为力。云计算环境下的数据安全面临的问题具有数据安全问题的一切特征，并增加了由于云计算环境所带来的新的特点。

从资源管理的角度看，云计算的特点可以概括为动态、智能、按需，即对资源合理的掌控与分配。这种资源管理模式的一项重要特征是：数据的存储和安全完全由云计算提供商负责。从提高服务质量的角度来说，这是云计算所表现出来的优点，因为云计算提供商负责可以降低企业的成本，包括一些设备费用、办公场所、人力资源等；而对于一些中小型企业来说，降低总成本也有利于企业的发展。在服务器端，有专门的技术人员负责数据的存储、备份等工作，可以较好地保证数据信息的安全。

但是，云计算提供商完全负责数据的存储和安全，对于隐私保护来说却存在更大的风险。如果数据存储在内网中，进行物理隔离或其他手段是可以较好地避免隐私外泄，而把数据存储在"云"中并由云计算提供商管理，对隐私保护的担忧就是理所当然的。这是因为，数字资料并不像纸质文档可以封口，电子设备也不像保险柜那样上锁后钥匙由多人保管。由于数据封装及传输协议的开放性，数字资料对于某些特权的技术人员来说可能是可见的。云计算中的隐私数字安全问题不容忽视，IDC 对 CIO 和 IT 主管的调查显示安全是云计算需要关注的主要问题，大约75%的人表示他们主要担心云计算的隐私安全问题。

数据交互需求的不断增长使数据丢失的风险逐渐加大。在用户与云计算应用程序的交互中可能发生数据传输错误、内容被非授权更改，甚至数据被删除等意外状况。为了避免数据丢失或泄露，用户应在传输加密、完整性校验等安全手段的基础上，定期进行备份操作，以避免数据在未存档的情况下因外部原因发生存取故障，导致业务连续性及企业信誉受到损失。备份可以在客户端本地进行，也可以选择在云中存放备份数据，但是根据云服务商的服务等级协议（SLA）中对应的用户级别不同，将数据发送到云端并不总是能得到定期备份的保证。此外，云中数据集中式存放的特点和云存储设施存在的安全风险（如隔离失效、后台用户操作等）也使数据易于落入恶意攻击者手中。

为了减轻数据丢失和泄露的威胁，CSA 的建议如下：

（1）云服务商执行严格的 API 访问控制策略，对服务请求者的身份进行鉴别，对进出云计算环境的数据进行检查。

（2）使用加密技术保护传输中的数据，同时提供完整性校验机制。

（3）在数据的整个生命周期内进行数据保护分析，使用户明确自己数据的位置和状态。

（4）云服务商执行严格的密钥生成、存储和管理以及销毁行为，不在任何情形下以明文方式发送密钥。

（5）用户应在合同中要求提供商在数据即将存储到资源池前，进行目标介质的数据删除工作；在用户退出数据服务后，要求再次进行彻底的数据删除。

（6）云计算提供商在合同中向用户指定备份和数据恢复策略。

6. 威胁6：账号和服务劫持

账号和服务劫持指攻击者冒用合法用户在云中的账户，盗取身份、数据等并将这些信息与其他恶意用户共享。在云计算环境中，诸如网络钓鱼、欺诈和漏洞利用等攻击方法依然有很强的攻击能力，如果再辅之以针对口令、凭证的重放攻击等高级技术手段，则破坏性和危害更大。

身份管理和访问控制是任何信息系统维持安全水平所需的基本功能。但是，云计算要求的身份管理级别更高，应实行更强的认证、授权和访问控制，使用诸如生物识别或智能卡技术进行身份供应。该机制同时应能确定用户或进程授权访问的资源类型，并对未授权实体何时访问过某种资源进行记录。

对用户进行身份认证和访问控制可以降低威胁或减少可能带来的损失。职责分离和最小权限原则是两大重要的控制概念。实现职责分离，需要两个或几个实体共同作用，在这种情况下，违反安全策略的唯一途径是实体之间相互勾结，最小权限原则意味着应该向执行任务的实体提供在最短时间内完成任务所需的最低程度的资源和权限。

CSA 建议通过以下手段降低账号和服务被劫持的风险。

（1）禁止用户和服务之间共享账户凭证，将用户账号与服务进行绑定，同时在身份认证时实施多因子的强鉴别机制。

（2）利用主动监控、防御技术检测未授权的活动，使用智能分析技术对用户的异常状态进行提示和告警。

（3）云服务商应使用户明确其安全策略和 SLA，避免因账号问题产生纠纷。

7. 威胁 7：其他安全威胁

云计算的突出优点是能有效减少企业在软硬件上的资金投入和运维投入，使企业将工作重点集中在提高自己的核心竞争力上。但是不可否认，除了上文所述的六大威胁外，云计算还存在很多亟待解决的安全问题，这些问题尚未被辨识，作为不可知的潜在安全威胁会在云计算的发展过程中逐渐显现。

未知的风险场景使企业无法放心大胆地使用云服务，同时由于无法预测场景中的威胁目标和危害程度，云计算使用者和管理者难以采取有效的手段应对。尽管无法避免这些未知的风险，CSA 仍提出了一些建议试图使危害发生时对云的影响尽量弱化。

（1）云服务商向用户公开相应的应用程序日志和事件数据，在安全事件发生时用户能够判定风险性质并做出及时响应。

（2）云服务商向用户公开所使用云计算环境基础设施的详细信息（如物理机配置、补丁级别、防火墙部署情况等），这些信息可以作为用户评估风险的参考。

（3）对应用程序运行过程中的关键性阶段及信息输入输出过程进行全程监控，在发现违规操作时发出警报通知所有相关人员。

（三）CSA 安全控制矩阵

为规范企业在云计算使用中所遇到的安全问题，CSA 提出了安全控制矩阵，其中包含 98 项与云计算安全相关的基本控制项，帮助用户更详细地了解云计算安全概念和原则，了解其安全风险，有效应对云计算实践过程中可能出现的安全问题。

CSA 安全控制矩阵参考了 ISO 27001、COBIT、PCI、HIPAA 等云计算安全方面的规范，具有完整性、指导性、权威性的特点，可以作为云计算服务商和使用者在实施云计算计划或将业务迁移至云计算环境前的重要参考依据。

CSA 安全控制矩阵包含以下几项：

（1）控制域：控制项所在控制域（CSA 定义的 13 个云安全关键领域）的名称，以及控制项所涉及的具体内容。

（2）控制 ID：由控制域 ID 和控制项编号构成的字符串。

（3）控制规范：对控制项内容的说明和控制项作用机制的详细规范。

（4）适用的服务提供模式：对控制项适用的 SPI 服务提供模式进行选择，即控制项是否能够适用于 IaaS/PaaS/SaaS 环境。

（5）适用的范围：对控制项所适用的范围进行限定，用于云服务商和最终用户。

三、云计算的安全性评估

（一）信息安全风险评估

信息安全风险是指信息的安全属性所面临的威胁在其整个生命周期中发生的可能性，这些威胁来自信息系统的脆弱性而引发的人为或自然的安全事件，可能导致重要的信息资产受损，从而对相关的机构造成负面影响。

信息安全风险评估指的是依据有关信息安全技术和管理标准，对信息系统及其处理、传输和存储的信息的机密性、完整性和可用性等安全属性进行评价的过程，需要评估资产面临的威胁以及利用脆弱性导致安全事件的概率，并结合安全事件所涉及的资产价值来判断安全事件一旦发生对组织造成的影响，同时提出有针对性的防护对策和整改措施。进行信息安全风险评估，就是要防范和化解信息安全风险，或者将风险控制在可接受的水平，从而为最大限度地保障信息安全提供科学依据。

信息安全风险评估实际上是传统风险理论和方法在信息系统中的运用。信息安全风险评估主要分为 4 个阶段。

（1）评估准备阶段：包括明确评估目标、确定范围、组建团队、初步调研、沟通协商方法和方案等，这是整个评估工作得以顺利实施的关键。

（2）要素识别阶段：识别风险中的资产、威胁和脆弱性，以及已有安全控制措施的有效性等。

（3）风险分析阶段：制定合理、清晰的风险等级依据，分析主要威胁场景，确定风险。

（4）汇报验收阶段：对报告进行沟通调整并完成最后评估项目的总结和验收。云计算中数据的处理、传输和存储都依赖于互联网和相应的云计算平台，数据流动过程对于用户来说是不可知的。因此，传统的信息安全风险评估方法在很大程度上已不再适用，云计算环境需要有一套相应的度量指标和评估方法。

（二）云计算安全风险评估

根据评测对象的实际情况，云计算系统安全风险评估流程需要做系统设计。如果被评估对象没有使用云计算服务，那么其评估方法可以按照传统的评估准备、要素识别、评测和确定风险验收等做法。由于云计算更多地依赖于网络，侧重于服务，因此如果采用了云计算，数据的处理和存储都会被认为是一个服务，其安全性必然会受到网络状况和云计算平台的影响。

针对不同的云计算服务，结合传统的信息安全风险评估办法，基于云计算的评测分析方法可以从资产识别、威胁识别、脆弱性分析及风险评估与分析4个角度给出。

（1）资产识别：包括资产分类和资产赋值。资产分类是对所有使用云计算平台的资产进行列表，包括使用云计算的文档信息、软件信息、应用的云计算平台、云安全设施、云存储设施等；资产赋值是根据各种资产在评估信息系统里的重要程度而对资产进行赋值，它采取等级评定的方法，将资产的机密性、完整性和可用性3个安全属性各划分为5个等级，分别用5、4、3、2、1表示很高、高、中等、低和很低，选择3个属性中最高赋值为该资产的赋值，记为AS_i，表示第i个资产的赋值。

（2）威胁识别：包括威胁分类和威胁赋值。威胁分类是根据相关报道或渗透检测工具对可能存在的威胁进行分类。威胁识别是根据威胁发生的频率进行赋值，对于威胁，其赋值为$Prob\ T\{i\}$，表示其出现的可能性。

（3）脆弱性的识别：包括脆弱性识别和脆弱性赋值。不同的云计算平台对应不同的基础架构，根据其规模、是否允许特权用户的接入、计算平台的可审查性、数据位置、数据隔离措施、数据恢复措施及长期生存性等特性，识别可能引起安全事件的脆弱性；对于某一个特定的脆弱性，用0和1分别表示不存在和存在，记为$PV\{i\}$，表示脆弱性的赋值。

（4）风险评估与分析：分析威胁和脆弱性的关联关系，得到安全事件发生的可能性$L(T，V)$。这一阶段首先是要确定受到影响的资产，再计算安全事件发生后的损失，由于损失取决于资产价值和安全事件可能出现的概率，因此可以用函数$F(Ia，Va)$表示，最后可以计算出风险值$R(L,F)=L\times F$。

风险的级别是根据事件发生的可能性和造成损失的大小估计的。事件发生的可能性是指针对漏洞成功实施攻击的概率，每个事件发生的可能性和业务上的影响由参与评估的专家小组根据经验共同得出。对于那些不容易得出正确估计值的事件的可能性，则用N/A表示。很多情况下，估计值很大一部分取决于云的部署模式及组成架构。

在描述风险的时候，需要注意，风险必须要跟整体业务以及风险控制手段相结合，有时一定的风险可以带来更多的机会。云服务不仅使从多种设备访问数据存储更为方便，还带来一些重要的好处，如更快捷的通信和多点即时合作等。因此，对于数据安全而言，不仅要比较分析存储在不同位置的数据的风险，还要比较分析存储在自己可控范围内数据的风险。合规性也是风险评估的一个方面，例如用户在工作中需要将电子文档发送给其他人，就必须遵守存储在云中的电子文档安全规范。使用云计算的风险还必须要和使用传统信息系统的风险相比较，其对比方法类似于新旧操作系统的对比方法。风险的级别在很多时候随着云架构的不同而变化较大，同时风险还与服务的价格有关。对于云用户来说，尽管可以把一些风险转移至云服务商，但并不是所有风险都可以被转移。

欧洲网络与信息安全局（ENISA）通过深入分析云计算架构、服务交付模式和存在的安全风险，结合信息系统信息安全风险评估的经验，给出了基于云计算的信息安全风险评估办法，该方法不仅可以指导云计算环境下的信息安全风险评估，而且还能丰富信息安全风险评估理论。在此基础上，安全风险评估机构能够更加深入地研究云计算的内在机制及运行模式，从而给出基于模型的定量分析和评价方法，帮助用户以不同的标准区分云服务商，选择最适合自身业务模式的云服务方案。

综上所述，云安全事件频发，就连亚马逊、谷歌、微软等技术精湛、实力雄厚的互联网龙头企业也未能幸免。云计算环境面临的主要安全威胁有 Web 安全漏洞、拒绝服务攻击、内部的数据泄露、滥用以及潜在的合同纠纷与法律诉讼等。CSA 对云计算面临的安全威胁进行了细化，给出了云计算面临的七种安全威胁。云计算的安全评估是对安全威胁的脆弱性暴露程度进行量化，基本延续传统的信息安全风险评估方法，但应侧重于云计算的服务特性，可从云计算的计算、存储和网络三个方面，按照资产识别、威胁识别、脆弱性分析及风险评估与分析的步骤进行，以评估结果为依据，用户可以在选择云服务商前根据能承受的风险进行权衡。

第二节 云计算安全体系

一、云计算架构安全模型

云计算安全技术是信息安全扩展到云计算范畴的创新研究领域，它需要针对云计算的安全需求，从云计算架构的各个层次入手，通过传统安全手段与依据云计算所定制的安全技术相结合，使云计算的运行安全风险大大降低。无论是在传统数据中心还是在云计算模式下，大部分的业务处理都在服务器端完成，传统的数据服务对关键业务服务器的具有较高的依赖性；而云计算模式对于服务器集群的依赖性更强。服务器集群通常包含彼此连接的大量服务器，当其中的某些服务器出现故障后，这些服务器上运行的应用及相关数据会快速迁移到其他服务器上，运行中的服务可以通过这种措施从故障中快速恢复，甚至让用户感觉不到业务中断，因此，基于云计算的应用服务具有可靠性、持续性和安全性等特点。

二、面向服务的云计算安全体系

解决云计算安全问题的有效思路是针对威胁建立完整的、综合的云计算安全体系。我国著名信息安全专家冯登国教授提出了云计算安全服务体系。该体系体现了云计算面向服务的特点，包括云计算安全服务体系与云计算安全支撑体系两大部分，它们共同为实现云用户安全目标提供技术支撑。

（一）云用户安全目标

在云计算安全服务体系中，用户的首要安全需求是数据安全与隐私保护，即防止云服务商恶意泄露或出卖用户隐私数据，或者搜集和分析用户数据，挖掘出用户的深层次信息等不当行为。攻击者可以通过分析企业关键业务系统流量得出其潜在而有效的运营模式，或者根据两个企业之间的信息交互推断它们间可能存在的合作关系等。尽管对企业而言这些数据并非机密信息，然而一旦被云服务商无意泄露或出卖给企业竞争对手，就会对受害企业的运营产生较大的负面影响，甚至在市场环境中陷入被动境地。数据安全与隐私保护贯穿着用户数据生命周期中创建、存储、使用、共享、归档、销毁等各个环节，涉及所有参与服务的各层次云服务商，数据安全也是企业用户选择云服务商的首要关注点。

云用户的另一个重要需求是安全管理与运行维护，即在不泄露其他用户隐私且不涉及云服务商商业机密的前提下，允许用户获取所需安全配置信息以及运行状态信息，并在某种程度上允许用户部署实施专用安全管理软件，从而对云计算环境中的业务执行情况进行多层次的认知和控制。

云用户的其他安全需求包括应用程序在云计算环境中的运行安全以及获取多样化的云安全服务等。

（二）云计算安全服务体系

云计算安全服务体系由一系列云计算安全服务构成，以提供满足云用户多样化安全需求的服务平台环境。根据其所属层次的不同，云计算安全服务体系可以进一步分为云基础设施安全服务、云安全基础服务以及云安全应用服务三类。

1. 云基础设施安全服务

云基础设施服务为上层云应用提供安全的计算、存储、网络等 IT 资源服务，是整个云计算体系安全的基石。云基础设施安全包含两个含义：一是能够抵挡来自外部的恶意攻击，从容应对各类安全事件；二是向用户证明云服务商对数据与应用具备安全防护和安全控制能力。

在应对外部攻击方面，云平台应分析传统计算平台面临的安全问题，采取全面、严密的安全措施。例如，在物理层考虑计算环境安全，在存储层考虑数据加密、备份、完整性检测、灾难恢复等，在网络层考虑拒绝服务攻击、DNS 安全、IP 安全、数据传输机密性等，在系统层则涵盖虚拟机安全、补丁管理、系统用户身份管理等安全问题，而在应用层考虑程序完整性检验与漏洞管理等。

另外，云平台应向用户证明自己具备一定程度的数据隐私保护与安全控制的能力。例如，在存储服务中证明用户数据以密文保存，并能够对数据文件的完整性进行校验，在计算服务中证明用户代码在受保护的内存中运行等等。由于用户在安全需求方面存在着差异，云平台应能够提供不同等级的云基础设施安全服务，各等级间通过防护强度、运行性能或管理功能的不同体现出差异。

2. 云安全基础服务

云安全基础服务属于云基础软件服务层，为各类云应用提供信息安全服务，是支撑云应用满足用户安全目标的重要手段。其中比较典型的几类云安全基础服务如下：

（1）云用户认证服务：主要涉及用户身份的管理、注销以及身份认证过程。在云计算环境下，实现身份联合和单点登录，可以使云计算的联盟服务之间更加方便地共享用户身份信息和认证结果，减少重复认证带来的运行开销。但是，云身份联合管理过程应在保证用户数字身份隐私性的前提下进行。

（2）云授权服务：云授权服务的实现依赖于如何完善地将传统的访问控制模型（如基于角色的访问控制、基于属性的访问控制模型以及强制自主访问控制模型等）和各种授权策略语言标准（如 XACML，SAML 等）扩展后移植入云计算环境。

（3）云审计服务：由于用户缺乏安全管理与举证能力，要明确安全事故责任就需要云服务商提供必要的支持，在此情况下第三方实施的审计也具有重要的参考价值。云审计服务必须提供满足审计事件列表的所有证据以及证据的可信度说明。当然，若要在证据调查过程中避免使其他用户的信息受到影响，则需要对数据取证方法进行特殊设计。云审计服务是保证云服务商满足合规性要求的重要方式。

（4）云密码服务：云用户中普遍存在数据加、解密运算需求，云密码服务的实现依托密码基础设施进行。基础类云安全服务还包括密码运算中的密钥管理与分发、证书管理及分发等功能。云密码服务不仅简化了密码模块的设计与实施，也使得密码技术的使用更集中、规范，同时也更易于管理。

3. 云安全应用服务

云安全应用服务与用户的需求紧密结合，种类多样，是云计算在传统安全领域的主要发展方向。典型的云安全应用包括 DDOS 攻击防护服务、僵尸网络检测与监控服务、Web 安全与病毒查杀服务、防垃圾邮件服务等。由于传统网络安全技术在防御能力、响应速度、系统规模等方面存在限制，难以满足日益复杂的安全需求，云计算的优势可以极大地弥补上述不足，其提供的超大规模计算能力与海量存储能力，能大幅提升安全事件采集、关联分析、病毒防范等方面的性能，通过构建超大规模安全事件信息处理平台，来提升全局网络的安全态势感知、分析能力。此外，还可以通过海量终端的分布式处理能力实现安全事件的统一采集，在上传到云安全中心后进行并行分析，极大地提高安全事件汇聚与实时处置能力。

（三）云计算安全支撑体系

云计算安全支撑体系为云计算安全服务体系提供了重要的技术与功能支撑，其核心包括以下几方面内容：

（1）密码基础设施：用于支持云计算安全服务中的密码类应用，提供密钥管理、证书管理、对称/非对称加密算法、散列码算法等功能。

（2）认证基础设施：提供用户基本身份管理和联盟身份管理两大功能，为云计算应用系统身份鉴别提供支撑，实现统一的身份创建、修改、删除、终止、激活等功能，支持多种类型的用户认证方式，实现认证体制的融合。在完成认证过程后，通过安全令牌服务签发用户身份断言，为应用系统提供身份认证服务。

（3）授权基础设施：用于支撑业务运行过程中细粒度的访问控制，实现云计算环境范围内访问控制策略的统一集中管理和实施，满足云计算应用系统灵活的授权需求，同时使安全策略能够反映高强度的安全防护，维持策略的权威性和可审计性，确保策略的完整性和不可否认性。

（4）监控基础设施：通过部署在云计算环境虚拟机、虚拟机管理器、网络关键节点的代理和检测系统，为云计算基础设施运行状态、安全系统运行状态及安全事件的采集和汇总提供支撑。

（5）基础安全设备：用于为云计算环境提供基础安全防护能力的网络安全、存储安全设备，如防火墙、入侵防御系统、安全网关、存储加密模块等。

第三节 云计算基础设施安全

一、基础设施物理安全

（一）自然威胁

自然威胁是指由自然界中的不可抗力所造成的设备损毁、链路故障等使云计算服务部分或完全中断的情况。例如，某些地方会遭到地震、龙卷风袭击、火山爆发、泥石流等灾难性事件。自然威胁的显著特点是会给云计算基础设施带来重大损坏，伴随着用户数据、配置文件的丢失，使应用系统在相当长时间内难以恢复正常运行。

自然威胁尽管难以预见，但可以通过一些手段尽量避免或减弱其影响。首先，在云计算中心选址时就考虑地震、洪水等因素，选择地势较高、地质条件较好的地区，并对建筑结构、抗震等级做出一定的要求。其次，云计算中心应具有恶劣天气和极端情况下的防护能力，如妥善考虑避雷、暴雨、低温、高温高湿等。最后，根据需要对云计算通信链路采取防护措施，如加固、深埋处理等。云计算服务对自然威胁的承受能力不仅可以通过物理手段加固，还可以通过技术和逻辑手段实现，如在不同地点建立多个备份和处理中心以保证业务的连续性等。

（二）运行威胁

运行威胁是指云计算基础设施在运行过程中，由间接或自身原因导致的安全问题，如能源供应、冷却除尘、设备损耗等。运行威胁尽管没有自然威胁造成的破坏性严重，但如果缺乏良好的应对手段，则仍会产生灾难性后果，使云服务性能下降、应用中断和数据丢失，因此云计算在实施前必须考虑运行风险，并施加相应的防护措施，在基础设施层面确保云计算所需的各类资源安全，为上层应用的可靠运行提供底层保障。

（1）能源安全：云计算基础设施所需的能源必须得到保障，其中最重要的是电力。电力是所有电子设备运行的必备条件，云计算环境中的各类集群规模和业务负载对电力供应有不同的要求。根据具体设备的运行特点配备相应的紧急电源和不间断电源系统，保证在意外断电情况下云计算基础设施的正常运行。应急电源包括发电机和一些必要的装置，可以在紧急情况下向云计算环境关键区域提供必要的电力能源。不间断电源包括蓄电池和检测设备等，断电时自身设备可以立即向云计算环境供电，使系统不会因电力缺乏而中断。不间断电源的容量有限，其持续时间较短，一般只能维持到紧急电源系统启动时为止，因此必须立即进行修复工作以避免不间断电源耗尽时基础设施和业务应用受到损害。

（2）冷却除尘：由于服务器容量和集成度非常高，云计算环境具有较大能耗，其发热密度大，热负荷全年保持高水平，一般制冷系统的电力消耗占整个云计算环境的40%左右。适用于云计算环境中的空调需要具备全时高效稳定的制冷能力，在保持室内温湿度均匀、较小波动的条件下尽量提高能效比，优化电力的利用率，使云基础硬件在较为理想的环境中运行，杜绝由热量累积导致的宕机、性能下降等安全问题。此外，云计算环境尽量保持空间封闭、在室内实现一定的净化除尘功能，提高冷却系统运行效率，降低因灰尘因素造成机箱内部潜在的安全隐患。

（3）设备损耗：在任何信息系统的运行中都必须考虑设备的损耗，构成云基础设施的硬件均有一定时间的使用年限，并且在年限到期前就可能发生故障。长期处于高负荷运行状态下的磁盘阵列一般比内存和 CPU 更易损坏，因此需要经常对磁盘等存储介质进行分布式冗余处理，使损坏的磁盘不超过一定比例，从而保持完整的数据恢复能力。其他基础设施硬件也需要有常用备件，紧急场合下可以直接替换，将业务中断造成的影响降到最低。

（三）人员威胁

人员威胁是云服务商内部或外部人员参与的、由于无意或故意的行为对云计算环境造成的安全威胁。人员威胁与物理运行威胁的区别在于人员造成的破坏可能不易被发现，其效果也不会马上显现，但其影响会一直存在并成为系统的安全隐患。人员威胁包括员工误操作、物理临近安全、社会工程学攻击等。

（1）员工误操作：云服务商内部合法员工在云日常管理中也可能因为不熟悉操作方法而导致功能误用，使云服务商或用户数据受到损害。尽量减少员工误操作的有效方法是对员工进行针对性的技术培训，形成责任人制度，明确自己的每一步操作会产生怎样的影响及后果，在不确定时咨询或查阅技术手册予以解决问题，而不是采用试探性的操作行为。

（2）物理临近安全：物理临近安全确保云计算基础设施的部署场所不受人员恶意操作或配置影响，可以采用传统的物理临近控制方法，如门禁、视频监控、各类锁等，另外配备安全警卫也是可以采取的有效策略。安全警卫的存在对于云计算运行场所内的偷盗、破坏和其他的非法或未经授权的行为具有威慑作用，同时他们还可以协助对进出云数据中心的人员进行管理。在无人值守的情况下应使用视频进行 24 小时不间断监控，摄像机一般安装在房间的关键地点，以便提供被摄场所及关键设备的全景录像。

（3）社会工程学攻击：社会工程学是利用受害人员的心理弱点、本能反应、信任、贪婪等心理陷阱实施欺骗、套取信息等攻击手段达到自身目的。它是近年来对信息系统入侵成功率较高的手段，因此，越来越多的攻击者在使用其他手段前往往会尝试社会工程学对系统进行试探性攻击。社会工程学需要搜集大量对方信息，在取得对方信任后请求执行相应操作，如重置密码、搜集用户信息、了解系统运行状况等。受害者往往以为攻击者确实具有所声明的身份，因此在毫无戒备情况下进行了实质上的非法、越权操作，其导致的后果一般较为严重，信息的泄露或系统的破坏将造成企业难以计量的损失。防范社会工程学攻击主要在于加强对员工的培训和教育，同时严格执行安全管理策略，保守企业秘密，禁止违规泄露敏感信息，在进行敏感操作必须核实对方的身份。

二、基础设施边界安全

任何信息系统（包括云计算环境在内）都可以看作是一个包括复杂数据交互的整体，通过组成部件的基本属性维持内部业务的正常运转。前一节的基础设施物理安全主要描述了云数据中心内部的物理安全问题，而云与外部网络的互联互通过程中也存在着较大的安全隐患。云数据中心在地理位置上是公开的、易于访问的，但外界对云计算的访问并不完全都是正常的服务请求，攻击者的行为可能混杂在正常业务流量中试图深入云计算环境内部。尽管云具有无边界化、分布式的特性，但就每一个云数据中心而言，其服务器仍然是局部规模化集中部署的。通过对每个云数据中心分别进行安全防护，来实现云计算基础设施的边界安全，并在云计算服务的关键节点如服务入口处实施重点防护，实现局部到整体的严密联防，杜绝恶意攻击者对云计算环境的渗透和破坏。

边界防护措施对进入云计算环境的每位用户进行跟踪，实施行为审计，以便及时检测、发现异常和攻击行为，对 DDOS 攻击等威胁进行实时阻断，确保云服务的可用性维持在较高水平。云计算应从以下几个主要方面实施边界防护。

（1）接入安全：要确保连接至云计算环境的用户都是合法用户，可以在应用层通过认证方式实现，也可以在网络、传输层中实现。根据用户 IP 地址、协议，依策略执行的连接控制，如禁止指定地区的用户使用服务，或对已经记录在黑名单中的用户地址实施访问控制等。

（2）网络安全：提供网络攻击防范能力，防止针对云计算环境中的关键节点发起的攻击。由于网络协议的开放特性，引入了较多的安全风险，例如，常见的 IP 地址窃取、仿冒、网络端口扫描、拒绝服务攻击等，这些网络攻击会对云计算环境造成较大的安全威胁，可以通过部署应用层防火墙、入侵检测和防御设备以及流量清洗设备来解决。

（3）网间隔离安全：在云计算环境的网络内部，按照业务需求进行区域分割，并对不同区域间的流量进行监管，把可能的安全风险限制在可控区域内防止其扩散，同时也可以起到不同安全等级数据隔离防护的目的。网关隔离安全的实施一般通过隔离网关实现，但也应考虑到隔离手段必须能够适应云计算的虚拟化环境。

三、基础设施虚拟化安全

虚拟化作为云计算的核心支撑技术被广泛应用于公有、私有和各类混合云中，是云计算源源不断"动力"输出的保证。但是，虚拟化环境暴露出的弱点容易被利用，从而导致安全风险，为了保证虚拟化充分发挥其底层支撑作用，非常有必要研究基础设施虚拟化技术及其安全防护措施。

（一）虚拟化技术

虚拟化是对计算机硬件资源抽象、综合的转换过程，在转换中资源自身没有发生变化，但使用和管理方式却显著简化了。换句话说，虚拟化为计算资源、存储资源、网络资源以及其他资源提供了一个逻辑视图，而不是物理视图。云计算中虚拟化的目的是对底层 IT 基础设施进行逻辑化抽象，从而简化云计算环境中资源的访问和管理过程。

虚拟化提供的典型能力包括屏蔽物理硬件的复杂性，增加或集成新功能，仿真、整合或分解现有的服务功能等。虚拟化是作用在物理资源的硬件实体之上，按照应用系统的使用需求，可以实现多对一的虚拟化（例如，将多个资源抽象为单个资源以利于使用），一对多的虚拟化（例如，将 I/O 设备抽象为多个并分配至每一虚拟机上），或是多对多的虚拟化（例如，将多台物理服务虚拟为一台逻辑服务器，然后再将其划分为多个虚拟环境）。

虚拟化作为云计算的关键技术，在提高云基础设施使用效率的同时，也带来了许多新问题，其中最大的问题就是虚拟化使许多传统安全防护手段不再有效。从技术层面讲，云计算环境与传统 IT 环境最大的区别在于其计算环境、存储环境、网络环境是"虚拟"的，也正是这一特点导致安全问题变得异常棘手。第一，虚拟化的计算方式使应用进程间的相互影响更加难以控制；第二，虚拟化的存储方式使数据隔离与彻底清除变得难以实施；第三，虚拟化的网络结构使传统分域式防护变得难以实现；第四，虚拟化服务提供模式也增加了身份管理和访问控制的复杂性。由于虚拟化安全问题实际上反映了云计算在基础设施层面的大部分安全问题，因此虚拟化安全的解决将为云计算提供坚定而可靠的基础。

从虚拟化的实现对象看，存储、服务器和网络的虚拟化面临的威胁各有不同，下面将从存储虚拟化、服务器虚拟化、网络虚拟化三个方面研究云基础设施的虚拟化安全。

（二）存储虚拟化安全

云计算中的数据存储主要依赖存储虚拟化技术实现，因此，基于虚拟化资源池的低成本云存储已成为未来存储技术的发展趋势。从技术发展角度看，未来云存储将在标准规范、数据安全保障和云存储客户端等方面得到进一步完善。云存储凭借其在成本控制、管理等方面的优势，可与现有各类数据应用相结合，从而进一步丰富存储即服务的商业模式，为最终用户提供反应迅速、弹性共享和成本低廉的存储方案。

1. 存储虚拟化技术

随着信息技术的不断发展，存储系统也相应成为云计算环境的重要组成部分。大量的终端用户、应用软件开发商等使用云服务商提供的各种云计算服务：一方面直接导致存储容量需求的猛增；另一方面业务并发量的持续攀升对数据访问性能、数据传输性能、数据管理能力、存储扩展能力提出了越来越高的要求。存储系统的综合性能将直接影响整个云计算环境的性能水平。各大存储厂商积极推动存储系统的发展和演化，持续投入大量资源对最大限度发挥存储系统效率的理论及技术进行研究，并对存储系统进行优化。

存储虚拟化作为此类研究的重要成果之一，可以显著提高存储系统的运行效率和可用性，其目标是通过集成一个或多个存储设备，以统一的方式向用户提供存储服务。存储虚拟化为物理存储资源（通常为磁盘阵列上的逻辑单元号）提供一个逻辑抽象，从而将所有的存储资源集合起来形成一个存储资源池，对外呈现为地址连续的虚拟卷，从而兼容下层存储系统之间的异构差异，为上层应用提供同一的存储资源服务。存储虚拟化可以广泛地应用于文件系统、文件、块、主机、网络、存储设备等多个层面。

存储虚拟化的优势在于：第一，能够实现不同的或孤立的存储资源的集中供应和分配，而无须考虑其物理位置；第二，能够打破存储设备厂商之间的界限，集成不同厂商的存储设备，为统一应用目标服务；第三，可以应用于多种厂商的多种类型的存储设备，适应性强，具有较好的经济性。

存储虚拟化的实现方式一般分为三种：基于主机的虚拟存储、基于存储设备的虚拟存储和基于网络的虚拟存储。

（1）基于主机的虚拟存储

基于主机的虚拟存储一般通过运行存储管理软件实现，常见的管理软件是逻辑卷管理（LVM）软件。逻辑卷，一般也会用来指代虚拟磁盘，实质是通过逻辑单元号（LUN）在若干物理磁盘上建立起逻辑关系。逻辑单元号是一个基于小型计算机系统接口（SCSI）的标志符，用于区分磁盘或磁盘阵列上的逻辑单元。在基于主机的虚拟存储中，管理软件要向云计算系统输出一个单独的虚拟存储设备（或者可以说一个虚拟存储池）。事实上，虚拟存储设备的后台是由若干个独立存储设备组成的，但从云计算系统角度来看好像是一个有机整体。

通过这种模式，用户不需要直接控制管理这些独立的物理存储设备。当存储空间不够时，管理软件会为虚拟机从空闲磁盘空间中映象出的更多空间。对虚拟机而言，它所使用的虚拟存储设备空间好像在随需求动态增加，因而不会影响应用程序使用。由此可见，基于主机的虚拟化可以使虚拟机在存储空间调整过程中保持在线状态。其缺点在于，基于主机的存储虚拟化是通过软件完成的，主机同时作为计算设备和存储设备，因此会消耗主机CPU的运行时间，容易造成主机的性能瓶颈，同时，在每个主机上都需要单独安装存储虚拟化软件，从某种意义上也就降低了系统可靠性。

（2）基于存储设备的虚拟存储

虚拟化技术也可以在存储设备或存储系统内实现。例如，磁盘阵列就是通过磁盘阵列内部的控制系统实现虚拟的，同时也可以在多个磁盘阵列间构建存储资源池。这种基于存储设备的存储虚拟化能够通过特定算法或者映射表将逻辑存储单元映射到物理设备上，最终对于每个应用来说都在使用专属的存储设备。根据不同的方案设计，RAID、镜像、盘到盘的复制以及基于时间的快照都可以采用此类虚拟存储，同时也可以在存储系统中实现虚拟磁带库和虚拟光盘库等。

基于存储设备的存储虚拟化可以将存储和主机分离，不会过多占用主机资源，从而可以使主机将资源有效地运用在应用服务上。但是，基于存储设备的存储虚拟化难以实现存储和主机的一体化管理，且对后台硬件的兼容性要求很高，需要参数相互匹配，因此在存储设备升级和扩容过程中将受到某些限制。

（3）基于网络的虚拟存储

基于网络的虚拟存储是当前存储产业的一个发展方向。与基于主机和存储设备的虚拟化不同，基于网络的存储虚拟化是在网络内部完成的，这个网络就是存储区域网络（SAN）。基于网络的虚拟存储可以在交换机、路由器、存储服务器上实现具体的虚拟化功能，同时也支持带内（in-band）或带外（out-of-band）虚拟方式。

所谓带内虚拟方式，也称对称（Symmetric）虚拟方式，是在应用服务器和存储数据通路内实现的存储虚拟化，目前大部分产品采用的都是带内虚拟。一般情况下，存储服务器上运行的虚拟化软件允许元数据（Metadata）和需要存储的实际数据在相同数据通路内传递。由存储服务器接收来自主机的数据请求，然后存储服务器在后台存储设备中搜索数据（被请求的数据可能分布于多个存储设备中），当找到数据后，存储服务器将数据再发送给主机，完成一次完整的请求响应。在用户看来，带内虚拟存储好像是附属在主机上的一个存储设备（或子系统）。

带内虚拟存储具有很强的协同工作能力，可以通过集中的管理界面进行控制，同时，带内虚拟可以保障系统的安全性。例如，攻击SAN存储的黑客很难有效访问存储系统，除非得到了和主机一样的卷访问手段。但是，对服务器层面而言，带内存储容易产生性能瓶颈。尽管许多厂商在存储设备中加入了缓存机制以缩小延迟，但是响应时间依旧是部署带内虚拟存储时需要考虑的一个重要因素。

所谓带外虚拟，又称非对称（Asymmetric）虚拟方式，是在数据通路外的存储服务器上实现的存储虚拟化。元数据和存储数据在不同的数据通路上传输，一般情况下，元数据存放在使用单独通路与应用服务器连接的存储服务器上，而存储数据在另外的通路中传输（或者直接通过存储网络在服务器和存储设备间传输）。带外虚拟存储减少了网络中的数据流量，但是一般需要在主机上安装客户端软件，因此容易受到黑客攻击。一些厂商研究在交换机、路由器等网络设备的固件或软件中实现带外存储虚拟化技术，虽然还处于起步阶段，但未来很有可能替代目前的基于存储设备的虚拟技术。基于交换机或路由器的存储虚拟化技术的基本思想是将存储虚拟化功能尽量转移到网络层来实现，使得交换机和路由器处于主机和存储网络的数据通路上，可以在中途检测和处理主机发往存储系统的指令。其优势在于不需要在主机上安装任何代理软件，交换设备潜在的处理能力相比传统模式能提供更强的性能，同时，还能保证安全性，对外界的攻击有更强的防护能力。然而，该技术的劣势在于单个交换机和路由器容易成为整个存储系统的瓶颈和故障点。

2. 安全防护措施

云计算环境中存储虚拟化的安全重点关注数据的隔离和安全，一般使用数据加密和访问控制实现。用户在访问虚拟化存储设备前，虚拟化控制器首先检查请求的发出者是否具有相应的权限，以及访问地址是否在应用程序的许可范围内；审核通过后，用户就可以读取存储信息，并在数据传输中通过数据加密手段来保证数据安全。

（三）服务器虚拟化安全

服务器虚拟化将一系列物理服务器抽象成一个或多个完全孤立的虚拟机，作为一种承载应用平台为软件系统提供运行所需的资源。服务器虚拟化根据业务优先级，支持资源按需动态分配，提高效率和简化管理，避免峰值负载所带来的资源浪费。对于宿主机而言，服务器虚拟化将虚拟机视为应用程序，这些程序共享宿主机的物理资源。在虚拟机状态下，这些资源可以按需分配，在某些情况下甚至可以不用重启虚拟机即可为其分配硬件资源。

（四）网络虚拟化安全

众所周知，现有互联网架构具有很多难以克服的缺陷，包括①无法解决网络性能和网络扩展性之间的矛盾；②无法适应新兴网络技术和架构研究的需要；③无法满足多样化业务发展、网络运营和社会需求可持续发展的需要。为解决这些问题，一直以来技术界都在进行各种尝试和探索，网络虚拟化技术也正是在这种背景下应运而生。

网络虚拟化是在底层物理网络（SN）和网络用户之间增加的一个虚拟化层，对物理网络资源进行抽象，向上提供虚拟网络（VN）。对一张物理网络上承载的多个应用使用虚拟化分割（纵向分割）功能，可以将物理网络虚拟化为多个逻辑网络，而这些逻辑网络实现了不同应用间的相互隔离。网络虚拟化技术还支持将承载上层应用的多个网络节点进行整合（横向整合）。通过整合，多个网络结点就被虚拟化成一台逻辑设备。对网络进行虚拟化可以获得更高的资源利用率，实现资源和业务的灵活配置，简化网络和业务管理并加快业务提供速度，更好地支持内容分发、移动性、富媒体等业务需求。

1. 云计算安全事件是什么？
2. 云安全联盟定义的安全威胁包括哪些？
3. 云计算架构安全模型有哪些特点？
4. 基础设施虚拟化安全包括什么内容？

第七章　大数据存储

　　本章从大数据及大数据处理对数据存储的要求出发，探讨了目前主流的数据存储技术。

　　如何实现高效、智能的大数据存储？非结构化数据正在呈海量增长趋势，如何对其进行有效的数据管理和应用？现有数据保护与文档归档机制能否应对日益增长的海量数据？如何攻克移动数据管理的难点问题？如何在复杂的数据环境下实现高效的数据安全？大数据和存储之间有什么样的联系？它给存储带来了哪些挑战？本章我们就来探讨这些问题。

第一节　大数据对数据存储的要求

　　存储本身就是大数据中一个很重要的组成部分，或者说存储在每一个数据中心中都是一个重要的组成部分。随着大数据的到来，对于结构化、非结构化、半结构化的数据存储也呈现出新的要求，特别对统一存储也有了新变化。

　　对于企业来说，数据对于战略和业务连续性都非常重要。然而，大数据集容易消耗巨大的时间和成本，从而造成非结构化数据的雪崩。即合适的存储解决方案的重要性不能被低估。如果没有合适的存储，就不能轻松访问或部署大量数据。

　　如何平衡各种技术，以支持战略性存储并保护企业的数据？组成高效的存储系统的因素是什么？通过将数据与合适的存储系统相匹配，以及考虑何时、如何使用数据，企业机构可确保存储解决方案支持，而不是阻碍关键业务驱动因素（如效率和连续性）。通过这种方式，企业可自信地引领这个包含大量、广泛信息的新时代。

一、数据存储面临的问题

　　数据存储主要面临三类典型的大数据问题：

　　第一，OLTP（联机事务处理）系统里的数据表格子集太大，计算需要的时间长，处理能力低。

　　第二，OLAP（联机分析处理）系统在处理分析数据的过程中，在子集之上用列的形式去抽取数据，时间太长，分析不出来，不能做比对分析。

　　第三，典型的非结构化数据，每一个数据块都比较大，带来了存储容量、存储带宽、I/O瓶颈等一系列问题，像网游、广电的数据存储在自己的数据中心里，资源耗费很大，交付周期太长，效率低下。

　　OLTP也被称为实时系统，最大的优点就是可以即时地处理输入的数据，及时地回答。这在一定程度上对存储系统的要求很高，需要一级主存储，具备高性能、安全性高、良好的稳定性和可扩展性，对于资源能够实现弹性配置。现在比较流行的是基于控制器的网络架构，网格概念使得架构得以横向扩展（scale-out），解决了传统存储架构的性能热点和瓶颈问题，并使存储可靠性、管理性、自动化调优达到了一个新的水平。像 IBM 的 XIV、EMC 的 VMAX、惠普的 3PAR 系列、戴尔的 EqualLogic 都是这一类产品的典型代表。

OLAP 是数据仓库系统的主要应用，也是商业智能（Business Intelligent，简称 BI）的灵魂。联机分析处理的主要特点，可以是直接仿照用户的多角度思考模式，预先为用户组建多维的数据模型，展现在用户面前的是一幅幅多维视图，也可以对海量数据进行比对和多维度分析，处理数据量非常大，很多是历史型数据，对跨平台能力要求高。OLAP 的发展趋势是从传统的批量分析，到近线（近实时）分析，再向实时分析发展。

目前，解决 BI 挑战的策略主要分为两类：（1）通过列结构数据库，解决表结构数据库带来的 OLAP 性能问题，典型的产品如 EMC 的 Greenplum、IBM 的 Netezza；（2）通过开源，解决云计算和人机交互环境下的大数据分析问题，如 VMware Ceta，Hadoop 等。

从存储角度，OLAP 通常处理结构化、非结构化和半结构化数据。这类分析适用于大容量、大吞吐量的存储（如统一存储）。此外，商业智能分析在欧美市场是"云计算"含金量最高的云服务形式之一。对欧美零售业来说，圣诞节前后 8 周销售额可占一年销售额的 30% 以上。如何通过云计算和大数据分析，在无须长期持有 IT 资源的前提下，从工资收入、采购习惯、家庭人员构成等 BI 分析，判断出优质客户可接受的价位和服务水平，提高零售高峰期资金链、物流链周转效率、最大化销售额和利润，就是一个最典型的大数据分析云服务的例子。

对于富媒体应用来说，数据压力集中在生产和制造的两头，比如做网游，需要一个人做背景，一个人做配音，一个人做动作、渲染等等，最后需要一个人把它们全部整合起来。在数据处理过程中，一般情况下一个文件大家同时去读取，对文件并行处理能力要求高，通常需要能支撑大块文件在网上传输。针对这类问题，集群 NAS 是存储首选，在集群 NAS 中，最小的单位个体是文件，通过文件系统的调度算法，其可以将整个应用隔离成较小且并行的独立任务，并将文件数据分配到各个集群节点上。集群 NAS 和 Hadoop 分布文件系统的结合，这种方式对于大型的应用具有很高的实用价值。典型的例子是 Isilon OS 和 Hadoop 分布文件系统集成，常被应用于大型的数据库查询、密集型的计算、生命科学、能源勘探以及动画制作等领域。常见的集群 NAS 产品有 EMC 的 Isilon、HP 的 IBRIX 系列、IBM 的 SoNAS、NetApp 的 ONTAP GX 等。

非结构数据的增长非常迅速，除了新增的数据量，还要考虑数据的保护。来来回回的备份，数据就增长了好几倍，数据容量的增长给企业带来了很大的压力。如何提高存储空间的使用效率和如何降低需要存储的数据量，也成为企业绞尽脑汁要解决的问题。

应对存储容量有一些优化的技术，如重复数据删除（适用于结构化数据）、自动精简配置和分层存储等技术，都是提高存储效率最重要、最有效的技术手段。如果没有虚拟化，存储利用率只有 20%~30%，通过使用这些技术，利用率提高了 80%，可利用容量增加一倍不止。结合重复数据删除技术，备份数据量和带宽资源需求可以减少 90% 以上。

当下，云存储的方式在欧美市场上的应用很广泛，大数据用云的形式去交付有两个典型：面对好莱坞的电影制作商，这些资源是黄金数据，如果不想放在自己的数据中心里，可把它们归档在云上，到时再进行调用；此外，越来越多的企业将云存储作为资源补充，以提高持有 IT 资源的利用率。

　　无论是大数据还是小数据，企业最关心的是处理能力，如何更好地支撑 IT 应用的性能。所以，企业做大数据时，要把大数据问题进行分类，弄清究竟是哪一类的问题，和企业的应用做一个衔接和划分。

二、大数据存储不容忽视的问题

（一）容量问题

　　这里所说的"大容量"通常可达到 PB 级的数据规模，因此，海量数据存储系统也一定要有相应等级的扩展能力。与此同时，存储系统的扩展一定要简便，可以通过增加模块或磁盘柜来增加容量，甚至不需要停机。基于这样的需求，客户现在越来越青睐 Scale-out 架构的存储。Scale-out 集群结构的特点是每个节点除了具有一定的存储容量之外，内部还具备数据处理能力以及互联设备，与传统存储系统的烟囱式架构完全不同，Scale-out 架构可以实现无缝平滑的扩展，避免存储孤岛。

　　"大数据"应用除了数据规模巨大之外，还意味着拥有庞大的文件数量。因此，如何管理文件系统层累积的元数据是一个难题，处理不当的话会影响到系统的扩展能力和性能，而传统的 NAS 系统就存在这一瓶颈。所幸的是，基于对象的存储架构就不存在这个问题，它可以在一个系统中管理十亿级别的文件数量，而且还不会像传统存储一样遭遇元数据管理的困扰。基于对象的存储系统还具有广域扩展能力，可以在多个不同的地点部署并组成一个跨区域的大型存储基础架构。

（二）延迟问题

　　"大数据"应用还存在实时性的问题，特别是涉及与网上交易或者金融类相关的应用时。举个例子来说，网络成衣销售行业的在线广告推广服务需要实时地对客户的浏览记录进行分析，并准确地进行广告投放。这就要求存储系统在必须能够支持上述特性的同时保持较高的响应速度，因为响应延迟会导致系统推送"过期"的广告内容给客户。这种场景下，Scale-out 架构的存储系统就可以发挥出优势，因为它的每一个节点都具有处理和互联组件，在增加容量的同时处理能力也可以同步增长。而基于对象的存储系统则能够支持并发的数据流，从而进一步提高数据吞吐量。

　　有很多"大数据"应用环境需要较高的 IOPS（即每秒进行读写操作的次数）性能，比如 HPC 高性能计算。此外，服务器虚拟化的普及也导致了对高 IOPS 的需求，正如它改变了传统 IT 环境一样。为了迎接这些挑战，各种模式的固态存储设备应运而生，小到简单地在服务器内部做高速缓存，大到全固态介质的可扩展存储系统等等都在蓬勃发展。

（三）并发访问

　　一旦企业认识到大数据分析应用的潜在价值，他们就会将更多的数据集纳入系统进行比较，同时让更多的人分享并使用这些数据。为了创造更多的商业价值，企业往往会综合分析那些来自不同平台下的多种数据对象。包括全局文件系统在内的存储基础设施就能够帮助用户解决数据访问的问题，全局文件系统允许多个主机上的多个用户并发访问文件数据，而这些数据则可能存储在多个地点的多种不同类型的存储设备上。

（四）安全问题

某些特殊行业的应用，比如金融数据、医疗信息以及政府情报等都有自己的安全标准和保密性需求。虽然对于 IT 管理者来说这些并没有什么不同，而且都是必须遵从的，但是大数据分析往往需要多类数据相互参考，而在过去并不会有这种数据混合访问的情况，因此，大数据应用也催生出一些新的、需要考虑的安全性问题。

（五）成本问题

成本问题"大"，也可能意味着代价不菲。而对于那些正在使用大数据环境的企业来说，成本控制是关键的问题。想控制成本，就意味着我们要让每一台设备都实现更高的"效率"，同时还要减少那些昂贵的部件。目前，像重复数据删除等技术已经进入到主存储市场，而且现在还可以处理更多的数据类型，这都可以为大数据存储应用带来更多的价值，提升存储效率。在数据量不断增长的环境中，通过减少后端存储的消耗，哪怕只是降低几个百分点，都能够获得明显的投资回报。此外，自动精简配置、快照和克隆技术的使用也可以提升存储的效率。

很多大数据存储系统都包括归档组件，尤其对那些需要分析历史数据或需要长期保存数据的机构来说，归档设备必不可少。从单位容量存储成本的角度看，磁带仍然是最经济的存储介质，事实上，在许多企业中，使用支持 TB 级大容量磁带的归档系统仍然是事实上的标准和惯例。

对成本控制影响最大的因素是那些商业化的硬件设备。因此，很多初次进入这一领域的用户以及那些应用规模最大的用户，都会定制他们自己的"硬件平台"，而不是用现成的商业产品，这一举措可以用来平衡他们在业务扩展过程中的成本控制战略。为了适应这一需求，现在越来越多的存储产品都提供纯软件的形式，可以直接安装在用户已有的、通用的或者现成的硬件设备上。此外，很多存储软件公司还在销售以软件产品为核心的软硬一体化装置，或者与硬件厂商结盟，推出合作型产品。

（六）数据的积累

许多大数据应用都会涉及法规遵从问题，这些法规通常要求数据要保存几年或者几十年。比如医疗信息通常是为了保证患者的生命安全，而财务信息通常要保存 7 年以上。而有些使用大数据存储的用户却希望数据能够保存更长的时间，因为任何数据都是历史记录的一部分，而且数据的分析大都是基于时间段进行的。要实现长期的数据保存，就要求存储厂商开发出能够持续进行数据一致性检测的功能以及其他保证长期高可用的特性，同时还要实现数据直接在原位更新的功能需求。

（七）灵活性

大数据存储系统的基础设施规模通常都很大，因此必须经过仔细设计，才能保证存储系统的灵活性，使其能够随着应用分析软件一起扩容及扩展。在大数据存储环境中，已经没有必要再做数据迁移了，因为数据会同时保存在多个部署站点。一个大型的数据存储基础设施一旦开始投入使用，就很难再调整了，因此它必须能够适应各种不同的应用类型和数据场景。

（八）应用感知

最早一批使用大数据的用户已经开发出了一些针对应用的定制的基础设施，比如针对政府项目开发的系统，还有大型互联网服务商创造的专用服务器等。在主流存储系统领域，应用感知技术的使用越来越普遍，它也是改善系统效率和性能的重要手段，所以，应用感知技术也应该用在大数据存储环境里。

（九）小用户怎么办

依赖大数据的不仅仅是那些特殊的大型用户群体，作为一种商业需求，小型企业未来也一定会用到大数据。我们看到，有些存储厂商已经在开发一些小型的"大数据"存储系统，主要是为了吸引那些对成本比较敏感的用户。

三、数据存储技术面临的挑战

大数据对于各方厂商都是新的战场，其中也包含了存储厂商，EMC（易安信）买下数据存储软件公司Greenplum就是一例。数据存储的确是可应用大数据的主力。不过，对于数据存储厂商来说，还是有不少挑战存在，首当其冲的是，他们必须要强化关联式数据库的效能，增加数据管理和数据压缩的功能。

因为过往关系型数据库产品处理大量数据时的运算速度都不快，需要引进新技术来加速数据查询的功能。另外，数据存储厂商也开始尝试不只采用传统硬盘来存储数据，像使用快速闪存的数据库、闪存数据库等，都逐渐产生。另一个挑战就是传统关系型数据库无法分析非结构化数据，因此，并购具有分析非结构化数据的厂商以及数据管理厂商，是目前数据存储大厂扩展实力的方向。

数据管理的影响主要是数据安全的考量。大数据对于存储技术与资源安全也都会产生冲击。首先，快照、重复数据删除等技术在大数据时代都很重要，就衍生了数据权限的管理。举例来说，现在企业后端与前端所看到的数据模式并不一样，当企业要处理非结构化数据时，就必须确定是IT部门还是业务单位是数据管理者。由于这牵涉的不仅是技术问题，还有公司政策的制定，因此界定出数据管理者是企业目前最头痛的问题。

（一）数据存储多样化：备份与归档

管理大数据的关键是制定战略，以高自动化、高可靠、高成本效益的方式归档数据。大数据现象意味着企业机构应对大量数据，以及各种数据格式的挑战。多样化作为有效方式而在各行各业兴起，是一种涉及各种产品来支持数据管理战略的数据存储模式。这些产品包括自动化、磁盘和重复数据删除、软件，以及备份和归档。支撑这一方式的原则就是：特定类型的数据坚持使用合适的存储介质。

（二）大数据管理需要各种技术

首席信息官应关注的一个具体领域就是：备份和归档的方法，因为这是在业务环境中将不同类型文件区分开来的最明显的方式。当企业需要迅速、经常访问数据时，那么磁盘的存储就是最合适的。这种数据可定期备份，以确保其可用性。相比之下，随着数据越来越老旧，并且不常被访问，企业可通过将较旧的数据迁移到较低端的磁盘或磁带中而获得大量成本优势，从而释放昂贵的主存储。

通过将较旧的数据迁移到这些媒介类型中，企业降低了所需的磁盘数量。归档是全面、高成本效益数据存储解决方案的关键组成部分。这种多样化的模式对于那些需要高性能和最低长期存储成本的企业机构是非常有用的。根据数据使用情况而区分寻出格式，企业可优化其操作工作流程。这样，他们可更好地导航大数据文件，轻松传输媒体内容或操纵大型分析数据文件，因为它们存储在最适合自身格式和使用模式的介质中。

如果企业希望将其 IT 基础设施变成为企业目标提供价值的事物，而不只是作为让员工和流程都放缓速度的成本中心，那么数据存储解决方案中的多样化就非常重要。一个考虑周全的技术组合，再加上备份与归档的核心方法，可节约 IT 资源，减少 IT 人员的压力，并随着企业需求而扩容。

四、存储技术趋势预测与分析

面对不断出现的存储需求新挑战，我们该如何把握存储的未来发展方向呢？下面我们分析一下存储的未来技术趋势。

（一）存储虚拟化

存储虚拟化是目前以及未来的存储技术热点，它其实并不算是什么全新的概念，RAID、LVM、SWAP、VM、文件系统等这些都归属于其范畴。存储的虚拟化技术有很多优点，比如提高存储利用效率和性能，简化存储管理复杂性，降低运营成本，绿色节能等。

现代数据应用在存储容量、I/O 性能、可用性、可靠性、利用效率、管理、业务连续性等方面对存储系统不断提出更高的需求，基于存储虚拟化提供的解决方案可以帮助数据中心应对这些新的挑战，有效整合各种异构存储资源，消除信息孤岛，保持高效数据流动与共享，合理规划数据中心扩容，简化存储管理等。

目前最新的存储虚拟化技术有分级存储管理（HSM）、自动精简配置（Thin Provision）云存储（Cloud Storage）、分布式文件系统（Distributed File System），另外还有诸如动态内存分区、SAN 与 NAS 存储虚拟化。

虚拟化可以柔性地解决不断出现的新存储需求问题，因此我们可以断言存储虚拟化仍将是未来存储的发展趋势之一，当前的虚拟化技术会得到长足发展，未来新虚拟化技术将层出不穷。

（二）固态硬盘

固态硬盘（SSD，Solid State Drive）是目前备受存储界广泛关注的存储新技术，它被看作是一种革命性的存储技术，可能会给存储行业甚至计算机体系结构带来深刻变革。

在计算机系统内部，L1 Cache、L2 Cache、总线、内存、外存、网络接口等存储层次之间，目前来看内存与外存之间的存储鸿沟最大，磁盘 I/O 通常成为系统性能瓶颈。

SSD 与传统磁盘不同，它是一种电子器件而非物理机械装置，它具有体积小、能耗小、抗干扰能力强、寻址时间极小（甚至可以忽略不计）、IOPS 高、I/O 性能高等特点。

因此，SSD 可以有效缩短内存与外存之间的存储鸿沟，计算机系统中原本为解决 I/O 性能瓶颈的诸多组件和技术的作用将变得越来越微不足道，甚至最终将被淘汰出局。

试想，如果 SSD 性能达到内存甚至 L1/L2 Cache，后者的存在还有什么意义，数据预读和缓存技术也将不再需要，计算机体系结构也将会随之发生重大变革。对于存储系统来说，SSD 的最大突破是大幅提高了 IOPS，摩尔定理的效力再次显现，通过简单地用 SSD 替换传统磁盘，就可能达到和超越综合运用缓存、预读、高并发、数据局部性、磁盘调度策略等软件技术的效用。

SSD 目前对 IOPS 要求高的存储应用最为有效，主要是大量随机读写应用，这类应用包括互联网行业和 CDN（即内容分发网络）行业的海量小文件存储与访问（图片、网页）、数据分析与挖掘领域的 OLTP 等。SSD 已经开始被广泛接受并应用，当前主要的限制因素包括价格、使用寿命、写性能抖动等。从最近两年的发展情况来看，这些问题都在不断址改善和解决，SSD 的发展和广泛应用将势不可当。

（三）重复数据删除

重复数据删除（Data Deduplication，简称 Dedupe）是一种目前主流且非常热门的存储技术，可对存储容量进行有效优化。它通过删除数据集中重复的数据，只保留其中一份，从而消除冗余数据。这种技术可以很大程度上减少对物理存储空间的需求，从而满足日益增长的数据存储需求。

Dedupe 技术可以帮助众多应用降低数据存储量，节省网络带宽，提高存储效率，减小备份窗口，节省成本。Dedupe 技术目前大量应用于数据备份与归档系统，因为对数据进行多次备份后，存在大量重复数据，非常适合这种技术。

事实上，Dedupe 技术可以用于很多场合，包括在线数据、近线数据、离线数据存储系统，可以在文件系统、卷管理器、NAS、SAN 中实施。Dedupe 也可以用于数据容灾、数据传输与同步，作为一种数据压缩技术可用于数据打包。

为什么 Dedupe 技术目前主要应用于数据备份领域，而其他领域应用较少呢？这主要是由两方面的原因决定的：一是数据备份应用数据重复率高，非常适合 Dedupe 技术；二是 Dedupe 技术的缺陷，主要是数据安全、性能。Dedupe 使用 Hash 指纹来识别相同数据存在产生数据碰撞并破坏数据的可能性。Dedupe 需要进行数据块切分、数据块指纹计算和数据块检索，消耗可观的系统资源，对存储系统性能产生影响。

信息呈现的指数级增长方式给存储容量带来巨大的压力，而 Dedupe 是最为行之有效的解决方案，因此固然其有一定的不足，它大行其道的技术趋势无法改变。更低碰撞概率的 Hash 函数、多核、GPU、SSD 等，这些技术推动 Dedupe 走向成熟，由作为一种产品而转向作为一种功能，逐渐应用到近线和在线存储系统。ZFS（动态文件系统）已经原生地支持 Dedupe 技术，我们相信将会不断有更多的文件系统、存储系统支持这一功能。

（四）云存储

云计算无疑是现在最热门的 IT 话题，不管是商业噱头还是 IT 技术趋势，它都已经融入了我们每个人的工作与生活当中。云存储亦然。云存储即 DaaS（存储即服务），专注于向用户提供以互联网为基础的在线存储服务。它的特点表现为弹性容量（理论上无限大）、按需付费、易于使用和管理。

云存储主要涉及分布式存储（如分布式文件系统、IPSAN、数据同步、复制）、数据存储（如重复数据删除、数据压缩、数据编码）和数据保护（如 RAID、CDP、快照、备份与容灾）等技术领域。

私有云存储目前发展情况不错，但是公有云存储发展不顺，用户仍持怀疑和观望态度。目前影响云存储普及应用的主要因素有性能瓶颈、安全性、标准与互操作、访问与管理、存储容量和价格。云存储终将离我们越来越近，这个趋势是毋庸置疑的，但是终究到底还有多远，则由这些问题的解决程度决定。云存储将从私有云逐渐走向公有云，满足部分用户的存储、共享、同步、访问、备份需求，但是试图解决所有的存储问题也是不现实的，尽管如此，云存储发展将进入一个崭新的发展阶段。

（五）SOHO 存储

SOHO（Small Office and Home Office）存储是指家庭或个人存储。现代家庭中拥有多台 PC、笔记本电脑、上网本、平板电脑、智能手机，这种情况已经非常普遍，这些设备将组成家庭网络。SOHO 存储的数据主要来自个人文档、工作文档、软件与程序源码、电影与音乐、自拍视频与照片，部分数据需要在不同设备之间共享与同步，重要数据需要备份或者在不同设备之间复制多份，需要在多台设备之间协同搜索文件，需要多设备共享的存储空间等等。随着手机、数码相机和摄像机的普及和数字化技术的发展，以多媒体存储为主的 SOHO 存储需求日益突现。

第二节　存储技术

一、存储概述

存储基础设施投资将提供一个平台，通过这个平台，企业能够从大数据中提取出有价值的信息。从大数据中能得出的对消费者行为、社交媒体、销售数据和其他指标的分析，将直接关联到商业价值。随着大数据对企业发展带来积极的影响，越来越多的企业将利用大数据，以及寻求适用于大数据的数据存储解决方案。而传统数据存储解决方案（如网络附加存储 NAS 或存储区域网络 SAN）无法扩展或者提供处理大数据所需要的灵活性。

大数据场景下，数据量呈爆发式增长，存储能力的增长远远赶不上数据的增长，几十或几百台大型服务器都难以满足一个企业的数据存储需求。为此，大数据的存储方案是采用成千上万台的廉价 PC 来存储数据以降低成本，同时提供高扩展性。

考虑到系统由大量廉价易损的硬件组成，需要保证文件系统整体的可靠性。为此，大数据的存储方案通常对同一份数据在不同节点上存储三份副本，以提高系统容错性。此外，借助分布式存储架构，可以提供高吞吐量的数据访问能力。

在大数据领域中，较为出名的海量文件存储技术有 Google 的 GFS 和 Hadoop 的 HDFS，HDFS 是 GFS 的开源实现。它们均采用分布式存储的方式存储数据，用冗余存储的模式保证数据可靠性，文件块被复制存储在不同的存储节点上，默认存储三份副本。

当处理大规模数据时，数据一开始在磁盘还是在内存，那么计算的时间、开销相差很大，很好地理解这一点相当重要。

磁盘组织成块结构，每个块是操作系统用于在内存和磁盘之间传输数据的最小单元。例如，Windows操作系统使用的块大小为64KB（即$216 = 65\ 536$字节），需要大概10毫秒的时间来访问（将磁头移到块所在的磁道并等待在该磁头下进行块旋转）和读取一个磁盘块。相对于从内存中读取一个字的时间，磁盘的读取延退大概要慢5个数量级。因此，如果只需要访问若干字节，那么将数据放在内存中将具压倒性优势。实际上，假如我们要对一个磁盘块中的每个字节做简单的处理，比如将块看成哈希表中的桶，我们要在桶的所有记录当中寻找某个特定的哈希键值，那么将块从磁盘移到内存的时间会大大高于计算的时间。

我们可以将相关的数据组织到磁盘的单个柱面（Cylinder）上，因为所有的块集合都可以在磁盘中心的固定半径内到达，因此不通过移动磁头就可以访问，这样可以每块显著小于10毫秒的速度将柱面上的所有块读入内存。假设不论数据采用何种磁盘组织方式，磁盘上数据到内存的传送速度不可能超过100 MB/s。当数据集规模仅为1 MB时，这不是个问题，但是，当数据集在100 GB或者1 TB规模时，仅仅进行访问就存在问题，更何况还要利用它来做其他有用的事情了。

数据存储和管理是一切与数据有关的信息技术的基础。数据存储的实现是以二进制计算机的发明为起点，二进制计算机实现了数据在物理机器中的表达和存储。自此以后，数据在计算机中的存储和管理经历了从低级到高级的演进过程。数据存储和管理发展到数据库技术的出现已经实现了数据的快速组织、存储和读取，但是不同数据库的数据存储结构各不相同，彼此之间相互独立。于是如何有机地聚焦、整合多个不同运营系统产生的数据便成了数据分析发展的"新瓶颈"。

在信息化时代，不管大小企业都非常重视企业的信息化网络。每个企业都想拥有一个安全、高效、智能化的网络，来实现企业的高效办公。而在这些信息化网络中，存储又是网络的重中之重，它对企业的数据安全起着决定性作用。

不管何种存储技术，都是数据存储的一种方案。数据存储是数据流在加工过程中产生的临时文件或加工过程中需要查找的信息。数据以某种格式记录在计算机内部或外部存储介质上。数据存储要命名，这种命名要反映信息特征的组成含义。数据流反映了系统中流动的数据，表现出动态数据的特征；数据存储反映了系统中静止的数据，表现出静态数据的特征。各式各样的存储技术，其实就是现实数据存储方式不一样，本质和目的是一样的。

二、直接附加存储

直接附加存储（Direct Attached Storage，DAS）方式与我们普通的PC存储架构一样，外部存储设备都是直接挂接在服务器内部总线上，数据存储设备是整个服务器结构的一部分。

DAS存储方式主要适用以下环境。

1. 小型网络

因为小型网络的规模和数据存储量较小，且结构不太复杂，采用DAS存储方式对服务器的影响不会很大，且这种存储方式也十分经济，适合小型网络的企业用户。

2. 地理位置分散的网络

虽然企业总体网络规模较大，但在地理分布上很分散，通过 SAN 或 NAS 在它们之间进行互联非常困难，此时各分支机构的服务器也可采用 DAS 存储方式，这样可以降低成本。

3. 特殊应用服务器

在一些特殊应用服务器上，如微软的集群服务器或某些数据库使用的原始分区，均要求存储设备直接连接到应用服务器。

三、磁盘阵列

磁盘阵列（Redundant Array of Inexpensive Disks，RAID）有"价格便宜且多余的磁盘阵列"之意，其原理是利用数组方式制作磁盘组，配合数据分散排列的设计，提升数据的安全性。磁盘阵列是由很多便宜、容量较小、稳定性较高、速度较慢的磁盘组合成一个大型的磁盘组，利用个别磁盘提供数据所产生的加成效果来提升整个磁盘系统的效能。同时在储存数据时，利用这项技术将数据切割成许多区段，分别存放在各个硬盘上。

RAID 技术主要包含 RAID 0 ~ RAID 7 等数个规范，它们的侧重点各不相同，常见的规范有如下几种。

1. RAID 0

RAID 0 连续以位或字节为单位分割数据，并行读/写于多个磁盘上，因此具有很高的数据传输率，但它没有数据冗余，因此并不能算是真正的 RAID 结构。RAID 0 只是单纯地提高性能，并没有为数据的可靠性提供保证，而且其中的一个磁盘失效将影响到所有数据。因此，RAID 0 不能应用于数据安全性要求高的场合。

2. RAID 1

RAID 1 是通过磁盘数据镜像实现数据冗余，在成对的独立磁盘上产生互为备份的数据。当原始数据繁忙时，可直接从镜像拷贝中读取数据，因此 RAID 1 可以提高读取性能，RAID 1 是磁盘阵列中单位成本最高的，但提供了很高的数据安全性和可用性。当一个磁盘失效时，系统可以自动切换到镜像磁盘上读写，而不需要重组失效的数据。

3. RAID 0 + 1

RAID 0 + 1 也被称为 RAID 10 标准，实际是将 RAID 0 和 RAID 1 标准结合的产物，它在连续地以位或字节为单位分割数据并且并行读/写多个磁盘的同时，为每一块磁盘做磁盘镜像进行冗余。它的优点是同时拥有 RAID 0 的超凡速度和 RAID 1 的数据高可靠性，但是 CPU 占用率同样也更高，而且磁盘的利用率比较低。

4. RAID 2

RAID 2 将数据条块化地分布于不同的硬盘上，条块单位为位或字节，并使用称为"加重平均纠错码（海明码）"的编码技术来提供错误检查及恢复。这种编码技术需要多个磁盘存放检查及恢复信息，使得 RAID 2 技术实施更复杂，因此在商业环境中很少使用。

5. RAID 3

RAID 3 同 RAID 2 非常类似，都是将数据条块化分布于不同的硬盘上，区别在于 RAID 3 使用简单的奇偶校验，并用单块磁盘存放奇偶校验信息。如果一块磁盘失效，奇偶盘及其他数据盘可以重新产生数据；如果奇偶盘失效则不影响数据使用。RAID 3 对于大量的连续数据可提供很好的传输率，但对于随机数据来说，奇偶盘会成为写操作的瓶颈。

6. RAID 4

RAID 4 同样也将数据条块化并分布于不同的磁盘上，但条块单位为块或记录。RAID 4 使用一块磁盘作为奇偶校验盘，每次写操作都需要访问奇偶盘，这时奇偶校验盘会成为写操作的瓶颈，因此 RAID 4 在商业环境中也很少使用。

7. RAID 5

RAID 5 没有单独指定的奇偶盘，而是在所有磁盘上交叉地存取数据及奇偶校验信息。在 RAID 5 上，读/写指针可同时对阵列设备进行操作，提供了更高的数据流量。RAID 5 更适合于小数据块和随机读写的数据。

RAID 3 与 RAID 5 相比，最主要的区别在于 RAID 3 每进行一次数据传输就需涉及所有的阵列盘；而对于 RAID 5 来说，大部分数据传输只对一块磁盘操作，并可进行并行操作。在 RAID 5 中有"写损失"，即每一次写操作将产生四次实际的读/写操作，其中两次读旧的数据及奇偶信息，两次写新的数据及奇偶信息。

8. RAID 6

与 RAID 5 相比，RAID 6 增加了第二个独立的奇偶校验信息块。两个独立的奇偶系统使用不同的算法，数据的可靠性非常高，即使两块磁盘同时失效也不会影响数据的使用。但 RAID 6 需要分配给奇偶校验信息更大的磁盘空间，相对于 RAID 5 有更大的"写损失"，因此"写性能"非常差。较差的性能和复杂的实施方式使得 RAID 6 很少得到实际应用。

9. RAID 7

RAID 7 是一种新的 RAID 标准，其自身带有智能化实时操作系统和用于存储管理的软件工具，可完全独立于主机运行，不占用主机 CPU 资源。RAID 7 可以看作是一种存储计算机（Storage Computer），它与其他 RAID 标准有明显区别。

除了以上介绍的各种标准，我们还可以像 RAID 0 + 1 那样结合多种 RAID 规范来构筑所需的 RAID 阵列。例如，RAID 5 + 3（RAID 53）就是一种应用较为广泛的阵列形式。用户一般可以通过灵活配置磁盘阵列来获得更加符合其要求的磁盘存储系统。

四、网络附加存储

网络附加存储（Network Attached Storage，NAS）是一种将分布、独立的数据整合为大型、集中化管理的数据中心，以便于对不同主机和应用服务器进行访问的技术。根据字面意思，简单说就是连接在网络上，具备资料存储功能的装置，因此也称为"网络存储器"。

NAS 以数据为中心，将存储设备与服务器彻底分离，集中管理数据，从而释放带宽，提高性能，降低总拥有成本，保护投资。其成本远远低于使用服务器存储，而效率却远远高于后者。

NAS 被定义为一种特殊的专用数据存储服务器,包括存储器件(如磁盘阵列、CD/DVD 驱动器、磁带驱动器或可移动的存储介质)和内嵌系统软件,可提供跨平台文件共享功能。NAS 通常在一个 LAN 上占有自己的节点,无须应用服务器的干预,允许用户在网络上存取数据。在这种配置中,NAS 集中管理和处理网络上的所有数据,将负载从应用或企业服务器上卸载下来,有效降低了总拥有成本,保护了用户投资。

NAS 的优点主要包括:①管理和设置较为简单;②设备物理位置灵活;③实现异构平台的客户机对数据的共享;④改善网络的性能。

此外,NAS 也存在一些缺点:①存储性能较低,只适用于较小网络规模或者较低数据流量的网络数据存储;②备份带宽消耗;③后期扩容成本高。

五、存储区域网络

存储区域网络(Storage Area Network,SAN)是通过专用高速网将一个或多个网络存储设备与服务器连接起来的专用存储系统,未来的信息存储将以 SAN 存储方式为主。

在最基本的层次上,SAN 被定义为互联存储设备和服务器的专用光纤通道网络,它在这些设备之间提供端到端的通信,并允许多台服务器独立地访问同一个存储设备。

与局域网(LAN)非常类似,SAN 提高了计算机存储资源的可扩展性和可靠性,使实施的成本更低,管理更轻松。与存储子系统直接连接服务器(即直接附加存储 DAS)不同,专用存储网络介于服务器和存储子系统之间。

SAN 是一种高速网络或子网络,它提供在计算机与存储系统之间的数据传输。存储设备是指一张或多张用以存储计算机数据的磁盘设备。一个 SAN 网络由负责网络连接的通信结构、负责组织连接的管理层、存储部件以及计算机系统构成,从而保证数据传输的安全性和力度。

典型的 SAN 是一个企业整个计算机网络资源的一部分。通常 SAN 与其他计算资源紧密集群来实现远程备份和档案存储过程。SAN 支持磁盘镜像技术、备份与恢复、档案数据的存档和检索、存储设备间的数据迁移以及网络中不同服务器间的数据共享等功能。此外,SAN 还可用于合并子网和网络附加存储(NAS)系统。

SAN 的优点主要包括:①可实现大容量存储设备数据共享;②可实现高速计算机与高速存储设备的高速互联;③可实现灵活的存储设备配置要求;④可实现数据快速备份;⑤提高了数据的可靠性和安全性。

此外,SAN 同样也存在一些缺点:①SAN 方案成本高;②维护成本增加;③SAN 标准未统一。

六、IP 存储

IP 存储(Storage over IP,SoIP),即通过 Internet 协议(IP)或以太网的数据存储。IP 存储使得性价比较好的 SAN 技术能应用到更广阔的市场中。它利用廉价、货源丰富的以太网交换机、集线器和线缆来实现低成本、低风险基于 IP 的 SAN 存储。

IP 存储解决方案应用可能会经历以下三个发展阶段。

1. SAN 扩展器

随着 SAN 技术在全球的开发，越来越需要长距离的 SAN 连接技术。IP 存储技术定位于将多种设备紧密连接，就像一个大企业多个站点间的数据共享以及远程数据镜像。这种技术是利用 FC 到 IP 的桥接或路由器，将两个远程的 SAN 通过 IP 架构互联。虽然 ISCSI 设备可以实现以上技术，但 FCIP（基于 IP 的光纤通道协议）和 IFCP（Internet 光纤信道协议）对于此类应用更为适合，因为它们采用的是光纤通道协议（FCP）。

2. 有限区域 IP 存储

第二个阶段的 IP 存储的开发主要集中在小型的、低成本的产品，目前还没有真正意义的全球 SAN 环境，随之而来的技术是有限区域的、基于 IP 的 SAN 连接技术。可能会出现类似于可安装到 NAS 设备中的 ISCSI 卡，因为这种技术和需求可使 TOE（即 TCP 卸载引擎）设备弥补 NAS 技术的解决方案。在这种配置中，一个单一的多功能设备可提供对块级或文件级数据的访问，这种结合了块级和文件级的 NAS 设备可使以前的直接连接的存储环境轻松地传输到网络存储环境。

第二个阶段也会引入一些工作组级的、基于 IP 的 SAN 小型商业系统的解决方案，使得那些小型企业也可以享受到网络存储的益处，但使用这些新的网络存储技术也可能会遇到一些难以想象的棘手难题。ISCSI 协议是最适合这种环境的应用的，但基于 ISCSI 的 SAN 技术是不会取代 FC SAN 的，同时它可以使用户既享受网络存储带来的益处，也不会开销太大。

3. IP SAN

完全的端到端的、基于 IP 的全球 SAN 存储将会随之出现，而 ISCSI 协议则是最为适合的。基于 ISCSI 的 IPSAN 将由 ISCSI hBA 构成，它可释放出大量的 TCP 负载，保证本地 ISCSI 存储设备在 IP 架构上可自由通信。一旦这些实现，一些 IP 的先进功能，如带宽集合、质量服务保证等都可能应用到 SAN 环境中。

尽管 IP 存储技术的标准早已建立且应用，但将其真正广泛应用到存储环境中还需要解决几个关键技术点，如 TCP 负载空闲、性能、安全性、互联性等。

七、ISCSI 网络存储

ISCSI（Internet SCSI）是 2003 年 IETF（Internet Engineering Task Force，互联网工程任务组）制定的一项标准，用于将 SCSI 数据块映射成以太网数据包。从根本上讲，ISCSI 协议是一种利用 IP 网络来传输潜伏时间短的 SCSI 数据块的方法，它使用以太网协议传送 SCSI 命令、响应和数据。

ISCSI 可以用我们已经熟悉和每天都在使用的以太网来构建 IP 存储局域网。通过这种方法，ISCSI 克服了直接连接存储的局限性，使我们可以跨越不同服务器共享存储资源、并可以在不停机状态下扩充存储容量。

SCSI（Small Computer System Interface，小型计算机系统接口）是块数据传输协议，在存储行业广泛应用，是存储设备最基本的标准协议。

ISCSI 是一种基于 TCP/IP 的协议，用来建立和管理 IP 存储设备、主机和客户机等之间的相互连接，并创建存储区域网络（SAN）。SAN 使得 SCSI 协议应用于高速数据传输网络成为可能，这种传输以数据块级别在多个数据存储网络间进行。

ISCSI 结构基于客户/服务器模式，其通常应用环境是：设备互相靠近，并且这些设备由 SCSI 总线连接。ISCSI 的主要功能是在 TCP/IP 网络上的主机系统和存储设备之间进行大量数据的封装和可靠传输过程。

如今我们所涉及的 SAN，其实现数据通信的主要要求是：①数据存储系统的合并；②数据备份；③服务器群集；④复制；⑤紧急情况下的数据恢复。另外，SAN 可能分布在不同地理位置的多个 LANS 和 WANS 中。必须确保所有 SAN 操作安全进行并符合服务质量（QoS）要求，而 ISCSI 则被设计来在 TCP/IP 网络上实现以上这些要求。

ISCSI 的工作过程：当 ISCSI 主机应用程序发出数据读写请求后，操作系统会生成一个相应的 SCSI 命令，该 SCSI 命令在 ISCSI initiator 层被封装成 ISCSI 消息包并通过 TCP/IP 传送到设备侧，设备侧的 ISCSI target 层会解开 ISCSI 消息包，得到 SCSI 命令的内容，然后传送给 SCSI 设备执行；设备执行 SCSI 命令后的响应，在经过设备侧 ISCSI target 层时被封装成 ISCSI 响应 PDU，通过 TCP/IP 网络传送给主机的 ISCSI initiator 层，ISCSI initiator 会从 ISCSI 响应 PDU 里解析出 SCSI 响应并传送给操作系统，操作系统再响应给应用程序。

这几年来，ISCSI 存储技术得到了快速发展。ISCSI 的最大好处是能提供快速的网络环境，虽然目前其性能和带宽跟光纤网络还有一些差距，但能节省企业约 30% ~ 40% 的成本。ISCSI 技术的优点和成本优势主要体现在以下几个方面：

①硬件成本低：构建 ISCSI 存储网络，除了存储设备外，交换机、线缆、接口卡都是标准的以太网配件，价格相对来说比较低廉。同时，ISCSI 还可以在现有的网络上直接安装，并不需要更改企业的网络体系，这样可以最大程度地节约投入。

②操作简单，维护方便：对 ISCSI 存储网络的管理，实际上就是对以太网设备的管理，只需花费少量的资金去培训 ISCSI 存储网络管理员即可。当 ISCSI 存储网络出现故障时，问题定位及解决也会因为以太网的普及而变得容易。

③扩充性强：对于已经构建的 ISCSI 存储网络来说，增加 ISCSI 存储设备和服务器都将变得简单且无须改变网络的体系结构。

④带宽和性能：ISCSI 存储网络的访问带宽依赖于以太网带宽。随着千兆以太网的普及和万兆以太网的应用，ISCSI 存储网络会达到甚至超过 FC（Fibre Channel，光纤通道）存储网络的带宽和性能。

⑤突破距离限制：ISCSI 存储网络使用的是以太网，因而在服务器和存储设备空间布局上的限制就少了很多，甚至可以跨越地区和国家。

第三节　云存储技术

一、云存储概述

云存储是在云计算概念基础上延伸和发展出来的一个新概念，是指通过集群应用、网格技术或分布式文件系统等功能，将网络中大量各种不同类型的存储设备通过应用软件集合起来协同工作，共同对外提供数据存储和业务访问功能的一个系统。

当云计算系统运算和处理的核心是大量数据的存储和管理时，云计算系统中就需要配置大量的存储设备，那么云计算系统就转变成为一个云存储系统，所以云存储是一个以数据存储和管理为核心的云计算系统。简单来说，云存储就是将储存资源放到网络上供人存取的一种新兴方案。使用者可以在任何时间、任何地方，透过任何可联网的装置方便地存取数据。然而在方便使用的同时，我们不得不重视存储的安全性、兼容性，以及它在扩展性与性能聚合等方面的诸多因素。

首先，作为存储最重要的就是安全性。尤其是在云时代，数据中心存储着众多用户的数据，如果存储系统出现问题，其所带来的影响会远超分散存储的时代，因此，存储系统的安全性就显得越发重要。

其次，在云数据中心所使用的存储必须具有良好的兼容性。在云时代，计算资源都被收归到数据中心之中，再连同配套的存储空间一起分发给用户，因此站在用户的角度上是不需要关心兼容性的问题的，但是站在数据中心的角度，兼容性却是一个非常重要的问题，众多的用户带来了各种各样的需求，Windows、Linux、UNIX、Mac OS，存储需要面对各种不同的操作系统，如果给每种操作系统都配备专门的存储的话，无疑与云计算的精神背道而驰。因此，在云计算环境中，首先要解决的就是兼容性问题。

再次，存储容量的扩展能力。由于要面对数量众多的用户，存储系统需要存储的文件将呈指数级增长态势，这就要求存储系统的容量扩展能够跟得上数据量的增长，做到无限扩容，同时在扩展过程中最好还要做到简便易行，不能影响到数据中心的整体运行。如果容量的扩展需要复杂的操作，甚至停机，这无疑会极大地降低数据中心的运营效率。

最后，云时代的存储系统需要的不仅仅是容量的提升，对于性能的要求同样迫切。与以往只面向有限的用户不同，在云时代，存储系统将面向更为广阔的用户群体。用户数量级的增加使得存储系统也必须在吞吐性能上有飞速的提升，只有这样才能对请求做出快速的反应。这就要求存储系统能够随着容量的增加而拥有线性增长的吞吐性能，这显然是传统的存储架构无法达成的目标。传统的存储系统由于没有采用分布式的文件系统，无法将所有访问压力平均分配到多个存储节点，因而在存储系统与计算系统之间存在着明显的传输瓶颈，由此会带来单点故障等多种后续问题，而集群存储正是解决这一问题，满足新时代要求的千金良方。

二、云存储技术与传统存储技术

传统的存储技术是把所有数据都当作对企业同等重要和同等有用来进行处理，所有的数据都集成到单一的存储体系之中，以满足业务持续性需求，但是在面临大数据难题时会显得捉襟见肘。

（一）成本激增

在大型项目中，前端图像信息采集点过多，单台服务器承载量有限，会造成需要配置几十台，甚至上百台服务器的状况。这就必然导致建设成本、管理成本、维护成本、能耗成本的急剧增加。

（二）磁盘碎片问题

由于视频监控系统往往采用回滚写入方式，这种无序的频繁读写操作，导致了磁盘碎片的大量产生。随着使用时间的增加，将严重影响整体存储系统的读写性能，甚至导致存储系统被锁定为只读，而无法写入新的视频数据。

（三）性能问题

由于数据量的激增，数据的索引效率也变得越来越为人们所关注。而动辄上 TB 的数据，甚至是几百 TB 的数据，在索引时往往需要花上几分钟的时间。

云存储提供的诸多功能和性能旨在满足和解决伴随海量非活动数据的增长而带来的存储难题，诸如：

①随着容量增长，线性地扩展性能和存取速度。

②将数据存储按需迁移到分布式的物理站点。

③确保数据存储的高度适配性和自我修复能力，可以保存多年之久。

④确保多租户环境下的私密性和安全性。

⑤允许用户基于策略和服务模式按需扩展性能和容量。

⑥改变了存储购买模式，只收取实际使用的存储费用，而非按照所有的存储系统（即包含未使用的存储容量）来收取费用。

⑦结束颠覆式的技术升级和数据迁移工作。

三、云存储的优点

作为最新的存储技术，与传统存储相比，云存储具有以下优点。

（一）管理方便

其实这一项也可以归纳为成本上的优势。因为将大部分数据迁移到云存储上以后，所有的升级维护任务都是由云存储服务提供商来完成，降低了企业花在存储系统管理员上的成本压力。还有就是云存储服务强大的可扩展性，当企业用户发展壮大后，突然发现自己先前的存储空间不足，就必须要考虑增加存储服务器来满足现有的存储需求。而云存储服务则可以很方便地在原有基础上扩展服务空间，满足需求。

（二）成本低

就目前来说，企业在数据存储上所付出的成本是相当大的，而且这个成本还在随着数据的暴增而不断增加。为了减小这一成本压力，许多企业将大部分数据转移到云存储上，让云存储服务提供商来为他们解决数据存储的问题。这样就能花很少的价钱获得最优的数据存储服务。

现代企业管理，很强调设备的整体拥有成本 TCO，而不像过去只强调采购成本。而云存储技术管理的成本，可分为两种：一种是系统管理人力及能源需求的降低，另一种是减少因系统停机造成的业务中断所增加的管理成本。

Google 的服务器超过 200 万台，其中 1/4 用来作为存储，这么多的存储设备，如果采用传统的盘阵，管理是个大问题，更何况如果这些盘阵还是来自不同的厂商所生产，那管理难度就更无法想象了。为了解决这个问题，Google 才发展了"云存储"这个概念。

云存储技术针对数据重要性采取不同的拷贝策略，并且拷贝的文件存放在不同的服务器上，因此遭遇硬件损坏时，不管是硬盘或是服务器坏掉，服务始终不会终止，而且因为采用索引的架构，系统会自动将读写指令导引到其他存储节点，读写效能完全不受影响，管理人员只要更换硬件即可，数据也不会丢失，换上新的硬盘或是服务器后，系统会自动将文件拷贝回来，永远保持多份的文件，以避免数据的丢失。

扩容时，只要安装好存储节点，接上网络，新增加的容量便会自动合并到存储中，并且数据自动迁移到新存储节点，不需要做多余的设定，大大地降低了维护人员的工作量，在管理界面中可以看到每个存储节点及硬盘的使用状况、读写带宽，管理非常容易，不管使用哪家公司的服务器，都是同一个管理界面，一个管理人员可以轻松地管理几百台存储节点。

（三）量身定制

这个主要是针对私有云。云服务提供商专门为单一的企业客户提供一个量身定制的云存储服务方案，或者可以是企业自己的 IT 机构来部署一套私有云服务架构。私有云不但能为企业用户提供最优质的贴身服务，而且还能在一定程度上降低安全风险。

传统的存储模式已经不再适应当代数据暴增的现实问题，如何让新兴的云存储发挥它应有的能力，在解决安全、兼容等问题上，我们还需要不断努力。就目前而言，云计算时代已经到来，作为其核心的云存储将成为未来存储技术的必然趋势。

四、云存储的分类

云存储可分为以下三类。

（一）公共云存储

像亚马逊公司的 Simple Storage Service（S3）、Nutanix 公司提供的存储服务一样，它们可以低成本提供大量的文件存储。供应商可以保持每个客户的存储、应用都是独立的、私有的。其中以 Dropbox 为代表的个人云存储服务是公共云存储发展较为突出的代表，国内比较突出的云存储有搜狐企业网盘、百度云盘、新浪微盘、360 云盘、腾讯微云、华为网盘、快盘、坚果云等。

公共云存储可以划出一部分用作私有云存储。一个公司可以拥有或控制基础架构以及应用的部署，私有云存储可以部署在企业数据中心或相同地点的设施上。私有云可以由公司自己的 IT 部门管理，也可以由服务供应商管理。

（二）内部云存储

这种云存储和私有云存储比较类似，唯一的不同点是它仍然位于企业防火墙内部。

（三）混合云存储

这种云存储把公共云和私有云/内部云结合在一起，主要用于按客户要求的访问，特别是需要临时配置容量的时候。从公共云上划出一部分容量配置一种私有或内部云，对帮助公司面对迅速增长的负载波动或高峰时很有帮助。尽管如此，混合云存储同时也带来了跨公共云和私有云分配应用的复杂性。

上述三种类型的云端，如果是供企业内部使用，即为私有云端（Private Cloud）；如果是运营商专门搭建以供外部用户使用，并借此盈利的称为公共云端（Public Cloud）。具体说明如下：

1. 公共云端

一般云运算是对公共云端而言，又称为外部云端（External Cloud）。其服务供应商能提供极精细的 IT 服务资源动态配置，并透过 Web 应用或 Web 服务提供网络自助式服务。对于使用者而言，无须知道服务器的确切位置，或什么等级服务器，所有 IT 资源皆有远程方案商提供。而且该厂商必须具备资源监控与评量等机制，才能采取如同公用运算般的精细付费机制。

对于中小型企业而言，公共云端提供了最佳 IT 运算与成本效益的解决方案，但对有能力自建数据中心的大型企业来说，公共云端难免仍有安全与信任上的顾虑。无论如何，公共云端改变了既有委外市场的产品内容与形态，提供装置设定，以及永续 IT 资源管理的代管服务，对于主机代管等委外市场会产生影响。

2. 私有云端

私有云端又称为内部云端（Internal Cloud），相对于公共云端，此概念较新。许多企业由于对公共云端供应商的 IT 管理方式、机密数据安全性与赔偿机制等，会有信任上的疑虑，所以纷纷开始尝试透过虚拟化或自动化机制，来仿真搭建内部网络中的云运算。

3. 混合云端

所谓混合云端（Hybrid Cloud），意指企业同时拥有公共与私有两种形态的云端。当然在搭建步骤上会先从私有云端开始，待一切运作稳定后再对外开放，企业不但可提升内部 IT 使用效率，也可通过对外的公共云端服务获利。

如此一来，原本只能让企业花大钱的 IT 资源，也能转而成为盈利的工具。企业可将这些收入的一部分用来继续投资在 IT 资源的添购及改善上，不但内部员工受益，同时也可提供更完善的云端服务。也因为如此，混合云端或许会成为今后企业 IT 云搭建的主流模式。此形态的最佳代表，莫过于提供简易储存服务（Simple Storage Service，S3）和弹性运算云端（Elastic Compute Cloud，EC2）服务的亚马逊。

五、云存储的技术基础

（一）宽带网络的发展

真正的云存储系统将会是一个多区域分布、遍布全国甚至于遍布全球的庞大公用系统，使用者需要通过 ADSL、DDN 等宽带接入设备来连接云存储。只有宽带网络得到充足的发展，使用者才有可能获得足够大的数据传输带宽，实现大容量数据的传输，真正享受到云存储服务，否则只能是空谈。

（二）Web 2.0 技术

Web 2.0 技术的核心是分享。只有通过 Web 2.0 技术，云存储的使用者才有可能通过PC、手机、移动多媒体等多种设备，实现数据、文档、图片和视音频等内容的集中存储和资料共享。

（三）应用存储的发展

云存储不仅仅是存储，更多的是应用。应用存储是一种在存储设备中集成了应用软件功能的存储设备，它不仅具有数据存储功能，还具有应用软件功能，可以看作是服务器和存储设备的集合体。应用存储技术的发展可以大量减少云存储中服务器的数量，从而降低系统建设成本，减少系统中由服务器造成的单点故障和性能瓶颈，减少数据传输环节，提高系统性能和效率，保证整个系统的高效稳定运行。

（四）集群技术、网格技术和分布式文件系统

云存储系统是一个多存储设备、多应用、多服务协同工作的集合体，任何一个单点的存储系统都不是云存储。

既然是由多个存储设备构成的，不同存储设备之间就需要通过集群技术、分布式文件系统和网格计算等技术，实现多个存储设备之间的协同工作，多个存储设备可以对外提供同一种服务，提供更大、更强、更好的数据访问性能。如果没有这些技术的存在，云存储就不可能真正实现，所谓的云存储只能是一个一个的独立系统，不能形成云状结构。

（五）CDN 内容分发、P2P 技术、数据压缩技术、重复数据删除技术和数据加密技术

CDN 内容分发系统、数据加密技术保证云存储中的数据不会被未授权的用户所访问，同时，通过各种数据备份和容灾技术保证云存储中的数据不会丢失，保证云存储自身的安全和稳定。如果云存储中的数据安全得不到保证，想必也没有人敢用云存储，否则，保存的数据不是很快丢失了，就是全国人民都知道了。

（六）存储虚拟化技术和存储网络化管理技术

云存储中的存储设备数量庞大且分布多在不同地域，如何实现不同厂商、不同型号甚至于不同类型（如 FC 存储和 1P 存储）的多台设备之间的逻辑卷管理、存储虚拟化管理和多链路冗余管理将会是一个巨大的难题，这个问题得不到解决，存储设备就会是整个云存储系统的性能瓶颈，结构上也就无法形成一个整体，而且还会带来后期容量和性能扩展难等问题。

云存储中的存储设备数量庞大、分布地域广造成的另外一个问题就是存储设备运营管理问题。虽然这些问题对云存储的使用者来讲根本不需要关心，但对于云存储的运营单位来讲，却必须要通过切实可行和有效的手段来解决集中管理难、状态监控难、故障维护难、人力成本高等问题。因此，云存储必须要具有一个高效的、类似于网络管理软件的集中管理平台，来实现云存储系统中存储设备、服务器和网络设备的集中管理和状态监控。

六、云存储系统的结构模型

云存储系统的结构模型由四层组成，分别是存储层、基础管理层、应用接口层和访问层。

（一）存储层

存储层是云存储最基础的部分。存储设备可以是 FC 光纤通道存储设备，可以是 NAS 和 ISCSI 等 IP 存储设备，也可以是 SCSI 或 SAS 等 DAS 存储设备。云存储中的存储设备往往数量庞大且分布在多个不同地域，彼此之间通过广域网、互联网或者 FC 光纤通道网络连接在一起。

存储设备之上是一个统一存储设备管理系统，可以实现存储设备的逻辑虚拟化管理、多链路冗余管理以及硬件设备的状态监控和故障维护。

（二）基础管理层

基础管理层是云存储最核心的部分，也是云存储中最难以实现的部分。基础管理层通过集群、分布式文件系统和网格计算等技术，实现云存储中多个存储设备之间的协同工作使多个存储设备可以对外提供同一种服务，并提供更大、更强、更好的数据访问性能。

（三）应用接口层

应用接口层是云存储最灵活多变的部分。不同的云存储运营单位可以根据实际业务类型，开发不同的应用服务接口，提供不同的应用服务，比如视频监控应用平台、IPTV 和视频点播应用平台、网络硬盘应用平台、远程数据备份应用平台等。

（四）访问层

任何一个授权用户都可以通过标准的公用应用接口来登录云存储系统，享受云存储服务。云存储运营单位不同，云存储提供的访问类型和访问手段也不同。

七、云存储解决方案

云存储是以数据存储为核心的云服务，在使用过程中，用户并不需要了解存储设备的类型和数据的存储路径，也不用对设备进行管理、维护，更不需要考虑数据备份容灾等问题，只需通过应用软件，便可以轻松享受云存储带来的方便与快捷。

（一）云状的网络结构

相信大家对局域网、广域网和互联网都已经非常了解了。在常见的局域网系统中，我们为了能更好地使用局域网，一般来讲，使用者需要非常清楚地知道网络中每一个软硬件的型号和配置，比如采用什么型号的交换机，有多少个端口，采用了什么路由器和防火墙，分别是如何设置的；系统中有多少个服务器，分别安装了什么操作系统和软件；各设备之间采用什么类型的连接线缆，分配了什么 IP 地址和子网掩码等。

但当我们使用广域网和互联网时，我们只需要知道是什么样的接入网和用户名、密码就可以连接到广域网和互联网，并不需要知道广域网和互联网中到底有多少台交换机、路由器、防火墙和服务器，不需要知道数据是通过什么样的路由器到达我们的电脑，也不需要知道网络中的服务器分别安装了什么软件，更不需要知道网络中各设备之间采用了什么样的连接线缆和端口。

（二）云存储不是存储，而是服务

如同云状的广域网和互联网一样，云存储对使用者来讲，不是指某一个具体的设备，而是指一个由许许多多的存储设备和服务器所构成的集合体。使用者使用云存储，并不是使用某一个存储设备，而是使用整个云存储系统带来的一种数据访问服务，所以云存储不是存储，而是一种服务。

云存储的核心是应用软件与存储设备相结合，通过应用软件来实现存储设备向存储服务的转变。

（三）弹性云存储系统架构

创新的弹性云存储系统架构首先满足了云存储时代容量动态增长的特点，让所有类型的客户能够轻松满足需求；其次，这个架构具有高性能和高可用性，这是云存储服务的根本；而易于集成、灵活的客户接入方式，使得这个架构更易于普及和推广。

无论是企业客户、中小企业和个人用户的数据保护、文件共享需求，还是新兴的 Web 2.0 企业的海量存储需求、视频监控需求等等，都能够从这个架构上得到满足。

Microsoft Private Cloud Fast Track 是微软与硬件合作伙伴的一次合作项目，可针对不同硬件供应商的产品和技术为用户提供预配置的解决方案，降低实施私有云的复杂度与成本。

八、云存储的用途和发展趋势

云存储通常意味着把主数据或备份数据放到企业外部不确定的存储池里，而不是放到本地数据中心或专用远程站点。支持者们认为，如果使用云存储服务，企业机构就能节省投资费用，简化复杂的设置和管理任务，把数据放在云中还便于从更多的地方访问数据。

数据备份、归档和灾难恢复是云存储可能的三个用途。

云的出现主要用于任何种类的静态类型数据的各种大规模存储需求。即使用户不想在云中存储数据库，但是可能想在云中存储数据库的一个历史副本，而不是将其存储在昂贵的 SAN 或 NAS 技术中。

一个好的概测法是将云看作是只能用于延迟性应用的云存储。备份、归档和批量文件数据可以在云中很好地处理，因为可以允许几秒的延迟响应时间。另外，由于延迟的存在，数据库和"性能敏感"的任何其他数据不适用于云存储。

云存储已经成为未来存储发展的一种趋势。但随着云存储技术的发展，各类搜索、应用技术和云存储相结合的应用，还需从安全性、便携性及数据访问等角度进行改进。

（一）安全性

从云计算诞生，安全性一直是企业实施云计算首要考虑的问题之一。同样在云存储方面，安全性仍是首要考虑的问题，对于想要进行云存储的客户来说，安全性通常是首要的商业考虑和技术考虑。但是许多用户对云存储的安全要求甚至高于他们自己的架构所能提供的安全水平。即便如此，面对如此高的不现实的安全要求，许多大型、可信赖的云存储厂商也在努力满足他们的要求，构建比多数企业数据中心安全得多的数据中心。用户可以发现，云存储具有更少的安全漏洞和更高的安全环节，云存储所能提供的安全性水平比用户自己的数据中心所能提供的安全水平还要高。

（二）便携性

一些用户在托管存储的时候还要考虑数据的便携性。一般情况下这是有保证的，一些大型服务提供商所提供的解决方案承诺其数据便携性可媲美最好的传统本地存储。有的云存储结合了强大的便携功能，可以将整个数据集传送到用户所选择的任何媒介，甚至是专门的存储设备。

（三）性能和可用性

过去的一些托管存储和远程存储总是存在着延迟时间过长的问题。同样的，互联网本身的特性就严重威胁服务的可用性。最新一代云存储有突破性的成就，体现在客户端或本地设备高速缓存上，将经常使用的数据保存在本地，从而有效地缓解互联网延迟问题。通过本地高速缓存，即使面临最严重的网络中断，这些设备也可以缓解延迟性问题。这些设备还可以让经常使用的数据像本地存储那样快速反应。通过一个本地 NAS 网关，云存储甚至可以模仿终端 NAS 设备的可用性、性能和可视性，同时将数据予以远程保护。随着云存储技术的不断发展，各厂商仍将继续努力实现容量优化和 WAN（广域网）优化，从而尽量减少数据传输的延迟性。

（四）数据访问

现有对云存储技术的疑虑还在于，如果执行大规模数据请求或数据恢复操作，那么云存储是否可提供足够的访问性。在未来的技术条件下，这点大可不必担心，现有的厂商可以将大量数据传输到任何类型的媒介，可将数据直接传送给企业，且其速度之快相当于复制、粘贴操作。另外，云存储厂商还可以提供一套组件，在完全本地化的系统上模仿云地址，让本地 NAS 网关设备继续正常运行而无须重新设置。未来，如果大型厂商构建了更多的地区性设施，那么数据传输将更加迅捷。如此一来，即便是客户本地数据发生了灾难性的损失，云存储厂商也可以将数据重新快速传输给客户数据中心。

云存储与云运算一样，必须经由网络来提供随选分派的储存资源。重要的是，该网络必须具备良好的 QoS 机制才行。对于用户来说，具备弹性扩展与随使用需求弹性配置的云存储，可节省大笔的储存设备采购及管理成本，甚至因储存设备损坏所造成的数据遗失风险也可因此避免。总之，不论是端点使用者将数据备份到云端，抑或企业基于法规遵循，或其他目的的数据归档与保存，云存储皆可满足不同需求。

至于 IT 资源要能实现弹性随需配置，还须仰赖各种不同平台领域之间的协同工作才能达成。而国际标准的制定，正有助于整个云运算相关产业的应用发展，让云端的精神不再那么遥不可及，而是落实到实际 IT 架构的应用。

第四节 大数据存储解决方案

为了应对大数据对存储技术的挑战，全球知名的 IT 厂商都相继推出了存储产品和存储解决方案，如 EMC（易安信）、Cisco（思科）、IBM、DELL（戴尔）以及华为等。下面我们选取华为的实例来给大家介绍。

必须要说明的是，存储技术日新月异，因此我们尽量避开具体的产品，多介绍解决方案中的技术原理。

案例：华为的集群存储系统

40 MB 的 PPT 文档、1 TB 的图片或者 1 PB 的电影能够成为大数据，并不是因为它们的体积大，而是因为很难利用现在的主流技术去处理和应用它们。也就是说，我们无法通过邮件将一个 40 MB 的 PPT 文档发出去，也很难对一个 1 TB 的图片实时地进行远程管理或者对一个 PB 级的电影进行在线编辑。种种数据给传统技术带来了各种各样的挑战，这种挑战就是大数据。

这是之前在一次关于大数据的交流活动上得到的一个观点，如果说实现数据价值是大数据的终极目标，那么华为存储作为一个基础架构厂商能有什么产品、解决方案和策略能和大数据联系起来呢？

存储本身就是大数据中一个很重要的组成部分，或者说存储在每一个数据中心都是一个重要的组成部分。从华为官方公布的信息来看，主打大数据应用的应该算是 N9000，这款产品是华为存储最新的集群存储系统。N9000 一方面在一个系统内实现了分布式存储、分布式备份以及分布式数据分析的一体化全生命周期管理，在数据统一调度模块的调度下，数据在多域间有效流动，另一方面由于采用了分布式架构，系统在初始时可以使用较小的配置，降低 CAPEX 开销，随着业务量的增加，客户可以方便扩容，以实现因需而变。

N9000 应对大数据环境的优势主要表现在以下四个方面：

首先，是弹性空间。这点主要得益于 N9000 的全分布式架构，在保证数据高可靠的同时，系统支持 3 节点至 288 节点弹性无缝扩展，单一文件系统可扩容至 100 PB，整个扩容过程业务无中断。

其次，是卓越的性能。300 万的 OPS，超过 170 GB 的系统总带宽，极低的时延，充分满足高性能计算、媒体编辑等场景的高性能要求；不仅单节点可输出高性能，整个系统性能也会随着节点扩容线性增长，从容满足业务的更高性能要求。这些都体现了 N9000 的性能优势。

再次，N9000 通过多功能、多协议的智慧融合，消除数据孤岛。融合使得 N9000 更容易完成数据存储、查询、备份、分析的全生命周期管理。

最后是简化管理。易用性是上层应用对基础设施的一个重点需求，N9000 从管理系统到文件系统以及自动精简配置等功能上都遵循了高效、简洁、一致的用户体验原则。

从产品方面来讲，以 N9000 为主的华为存储各条产品线都会对大数据做些或多或少的支持，N9000 的定位更为典型一些。它针对大数据的应用环境做了很多的优化，比如对 Hadoop 以及对大数据分析、云环境下的数据共享等应用的支持。融海量数据存储、分机、备份归档于一体的 N9000，以业界领先的性能、大规模横向扩展能力和超大单一文件系统为用户提供结构化与非结构化数据共享资源池、基于数据全生命周期管理的存储与归档解决方案，充分切合广电媒体、高性能计算、能源地质、数据中心集中存储、互联网运营等多种大数据业务应用的需求。从存储设备来讲，N9000 为大数据提供了一个可靠、灵活、高效的基础架构平台，它并没有超出存储产品的定位，而是将存储平台进行优化使之能够更好地为大数据服务而已。

但从产品层面来说，华为存储对大数据的贡献显然是不完整的，从解决方案的角度华为存储会和大数据有更多的结合。由于华为存储的产品线非常全面，所以不管是什么样要求的解决方案，总能在华为存储中找到恰当的产品来应对，大数据相关的解决方案也是如此。当下大数据应用比较多的行业中广电媒体、高性能计算、能源地质、数据中心集中存储、互联网运营都是华为存储的重点发展领域。华为存储主推的几款高端存储和海量存储产品都是发展这些重点领域客户的主推产品。以 N9000 为例，高性能、大规模横向扩展能力和超大单一文件系统使得 N9000 可以为用户提供结构化与非结构化数据共享资源池、基于数据全生命周期管理的存储与归档解决方案。高端存储进入大数据的解决方案，依照华为存储的高端存储带动其他产品的风格，OceanStor 其他的产品线包括 T 系列在内也会跟随高端存储参与到大数据解决方案中来。

其他厂商的大数据存储系统方案，跟华为基本类似，可以借鉴。

思考题

1. 大数据存储面临的难题有哪些？
2. 大数据存储方式有哪几种，优缺点是什么？
3. NoSQL 存储模型有哪几类，各有什么优缺点？
4. 举例说明键值存储、列式存储、文档存储、图形存储的应用。

第八章 大数据分析与数据挖掘

本章首先概述传统数据挖掘，简要介绍传统数据挖掘常用方法及工具，提出传统数据挖掘面临的问题及其发展趋势。然后探讨大数据时代下的数据挖掘，阐述适用于大数据时代的数据分析技术，如关联规则分析、预测分析、聚类分析、分类分析和时间序列分析及其应用。最后详述目前广泛关注的文本挖掘、语音挖掘、图像识别、空间以及 Web 数据相关挖掘技术及模型的发展与应用。

第一节 传统数据挖掘

一、数据挖掘的定义

从广义上说，数据挖掘是指从大量的、无规律的、复杂的、实际获得的数据中发掘隐含其中的有潜在应用价值的信息和知识的过程。在实际研究的时候，人们通常从商业角度和技术角度两个方面来定义数据挖掘的概念。

（一）数据挖掘的商业含义

商业意义上，数据挖掘是一种新的商业信息处理技术。它的主要特点是对商业数据库中的大量业务数据进行抽取、转换、分析和其他模型化处理，从中提取出对于商业决策有帮助的关键性知识。现在，由于各企业业务自动化的实现，商业领域产生了大量的业务数据，这些数据不再是仅仅为了理论研究而搜集的，而是由于业务处理操作而获取和积累的。将数据挖掘与商业数据仓库相结合，以适当的形式将挖掘结果展示给企业经营管理人员。

对于数据挖掘的应用不仅依靠良好的算法建立模型，而且更重要的是解决如何将数据挖掘技术集成到信息技术应用环境中。同时，还要有数据分析人员参加，因为数据挖掘技术不具备人所有的经验和直观，不能区分哪些挖掘出的模式在现实中是否有意义。因此，数据挖掘分析人员的参与是必不可少的。

因此，商业角度的数据挖掘可以描述为按企业既定业务目标，对大量的企业数据进行探索和分析，揭示隐藏的、未知的或验证已知的规律性，并进一步将其模型化为先进有效的方法。

（二）数据挖掘的技术含义

谈到数据挖掘，必须提到另外一个名词：数据库中的知识发现（KDD），就是将原始大量的含有噪声等的数据转换为有用信息的整个过程。KDD 首次出现是在第十一届国际人工智能联合会议的专题讨论会上。随后，KDD 专题讨论会逐渐发展壮大，涉及的范围也更广，包括数据挖掘与知识发现（DMKD）的基础理论、新的发现算法、数据挖掘与数据仓库及 OLAP 的结合、可视化技术。

关于 KDD 和 Data Mining 的关系，有许多不同的看法，我们可以从这些不同的观点中了解数据挖掘的技术含义。

1. KDD 是数据挖掘的一个方面

早期的观点及文献研究认为数据库中的知识发现仅是数据挖掘的一个方面，因为数据挖掘系统可以在关系数据库、事务数据库、空间数据库等多种数据组织形式中挖掘知识。从这个意义上来讲，数据挖掘就是从数据库、数据仓库以及其他数据存储方式中挖掘有用知识的过程。

2. 数据挖掘是 KDD 不可缺少的一部分

这种观点将 KDD 看作是一个广义的范畴，包括数据清理、数据集成、数据选择、数据转换、数据挖掘、模式生成及评估等一系列步骤。将 KDD 看作是有一些基本功能构件组成的系统化协同工作系统，而数据挖掘则是这个系统中的一个关键部分。源数据经过清理和转换等步骤成为适合挖掘的数据集，数据挖掘在这种具有固定形式的数据集上完成知识的提炼，最后以合适的知识模式用于进一步的分析决策工作。将数据挖掘作为 KDD 的一个重要步骤看待，可以使我们更容易看清楚研究重点，预测事情的发展变化，有效解决问题。

为了统一认识，Fayyd、Piatetsky 等在《知识发现与数据进展》中将 KDD 重新定义为：KDD 是从数据中辨别有效的、新颖性、潜在有用的、最终可理解的模式的过程。数据挖掘是 KDD 中通过特定的算法在可接受的计算效率限制内生成特定模式的一个步骤。

3. KDD 与数据挖掘的含义相同

另一种观点认为 KDD 与数据挖掘只是对同一个概念的不同叫法。在很多文献中也出现这两个术语混用的现象。对于 KDD 和数据挖掘的应用范围也是众说纷纭。

实际上，数据挖掘的概念有广义和狭义之分。广义的说法是，数据挖掘是从各种大型数据集中挖掘隐含在其中对决策有用的知识的过程。狭义的定义是，数据挖掘是从特定形式的数据集中提炼知识的过程。

综上所述，数据挖掘的概念可以从不同的技术层面上来理解，但是其核心都是表示从数据中挖掘知识。

二、数据挖掘的对象

数据挖掘中数据来源的范围非常广泛，包括商业数据、经济学数据、科学处理产生的数据等。数据结构也各不相同，可以是层次的也可以是网状的。总结起来，数据挖掘的对象主要涉及以下几种：

（一）关系数据库

关系数据库是表的集合，每个表都赋予一个唯一的名字。每个表包含一组属性（列或字段），并通常存放大量元组（记录或行）。关系中的每个元组代表一个被唯一的关键字标识的对象，并被一组属性值描述。关系数据库是数据挖掘最流行的、最丰富的数据源，是数据挖掘研究的主要数据形式之一。

关系数据可以通过数据库查询访问。数据库查询使用 SQL 这样的关系查询语言，或借助图形用户界面书写。当借助图形用户界面书写时，用户可以使用菜单指定包含在查询中的属性和属性上的限制。一个给定的查询被转换成一系列关系操作，如连接、选择和投影，并被优化，以便有效地处理。查询可以检索数据的一个指定的子集。

（二）事务数据库

一般来说，事务数据库由一个文件组成，其中每个记录代表一个事务。通常一个事务包含一个唯一的事务标识号和一个组成事务的项的列表。事务数据库可能有一些与之相关联的附加表，如事务的日期等。

（三）数据仓库

数据仓库的发展经历了漫长的过程，对其定义的说法也比较多。Inmon W. H 认为：数据仓库是一个面向主题的、集成的、随时间变化的非易失性数据的集合，用于支持管理层的决策过程。还有学者认为数据仓库是一种体系结构，一种独立存在的不影响其他已经运行的业务系统的语义一致的数据仓储，可以满足不同的数据存取、文档报告的需要。后续的研究显示数据仓库多用多维数据库结构建模。其中，每一维对应于模式中的一个或一组属性，每个单元存放某个聚集度量值。数据仓库的实际物理结构可以是关系数据存储或多维数据立方体。它提供数据的多维视图，并允许预计算和快速访问汇总的数据。

（四）高级数据库系统

随着数据库技术的发展，必须开发各种高级数据库系统，以适应新的数据库应用需要。新的数据库应用包括处理空间数据（如地图）、工程设计数据（如建筑设计）、超文本和多媒体数据（包括影像、图像和声音数据）、时间相关的数据（如历史数据或股票交易数据）和 Web 数据等。这些应用需要有效的数据结构和可伸缩的方法，处理复杂的半结构化或非结构化的数据，具有复杂结构和动态变化的数据库模式。虽然这样的数据库或信息存储需要复杂的机制以便有效地存储、检索和更新大量复杂的数据，但它们也为数据挖掘提供了基础，提出了挑战性的研究和实现问题。

三、数据挖掘的步骤

数据挖掘是通过自动或半自动的工具对数据进行探索和分析的过程，其目的是发现其中有意义的模式和规律。从数据挖掘的流程来看，目前还没有统一的模型来描述其究竟应该包含哪些基本的步骤。在发展过程中，比较权威的有 SPSS 的 5A 法和 SAS 的 SEMMA 法以及 CRISP-DM 模型，CRISP-DM 即"跨行业数据挖掘标准流程"。

CRISP-DM 模型定义了 6 个阶段，分别是：商业理解、数据理解、数据准备、建立模型、模型评估和结果部署。

（1）定义商业问题。这个阶段的主要任务是理解项目目标和从业务的角度理解需求，同时将其转化为数据挖掘问题的定义和实现目标的初步计划。

（2）数据理解。数据理解阶段从最初的数据收集开始，通过一些活动的处理来熟悉数据，识别数据的质量问题，发现数据的内部属性，或是探测引起兴趣的子集去形成隐含信息的假设。

（3）数据预处理。数据准备阶段包括从未处理的数据中构造最终数据集的所有活动。这些数据将是模型工具的输入值。这个阶段的任务有的需要执行多次，没有任何规定的顺序。这些任务包括表、记录和属性的选择，以及为模型工具转换和清洗数据。

（4）建立模型。在这个阶段，可以选择和应用不同的模型技术，模型参数被调整到最佳的数值。由于不同的技术解决的问题不同，因此需要经常跳回到数据准备阶段。

（5）模型评价和解释。经过第四步，已经从数据分析的角度建立了一个高质量的模型。在部署模型之前，需要彻底地评估模型，检查构造模型的步骤，确保模型可以完成既定的业务目标。这个阶段的关键目的是确定是否有重要业务问题没有被充分考虑。在这个阶段结束后，将决定一个数据挖掘结果是否可以付诸使用。

（6）实施部署。建立模型的作用是从数据中找到知识，获得的知识需要以方便用户使用的方式重新组织和展现。根据需求，产生简单的报告，或是实现一个比较复杂的、可重复的数据挖掘过程。

以上 6 个步骤并非完全按照既定的顺序来执行。在应用时，应该针对不同的应用环境和实际情况做出必要的调整。

四、数据挖掘常用方法与工具

数据挖掘是从机器学习发展而来的，因此机器学习、模式识别、人工智能领域的常规技术，如聚类、决策树、统计等方法经过改进，大都可以应用于数据挖掘。数据挖掘的常用技术有决策树、神经网络、可视化等。

（一）数据挖掘的常用方法

（1）人工神经网络：仿照生理神经网络结构的非线性预测模型，通过学习来进行模式识别。

（2）决策树：代表着决策集的树形结构。

（3）遗传算法：基于进化理论，并采用遗传结合、遗传变异以及自然选择等设计方法的优化技术。

（4）近邻算法：将数据集合中每一个记录进行分类。

（5）规则推导：从统计意义上对数据中的"如果—那么"规则进行寻找和推导。

采用上述技术的某些专门的分析工具已经发展了十多年的时间，不过这些工具所能处理的数据量通常较小。如今，用于数据挖掘的方法远不止这些，出现多种方法结合来进行分析。

（二）数据挖掘的工具

（1）基于神经网络的工具。神经网络主要用于分类、特征挖掘、预测和模式识别。人工神经网络仿真生物神经网络，本质上是一个分散型或矩阵结构，它通过训练数据的挖掘，逐步计算网络连接的加权值。由于对非线性数据具有快速建模能力，基于神经网络的数据挖掘工具现在越来越流行。其实施过程基本上是将数据聚类，然后分类计算权值。神经网络很适合分析非线性数据和含噪声数据，所以在市场数据库的分析和建模方面应用广泛。

（2）基于规则和决策树的工具。大部分数据挖掘工具采用规则发现或决策树分类技术来发现数据模式和规则，其核心是某种归纳算法。这类工具通常是对数据库的数据进行开采，产生规则和决策树，然后对新数据进行分析和预测。主要优点是规则和决策树都是可读的。

（3）基于模糊逻辑的工具。该方法应用模糊逻辑进行数据查询、排序等。它使用模糊概念和"最近"搜索技术的数据查询工具，可以让用户制定目标，然后对数据库进行搜索，找出接近目标的所有记录，并对结果进行评估。

（4）综合多方法的工具。不少数据挖掘工具采用了多种开采方法，这类工具一般规模较大，适用于大型数据库（包括并行数据库）。这类工具开采能力很强，但价格昂贵，并要花很长时间进行学习。

五、数据挖掘面临的问题

考虑挖掘方法、用户交互、性能和各种数据类型，迄今为止数据挖掘主要存在如下几个问题：

（1）挖掘方法和用户交互问题。这反映所挖掘的知识类型、在多粒度上挖掘知识的能力、知识的使用、特定的挖掘和知识显示。

（2）数据挖掘算法的有效性、可伸缩性和并行处理等性能问题。数据挖掘算法的有效性和可伸缩性是指为了有效地从数据库中提取信息，数据挖掘算法必须是有效的和可伸缩的，即对于大型数据库，数据挖掘算法的运行时间必须是可预计的和可接受的。从数据库角度，有效性和可伸缩性是数据挖掘系统实现的关键问题。数据量大、数据广泛分布和一些数据挖掘算法的计算复杂性促使开发了并行和分布式数据挖掘算法。这些算法将数据划分成各部分，这些部分可以并行处理，然后合并每部分的结果。此外，将增量算法与数据库更新结合在一起，不必重新挖掘全部数据。这种算法渐增地进行知识更新，修正和加强先前已发现的知识。

（3）关于数据库类型的多样性问题。由于关系数据库和数据仓库的广泛使用，所以开发对应有效的数据挖掘系统是很重要的。然而，其他数据库可能包含复杂的数据对象、超文本和多媒体数据、空间数据、时间数据或事务数据。由于数据类型的多样性和数据挖掘的目标不同，指望一个系统挖掘所有类型的数据是不现实的。为挖掘不同类型的数据，应当构造不同的数据挖掘系统。

局域网和广域网（如 Internet）连接了许多数据源，形成了庞大的、分布式的和异种的数据库。从具有不同数据语义的结构化的、半结构化的和非结构化的不同数据源发现知识，对数据挖掘提出了巨大挑战。数据挖掘可以帮助发现多个异种数据库中的数据规律，这些规律多半难以被简单的查询系统发现，并可以改进异种数据库的信息交换和互操作性。Web 挖掘发现关于 Web 内容、Web 使用和 Web 动态情况的有趣知识，已经成为数据挖掘的一个非常具有挑战性的领域。

以上问题是数据挖掘技术未来发展的主要需求和挑战。在近年来的数据挖掘研究和开发中，一些挑战业已受到一定程度的关注，并考虑到了各种需求，而另一些仍处于研究阶段。

六、数据挖掘的发展趋势

正如前面所说的，数据挖掘方法、用户交互、数据类型的多样性，给数据挖掘提出了许多挑战性的课题。目前数据挖掘研究人员、系统和应用开发人员所面临的主要问题有数据挖掘语言的设计、高效有用的数据挖掘方法和系统的开发、交互和集成的数据挖掘环境的建立以及应用数据挖掘技术解决大型应用问题等。下面描述一些数据挖掘的发展趋势，它反映了面对这些挑战的应对策略。

（1）应用的探索。早期的数据挖掘应用主要集中在帮助企业提升竞争能力。随着数据挖掘的日益普及，数据挖掘也日益探索其他应用范围，如生物医学、金融分析和电信等领域。此外，随着电子商务的飞速发展，数据挖掘也在不断扩展其在商业领域的应用。

（2）可伸缩的数据挖掘方法。与传统的数据分析方法相比，数据挖掘必须能够有效地处理大量数据，而且，尽可能是交互式的。由于数据量的激增，针对单独的和集成的数据挖掘功能的可伸缩算法显得尤为重要。

（3）数据挖掘与数据库系统、数据仓库系统和 Web 数据库系统的集成。数据库系统、数据仓库系统和 WWW 已经成为信息处理系统的主流。保证数据挖掘作为基本的数据分析模块能够顺利地集成到此类信息处理环境中，是十分重要的。我们知道，数据挖掘系统的理想体系结构是与数据库和数据仓库系统的紧耦合方式。事务管理、查询处理、联机分析处理和联机分析挖掘集成在一个统一框架中，将保证数据的可获得性，数据挖掘的可移植性、可伸缩性、高性能以及对多维数据分析和探查的集成信息处理环境。

（4）数据挖掘语言的标准化。标准的数据挖掘语言或其他方面的标准化工作将有助于数据挖掘的系统化开发，改进多个数据挖掘系统和功能间的互操作，促进数据挖掘系统在企业和社会中的教育和使用。

（5）可视化数据挖掘。可视化数据挖掘是从大量数据中发现知识的有效途径，系统研究和开发可视化数据挖掘技术将有助于推进数据挖掘作为数据分析的基本工具。

（6）复杂数据类型挖掘的新方法。复杂数据类型挖掘是数据挖掘中一项重要的前沿研究课题。虽然在地理空间挖掘、多媒体挖掘、时序挖掘、序列挖掘以及文本挖掘方面取得一些进展，但它们与实际应用的需要仍存在很大的距离。对此需要进一步的研究，尤其是把针对上述数据类型的现存数据分析技术与数据挖掘方法集成起来的研究。

（7）数据挖掘中的隐私保护与信息安全。随着数据挖掘工具和电信与计算机网络的日益普及，隐私保护和信息安全将是数据挖掘要面对的一个重要问题。需要进一步开发有关方法，以便在适当的信息访问和挖掘过程中确保信息安全。

第二节　大数据与数据挖掘

一、从数据分析到数据挖掘

从本质上来讲，数据分析和数据挖掘都是为了从搜集来的数据中提取有用信息，发现知识，而对数据加以详细研究和概括总结的过程。在很多情况下，这两个概念是可以互换的。它们之间最大的不同在于数据本身数据量和数据类型的不同。数据分析通常是存储在数据库或者文件中，一个应用的数据数量级别在 MB 或者 GB，而数据挖掘的应用数据在 TB 甚至 PB 级别。另外，数据挖掘的对象包括文本、音频、视频和图片等其他规范化和不规范数据。

数据分析主要采用的是统计学的技术。在统计学领域，我们可以将数据分析划分为两大类：探索性数据分析和验证性数据分析。探索性数据分析指为了形成值得检验的假设而对数据进行分析的一种方法，是对传统统计学假设检验手段的补充。探索性数据分析方法是由美国著名统计学家约翰·图基（John Tukey）命名，侧重于在数据之中发现新的特征。验证性数据分析方法侧重于对已有假设的证实，是定性数据分析，又可称为定性资料分析或者定性研究。在做验证性数据分析时，我们往往已经有了一个假设，需要数据分析来帮助确认。这个方法在进行分析之前已经有预设的概率模型，只需把现有的数据套入到模型中即可。

这两种方法在商业环境中的作用都比较普遍，和它们的名称相对应，探索性数据分析方法主要用于对商业数据的探索，而验证性数据分析方法是在某一个模型之上把商业数据加入来进行验证。统计学的分析方法主要有各种数学运算、快速傅立叶变换、平滑和滤波、基线和峰值分析。

由此可见，一般的数据分析主要用来对数值进行处理，通常无法对词语、图像、观察结果之类的非数值型数据进行分析，但是如果需要，我们可以把这些数据以量化的方式转化或组织起来形成能够分析的数据形式。从数据组织上来讲，数据分析相对比较简单，数据一般以文件的形式或是单个数据库的方式组织。

不同于数据分析有明确目标的特点，数据挖掘是一个知识发现的过程，是运用机器学习算法解决问题的过程。数据挖掘强调对大量观测到的数据做处理，它是涉及数据管理、人工智能、机器学习、模式识别及数据可视化等学科的边缘学科。

数据挖掘可以基本保证数据的科学性。然而，海量数据不是普通数据库能够存储和处理的。所以数据挖掘必须建立在数据仓库或是分布式存储的基础之上且对数据量和数据挖掘的实时性要求有所提高。

（一）大数据分析的五个方面

（1）可视化分析。不管是对数据分析专家还是普通用户，数据可视化是数据分析工具最基本的要求。可视化可以直观地展示数据，让数据自己说话，让观众听到结果。

（2）数据挖掘算法。可视化可用肉眼看到，而数据挖掘过程无法看到。集群、分割、孤立点分析还有其他的算法让我们深入数据内部，挖掘价值。这些算法不仅要处理大数据的量，也要处理大数据的速度。

（3）预测性分析能力。数据挖掘可以让分析员更好地理解数据，而预测性分析可以让分析员根据可视化分析和数据挖掘的结果做出一些预测性的判断。

（4）语义引擎。由于非结构化数据的多样性带来了数据分析的新的挑战，我们需要一系列的工具去解析、提取、分析数据。语义引擎需要被设计成能够从"文档"中智能提取信息。

（5）数据质量和数据管理。数据质量和数据管理是一些管理方面的最佳实践。通过标准化的流程和工具对数据进行处理可以保证一个预先定义好的高质量的分析结果。

（二）大数据处理流程

（1）采集。大数据的采集是指利用多个数据库来接收发自客户端（Web，App 或者传感器形式等）的数据，并且用户可以通过这些数据库来进行简单的查询和处理工作。

（2）导入/预处理。虽然采集端本身会有很多数据库，但是如果要对这些海量数据进行有效的分析，还是应该将这些来自前端的数据导入到一个集中的大型分布式数据库，或者分布式存储集群，并且可以在导入基础上做一些简单的清洗和预处理工作。也有一些用户会在导入时使用来自 Twitter 的 Storm 来对数据进行流式计算，来满足部分业务的实时计算需求。

（3）统计/分析。统计与分析主要利用分布式数据库，或者分布式计算集群来对存储于其内的海量数据进行普通的分析和分类汇总等，以满足大多数常见的分析需求。统计与分析这部分的主要特点和挑战是分析涉及的数据量大，其对系统资源，特别是 I/O 会有极大的占用。

（4）挖掘。与前面统计和分析过程不同的是，数据挖掘一般没有什么预先设定好的主题，主要是在现有数据上面进行基于各种算法的计算，从而起到预测的效果，从而实现一些高级别数据分析的需求。其特点和挑战主要是用于挖掘的算法很复杂，并且计算涉及的数据量和计算量都很大，另外，一些常用的数据挖掘算法是以单线程为主。

二、大数据时代的数据挖掘

为了有别于过去传统的数据挖掘分析，蕴含大数据技术的数据分析称为大数据分析。与传统的数据分析相比，大数据分析有其本质性优势，是传统数据分析所不具备的本质特征。目前，传统数据挖掘技术正在过渡到大数据的数据挖掘技术，且目前的大数据挖掘技术也处于幼稚阶段，但是，大数据挖掘的技术先进性无可置疑。

大数据时代的数据挖掘技术至少在 4 个方面完全超越传统的数据分析。

（1）大数据挖掘是用数据的整体代替传统的抽样数据样本，具有更高的客观性。数据量越多越大，其得出的结果就越有价值。数据挖掘技术能达到数据内在的本质深度，能找出规律性的特征和本质关联，且达到很高的精确度。

（2）数据挖掘技术具有处理海量数据的能力：大数据挖掘能够处理复杂的非结构化数据，利用大数据挖掘技术，以确保挖掘出具有价值的信息。

（3）数据挖掘技术处理海量数据的速度能满足社会和市场的需求。

（4）与数据挖掘结果相比，数据挖掘技术具有很高的市场竞争力。

这 4 个方面体现了大数据挖掘与传统数据分析之间的本质区别。简而言之，大数据的数据挖掘是智能的、高速的、海量的大数据处理系统。它的作用和功能，传统的数据分析无法做到。

三、大数据对传统方法的挑战

大数据对分析和可视化提出了更高的要求，要求数据分析从联机分析处理和报表向数据发现转变，从企业分析向大数据分析转变，从结构化数据向多结构化数据转变，要求分析和可视化能够支持对 PB 级以上的大数据进行分析，要求能够支持对关系型、非关系型、多结构化、机器生成的数据做分析，要求能够支持重组数据成为新的复杂结构数据并进行分析和可视化，如图分析、时间/路径分析，要求大数据的分析支持更快、更适应性的迭代分析，要求分析平台能够支持广泛的分析工具和编程方法，如 C＋＋，Java 等。

在传统数据环境下，通过采样，可以把数据规模变小，以便利用现有的关系数据库系统和数据仓库手段进行数据管理和分析。然而在某些应用领域，采样将导致信息的丢失。商业组织积累了大量的交易历史信息，企业的各级管理人员希望从这些数据中分析出一些模式，以便从中能够发现商业机会，分析人员可以开发针对性的分析软件，对时间序列数据进行分析，寻找有利可图的交易模式，经过验证之后，操作人员可以使用这些交易模式进行实际的交易，获得利润。但是，在全量数据上进行分析，意味着需要分析的数据量将急剧膨胀和增长。

在大数据环境下，典型的 OLAP 数据分析操作已经不能满足要求了，需要引入路径分析、时间序列分析、图分析以及复杂统计分析模型。例如，社交网络虚拟环境在大数据领域的行业应用中，需要在传统平台上扩展数据分析与统计功能。

第三节　大数据挖掘

一、大数据挖掘的定义

在本节中，大数据挖掘主要是指在大数据的基础上如何进行大规模数据集的"数据挖掘"与应用的过程。

虽然从数据量级上来说，我们已经进入了大数据时代，但如今的数据分析和数据使用量却已经明显跟不上数据发展的脚步。视频、图片、音频等非结构化媒体数据的应用越来越频繁，社交网络不断增长和壮大，而同时相对传统的结构化数据的个体容量和数量也在迅速增长。

二、大数据挖掘的国内外应用

大数据挖掘作为近年来新兴的一门计算机边缘学科，其在国内外引起了越来越多的关注。并且随着大数据挖掘技术的不断改进和挖掘工具的不断完善，大数据挖掘必将在各行各业中得到广泛的应用。

（一）大数据挖掘的国内应用

1. 智慧交通

目前各中心城市用地布局已经基本确定，在中心道路不允许大规模扩建和改造的前提下，唯有依靠智能交通系统（ITS），对城市交通进行更有效的控制和管理，提高交通的机动性、安全性，最大限度地发挥现有道路资源的效率。

大数据挖掘在交通领域中的具体应用为：可以用来识别道路通行的能力并可用作未来

车流量的预测依据，把抽样的数据进行类比分析得出隐藏在数据中的发展趋势，预测道路车辆流量的发展，并根据预测的结论来管理交通。同时，可以研究各种与交通存在潜在关系的对象的数据，来识别这些影响道路运营的因素，同时演算测出各个因素的影响度，最终的目的是利用这些挖掘出来的高价值信息，精确地指导交通，为城市服务。

国内的智慧城市建设虽然起步较晚，但经过政府的大力支持，也取得了一定的成就。北京、杭州、上海等城市均建成了较为完善的应用系统，青岛的智慧交通建设中，应用数据挖掘技术的主要为"交通信号控制系统"及"交通执法系统"两大子系统。

2. 智慧环保

目前，环境形势十分严峻，环保部门存在人员缺乏、监管能力不足等问题，利用现代科学技术提高环境监管能力迫在眉睫。我们以数据挖掘技术为指导，提升综合决策能力，通过环境时空数据挖掘分析，开展环境经济形势联合诊断与预警分析，以及基于"社会经济发展—污染减排—环境质量改善"的环境预测模式；开展环境形势分析与预测，识别经济社会发展中的重大环境问题；开展环境规划政策模拟分析，探索建立各类政策模拟分析模型系统；开展环境经济政策实施的成本分析；开展环境风险源分类分级评估、环境风险区划等工作，支撑环境风险源分类分级分区管理政策的制定。

3. 智慧安防

对于"安防"行业来讲，在平安城市、智能交通管理、环境保护、危化品运输监控、食品安全监控，包括政府机构、大企业工作场所等与网络连接的设备系统都将可能成为最大的数据资源。随着智慧城市等工程的建设，监控摄像头已经遍布大街小巷，安防监控对高清化、智能化、网络化、数字化的要求越来越高，随之而来的是数据量的迅速增加。数据挖掘技术在面对"安防"行业所产生的大量非结构化数据时需要解决视频浓缩检索技术、视频图像信息库建设和海量数据的处理、分析、检索核心三个核心的技术问题。

4. 智慧能源

智慧能源是近几年兴起的一个比较新的概念。响应国家节能减排号召，我们要实现能源的安全、稳定、清洁和永续利用，帮助政府实现低碳目标。利用大数据挖掘可以对节能监测系统运行状态进行数据监测与分析。

（二）大数据挖掘的国外应用

1. 智慧经济

在智慧经济方面，首先大数据在商业上得到了很好运用，它会分析用户的购物行为，很多公司通过分析找到最佳客户，例如淘宝平台上的淘宝数据魔方，则通过其"数据魔方"平台，商家可以直接获取行业宏观情况、自己品牌的市场状况、消费者行为情况等，以此做出经营决策。

美国一家投资公司通过分析全球 3.4 亿微博账户留言，判断民众情绪，依此决定公司股票的买入或卖出，获得良好的效果。IBM 日本公司建立了一个经济指标预测系统，从互联网新闻中搜索影响制造业的 480 项经济数据，计算出采购经理人指数 PMI 预测值。利用大数据分析可实现对合理库存量的管理，华尔街对冲基金依据购物网站顾客评论分析企业产品销售状况，华尔街银行根据求职网站岗位数量推断就业率。

2. 智慧治理

电信运营商拥有大量的手机数据，通过对手机数据的挖掘，不针对个人而是着眼于群体行为，可从中分析：实时动态的流动人口的来源及分布情况；出行和实时交通客流信息及拥塞情况。利用手机用户身份和位置的检测可了解突发性事件的聚集情况。MIT 的 Reality Mining 项目，通过对 10 万多人手机的通话、短信和空间位置等信息进行处理，提取人们行为的时空规则性和重复性，进行流行病预警和犯罪预测。

3. 环境监测

对城市的河流进行采样，通过卫星发布，收集采样的数据，依据庞大的数据量判别城市中有没有污染。

4. 智慧医疗

无论是药品的研发还是商业模式的开发运用，都能够用到大数据挖掘技术。医院里大量的病例，就对应着大量的数据，传统的普通病例很难挖掘数据，现在变成电子化有利于更高数据挖掘，数据的挖掘有利于发现医疗知识。另外，谷歌公司与美国疾病控制和预防中心等机构合作，依据网民搜索内容分析全球范围内流感等病疫传播状况，准确率很高。

社交网络为许多慢性病患者提供了临床症状交流和诊治经验分享平台，医院借此也可获得足够多的临床效果统计。

5. 舆情监测

大众传播发展得很快，这里包含着大量的数据，例如微博传播具有裂变性、主动性、即时性、便捷性、交互性，每个微博用户既是"服务器"，也是"受众"。

6. 犯罪预警

随着智能电话和电脑网络的普及，政府和大公司把自己的触角伸到个人生活的每个方面。个人的一切在线行为数据被收集存储，再加上已被机关掌握的个人信用数据、犯罪记录和人口统计等数据，有关公司和政府结构可以运用数据挖掘的方法，监控和预测个人的行为，并做出相关决策。

大数据挖掘是智慧城市建设与管理的无形生产资料。可以看出，随着数据挖掘技术应用范围的不断扩展，人类社会的方方面面几乎都会被数据挖掘涉足。尽管数据挖掘原本是作为一项技术出现的，但由于数据挖掘本身独有的理念给人们处理解决各类问题都提供了一个新的思路和方法，在这一点上数据挖掘一定程度上等同于一种方法论，在未来的一段时期里必将对人类生产生活产生重大影响。

三、大数据挖掘与高级分析技术

（一）关联规则分析

1. 概述

频繁模式是频繁地出现在数据集中的模式。频繁模式可分为频繁项集、频繁子序列和频繁子结构三种类型。例如一个序列，如果它频繁地出现在购买历史数据库中，则是一个（频繁）序列模式；子结构可能涉及不同的结构形式，如子图、子数或子格，它可能与项集或子序列结合在一起。如果一个子结构频繁地出现，则称为（频繁）结构模式。

频繁模式挖掘是搜索给定数据集中反复出现的联系。发现这种频繁模式是挖掘数据之间的关联、相关和许多其他有趣联系的基础，对数据分类、聚类和其他数据挖掘任务也有帮助。因此，频繁模式的挖掘就成了一项重要的数据挖掘任务和数据挖掘研究关注的主题之一。

关联规则挖掘是在频繁模式挖掘的基础上实现的，是数据挖掘中最活跃的研究方法之一，最早是由 Agrawal 等人提出的。最初的动机是针对购物篮分析问题提出的，其目的是为了发现交易数据库中不同商品之间的联系规则。随着大数据的发展，很多的研究人员对关联规则的挖掘问题进行了大量的改进研究，以处理大规模数据集，如并行关联规则挖掘、数量关联规则挖掘、加权关联规则挖掘的发现等，这些方法能提高挖掘规则算法的效率、适应性。

2. 关联规则分析在大数据挖掘中的应用

关联规则分析在大数据挖掘中的应用主要有以下几个方面：

（1）大数据时代对数据挖掘的技术和应用提出了更高的要求，关联规则算法作为数据挖掘的一个主要方向，能够在大量数据中发现频繁项集和关联知识，然而传统的关联规则算法在大数据应用下存在一定的缺点。杨秀萍对经典的 Apriori 算法在大数据下应用的缺点提出改进的方法，并结合用户收视行为的海量数据对改进后的算法进行应用，提高了数据挖掘的效率并得到较好的挖掘效果，同时她的这种方法为后续的应用提出新的课题，起到较好的借鉴作用。

（2）为了提高关联规则挖掘算法处理大数据集的能力，陈云亮等在基因表达式编程进化算法（Gene Expression Program-Ming）的基础上，提出了一个新的挖掘强关联规则的算法框架，在此基础之上提出并实现了基于小生境技术的基因表达式编程进化算法 NGEP，以用于挖掘关联规则。NGEP 算法首先进行小生境演化，融合小生境并剔除同构的优秀个体，然后对小生境解进行笛卡儿交叉，以产生更好的结果。陈云亮等还通过实验加以验证，实验结果表明，与同类优秀的算法对比，NGEP 算法的种群多样性与精确度都有很好的结果，并且在提取有效规则的效率上也有较大的提高。

（3）关联规则算法中 FP-Growth 算法虽不产生候选集，但由于算法高度依赖于内存空间，阻碍了算法在大数据领域的发挥，李伟亮等对 FP-Growth 算法进行改进，首先创建支持度计数表，避免了算法对条件模式基的第一次遍历，减少了对数据库的扫描次数；其次利用剪枝策略删去了大量冗余的非频繁项集；最后将算法并行化，利用 Hadoop 平台优势极大提高数据处理的效率，同时解决了算法占用内存的瓶颈问题。

（4）协同过滤是互联网推荐系统的核心技术，桑治平等针对协同过滤推荐算法中推荐精度和推荐效率以及数据可扩展性问题，采用灰色关联相似度，设计和实现了一种基于 Hadoop 的多特征协同过滤推荐算法，使用贝叶斯概率对用户特征属性进行分析，根据分析结果形成用户最近邻居集合，并通过 Hadoop 中的 MapReduce 模型构建预测评分矩阵，最后基于邻居集和用户灰色关联度形成推荐列表。这个算法提高了推荐算法的有效性和准确度，而且能有效支持较大数据集。

（二）聚类分析

1. 概述

聚类分析源于许多研究领域，包括数据挖掘、统计学、机器学习、模式识别等。它是数据挖掘中的一个功能，但也能作为一个独立的工具来获得数据分布的情况，概括出每个簇的特点，或者集中注意力对特定的某些簇做进一步的分析。此外，聚类分析也可以作为其他分析算法的预处理步骤，这些算法在生成的簇上进行处理。

大数据挖掘技术的一个突出的特点是处理巨大的、复杂的数据集，这对聚类分析技术提出了特殊的挑战，要求算法具有可伸缩性、处理不同类型属性、发现任意形状的类、处理高维数据的能力等。根据潜在的各项应用，数据挖掘对聚类分析方法提出了以下多个方面的不同要求。

（1）可伸缩性。指聚类算法不论对于小数据集还是大数据集，都应是有效的。在很多聚类算法当中，数据对象小于几百个的小数据集和鲁棒性很好，而对于包含上万个数据对象的大规模数据库进行聚类时，将会导致不同的偏差结果。研究大容量数据集的高效聚类方法是数据挖掘必须面对的挑战。

（2）具有处理不同类型属性的能力。既可处理数值型数据，又可处理非数值型数据，既可以处理离散数据，又可以处理连续域内的数据，如布尔型、序数型、枚举型或这些数据类型的集合。

（3）能够发现任意形状的聚类。许多聚类算法经常使用欧几里得距离作为相似性度量方法，但基于这样的距离度量的算法趋向于发现具有相近密度和尺寸的球状簇。对于一个可能是任意形状的簇的情况，提出能发现任意形状簇的算法是很重要的。

（4）输入参数对领域知识的弱依赖性。在聚类分析当中，许多聚类算法要求用户输入一定的参数，如希望得到的簇的数目等。聚类结果对于输入的参数很敏感，通常参数较难确定，尤其是对于含有高纬对象的数据集更是如此。要求用人工输入参数不但加重了用户的负担，也使得聚类质量难以控制。

（5）对于输入记录顺序不敏感。一些聚类算法对于输入数据的顺序是敏感的。例如，对于同一个数据集合，以不同的顺序提交给同一个算法时，可能产生差别很大的聚类结果。研究和开发对数据输入顺序不敏感的算法具有重要的意义。

（6）挖掘算法应具有处理高维数据的能力。很多聚类算法擅长处理低维数据，一般只涉及两维到三维。但是，高维数据聚类结果的判断就不那样直观了。数据对象在高维空间的聚类是非常具有挑战性的，尤其是考虑到这样的数据可能高度偏斜并且非常稀疏。

（7）处理噪声数据的能力。在现实应用中，绝大多数的数据都包含了孤立点、空缺、未知数据或者错误的数据。如果聚类算法对于这样的数据敏感，将会导致质量较低的聚类结果。

（8）基于约束的聚类。在实际应用当中可能需要在各种约束条件下进行聚类。既要找到满足特定的约束，又要具有良好聚类特性的数据分组是一项具有挑战性的任务。

（9）挖掘出来的信息是可理解和可用的。

2. 聚类分析在数据挖掘中的应用

聚类分析在数据挖掘中的应用主要有以下几个方面：

（1）聚类分析可以作为其他算法的预处理步骤。利用聚类进行数据预处理，可以获得数据的基本概况，在此基础上进行特征抽取或分类就可以提高精确度和挖掘效率。也可将聚类结果用于进一步关联分析，以进一步获得有用的信息。

（2）可以作为一个独立的工具来获得数据的分布情况。聚类分析是获得数据分布情况的有效方法。例如，在商业上，聚类分析可以帮助市场分析人员从客户基本资料数据库中发现不同的客户群，并且用购买模式来刻画不同的客户群的特征。通过观察聚类得到的每个簇的特点，可以集中对特定的某些簇做进一步分析。

（3）聚类分析可以完成孤立点挖掘。许多数据挖掘算法试图使孤立点影响最小化，或者排除它们。然而孤立点本身可能是非常有用的，如在欺诈探测中，孤立点可能预示着欺诈行为的存在。

3. 聚类分析算法的概念

聚类分析的输入可以用一组有序对 (X,s) 或 (X,d) 表示，这里 X 表示一组样本，s 和 d 分别是度量样本间相似度或相异度（距离）的标准。聚类系统的输出是对数据的区分结果，即 $C = \{C_1, C_2, \cdots, C_n\}$ 其中 $C_i(i = 1, 2, \cdots, n)$ 是 X 的子集，且满足如下条件：

$$C_1 \cup C_2 \cup \cdots \cup C_n \mid X; C_i \cap C_j = \Phi, i \neq j$$

C 中的成员 $C_1, C_2, \cdots, C_n$ 称为类或者簇。每一个类可以通过一些特征来描述。通常有如下几种表示方式：通过类的中心或类的边界点表示一个类；使用聚类数中的节点图形化地表示一个类；使用样本属性的逻辑表达式表示类。

用类的中心表示一个类是最常见的方式。当类是紧密的或各向分布同性时，用这种方法非常好。然而，当类是伸长的或各向分布异型时，这种方式就不能正确地表示它们了。

4. 聚类分析算法的分类

聚类分析是一个活跃的研究领域，已经有大量的、经典的和流行的算法涌现，例如 K－平均、K－中心点等。采用不同的聚类算法，对于相同的数据可能有不同划分结果。很多文献从不同角度对聚类分析算法进行了分类。

第一，按聚类的标准划分。

按照聚类的标准，聚类算法可分为如下两种：

①统计聚类算法。统计聚类算法基于对象之间的几何距离进行聚类。统计聚类分析包括统计系统聚类法、分解法、加入法、动态聚类法、有序样品聚类、有重叠聚类和模糊聚类。这种聚类算法是一种基于全局比较的聚类，它需要考虑所有的个体才能决定类的划分。因此，它要求所有的数据必须预先给定，而不能动态地增加新的数据对象。

②概念聚类算法。概念聚类算法基于对象具有的概念进行聚类。这里的距离不再是传统方法中的几何距离，而是根据概念的描述来确定的。典型的概念聚类或形成方法有 COBWEB、OLOC 和基于列联表的方法。

第二，按聚类算法所处理的数据类型划分。

按照聚类算法所处理的数据类型，聚类算法可分为三种类型：数值型数据聚类算法、离散型数据聚类算法和混合型数据聚类算法。

①数值型数据聚类算法。数值型数据聚类算法所分析的数据的属性为数值数据，因此可对所处理的数据直接比较大小。目前，大多数的聚类算法都是基于数值型数据的。

②离散型数据聚类算法。由于数据挖掘的内容经常含有非数值的离散数据，近年来人们在离散型数据聚类算法方面做了许多研究，提出了一些基于此类数据的聚类算法，如 K –模、ROCK、CACTUS, STIRR 等。

③混合型数据聚类算法。混合型数据聚类算法是能同时处理数据值数据和离散数据的聚类算法，这类聚类算法通常功能强大，但性能往往不能尽如人意。混合型数据聚类算法的典型算法为 K – 原型算法。

第三，按聚类的尺度划分。

按照聚类的尺度，聚类算法可被分为以下三种：

①基于距离的聚类算法。距离是聚类分析常用的分类统计量。常用的距离定义有欧式距离和马氏距离。许多聚类算法都是用各式各样的距离来衡量数据对象之间的相似度，如 K – 平均、K – 中心点、BIRCH、CURE 等算法。

②基于密度的聚类算法。从广义上说，基于密度和基于网格的算法都可算作基于密度的算法。此类算法通常需要规定最小密度门限值。算法同样可用于欧几里得空间和曼哈坦空间，对噪声数据不敏感，可以发现不规则的类，但当类或子类的粒度小于密度计算单位时，会被遗漏。

③基于互连性的聚类算法。基于互连性的聚类算法通常基于图或超图模型。它们通常将数据集映象为图或超图，满足连接条件的数据对象之间画一条边，高度连通的数据聚为一类。然而这类算法不适合处理太大的数据集。当数据量大时，通常忽略重小的边，使图变稀疏，以提高效率，但会影响聚类质量。

第四，按聚类算法的思路划分。

按照聚类分析算法的主要思路，聚类算法主要可以归纳为五种类型：划分法、层次法、基于密度的算法、网格的算法和基于模型的算法。

第一种是划分法。给定一个 n 个对象或者元祖的数据库，划分方法构建数据的 k 个划分，每个划分表示一个簇，并且 $k \leq n$ 也就是说，它将数据划分为 k 个组，同时满足如下的要求：每个组至少包含一个对象；每个对象必须属于且只能属于一个组。

该属性的聚类算法有：K – 平均、K – 模、K – 原型、K – 中心点、PAM、CLARA、CLARANS 等。

第二种是层次法。层次方法对给定数据对象几何进行层次的分解。根据层次的分解方法，层次方法又可以分为凝聚的和分裂的。

分裂的方法也称为自顶向下的方法，一开始将所有的对象置于一个簇中，在迭代的每一步中，一个簇被分裂成更小的簇，知道每个对象在一个单独的簇中，或者达到一个终止条件。

聚类的方法也称为自底向上的方法，一开始就将每个对象作为单独的一个簇，然后相继地合并相近的对象或簇，直到所有的簇合并为一个，或者达到终止条件。

第三种是基于密度的算法。基于密度的算法与其他方法的一个根本区别是：它不是用各式各样的距离作为分类统计量，而是看数据对象是否属于相连的密度域，属于相连密度域的数据对象归为一类。

第四种是网格的算法。基于网格的算法首先将数据空间划分为有限个单元的网格结构，所有的处理都是以单个单元为对象的。这样处理的一个突出优点是处理速度快，通常与目标数据库中记录的个数无关，只与划分数据空间的单元数有关。但此算法处理方法较粗放，往往影响聚类质量。代表算法有 STING 等。

第五种是基于模型的算法。基于模型的算法给每一个簇假定一个模型，然后去寻找能够很好地满足这个模型的数据集。这样一个模型可能是数据点在空间中的密度分布函数或者其他函数。它的一个潜在的假定是：目标数据集是由一系列的概率分布所决定的。通常有两种尝试方案：统计的方案和神经网络的方案。基于统计学模型的算法有 COBWEB、Autoclass，基于神经网络模型的算法有 SOM。

5. 聚类算法中距离与相似性的度量

一个聚类分析过程的质量取决于对度量标准的选择，因此必须仔细选择度量标准。

为了度量对象之间的接近或相似程度，需要定义一些相似性度量标准。这里我们用 $s(x,y)$ 表示样本 x 和样本 y 的相似度。当 x 和 y 相似时，$s(x,y)$ 的取值是很大的；当 x 和 y 不相似时，$s(x,y)$ 的取值是很小的。相似性的度量具有自反性，即 $s(x,y) = s(y,x)$ 。对于大多数聚类算法来说，相似性度量标准被标准化为 $0 \leqslant s(x,y) \leqslant 1$ 。

在通常情况下，聚类算法不计算两个样本间的相似度，而是用特征空间中的距离作为度量标准来计算两个样本间的相异度。对于某个样本空间来说，距离的度量标准可以是度量的或半度量的，以便用来量化样本的相异度。相异度的度量用 $d(x,y)$ 来表示，通常称相异度为距离。当 x 和 y 相似时，距离 $d(x,y)$ 的取值很小；当 x 和 y 不相似时，$d(x,y)$ 的取值很大。

按照距离公理，在定义距离测度时需要满足距离公理的四个条件：自相似性、最小性、对称性以及三角不等性。下面介绍四种常用的距离函数：

第一，明可夫斯基距离。

假定 x_i,y_i 分别是样本 x 和 y 的第 i 个特征，$i = 1$，2，…，n,n 是特征的维数。x 和 y 的明可夫斯基距离度量的定义如下：

$$d(x,y) = \left[\sum_{i=1}^{n} |x_i - y_i|^r \right]^{\frac{1}{r}}$$

当 r 取不同的值时，上述距离度量公式演化成为一些特殊的距离测度：

当 $r = 1$ 时，明可夫斯基距离演变为绝对值距离：

$$d(x,y) = \sum_{i=1}^{n} |x_i - y_i|$$

当 $r = 2$ 时，明可夫斯基距离演变为欧氏距离：

$$d(x,y) = \left[\sum_{i=1}^{n} |x_i - y_i|^2 \right]^{\frac{1}{2}}$$

第二，二次型距离。

二次型距离测度的形式如下：

$$d(x,y) = \left[(x - y)^{\mathrm{T}} A (x - y) \right]^{\frac{1}{2}}$$

当 A 取不同的值时，上述距离度量公式可演化为一些特殊的距离测度。

当 A 为单位矩阵时，二次型距离演变为欧氏距离。

当 A 为对角阵时，二次型距离演变为加权欧氏距离，即：

$$d(x,y) = \left[\sum_{i=1}^{n} a_{ii} \mid x_i - y_i \mid^2 \right]^{\frac{1}{2}}$$

当 A 为协方差矩阵时，二次型距离演变为马氏距离。

第三，余弦距离。

余弦距离的度量形式如下：

$$d(x,y) = \frac{\sum_{i=1}^{n} x_i y_i}{\sqrt{\sum_{i=1}^{n} x_i^2 \sum_{i=1}^{n} y_i^2}}$$

第四，二元特征样本的距离度量。

上面集中距离度量对于包含连续特征的样本是很有效的，但对于包含部分或全部不连续特征的样本，计算样本间的距离是比较困难的。因为不同类型的特征是不可比的，只用一个标准作为度量标准是不合适的。下面介绍几种二元类型数据的距离度量标准。假定 x 和 y 分别是 n 维特征，x_i 和 y_i 的取值为二元类型数值 $\{0, 1\}$。则 x 和 y 的距离定义的常规方法是先求出如下几个参数，然后采用 SMC、Jaccard 系数或 RAO 系数。

假设：a 是样本 x 和 y 中满足 $x_i = 1$ 和 $y_i = 1$ 的二元类型属性的数量；b 是样本 x 和 y 中满足 $x_i = 1$，$y_i = 0$ 的二元类型属性的数量；c 是 x 和 y 中满足了 $x_i = 0$ 和 $y_i = 1$ 的二元类型属性的数量；d 是 x 和 y 中满足 $x_i = 0$ 和 $y_i = 0$ 的二元类型属性的数量。

则简单匹配系数 SMC（Simple Match Coefficient）的定义为：

$$S_{smc}(x,y) = \frac{a + b}{a + b + c + d}$$

Jaccard 系数定义为：

$$S_{jc}(x,y) = \frac{a}{a + b + c}$$

RAO 系数定义为：

$$S_{rc}(x,y) = \frac{a}{a + b + c + d}$$

6. 聚类方法实例研究

（1）改进的共享最近邻算法。共享最近邻算法在处理大小不同、形状不同以及密度不同的数据集上具有很好的聚类效果，但该算法还存在 3 个不足：时间复杂度为 $O(n^2)$，不适合处理大规模数据集；没有明确给出参数阈值的简单指导性操作方法；只能处理数值型属性数据集。李霞等对共享最近邻算法进行改进，使其能够处理混合属性数据集，并给出参数阈值的简单选择方法，改进后算法运行时间与数据集大小成近似线性关系，适用于大规模高维数据集。

（2）局部方差优化的 K-medoids 聚类算法的。针对 K-medoids 聚类算法对初始聚类中心敏感、聚类结果依赖于初始聚类中心的缺陷，谢娟英、高瑞提出一种局部方差优化的 K-medoids 聚类算法，以期使 K-medoids 的初始聚类中心分布在不同的样本密集区域，聚类结果尽可能地收敛到全局最优解。在这个算法中引入局部方差的概念根据样本所处位置的局部样本分布定义样本的局部方差，以样本局部标准差为邻域半径，选取局部方差最小且位于不同区域的样本作为 K-medoids 的初始中心，充分利用了方差所提供的样本分布信息。实验结果也验证这种算法具有聚类效果好、抗噪性能强的优点，而且适用于大规模数据集的聚类。

（3）快速自适应相似度聚类方法。相似度聚类方法（Similarity-based Clustering Method，SCM）因其简单易实现和具有鲁棒性而广受关注。但由于内含相似度聚类算法（Similarity Clustering Algorithm，SCA）的高时间复杂度和凝聚型层次聚类（Agglomerative Hierarchical Clustering，AHC）的高空间复杂度，SCM 不适用大数据集场合。针对这个问题，钱鹏江等从 SCM 和核密度估计问题的本质联系入手，通过快速压缩集密度估计器（Fast Reduced Set Density Estimator，FRSDE）和基于图的松弛聚类算法（Graph-based Relaxed Clustering，GRC）提出了快速自适应相似度聚类方法（Fast Adaptive Similarity-based Clustering Method，FASCM）。相比于原 SCM，该方法有两个主要优点：其总体渐近时间复杂度与样本容量呈线性关系；不依赖于人工经验的干预，具有了自适应性。

（4）并行化遗传 K-means 算法。为了提高遗传 K-means 算法时间效率和聚类结果的正确率，贾瑞玉等用遗传算法的粗粒度并行化设计思想，提出了在 Hadoop 平台下将遗传 K-means 算法进行并行化设计，将各个子种群编号作为个体区分，个体所包含的各个聚类中心和其适应度作为值共同作为个体的输入；在并行化过程中，设计了较优的种群迁移策略来避免早熟现象的发生。实验对不同的数据集进行处理，结果表明，行化的遗传 K-means 算法在处理较大数据集时比传统的串行算法在时间上和最后的结果上都具有明显的优越性。

（5）基于 Hadoop 平台的分布式改进聚类协同过滤推荐算法口门。有学者提出一种基于 Hadoop 平台的分布式改进聚类协同过滤推荐算法。该算法能够改善协同过滤推荐算法在大数据下的稀疏性和可扩展性问题。在分布式平台下，离线对高维稀疏数据采用矩阵分解算法预处理，改善数据稀疏性后通过改进项目聚类算法构建聚类模型，根据聚类模型和相似性计算形成推荐候选空间，在线完成推荐。

（三）分类分析

1. 概述

分类是一种重要的数据挖掘技术。分类的目的是根据数据集的特点构造一个分类函数或分类模型（也常常称作分类器），该模型能把未知类别的样本映射到给定类别中的某一个。分类和回归都可以用于预测。和回归方法不同的是，分类的输出是离散的类别值，而回归的输出是连续或有序值。

构造模型的过程一般分为训练和测试两个阶段。在构造模型之前，要求将数据集随机地分为训练数据集和测试数据集。在训练阶段，使用训练数据集，通过分析由属性描述的数据库元组来构造模型，假定每个元组属于一个预定义的类，由一个称作类标号属性的属性来确定。训练数据集中的单个元组也称作训练样本，一个具体样本的形式可为（$u_1, u_2, \cdots, u_n; c$）；其中 u_i 表示属性值，c 表示类别。由于提供了每个训练样本的类标号，该阶段也称为有指导的学习，通常，模型用分类规则、判定树或数学公式的形式提供。在测试阶段，使用测试数据集来评估模型的分类准确率，如果认为模型的准确率可以接受，就可以用该模型对其他数据元组进行分类。一般来说，测试阶段的代价远远低于训练阶段。

为了提高分类的准确性、有效性和可伸缩性，在进行分类之前，通常要对数据进行预处理，包括数据清理、相关性分析、数据变换。

2. 分类分析算法在数据挖掘中的应用

分类分析算法在数据挖掘中的应用主要有以下几个方面：

（1）传统的分类算法在对模型进行训练之前，需要得到整个训练数据集。然而在大数据环境下，数据以数据流的形式源源不断地流向系统，因此不可能预先获得整个训练数据集。卢惠林研究了大数据环境下含有噪声的流数据的在线分类问题。将流数据的在线分类描述成一个优化问题，提出了一种加权的 Naive Bayes 分类器和一种误差敏感的（Errot Adaptive）分类器。误差敏感的分类器算法在系统没有噪声的情况下分类预测的准确性要优于相关的算法；此外，当流数据中含有噪声时，误差敏感的分类器算法对噪声不敏感，仍然具有很好的预测准确性，因此，可以应用于大数据环境下流数据的在线分类预测。

（2）在大数据环境下，当利用机器学习算法对训练样本进行分类时，训练数据的高维度严重制约了分类算法的性能。有学者应用 L1 准则的稀疏性，提出了一种在线特征提取算法。且利用公开数据集对算法的性能进行了分析，结果表明，提出的在线特征提取算法能准确地对训练实例进行分类，因而能更好地适用于大数据环境下的数据挖掘。

（3）针对现在大规模数据的分类问题，张永等将监督学习与无监督学习结合起来，也提出一种基于分层聚类和重采样技术的支持向量机（SVM）分类方法。该方法首先利用无监督学习算法中的 K-means 聚类分析技术将数据集划分成不同的子集，然后对各个子集进行逐类聚类，分别选出各类中心邻域内的样本点，构成最终的训练集，最后利用支持向量机对所选择的最具代表样本点进行训练建模。这个方法可以大幅度降低支持向量机的学习代价，其分类精度比随机采样更优，而且可以达到采用完整数据集训练所得的结果。

（4）随着遥感技术的发展，高分辨率大容量遥感数据的应用，对图像处理效率提出了更高的要求。网格计算因具有分布式、高性能和充分的资源共享性，为海量遥感图像的处理提供了有效的解决途径。张雁等针对遥感图像分类，提出基于网格环境的遥感影像并行模型，分析构建此模型的网格服务机制，设计网格服务及任务调度的算法流程。搭建网格实验测试平台，采用封装的 SVM 分类服务，实现了遥感图像并行分类处理。

（5）图像数据是组成大数据的重要部分，蕴含着丰富的知识，且图像分类有着广泛的应用。然而，利用传统分类方法已经无法满足实时计算的需求，所以，张晶等提出并行在线极端学习机算法解决此问题。这个算法的主要步骤是：首先利用在线极端学习机理论得到隐层输出权值矩阵；其次根据 MapReduce 计算框架的特点对该矩阵进行分割，以代替原有大规模矩阵累乘操作，并将分割后的多个矩阵在不同工作节点上并行计算；最后将计算节点上的结果按键值合并，得到最终的分类器。在保证原有计算精度的前提下，再将这个算法在 MapReduce 框架上进行拓展。实验证明这个算法能够针对大数据图像进行较快速、准确的分类。

（6）由于内存限制使得单机环境下的 P2P 流量识别方法只能对小规模数据集进行处理，并且，基于朴素贝叶斯分类的识别方法所使用的属性特征均为人工选择，因此，识别率受到了限制并且缺乏客观性。单凯等基于以上问题的分析提出云计算环境下的朴素贝叶斯分类算法并改进了在云计算环境下属性约简算法，结合这两个算法实现了对加密 P2P 流量的细粒度识别。这种方法可以高效处理大数据集网络流量，并且有很高的 P2P 流量识别率，处理数据的结果也具备客观性。

（四）时间序列分析

时间序列分析是一种广泛应用的数据分析方法，主要用于描述和探索现象随时间发展变化的数量规律性。近年来，时间序列挖掘在宏观经济预测、市场营销、金融分析等领域得到应用。时间序列分析通过研究信息的时间特性，深入洞悉事物发展变化的机制，成为获得知识的有效途径。

时间序列分析的目的是不同的，它依赖于应用背景。一般地，时间序列被看作是一个随机过程的实现。分析的基本任务是揭示支配观测到的时间序列的随机规律，通过所了解的这个随机规律，我们可以理解所要考虑的动态系统，预报未来的事件，并且通过干预来控制将来事件。上述即为时间序列分析的三个目的。Box and Jenkins（1970）的专著 *Time Series Analysis：Forecasting and Control* 是时间序列分析发展的里程碑，他们的工作为实际工作者提供了对时间序列进行分析、预测，以及对 ARIMA 模型识别、估计和诊断的系统方法。使 ARIMA 模型的建立有了一套完整、正规、结构化的建模方法，并且具有统计上的完善性和牢固的理论基础，这种对 ARIMA 模型识别、估计和诊断的系统方法简称 B-J方法。对于通常的 ARIMA 的建模过程，方法的具体步骤如下：

（1）关于时间序列进行特性分析。一般地，从时间序列的随机性、平稳性和季节性三方面进行考虑。其中平稳性和季节性更为重要，对于一个非平稳时间序列，若要建模首先要将其平稳化，其方法通常有三种：①差分，一些序列通过差分可以使其平稳化；②季节差分，如果序列具有周期波动特点，为了消除周期波动的影响，通常引入季节差分；③函数变换与差分的结合运用，某些序列如果具有某类函数趋势，我们可以先引入某种函数变换将序列转化为线性趋势，然后再进行差分以消除线性趋势。

（2）模型的识别与建立，这是 ARIMA 模型建模的重要一步。首先需要计算时间序列的样本的自相关函数和偏自相关函数，利用自相关函数分析图进行模型识别和定阶。一般来说，使用一种方法往往无法完成模型识别和定阶，并且需要估计几个不同的确认模型。在确定了模型阶数后，就要对模型的参数进行估计。得到模型之后，应该对模型的适应性进行检验。

（3）模型的预测与模型的评价。B-J 方法通常采用了线性最小方差预测法。一般地，评价和分析模型的方法是对时间序列进行历史模拟。此外，还可以做事后预测，通过比较预测值和实际值来评价预测的精确程度。

时间序列分析早期的研究分为时域分析方法和频域分析方法。所谓频域分析方法，也称为"频谱分析"或者"谱分析"方法，是着重研究时间序列的功率谱密度函数，对序列的频率分量进行统计分析和建模。对于平稳序列来说，自相关函数是功率谱密度函数的 Fourier 变换。但是由于谱分析过程一般都比较复杂，其分析结果也比较抽象，不易于进行直观解释，所以一般来说谱分析方法的使用具有较大的局限性。时域分析方法是分析时间序列的样本自相关函数，并建立参数模型（例如 ARIMA 模型），以此去描述序列的动态依赖关系。时域分析方法的基本思想是源于事件的发展通常都具有一定的惯性，这种惯性使用统计语言来描述即为序列之间的相关关系，而这种相关关系具有一定的统计性质，时域分析的重点就是寻找这种统计规律，并且拟合适当的数学模型来描述这种规律，进而利用这个拟合模型来预测序列未来的走势。

计算技术的飞速进步极大地推动了时间序列分析的发展。线性正态假定下的参数模型得到充分的解决，计算量较大的离群值分析和结构变化的识别成为时间序列模型诊断的重要部分。非线性时间序列分析也得到充分的发展，实际上，我们常常会遇到理论上和数据分析上都不属于线性的。在这种情况下，我们需要引入非线性时间序列。

在时间序列分析方法的发展历程中，商业、经济、金融等领域的应用始终起着重要的推动作用，时间序列分析的每一步发展都与应用密不可分。随着计算机的快速发展，时间序列分析在商业、经济、金融等各个领域的应用越来越广泛，经济分析涉及大量的时间序列数据，如股票市场中的综合指数、个股每日的收盘价等。从经济学的角度来说，个人为了获得最大利益，总是力图对经济变量做出最准确的预期，以避免行动的盲目性。在股票市场上，每个人都想正确地预期股票未来的走势。由于股票市场属于"不对称信息"（Asymmetric Information）市场，投资者往往无法准确地获取各种充分的信息，只能凭借历史的和不完整的信息来推测，因此，如何准确地分析、预测股票价格变动的方向和程度大小成为股市投资的基础和重点。

第四节　文本挖掘

一、文本挖掘的概念

文本挖掘大致可以定义为一个知识密集型的处理过程，在此过程中，用户使用一套分析工具处理文本集。与数据挖掘类似，文本挖掘旨在通过识别和检索令人感兴趣的模式，进而从数据源中抽取有用的信息。但在文本挖掘中，数据源是文本集合，令人感兴趣的模式不是从形式化的数据库记录中发现，而是从文本集合中的非结构化文本数据中发现。文本挖掘的很多想法和研究方向来源于数据挖掘的研究。由此发现，文本挖掘系统和数据挖掘系统在高层次结构上会表现出许多相似之处。例如，这两种系统都取决于预处理过程、模式发现算法以及表示层元素。此外，文本挖掘在它的核心知识发现操作中采用了很多独特的模式类型，这些模式类型与数据挖掘的核心操作不同。

由于数据挖掘假设数据已采用了结构化的存储格式，因此它的预处理很大程度上集中于清除数据噪声和规范数据，以及创建大量的连接表。而文本挖掘系统预处理操作以自然语言文本特征识别和抽取为重点。这些预处理操作负责将存储在文本集合中的非结构化数据转换为更加明确的结构化格式，这点和数据挖掘系统有明显不同。此外，文本挖掘还借鉴了其他一些致力于自然语言处理的计算机学科，如信息检索等技术和方法。

二、文本挖掘与数据挖掘的区别

文本挖掘是从文本数据中推导出模式。它与数据挖掘在研究对象、对象结构、目标所用方法和应用时间上都有所不同。

（1）研究对象不同：数据挖掘的研究对象是用数字表示的、结构化的数据，而文本挖掘时无结构或者半结构化的文本，包括新闻文章、研究论文、书籍、期刊、报告、专利说明书、会议文献、技术档案、政府出版物、数字图书馆、技术标准、产品样本、电子邮件消息、Web 页面等。

（2）对象结构不同：数据挖掘的对象是关系型数据库，而文本挖掘是自由开放的文本。

（3）目标不同：数据挖掘的目标是抽取知识，预测以后的状态，而文本挖掘的目标是检索相关信息、提取意义、分类。

（4）所用方法不同：数据挖掘的分析方法主要有归纳学习、决策树、神经网络、粗糙集、遗传算法等，文本挖掘主要通过标引、概念抽取、语言学、本体。

（5）应用时间不同：数据挖掘从 1994 年开始得到广泛应用，文本挖掘自 2000 年之后才开始得到应用。

三、文本挖掘结构模型

文本挖掘的过程是通过文本分析、特征提取、模式分析的过程来实现的，主要技术包括：分词、文本结构分析、文本特征提取、文本检索、文本自动分类、文本自动聚类、话题检测与追踪、文本过滤、文本关联分析、信息抽取、半结构化文本挖掘等。

搜索引擎是文本挖掘的重要领域，包括分类式和关键词索引式搜索引擎。分类式搜索引擎室将网络上的信息，包括网页、新闻组等按主题进行分类，由用户选择不同的主题来对网络上的信息进行过滤。关键词索引式引擎的核心是一个关键词索引文件，该索引文件是一个倒排文件，倒排文件是一个已经排好序的关键词的列表，其中每个关键词指向一个倒排表，该表中记录了该关键词出现的文档集合以及在该文档中的出现为止。自动搜索引擎是能够自动划去网络上的信息，它们依靠爬虫程序在网络中不停地爬行和搜索，一旦发现新的信息，边自动对其进行分类，或用关键词对其进行索引，并将分类或索引结构加入到搜索引擎之中。智能搜索引擎在获取信息时要采用自动分类及自动索引等技术。这些技术均属于自然语言处理和理解技术。文本挖掘一般处理过程如图 8-1 所示。

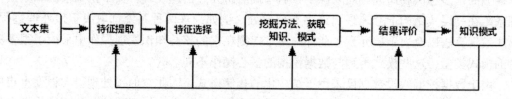

图 8-1　文本挖掘一般处理过程

第五节　语音大数据挖掘

一、语音数据挖掘概述

语音识别就是让机器通过识别和理解过程把语音信号转变为相应的文本或命令口心。语音识别技术主要包括特征提取、模式匹配准则及模型训练 3 个方面。在训练阶段，用户将词汇表中的每一词依次说一遍，并且将其特征矢量作为模型存入模板库。在识别阶段，将输入语音的特征矢量依次与模板库中的每个模板进行相似度比较，将相似度最高者作为识别结果输出。

在语音识别的研究发展过程中，相关研究人员根据不同语言的发音特点，设计和制作了汉语（包括不同发言）、英语等各类语言的语音数据库，这些语音数据库可以为国内外有关的科研单位和大学进行汉语连续语音识别算法研究、系统设计及产业化工作提供充分、科学的训练语音样本。

现今，大数据的研究逐渐引起学术界和运营商的重视。如何从新技术的开发和应用角度在现有业务系统中引入大数据处理技术，使学术研究的成果转化成实际的商业价值，是值得探索的问题。而音频作为信息表达的基础方式之一，如何从音频信息中获得有商业价值的信息，是大数据研究的重要方向。

二、语音大数据的价值

语音大数据指个人或企业在生产经营活动中产生以音频为载体的信息资源，广泛存在于各类传统呼叫中心、互联网、移动互联网等各类业务系统中。相比以文本为载体的信息，这类信息目前的应用研究还不充分。而在各种语音大数据中，呼叫中心存储的语音数据最具备研究和挖掘价值，可以为企业生产经营活动提供有价值的帮助，语音大数据主要具备以下优点：

①价值密度高。呼叫中心语音大数据的价值密度高于目前所有已知的大数据资源。因为呼叫中心解决企业在产品运营中的服务问题，包含用户对企业生产经营活动的所有看法、用户在使用企业产品过程中的所有问题，从中可以挖掘出大量有用的信息。

②使用方便。由于国家政策法规的要求，呼叫中心语音大数据基本都是以一定的格式进行保存，在具体的应用研究中，不存在来源、格式不统一的情况。

③存在一定的信息标注。呼叫中心语音大数据除音频本身外，还包含其产生的时间、大概主题（来源于呼叫中心的电话小结）、产生者标记（如拨打者和坐席服务者）、大概质量评价（如服务完成后用户的评价）等。

④存在对应的以文本为载体的知识内容对应关系。呼叫中心语音大数据基本都是围绕呼叫中心知识库中存储的服务内容产生的。虽然没有明确定义，但通过记录坐席在服务过程中的浏览轨迹，基本能获得其与用户对话过程中的音频与其正在浏览信息之间的一个对应关系，而对这个对应关系的研究还没有开展。

三、语音大数据需解决的问题

通过对这些以音频形式存在的大数据进行分析和挖掘，可以形成各类新的应用。以呼叫中心语音大数据作为具体的实例分析，通过语音大数据分析技术分析语音文件中的关键词、情绪、情感等，通过对这些特征进行统计及专业化分析可以完成以下功能：

①坐席预质检：可用于呼叫中心服务质量提升。传统的呼叫中心质检由人工质检完成，具备高级技能的质检人员对呼叫中心每天产生的大量录音进行规制抽取，之后评价每个抽取录音的服务情况，对服务人员提出改进建议。但是由于成本的限制，一般只能做到

0.5%~1%的抽检率。通过语音大数据挖掘的方法，可获得服务质量不高的服务录音模型，通过这个模型对语音大数据进行预处理，使抽检的准确程度更高，抽检率更高，进而提高呼叫中心的整体服务水平。

②热点信息挖掘：通过对呼叫中心一段时间内的录音文件进行分析和挖掘，可以获得某一个时间段内出现频次最高的关键词或信息概念，得到当前用户所关注的热点问题。

③新产品市场评价：通过对呼叫中心一段时间内的录音文件进行分析和挖掘，可以分析某一个主题下用户关注的内容、反馈，进而得到企业推出新产品的市场评价报告。

④企业形象用户评价分析：通过对企业产品相关音频大数据的分析，可以获得企业所推出产品、整体形象、市场认可、用户评价等统计指标。

⑤营销机会：呼叫中心在对用户进行服务的过程中，针对用户的需求，可以发现企业经营产品的潜在用户，并可以通过与 CRM 相结合，发现潜在的营销机会。

⑥竞争情报：呼叫中心语音大数据中，通过有针对性的分析整理，还可以挖掘出有关竞争对手的信息，如用户提到竞争对手的产品功能更完备、费用更加低廉等。

对于语音大数据的处理技术发展，在业界也处于刚起步的阶段。以上信息的整理、统计、提炼，传统上需要耗费大量的人工时间及经济成本，如果能自动地在录音数据中进行挖掘，哪怕并不十分完备，都将对企业的生产经营活动产生有益影响。目前该领域主要关注的技术有语音大数据信息的实时处理、基于大数据集的语音识别、模型训练、语音文件热点信息感知和知识提取、基于内容理解的音频挖掘等关键技术。如果要达到较好的分析效果，各种统计分析所对应知识体系表达及分析体系也需要建立，面向应用的知识本体表达和研究也需要建立，并进行应用完善。

四、语音大数据研究及开发的关键技术

音频数据作为大数据重要的组成部分，急需认真研究和挖掘。因此语音识别技术是解决语音大数据实际应用问题的重要技术。为达成语音大数据的分析目标，必须对语音识别技术的实现方式、技术架构进行分析，同时归纳整理语音大数据的分析目标，反作用于语音识别技术的研发体系，使底层的基础算法更加面向业务实现的研究和演进。

（一）语音识别技术

科研工作者从 20 世纪 50 年代开始就进行语音识别技术的研究。AT&T-Bell 实验室实现了第一个可识别 10 个英文数字的语音识别系统（Audry）；60 年代，动态规划（DP）和线性预测（LP）分析技术，实现了特定人孤立词语音识别；70 年代、80 年代语音识别研究进一步深入，HMM 模型和人工神经网络（ANN）在语音识别中成功应用；90 年代后，语音识别在细化模型的设计、参数提取和优化、系统的自适应方面取得关键进展，语音识别技术开始真正走向商业应用。从技术角度归结语音识别的应用有以下几类：

①中小词汇量、孤立词识别系统。系统以词语为基元建立模板，没有次音节、音节单元，也没有上层的语句语义层，每个词条命令就是识别的最终结果。这种系统可以认为语音、语言的知识都包含在以词组为单元的模板中。电信的识别系统如 AT&T 用于电话查询的系统。

②以词语为识别基元、连续或连接词的语音识别系统。系统为每一词条建立模板，最

终任务是按一定的语法规范将词语识别结果依次连缀成句子，这类系统往往用于特定任务（航班查询、电话查询等），具有明显的语句识别层次。

③以全音节为基元模型建立的识别系统。使用算法逐次获得前 N 个最好的候选单元（无调、有调音节），再按词性、句法、语法网络信息得到最后识别结果。这种方案多用于汉语大词汇量、连续语音识别系统。

语音识别技术架构主要由以下 6 个部分构成。物理接口层：声音进入系统的物理接口，输入语音信号。特征提取层：提取声学特征矢量，提供特征矢量序列。音节感知层：声韵母因素单元结构，提供音节候选序列及可信度，把声韵母或因素合并成为音节单元，推断合理音节，提供词语候选序列及可信度。词语识别层：音字转换，推断词语单元，提供语句候选序列及可信度。语句识别层：推断语句候选单元及可信度。语义应用层：分析语义，映射应用，由任务语法约束。

以上从逻辑层面分析了语音识别具体技术应用的几个层次，具体到与业务结合，即系统如果提供语音识别某一类业务的实例应用时，还需要针对这个业务领域的基本语料素材，以实现具体应用领域的语言模型。

（二）基于语音识别进行语音大数据分析的关键技术

（1）文本转写。即语音、音频信息转换文本的过程是所有分析的基础。语音识别文本转写的准确程度与语言模型密切相关，需要完成具体所涉及的专有名词、术语的语料素材收集，并在此基础上构建有针对性的语言模型。

（2）关键词提取。从本质上看这项功能与文本转写十分类似，但为了提高处理速度及准确性，系统可以只完成一些配置的关键词，只针对这些关键词的出现位置（时间点）、频次进行统计，并不需要进行完整的文本转写。

（3）声纹识别。需要完成语音大数据中不同角色的区隔，与文本转写相结合，可以在区分对话者的基础上，了解不同对话者的对话内容。声纹识别技术具体的应用还有说话者确认、说话者辨认等。

（4）语音情绪识别。根据目前的研究结果，基音频率可以作为识别情绪的主要声学特征，其他的一些特征还包括能量、持续时间、语速等。综合来说，情绪对语音的影响主要表现在基音曲线、连续声学特征、语音品质三个方面。这三种语音品质的类型在某种程度上是相关的。在相对理想的条件下，语音情绪识别涉及的各类参数都是可测量的，可以对底层的语音识别引擎功能模块进行独立封装，这样业务系统在获得各类参数后就可以进行标准计算，获得业务系统所需的基础数据。

（5）语义理解。事实上把语义理解技术作为语音识别技术的一个子集并不合适，这里为了面向业务应用语音大数据处理体系架构的完善，把其归为实现语音大数据的一个环节。另为，在文本转写的过程中，为了实现较高的转写准确程度，已经应用了基本的语义理解技术，实现连续语音的准确识别。在语音大数据的开发过程中，为了准确地挖掘出语音大数据的特征，必须有面向业务领域的语义理解技术，以解决针对同一对象的不同描述问题，即解决特征的归类和聚类问题。

（三）面向语音大数据的技术处理架构

业界针对海量数据进行处理的技术架构已经进行了充分研究，并有大量实践案例。从技术特征来看主要分为两个层次，一个是面向海量数据的操作，应用系统如何对大数据集进行面向业务应用的底层数据操作、存储、归并、清洗、转化；另一个是如何应用先进技术发现大数据的特征价值，其可以与第一个层次有限度融合，也可以在第一个层次基础上针对已经形成的数据集进行处理，处理结果是方便业务系统进行调用、查询、展现，或分析系统更有效地提取数据特征，进行相应的分析。我们关注在语音大数据中如何发现业务系统所需的特征，挖掘大数据中的价值，如图 8-2 所示。

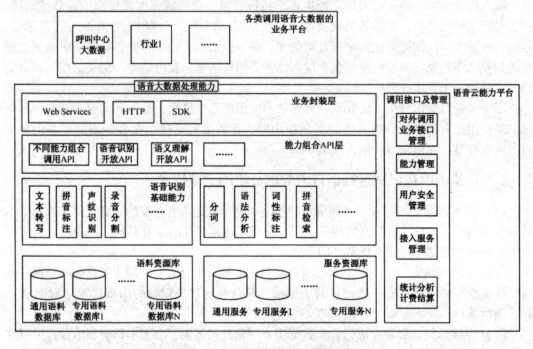

图 8-2 语音大数据处理基础架构

此构架的思路，是把语音识别技术（含语义理解及文本挖掘技术等）细分并模块化，通过定义针对语音信息的处理目标定义，使其能服务于业务需求，并适应大数据的处理架构。从体系架构上分为五大部分。

①语料部分：分为语料资源库及服务资源库，存储语音识别的语言模型及语义理解特征提取、语义聚类、语义归类所需的行业语料。

②基础能力层：语音识别及语义理解的细分模块，提供标准的输入输出调用接口及相应参数定义。

③能力组合层：把能力层的语音识别、语义理解各类细分能力模块分别组合，形成不同的标准调用服务接口，针对特定的服务打包特定的能力。

④业务封装层：适应各类调用需求、访问方式的再封装。

⑤调用管理部分：整体平台对外提供能力的管理及维护。

架构的核心是把语音大数据需要处理的各类基础能力进行模块化区分，并定义各类模块化对外服务接口，使语音大数据的处理更加面向应用的软件系统、分析系统的业务需求，使大数据中蕴含的价值能被充分挖掘。需要说明的是，语义理解技术在大数据挖掘中也是核心技术，事实上单纯的语音识别技术如果不与语义理解技术进行充分融合，语音大数据挖掘及应用的效果将大打折扣。

第六节　图像识别与分析

一、大数据下图像识别技术的研究背景

图片成为互联网信息交流主要媒介的原因主要在于两点：从用户读取信息的习惯来看，相比于文字，图片能够为用户提供更加生动、容易理解、有趣及更具艺术感的信息；从图片来源来看，智能手机为我们带来方便的拍摄和截屏手段，帮助我们更快地用图片来采集和记录信息。

但伴随着图片成为互联网中的主要信息载体，各种各样难题也随之而来。当信息由文字记载时，我们可以通过关键词搜索轻易找到所需内容并进行任意编辑，而当信息是由图片记载时，我们却无法对图片中的内容进行检索，从而影响了我们从图片中找到关键内容的效率。图片给我们带来了快捷的信息记录和分享方式，却降低了我们的信息检索效率。在这个环境下，计算机的图像识别技术就显得尤为重要。

图像识别是计算机对图像进行处理、分析和理解，以识别各种不同模式的目标和对象的技术。识别过程包括图像预处理、图像分割、特征提取和判断匹配。简单来说，图像识别就是计算机如何像人一样读懂图片的内容。借助图像识别技术，我们不仅可以通过图片搜索更快地获取信息，还可以产生一种新的与外部世界交互的方式，甚至会让外部世界更加智能地运行。百度李彦宏在 2011 年提到"全新的读图时代已经来临"，现在随着图形识别技术的不断进步，越来越多的科技公司开始涉及图形识别领域，这标志着读图时代正式到来，并且将引领我们进入更加智能的未来。

二、图像识别的两个阶段

（一）初级阶段

在这个阶段，用户主要是借助图像识别技术来满足某些娱乐化需求。例如，百度魔图的"大咖配"功能可以帮助用户找到与其长相最匹配的明星，Facebook 研发了根据相片进行人脸匹配的 DeepFace；雅虎收购的图像识别公司 IQ Engine 开发的 Glow 可以通过图像识别自动生成照片的标签以帮助用户管理手机上的照片。

这个阶段还有一个非常重要的细分领域——光学字符识别，是指光学设备检查纸上打印的字符，通过检测暗、亮的模式确定其形状，然后用字符识别方法将形状翻译成计算机文字的过程，就是计算机对文字的阅读。语言和文字是我们获取信息最基本、最重要的途径。在比特世界，我们可以借助互联网和计算机轻松地获取和处理文字。但一旦文字以图片的形式表现出来，就给我们获取和处理文字平添了很多麻烦。这一方面表现为数字世界中由于特定原因被存储为图片格式的文字；另一方面是我们在现实生活中看到的所有物理形态的文字。所以我们需要借助 OCR 技术将这些文字和信息提取出来。

另外，图像识别技术仅作为我们的辅助工具存在，为我们自身的人类视觉提供了强有力的辅助和增强，带给了我们一种全新的与外部世界进行交互的方式。我们可以通过搜索

找到图片中的关键信息；可以随手拍下一件陌生物体而迅速找到与之相关的各类信息；可以将潜在搭讪对象拍下提前去他的社交网络了解一番；也可以将人脸识别作为主要的身份认证方式。这些应用虽然看起来很普通，但当图像识别技术渗透到我们行为习惯的方方面面时，我们就相当于把一部分视力外包给了机器，就像我们已经把部分记忆外包给了搜索引擎一样。

这将极大改善我们与外部世界的交互方式，此前我们利用科技工具探寻外部世界的流程可以这样进行：人眼捕捉目标信息、大脑将信息进行分析、转化成机器可以理解的关键词、与机器交互获得结果。而当图像识别技术赋予了机器"眼睛"之后，这个过程就可以简化为人眼借助机器捕捉目标信息、机器和互联网直接对信息进行分析并返回结果。图像识别使摄像头成为解密信息的钥匙，我们仅需把摄像头对准某一未知事物，就能得到预想的答案，摄像头成为连接人和世界信息的重要入口之一。

（二）高级阶段

目前的图像识别技术是作为一个工具来帮助我们与外部世界进行交互，只为我们自身的视觉提供了一个辅助作用，所有的行动还需我们自己完成。而当机器真正具有了视觉之后，它们完全有可能代替我们去完成这些行动。目前的图像识别应用就像是盲人的导盲犬，在盲人行动时为其指引方向；而未来的图像识别技术将会同其他人工智能技术融合在一起成为盲人的全职管家，不需要盲人进行任何行动，而是由这个管家帮助其完成所有事情。

图像识别技术还决定着人工智能中机器视觉，《人工智能：一种现代方法》这本书中提到，在人工智能中，感知是通过解释传感器的响应而为机器提供它们所处的世界的信息，其中它们与人类共有的感知形态包括视觉、听觉和触觉，而视觉最为重要，因为视觉是一切行动的基础。

更重要的是，在某些应用场景，机器视觉比人类的生理视觉更具优势，它更加准确、客观和稳定。人类视觉有着天然的局限，我们看起来能立刻且毫不费力地感知世界，而且似乎也能详细生动地感知整个视觉场景，但这只是一个错觉，只有投射到眼球中心的视觉场景的中间部分，我们才能详细而色彩鲜明地看清楚。偏离中间大约10度的位置，神经细胞更加分散并且智能探知光和阴影。也就是说，在我们视觉世界的边缘是无色、模糊的。因此，我们才会存在"变化盲视"，才会在经历着多样事物发生时，仅仅关注其中一样，而忽视了其他样事物的发生，而且不知道它们的发生。而机器在这方面就有着更多的优势，它们能够发现和记录视力所及范围内发生的所有事情。比如应用最广的视频监控，传统监控需要有人在电视墙前时刻保持高度警惕，然后再通过自己对视频的判断来得出结论，但这往往会因为人的疲劳、视觉局限和注意力分散等原因影响监控效果。但有了成熟的图像识别技术之后，再加以人工智能的支持，计算机就可以自行对视频进行分析和判断，发现异常情况直接报警，带来了更高的效率和准确度；在反恐领域，借助机器的人脸识别技术也要远远优于人的主观判断。

第七节　空间数据挖掘

一、空间数据挖掘概述

空间数据挖掘技术作为当前数据库技术最活跃的分支与知识获取手段，在地理信息系统中的应用推动着 GIS 朝智能化和集成化的方向发展。

空间数据挖掘是指从空间数据库中抽取没有清楚表现出来的隐含的知识和空间关系，并发现其中有用的特征和模式的理论、方法和技术。

（一）空间数据来源和类型

空间数据来源和类型繁多，概括起来主要可以分为地图数据、影像数据、地形数据、属性数据和元数据 5 种类型。

（1）地图数据：这类数据主要来源于各种类型的普通地图和专题地图，这些地图的内容非常丰富。

（2）影像数据：这类数据主要来源于卫星、航空遥感，包括多平台、多层面、多种传感器、多时相、多光谱、多角度和多种分辨率的遥感影像数据，构成多元海量数据，是空间数据库最有用、最廉价、利用率最高的数据源之一。

（3）地形数据：这类数据来源于地形等高线图的数字化，已建立的数据高程模型（DEM）和其他实测的地形数据。

（4）属性数据：这类数据主要来源于各类调查统计报告、实测数据、文献资料等。

（5）元数据：这类数据主要来源由于各类通过调查、推理、分析和总结得到的有关数据。

（二）空间数据的表示

空间数据具体描述地理实体的空间特征、属性特征。空间特征是指地理实体的空间位置及其相互关系；属性特征表示地理实体的名称、类型和数量等。空间对象表示方法采用最多的是主题图方法，即将空间对象抽象为点、线、面三类。数据表达分为矢量数据模型和栅格数据模型两种。矢量数据模型用点、线、多边形等几何形状来描述地理实体。栅格数据模型将主题图中的像素直接与属性值相联系，比如不同的属性值对应不同的颜色。

（三）空间数据的特征

空间数据库与关系数据库或事务数据库之间存在着一些明显的差异，具有空间、时间和专题属性

（1）空间特征：空间特征是地理信息系统或者说空间信息系统所独有的。空间特征是指空间地物的位置、形状和大小等几何特征，以及与相邻地物的空间关系。空间位置可以通过坐标来描述。

（2）专题特征：专题特征也指空间现象或空间目标的属性特征，是指除了时间和空间特征以外的空间现象的其他特征，如大气污染度等。这些属性数据可能为一个地理信息系

统派专人采集，也可能从其他信息系统中收集，因为这类特征在其他信息系统中都可能存储和处理。

（3）时间特征：空间数据总是在某一特定时间或时间段内采集得到或计算得到的。

二、空间数据挖掘过程

数据挖掘和知识发现的过程可分为：数据选取、数据预处理、数据转换、数据挖掘、模式解释和知识评估等阶段。

（1）数据选取即定义感兴趣的对象及其属性数值。

（2）数据预处理一般是滤除噪声、处理缺失值或丢失数据。

（3）数据变换是通过数学变换或降维技术进行特征提取，使变换后的数据更适合数据挖掘任务。

（4）数据挖掘是整个过程的关键步骤，它从变换后的目标数据中发现模式和普遍特征。

（5）模式的解释和知识评估采用人机交互方式进行，尽管挖掘出的规则和模式带有某些置信度、兴趣度等测度，通过演绎推理可以对规则进行验证，但这些模式和规则是否有价值，最终还需由人判断，若结果不满意则返回到前面的步骤。

数据挖掘是一个人引导机器、机器帮助人的交互理解数据的过程。

空间数据挖掘的过程与大多数数据挖掘和知识发现的过程相同，同样可分为数据选取、数据预处理、数据转换、数据挖掘、模式解释和知识评估等阶段。由于空间数据的存储管理和空间数据本身的特点，在空间数据挖掘过程的数据准备阶段（包括数据选取、数据预处理和数据变换）与一般数据挖掘相比具有如下特点：

（1）空间数据挖掘粒度的确定。在空间数据库中进行数据挖掘，首先要确定把什么作为处理的元祖，我们称为空间数据发掘的粒度问题。根据空间数据表示方法、数据模型的特点，可以把空间数据的粒度分为两种：一种是在空间对象粒度上发掘，另一种是直接在像元粒度上发掘。空间对象可以是图形数据库中的点、线、面对象，也可以是遥感影像中经过处理和分析得到的面特征和线特征。像元主要指遥感图像的像元，也指栅格图形的单元。

空间数据挖掘粒度的确定取决于数据发掘的目的，即发现的知识做什么用，也取决于空间数据库的结构。以空间对象作为数据挖掘的对象，可以充分利用空间对象的位置、形态特征、空间关联等特征，得到空间分布规律、广义特征规则等多种知识，可用于 GIS 的智能化分析和智能决策支持，也可用于遥感图像分类。这样的分类规则用于遥感图像分类时，必须先用其他分类方法形成线特征和面特征，才可以进一步应用规则分类。以像元为粒度，可以充分利用像元的位置、多光谱等具体而详细的信息，得到的分类规则精确，适合于图像分类，但不便于用于 GIS 智能化分析和决策支持，可以作为它们的中间过程。两种数据挖掘粒度各有优缺点。像元粒度的数据挖掘无法利用形态，很难利用空间关联等信息，空间对象粒度难以利用对象内部更详细的信息。两种粒度的数据挖掘要根据情况选用或结合起来使用。

（2）空间数据泛化。空间数据不同粒度可以通过空间泛化过程实现，以空间数据为例。根据土地的用途，将一些细节的地理点泛化为一些聚类区域，如商业区、农业区等。这种泛化需要通过空间操作，如空间聚类方法，把一组地理区域加以合并。聚集和近似是实现这种泛化的重要技术。在空间合并时，不仅需要合并相同的一般类中的相似类型的区域，而且需要计算总面积、平均密度或其他聚集函数，而忽略那些对于研究不重要的具有不同类型的分散区域。其他空间操作，如空间重叠等也可以将空间聚集或近似用作空间泛化操作。

（3）粒度属性的确定。确定了空间数据挖掘的粒度或元组后，需要确定元组的属性，在一般的关系数据库中学习的属性直接取自字段或经过简单的数学或逻辑运算派生出的学习用的属性。空间数据库中的几何特征和空间关系等一般并不存储在数据库中，而是隐含在多个图层的图层数据中，需要经过 GIS 专有的空间运算、空间分析、空间立方体 OLAP 操作才能得到数据挖掘用的属性。这些空间运算和空间分析，有些以栅格形式进行。空间对象粒度的数据挖掘更多地用到矢量格式的运算和分析，而像元粒度的数据挖掘更多用到栅格的运算和分析，这实际上是对图形或图像数据的特征提取过程，也是空间数据挖掘区别于一般关系数据库和事务数据库数据挖掘的主要特征。

确定了数据发掘的粒度并提取它和计算出元组的属性后，关系数据库数据挖掘的算法就可以应用了。

第八节　Web 数据挖掘

一、Web 数据挖掘定义

Web 数据挖掘是数据挖掘技术在 Web 环境下的应用，是涉及 Web 技术、数据挖掘、计算机技术、信息科学等多个领域的一项技术。Web 数据挖掘是指从大量的 Web 文档集合中发现蕴含的、未知的、有潜在应用价值的、非平凡的模式。它所处理的对象包括静态网页、Web 数据库、Web 结构、用户使用记录等信息。

二、Web 数据挖掘的分类

在 Web 环境中，文档和对象一般都是通过链接由用户访问的，Web 数据挖掘可以利用数据挖掘技术从 Web 文档和服务中自动发现和获取信息，对 Web 上的有用信息进行分析。Web 数据挖掘包括 Web 内容挖掘、Web 结构挖掘和 Web 使用模式挖掘等。Web 挖掘的分类如图 8 - 3 所示。

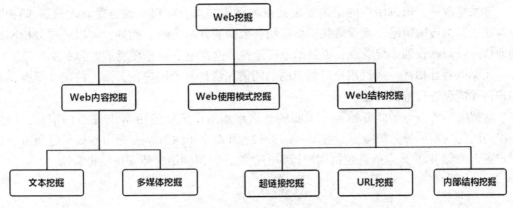

图 8 - 3　Web 挖掘的分类

（1）Web 内容挖掘是指对 Web 上大量文档集合的"内容"进行总结、分类、聚类、关联分析以及利用 Web 文档进行趋势预测等，是从 Web 文档内容或其描述中抽取知识的过程。Web 上的数据既有文本数据，也有声音、图像、图形、视频等多媒体数据；既有无结构的自由文本，也有用 HTML 标记的半结构数据和来自数据库的结构化数据。目前的研究主要集中在利用词频统计、分类算法、机器学习、元数据、部分 HTML 结构信息发现、数据间隐藏的模式发现并生成抽取规则，并从页面中分离出概念（Concept）和实体（Entity）数据。此外，文本挖掘也可以认为是 Web 内容挖掘的组成部分之一。

（2）Web 结构挖掘通常用于挖掘 Web 页上的超链接结构，从而发现那些包含于超文本结构之中的信息。这些链接包含大量的潜在信息，从而可以帮助自动推断出那些权威网页。一般创建一个网页的作者，在设置网页的链接时就考虑了所指向网页的内容及相关性和重要性。由互联网上不同作者对同一个网页的链接考虑（结果）就表明了该网页的重要性，从而很自然地获得有关的权威网页。因此大量因特网链接信息就为相关性、质量和因特网内容结构提供了丰富的信息，从而成为 Web 挖掘的丰富资源。在这方面工作的技术代表有 PageRank 和 Clever。

（3）Web 使用挖掘主要通过分析用户访问 Web 的记录了解用户的兴趣和习惯，对用户行为进行预测，以便提供个性化的产品信息和服务。挖掘的数据是用户与 Web 交互过程中留下的用户访问过程的数据。Web 使用记录数据除了服务器的日志记录外还包括代理服务器日志、浏览器端日志、注册信息、用户会话信息、交易信息、Cookie 中的信息、用户查询、鼠标点击流等一切用户与站点之间可能的交互记录。

Web 使用挖掘可以分为两类：一类是将 Web 使用记录的数据转换并传递进传统的关系表里，再使用数据挖掘算法对关系表中的数据进行常规挖掘；另一类是将 Web 使用记录的数据直接预处理，再进行挖掘。

根据数据来源、数据类型、用户数量、数据集合中的服务器数量等可以将 Web 使用挖掘分为个性挖掘、站点修改、系统改进、Web 特征描述、商务智能五类。

①个性挖掘：针对单个用户的使用记录对该用户进行建模，结合该用户基本信息分析他的使用习惯、个人喜好，目的是在电子商务环境下为该用户提供与众不同的个性化服务。

②站点修改：通过挖掘用户的行为记录和反馈情况为站点设计者提供改进的依据，比如页面链接情况应如何组织，哪些页面应能够直接访问等。

③系统改进：通过用户的记录发现站点的性能缺点，以提示站点管理者改进 Web 缓存策略、网络传输策略、流量负载平衡机制和数据的分布策略。此外，可以通过分析网络的非法入侵数据找到系统弱点，提高站点安全性，这在电子商务环境下尤为重要。

④Web 特征描述：通过用户对站点的访问情况统计各个用户在页面上的交互情况，对用户访问情况进行特征描述。

⑤智能商务：电子商务销售上关心的是重点是用户怎样使用 Web 站点的信息，用户一次访问的周期可分为被吸引、驻留、购买和离开四个步骤，Web 使用挖掘可以通过分析用户点击流等 Web 日志信息挖掘用户行为的动机，以帮助销售商安排销售策略。

思考题

1. 请简述数据挖掘的发展趋势。
2. 结合大数据背景，请叙述当前国内外大数据挖掘有哪些应用。
3. 请简要说明大数据挖掘与传统数据挖掘的区别。
4. 当前有哪些研究较多的大数据挖掘类型？请一一简要说明。

第九章 大数据预测分析方法

对社会经济现象进行动态分析预测是大数据的一个重要应用领域。在大数据时代，随着生活节奏的加快、企业竞争日益激烈，需要做出预测的速度和数量都在成倍地增加。大数据背景下，预测分析是对复杂分析解决方案（比如数据挖掘、文本分析、细分、预测建模、预测和优化等）的综合，帮助从结构化、非结构化数据中发现趋势和揭示复杂模式，确定多个数据元素之间的关系，并对不同事件未来的趋势提供预测。

第一节 大数据预测方法概述

从商业角度看，预测分析最重要的方面是它使企业具有高瞻远瞩的能力。大数据的应用核心就是大数据预测。大数据一个重要的用途就在于根据建立的模型预测未来某一事件的发生，并据此进行人为干预，使其向着理想的方向发展。而在运用大数据预测方法之前，我们需要了解传统的预测方法，分析这些传统预测方法能否适用于大数据环境。

一、传统预测方法

Jakob Bernoulli（1654—1705）创立了预测学，目的在于减少人类生活各个方面由于不确定性导致错误决策所产生的风险。预测学的理论部分致力于对无知和随机的后果进行数学化分析和描述，实验部分运用模型，为决策者提供恰当决策的必要信息。这里无知和随机指的是预测过程中存在的总体与样本数据口。

预测是在掌握客观事实变化发展规律的基础上，对事物未来的发展变化进行估计、预料和推测的活动，以确定事物未来的发展趋势，以及对组织正在和将要进行的活动产生的影响。预测是一门新兴科学，预测方法从技术上分为定性预测和定量预测两种。

定性预测注重于事物发展在性质方面的预测，具有较大的灵活性，易于充分发挥人的主观能动作用，且简单迅速，省时省费用。相应地，定量预测偏重于数量方面的分析，重视预测对象的变化程度，能做出变化程度在数量上的准确描述；它主要把历史统计数据和客观实际资料作为预测的依据，运用数学方法进行处理分析，受主观因素的影响较少；它可以利用现代化的计算方法，来进行大量的计算工作和数据处理，求出适应事物进展的最佳数据曲线。然而，在实际预测工作中，应将定性研究与定量研究结合起来用，即在对系统做出正确分析的基础上，根据定量预测得出的量化指标，对系统未来走势做出判断。在信息爆炸的大数据时代，定性预测与定量预测同等重要，只有将定性与定量预测有机地结合起来权衡，才能保证预测的质量和效果。下面将具体介绍定性与定量预测方法。

（一）定性预测方法

定性预测是指预测者依靠熟悉业务知识、具有丰富经验和综合分析能力的人员与专家，根据已掌握的历史资料和直观材料，运用个人经验和分析判断能力，对事物的未来发展做出性质和程度上的判断，然后，再通过一定形式综合各方面的意见，作为预测未来的主要依据。目前，主要采用的定性预测方法有：专家会议法、德尔菲法、主观概率法、情景预测法等。

1. 专家会议法

专家会议法是指根据规定的原则选定一定数量的专家，按照一定的方式组织专家会议，发挥专家集体的智能效应，对预测对象未来的发展趋势及状况做出判断的方法。头脑风暴法，是专家会议预测法的具体运用。

专家会议有助于专家们交换意见，通过互相启发，可以弥补个人意见的不足；通过内外信息的交流与反馈、产生、思维共振，进而将产生的创造性思维活动集中于预测对象，在较短时间内得到富有成效的创造性成果，为决策提供预测依据。但是，专家会议也有不足之处，如有时因心理因素影响较大；易屈服于权威或大多数人意见；易受劝说性意见的影响；不愿意轻易改变自己已经发表过的意见等。

2. 德尔菲法

德菲尔法依据系统的程序，采用匿名发表意见的方式，即专家之间不得互相讨论，不发生横向联系，只能与调查人员发生关系，通过多次轮番调查专家对问卷所提问题的看法，经过反复征询、归纳、修改，最后汇总成专家基本一致的看法，作为预测的结果。这种方法具有广泛的代表性，较为可靠。德菲尔法具有反馈性、匿名性和统计性特点，选择合适的专家是做好德菲尔预测的关键环节，能避免专家会议法的缺陷，但具有处理过程比较复杂，花费时间较长等缺点。

3. 主观概率法

主观概率法是市场趋势分析者对市场趋势分析事件发生的概率（即可能性大小）做出主观估计，或者说对事件变化动态的一种心理评价，然后计算它的平均值，以此作为市场趋势分析事件结论的一种定性市场趋势分析方法。主观概率法一般和其他经验判断法结合运用。

主观概率法虽然是凭主观经验估测的结果，但在市场趋势分析中它仍有一定的实用价值，它为市场趋势分析者提出明确的市场趋势分析目标，提供尽量详细的背景材料，使用简明易懂的概念和方法，以帮助市场趋势分析者判断和表达概率。

主观概率法的使用基于以下假定：

（1）市场趋势分析期内市场供需情况比较正常。

（2）营销环境不出现重大变化。

（3）长期从事市场营销活动的人员和有关专家的经验和直觉比较可靠。

主观概率法简便易行，但必须防止任意、轻率地由一两个人拍脑袋估测，要加强严肃性、科学性、提倡集体的思维判断。

4. 情景预测法

情景预测法是假定某种现象或某种趋势将持续到未来的前提下，对预测对象可能出现的情况或引起的后果做出预测的方法。通常用来对预测对象的未来发展做出种种设想或预计，是一种直观的定性预测方法。它不受任何条件限制，应用起来灵活，能充分调动预测人员的想象力，考虑较全面，有利于决策者更客观地进行决策，在应用过程中一定要注意具体问题具体分析，同一个预测主题，所处环境不同时，最终的情景可能会有很大的差异。

（二）定量预测方法

定量预测是使用历史数据或因素变量来预测需求的数学模型，是根据已掌握的比较完备的历史统计数据，运用一定的数学方法进行科学的加工整理，借以揭示有关变量之间的规律性联系，用于预测和推测未来发展变化情况的一类预测方法。定量预测方法也称统计预测法，其主要特点是利用统计资料和数学模型来进行预测。

然而，这并不意味着定量方法完全排除主观因素，相反主观判断在定量方法中仍起着重要的作用，只不过与定性方法相比，各种主观因素所起的作用小一些罢了。目前，主要采用的定量预测方法有：时间序列分析法、回归分析法、灰色预测法、人工神经网络法、组合预测法等。

1. 基于时间序列分析的预测方法

所谓时间序列分析法，就是把预测对象的历史数据按一定的时间间隔进行排列，构成一个随时间变化的统计序列，建立相应的数据随时间变化的模型，并将该模型外推到未来进行预测。如指数平滑法、移动平均法等。也可以根据已知的历史数据来拟合一条曲线，使得这条曲线能反映预测对象随时间变化的变化趋势，然后按照这个变化趋势曲线，对于要求的未来某一时刻，从曲线上估计出该时刻的预测值。此方法有效的前提是过去的发展模式会延续到未来，因而这种方法对短期预测效果比较好，但不适合做中长期预测。

鲍克斯－詹金斯方法（Box-Jeknins）是时间序列分析方法中较为常用的一种方法，该方法假设各变量之间是一种线性关系（或拟线性关系）。但在处理一些复杂曲线问题时，这种局限性使其在实际应用过程中很难准确地进行分析和预测。为了解决这个问题，在过去的十多年中，一些学者提出了适用于非线性时间序列的分析、预测方法。

一般来说，若影响预测对象变化各因素不发生突变，利用时间序列分析方法能得到较好的预测结果；若这些因素发生突变，时间序列法的预测结果将受到一定的影响。

2. 基于回归分析的预测方法

回归预测是根据历史数据的变化规律，寻找自变量与因变量之间的回归方程式，确定模型参数，据此做出预测的方法。依据相关关系中自变量的个数不同，回归预测可分为一元回归分析预测法和多元回归分析预测法，依据自变量和因变量之间的相关关系不同，可分为线性回归预测和非线性回归预测。回归分析预测法一般适用于中期预测。

通常情况下，回归预测需要满足三个假设条件：

（1）方差齐性（Constant Variance）：对应于不同自变量的待预测变量（因变量）的取值有相同的方差。

（2）独立性（Independence）：因变量取值的分布是相互独立的，即预测误差是相互独立的。

（3）正态分布（Normal Distribution）：对应于任意自变量的因变量的取值是正态分布，即对应于任意自变量的预测误差是正态分布。

回归分析法的主要特点是：

（1）技术比较成熟，预测过程简单；

（2）将预测对象的影响因素分解，考察各因素的变化情况，从而估计预测对象未来的数量状态；

（3）回归模型误差较大，外推特性差。当影响因素错综复杂或相关因素数据资料无法得到时，即使增加计算量和复杂程度，也无法修正回归模型的误差。

3. 基于灰色系统理论的预测方法

灰色理论是邓聚龙教授在 20 世纪 80 年代初提出的一种用来解决信息不完备系统的数学方法。后经刘思峰教授等学者推广成为一类具有代表意义的信息处理方法。这种方法把每一个随机变量看成是一个在给定范围内变化的灰色变量，且不用统计的方法来处理灰色变量，直接处理原始数据，来寻找内在的变化规律。由于在经济、社会科学和工程等诸多领域大量存在着灰色系统，因此这种预测方法得到了广泛的应用。灰色预测算法的基本思想是：首先，对原始时间序列进行一次累加操作，生成新的时间序列；然后，根据灰色理论，假设新的时间序列具有指数变化规律，建立相应的微分方程进行拟合，进而利用差分对方程进行离散化得到一个线性方程组；最后，利用最小二乘法对未知参数进行估计，从而最终得到预测模型。

4. 人工神经网络法

人工神经网络具有表示任意非线性关系和自学习的能力，为解决很多具有复杂的不确定和时变性的实际问题提供了新思想和新方法。神经网络有直接预测（时间序列预测）和间接预测（组合预测）两种方式。时间序列往往包含线性部分和非线性部分，反映了确定性趋势和随机变化趋势。用时间序列方法和灰色预测法只是模拟了线性部分，容易忽视非线性部分，分别对线性和非线性部分建模，可以提高整体预测的效果。

5. 组合预测法

组合预测方法是对同一个问题，采用两种以上不同预测方法的预测。它既可以是几种定量方法的组合，也可以是几种定性方法的组合，但实践中更多的则是利用定性方法与定量方法的组合。组合的主要目的是综合利用各种方法所提供的信息，尽可能地提高预测精度。比如，在经济转轨时期，很难有一个单项预测模型能对宏观经济频繁波动的现实拟合得非常紧密并对其变动的原因做出稳定一致的解释。理论和实践研究都表明，在诸种单项预测模型各异且数据来源不同的情况下，组合预测模型可能导致一个比任何一个独立预测值更好的预测值，组合预测模型能减少预测的系统误差，显著改进预测效果。

组合预测模型的构建模式大致可分为五种，即线性组合模型、最优线性组合模型、贝叶斯组合模型、转换函数组合模型、计量经济与系统动力学组合模型。组合预测方法的关键在于如何确定组合权系数，对权重的选择应使误差越小越好。

针对组合权系数的确定，出现了大量的算法。主要可以分为两类，一是依据某种最优准则构造目标函数，在约束条件下极小化目标函数求得组合模型的加权系数，但是每种最优准则均有其优缺点，至于选择何种最优准则，则需要依靠预测人员的经验，往往带有主观因素，同时对于负权重合理与否，现在仍尚无定论。二是变权重组合预测，将权系数看成是随时间变化的函数，它显然比不变权重更接近于实际，但是变权系数的求解难度比较大，这也是影响变权组合预测方法应用的主要因素。

然而随着大数据研究方向的出现，传统的数据预测分析方法存在效率不高、无法直接处理大数据的问题，因此，大数据时代的预测分析方法需要进行调整。首先，大数据的应用常常具有实时性的特点，预测方法的准确率不再是大数据应用的最主要指标。很多场景中预测方法需要在处理的实时性和准确率之间取得一个平衡。其次，云计算是进行大数据处理的有力工具，这就要求很多预测方法必须做出调整以适应云计算的框架，预测方法需要变得具有可扩展性。最后，在选择预测方法处理大数据时必须注意，当数据量规模很大或者数据类型繁多时，可以从小量数据或单一类型的数据中有效预测的方法就不一定适用了。

二、大数据预测方法的特征

大数据预测有很多行业应用，以企业方面的预测最为成熟。很多领先的企业已经采用一系列的管理流程、技术手段去挖掘这些数据所带来的价值，从大量客户的交互数据、网站访问的行为中去辨识客户访问数据的模式，并从中获取更为精确的客户洞察力，以制定精确的行动纲领，去为服务的对象设置更好的产品和服务，从而能够获得更高的业务收益。分析大数据预测依赖数据来源，因此数据源的特征也决定了大数据的预测特征。

（一）实样而非抽样

在小数据时代，由于缺乏获取全体样本的手段，人们发明了"随机调研数据"的方法。理论上，抽取样本越随机，就越能代表整体样本。但问题是获取一个随机样本代价极高，而且很费时。人口调查就是典型一例，即使一个大国都做不到每年都发布一次人口调查，因为随机调研实在是太耗时耗力。但有了云计算和数据库以后，获取足够大的样本数据乃至全体数据，就变得非常容易。谷歌可以提供谷歌流感趋势的原因就在于它几乎覆盖七成以上的北美搜索市场，已经完全没有必要去抽样调查这些数据，只需要对大数据记录仓库进行挖掘和分析。

但是这些大数据样本也有缺陷，实际样本不等于全体样本，依然存在系统性偏差的可能。所以存在一个数据规模的阈值问题。数据少于这个阈值，问题解决不了；达到这个阈值，就可以解决以前束手无策的大问题；而数据规模超过这个阈值，对解决问题也没有更多的帮助。我们把这类问题称为"预言性数据分析问题"，即在做大数据处理之前，可以预言，当数据量到达多大规模时，该问题的解可以达到何种满意程度。当前的学术界对阈值确定方法还没有一个完整的解决方案。

（二）效率而非精确

过去使用抽样的方法，就需要在具体运算上非常精确，因为所谓"差之毫厘便失之千里"。设想一下，在一个总样本为1亿人口中随机抽取1 000人，如果在1 000人上的运算出现错误的话，那么放大到 1 亿中偏差将会很大。但全样本时，有多少偏差就是多少偏差而不会被放大。谷歌的人工智能专家诺维格写道：大数据基础上的简单算法比小数据基础上的复杂算法更加有效。数据分析的目的并非就是数据分析，而是有多种决策用途，故而时效性也非常重要。

精确的计算是以时间消耗为代价的，在小数据时代，追求精确是为了避免放大的偏差不得已而为之。在大数据时代，快速获得一个大概的轮廓和发展脉络，就要比严格的精确性要重要得多。但是，在需要依赖大数据进行个性化决策时，张冠李戴是个很大忌讳，精确性就变得非常重要，所以在效率和精确之间存在一个平衡点，这是大数据预测中一个棘手问题。

（三）相关而非因果

舍恩伯格说："大数据时代只需要知道是什么，而无须知道为什么。"大数据研究不同于传统的逻辑推理研究，需要对数量巨大的数据做统计性的搜索、比较、聚类、分类等分析归纳，因此继承了统计科学的一些特点。统计学关注数据的相关性，所谓"相关性"是指两个或两个以上变量的取值之间存在某种规律性。"相关分析"的目的就是找出数据集里隐藏的相互关系网（关联网），一般用支持度、可信度、兴趣度等参数反映相关性。如大家都喜欢购买 A 和 B，并不等于买了 A 之后的结果就是买 B，只能说购买 A 和 B 的相关性很高，或者说，概率很大。知道喜欢 A 的人很可能喜欢 B 但却不知道其中的原因。

亚马逊的推荐算法非常有名，它能够根据消费记录来告诉用户可能会喜欢什么，这些消费记录可能是别人的，也可能是该用户的历史记录。但它不能说出喜欢的原因。如果把这种推荐算法用于亚马逊的物流和仓储布局，仅仅了解相关性远远不够，必须"知其然，还知其所以然"，否则将带来额外的损失。

这也是相关性预测和因果性预测的分界线。在了解大数据预测的主要特征之后还需要在一定程度上了解大数据预测的分析过程，才能更好地掌握大数据预测方法。

三、大数据预测分析过程

创建一个完整的预测解决方案，首先需要对问题明确定义，然后执行数据分析和预处理。之后将数据提交给一种预测技术以进行模型构建，进而评估模型的准确度。根据模型的准确度以及预测错误相关的成本设定来鉴别阈值。之后，将业务决策与不同的阈值建立关联。最后，当将预测解决方案导出为一个预测模型标记语言文件时，即可对其进行部署和使用。完成这些步骤后，预测分析就真正履行了其承诺：从历史数据中学习有价值的模式并使用它们预测未来。

（一）预测数据的采集和预处理

预测的基础是数据。在大数据时代，数据正在呈指数级增长。大数据平台能够帮助高效地完成海量数据的采集和处理，日志、传感器流和语言文本等非结构化数据经过 Hadoop 平台进行装载和高效处理，非结构化数据被转换成结构化数据，便于输入预测模型。

尽管可能会按原样使用某些数据字段，但是大部分字段需要进行某种预处理。历史数据的形式多种多样，例如客户流失的例子中，数据可能包含有关某单位客户的结构化和非结构化信息。在这种场景下，结构化数据包含诸如客户年龄、性别、最近一月内的购买次数等字段，这些信息是从客户账户记录和历史交易中获得的。非结构化数据可能包括相同客户针对所购买商品或服务提供的反馈意见或者评论。

数据预处理中，可以将某些输入字段的值放到一起。例如，所有年龄在 21 岁以下的客户都划分在学生类别中。类似地，所有 55 岁以上的客户将划分到退休人员类别中。年龄介于 21 ~ 55 岁的客户则属于工人的类别。很明显，这对最初的年龄字段进行了简化，然而这样做增加了将数据提交给某种预测技术以进行培训时的可预测性。实际上，数据预处理的最终目标就是增强输入字段的可预测性。

预处理的另一个目的是修改数据，从而使数据适合于培训。例如，根据模型构建使用的技术，可能需要对前面提到的 3 个与年龄有关的分类进行离散。对于这种情况，如果客户 A 是 25 岁，那么她的年龄将通过 3 个不同的字段表示：学生、工人和退休人员，分别映射为（0，1）和 0。出于同样的考虑，任何连续的字段都需要进行标准化。在本例中，最近一个月内的购买次数将转化为一个介于 0 ~ 1 之间的数。注意，原始字段本身已经是经过预处理后的结果，因为它表示一个聚合：某段时期内发生的所有交易的总购买次数。

此外，还可使用文本挖掘，在评论中找到损耗提示并创建一个损耗度量，也由 0 ~ 1 之间的一个值表示。使用客户的特性列表表示每个客户并将它们结合一条记录。如果选择了 100 个特性并且存在 100 000 名客户，那么最终数据集将包含 100 000 个行（或记录）以及 100 个列。

数据是预测的基础。如果没有足够的数据，模型可能无法学习，这就很难培训出一个有意义的模型。某些预测模型的学习需要获取成千上万条记录，这正是大数据平台所擅长的。而数据的质量直接反映所学习出的模型的质量。在客户流失的例子中，这个阶段需要将一组表示某位客户的输入字段汇集为一条记录，该记录可能包含某些特性，如年龄、性别、邮政编码、最近 6 个月购买的商品数和退货的商品数，同时还包括一个目标变量，用于通知我们该客户在过去是否流失。然后，可以将一个客户记录通过数学方法描述为多维特性空间内的一个向量，这是因为需要使用多个特性来定义类型客户的对象。当将所有客户记录汇总到一块时，将成为包含数百万条记录的数据集。

（二）预测模型开发

模型培训可以从数据中获悉模式。在培训期间，所有数据记录都呈现出一种预测技术，该技术负责从数据中获悉模式。如果发生客户流失，数据中将包含可以区分流失客户和非流失客户的模式。注意，这里的目标是在输入数据（年龄、性别、最近一个月购买的商品数量等）和目标或因变量（流失和非流失）之间创建一个映射函数。

许多预测建模技术都可用于将这些大数据转换为洞察和价值，包括决策树、支持向量机（SVM）、神经网络（NN）、聚类、逻辑回归模型、关联规则等。不同的系统和供应商支持不同的技术，但是几种技术受到大多数商业或开源模型构建环境的支持。这些技术是通过学习大量历史数据中隐含的模式来实现这一点的。完成学习后，将生成一个预测模型。对模型进行验证后，就意味着该模型能够归纳所学习的知识并将归纳结果应用到新的情景中。

（三）模型验证和评估

在经历了模型构建过程后，预测模型被构建出来。接着，需要对模型进行验证，看预测模型是否有效；如果有效，看预测结果有多准确；如果模型有效且预测准确，并能够很好地推广，就需要对该模型进行操作部署。

预留多达30%的数据用于模型验证，这是一种很好的做法。使用一个未用于模型培训的数据样本将允许对其精确度进行客观的评估。

当模型培训完成后，将提供有关模型健康状况的即时快照。这个快照让我们能够快速了解模型是否能够获悉目前涉及的任务。模型不需要达到100%的准确度。事实上，预测模型是因做出错误预测而为人所知。我们的目的是确保模型尽量减少错误，同时能够做出大量正确的预测。用预测分析的专业术语来说，您希望模型具有较低的假阳性（FP）率和假阴性（FN）率，这意味着具有高真阳性（TP）率和真阴性（TN）率。对于客户流失问题，如果模型为某位即将流失的客户准确指定了一个高流失风险，那么您将得到 TP。如果对某位实际上继续保持高度忠诚的客户指定了一个低流失风险，那么您将得到 TN。然而，模型每次向某个满意客户指定高流失风险时，您将得到一个 FP。同样，如果模型向某个即将丢失的客户指定了一个低流失风险，那么您将得到一个 FN。

预测模型的原始输出通常为一个介于 $0 \sim 1$ 或 $1 \sim -1$ 之间的值。但是，为了符合人们的阅读习惯，这个输出经常扩展为 $0 \sim 1\,000$ 之间的值。模型的输出还可以根据给定的函数进行扩展，这样可以确保某个分数可以表示一个理想的 TP 和 FP 值。

后处理还意味着将评分嵌入到操作流程中。在这种情况下，需要将评分转换为业务决策。例如，对于客户流失问题，您的公司可能需要为高流失风险的客户提供更好的挽留计划。事实上，可以根据评分使用不同的鉴别阈值制定不同的业务决策，以及 TP、FP 及其成本方面的含义。

过去仅包含业务规则的决策管理解决方案如今也嵌入了预测模型。它们是通过将模型封装到规则中实现这一点的。通过结合业务规则和预测分析，企业能够从两种类型的知识中获益：专家知识和数据驱动的知识。在这种情况中，基于不同阈值的决策可以立即实现，甚至可以进行扩展以包含其他重要的决定性因素。例如，要判断某个客户的真正价值，该客户的流失风险评分可能还伴随提供了该客户在过去消费的金额。如果金额巨大，同时流失风险也很高，那么说明阻止这名客户的流失将非常重要。通过结合专家知识和数据驱动知识，决策管理解决方案将变得更加智能，这是因为它们能够提供增强的决策功能。

（四）使用预测模型标记语言实现大数据预测的有效部署

在预测模型操作部署阶段，预测模型标记语言的标准能使预测模型在不同系统之间轻松迁移。借助预测模型标记语言，可使用 SAS、SPSS、R 等应用程序构建和验证一个预测模型，然后再将该模型保存为一个预测模型标记语言文件，实现模型平台无关的迁移。

预测模型标记语言是由 Data Mining Group（DMG）提出，这是一个由多个公司组成的联盟，这些公司共同完成了对预测模型标记语言的定义。所有商业的和开源的顶级统计和数据挖掘工具都支持预测模型标记语言。有了预测模型标记语言，预测解决方案迁移变得非常简单。预测模型标记语言允许企业和个人只使用一种语言来表示完整的预测解决方案，与开发解决方案的环境无关。从数据预处理和模型构建，一直到模型评分的后处理，预测模型标记语言能够在一个单一文件中呈现所有这些阶段。预测模型标记语言还可以呈现包含多个模型或一个模型组合的解决方案。

预测模型标记语言包含其他语言结构，包括用于模型验证、模型解释和评估的特定元素。预测模型标记语言可以使用一种清晰的结构化方式完整地呈现预测解决方案，预测模型标记语言为预测解决方案的交换定义了一个单一、清晰的流程。预测模型标记语言不仅成为数据分析、模型构建和部署系统之间的桥梁，还成为分析流程所涉及的所有人员和团队之间的桥梁。

目前，市场上所有用于模型开发的统计工具都使用预测模型标记语言导出模型，其中有一些还提供导入功能，可以可视化模型并进行进一步的优化。一个值得一提的开源环境就是 KNIME，该模型导入和导出许多预测模型标记语言模型；另一个就是用于统计计算的 R 语言项目。各种商用产品如 SAS、SPSS 也支持预测模型标记语言。

（五）实时预测分析的应用

预测分析在欺诈检测、医疗、产品推荐、故障诊断等领域有广泛的应用。很成功的预测分析应用是欺诈检测。当客户每次刷信用卡或在线使用时，都有可能对其交易进行实时分析来检测出受到欺诈的可能性。预测分析在医疗保险行业有一些重要应用。通过知道哪些患者具有发生某种疾病的更高风险，可以制定预防措施来减轻风险，并最终挽救生命。互联网公司使用预测分析来推荐产品和服务。目前，已发展为从最喜爱的店铺和商家来预测优秀的影片、图书和歌曲推荐，还可以根据电子邮件、在线留言和搜索等内容，预测用户品位和偏好，推出有针对性的营销活动。其他应用专注于从传感器获取的数据。例如，可使用 GPS 移动设备数据来预测交通状况。随着这些系统变得越来越精确，将能够使用它们修改出行选择，例如，可在预计公路完全被汽车堵塞时乘坐地铁。此外，报告桥梁和建筑物等结构，以及能量转换器、水泵和气泵、闸门和阀门的当前状态的小型且经济高效的传感器的存在，也支持使用预测分析来维护和更改材料或流程，以预防发生欺诈和事故。通过支持构建预测维护模型，使用来自传感器的数据是帮助确保安全的一种明确方式。

第二节　基于回归分析的预测方法

回归分析是通过对观察数据的统计分析和处理，研究与确定事物间相关关系和联系形式的方法。运用回归分析法寻找预测对象与影响因素之间的因果关系，建立回归模型进行预测的方法，称为因果回归分析法。另外，按照方程中影响预测对象因素的多少，分为简单回归分析法和多重回归分析法。并且在回归分析中，当自变量和因变量的关系不能简单地表示为线性方程时，可采用非线性估计来建立回归模型。

回归分析法在预测中主要用以解决以下问题：①分析所获得的统计数据，确定几个特定变量之间的数学关系形式，即建立回归模型；②对回归模型的参数进行估计和统计检验，分析影响因素对预测对象的影响程度，确定预测模型；③利用确定的回归模型和自变量的未来可能值，估计预测对象的未来可能值，并分析研究预测结果的误差范围及精度。

一、线性回归模型

一般地，因变量 Y 与自变量 $X_1, X_2, \cdots, X_j$ 的关系为：

$$Y = n(X_1, X_2, \cdots, X_j) + \varepsilon$$

其中，ε 为误差项。对于变量 Y 的每个观测值，模型由 $n(X_1, X_2, \cdots, X_j)$ 和 ε 两部分构成，其中 $n(X_1, X_2, \cdots, X_j)$ 由自变量 $X_1, X_2, \cdots, X_j$ 决定，ε 是与 $n(X_1, X_2, \cdots, X_j)$ 无关的随机因素。

线性回归及其参数估计

线性回归假设 $n(X_1, X_2, \cdots, X_j)$ 是随机变量 $X_1, X_2, \cdots, X_j$ 的线性函数，即：

$$n(X_1, X_2, \cdots, X_j) = \beta_0 + \beta_1 X_1 + \beta_2 X_2 + \cdots + \beta_j X_j$$

假设随机误差 ε 的均值为 0，方差为 σ^2，各观测之间的随机误差不相关。通常我们对自变量有多个观测。假设共有 m 个观测值：

$$x_{i1}, x_{i2}, \cdots, x_{ij} \quad i = 1, 2, \cdots, m$$

矩阵 X 的每行对应一个观测，每列对应一个变量，第一列常数 1 对应回归方差的截距项：

$$X = (1, X_1, X_2, \cdots, X_j) = \begin{cases} 1 & x_{11} & x_{12} & \cdots & x_{1j} \\ 1 & x_{21} & x_{22} & \cdots & x_{2j} \\ \vdots & \vdots & \vdots & & \vdots \\ 1 & x_{m1} & x_{m2} & \cdots & x_{mj} \end{cases} = \begin{cases} x_1^{\mathrm{T}} \\ x_2^{\mathrm{T}} \\ \vdots \\ x_m^{\mathrm{T}} \end{cases}$$

这一节我们用大写的 X_j 表示矩阵 X 的第 $j+1$ 列，X_{-j} 表示矩阵 X 的移除第 $j+1$ 列后所得到的矩阵；小写的 x 表示矩阵 X 的第 i 行的转置。

此外，记向量 $y = (y_1, y_2, \cdots, y_n)^{\mathrm{T}}$ 为 n 个观测的因变量，而向量 $\varepsilon = (\varepsilon_1, \varepsilon_2, \cdots, \varepsilon_n)^{\mathrm{T}}$ 为 n 个观测的随机误差，向量 $\beta = (\beta_1, \beta_2, \cdots, \beta_n)^{\mathrm{T}}$ 为 $j+1$ 个待估的回归系数。这些量的关系可以表达为：

$$y = X\beta + \varepsilon$$

（1）最小二乘估计。已知 y 和 X，我们的目标是估计 β 和 ε。自然地，我们希望 $X\beta$ 能尽可能地逼近 y，对于某个向量 β，用残差平方和（Residual Sum of Squares）来描述这种逼近关系：

$$RSS(\beta) = (y - X\beta)^{\mathrm{T}}(y - X\beta) = \sum_{i=1}^{n} \left(y^i - \beta^0 - \sum_{j=1}^{p} x_{ij}\beta_j \right)^2$$

假设 $\hat{\beta}$ 使得 RSS（β）达到最小，则使用 $\hat{\beta}$ 作为 β 的估计，这种估计方法称为最小二乘估计（Least Squares Estimate）。

假设矩阵 X 列满秩，那么可以求 $\hat{\beta}$ 的显示解，将 RSS（β）对户求导可得：

$$\frac{\partial \, RSS(\beta)}{\partial \, \beta} = -2X^{\mathrm{T}}(y - X\beta)$$

当 X 列满秩时，$X^{\mathrm{T}}X$ 构成 p 阶列满秩、正定矩阵。由 $\frac{\partial^2 RSS(\beta)}{\partial \, \beta\beta^{\mathrm{T}}}$ 的正定性可知 RSS

（β）是凸函数，故有唯一的最小值点。令阶导数为零可以解得：

$$\hat{\beta} = (X^T X)^{-1} X^T y$$

利用 $\hat{\beta}$ 可以计算对观测响应向量 y 的拟合值：

$$\hat{y} = X\hat{\beta} = X(X^T X)^{-1} X^T y = Hy$$

上式中的 $H = X(X^T X)^{-1} X^T$ 被称为帽子矩阵，因为帽子矩阵将 y 转换为 $\hat{y}$。事实上，$\hat{y}$ 为向量 y 对 X 列空间的投影，即：

$$(y - \hat{y})\hat{y} = 0$$

上式中：

$$\hat{\varepsilon} = y - \hat{y} = (I - H)y$$

为模型拟合残差，它对上式中随机误差 ε 的估计。对应的残差平方和可以表达为以下多种形式：

$$RSS = \hat{\varepsilon}^T \hat{\varepsilon} = y^T(I - H)y = y^T y - y^T Hy = y^T y - \hat{\beta} X^T y$$

由于 X 的第一个列向量为 $1 = (1, 1, \cdots, 1)^T$，且式中向量 $\frac{\partial RSS(\beta)}{\partial \beta}$ 的第一个分量在 $\hat{\beta}$ 处为 0，得：

$$1^T y + 1^T X\hat{\beta} = 0$$

即对于 $\bar{y} = 1^T y = \frac{1}{n}\sum_{i=1}^{n} y_i, \hat{y} = X\hat{\beta}$ 有：

$$\hat{y} = 1^T \hat{y}/n$$

即响应变量的样本均值等于拟合向量 $\hat{y}$ 的均值。可以将响应变量的样本全变差 TSS（Total Sum of Sqaures）：

$$(y - \bar{y}1)^T(y - \bar{y}1) = \sum_{i=1}^{n}(y_i - \bar{y})^2$$

拆分成两部分：一部分被回归模型解释（SS），另一部分未被回归模型解释 CRSS）：

$$(y - \bar{y}1)^T(y - \bar{y}1) = (y - \hat{y} + \hat{y} - \bar{y}1)^T(y - \hat{y} + \hat{y} - \bar{y}1)$$

$$= (y - \hat{y})^T(y - \hat{y}) + (y - \bar{y}1)^T(y - \bar{y}1) + 2(\hat{y} - \bar{y}1)^T(y - \hat{y})$$

上式中第一项为 RSS，定义第二项为被回归模型解释的成分 SS，最终可得：

$$TSS = RSS + SS$$

利用此关系式，可以定义 R^2 统计量衡量模型的拟合优度：

$$R^2 = \frac{SS}{TSS} = 1 - \frac{RSS}{TSS}$$

它是介于 0 和 1 之间的数，表示样本全变差被模型解释部分所占比重。通常，这个值越大，表示模型拟合得越好。但随着因变量数目的增加，这个值也随着单调增加，不利于模型选择。因此，定义调整的 R^2 为：

$$R^2_{Adj} = 1 - \frac{RSS/(n - p - 1)}{TSS/(n - 1)}$$

与上式相比，此式分子分母同时除以了对应的自由度。

（2）极大似然估计。现在我们探讨回归参数的极大似然估计。从最后的结论可以看出，在误差服从正态分布的假设下，对 β 的极大似然估计与最小二乘估计是一致的。现在假设中的误差向量 ε 服从分布 $N(0,\sigma^2 I)$，即各分量是独立同分布的。于是有：

$$y \sim N(X\beta,\sigma^2 I)$$

它有似然函数：

$$L(\beta,\sigma^2) = (2\pi\sigma^2)^{-n/2}\exp\left\{-\frac{1}{2\sigma^2}(y - X\beta)^{\mathrm{T}}(y - X\beta)\right\}$$

对数似然为：

$$l(\beta,\sigma^2) = -\frac{n}{2}\ln(2\pi\sigma^2) - \frac{1}{2\sigma^2}(y - X\beta)^{\mathrm{T}}(y - X\beta)$$

为了计算极大似然估计，对参数求偏导并令其为 0，即：

$$\frac{\partial}{\partial\beta}l(\beta,\sigma^2) = \frac{1}{\sigma^2}X^{\mathrm{T}}(y - X\beta) = 0$$

$$\frac{\partial}{\partial\sigma^2}l(\beta,\sigma^2) = -\frac{n}{2\sigma^2} + \frac{1}{2\sigma^4}(y - X\beta)^{\mathrm{T}}(y - X\beta) = 0$$

由此解得：

$$\hat{\beta} = (X^{\mathrm{T}}X)^{-1}X^{\mathrm{T}}y$$

$$\hat{\sigma}^2 = (y - X\hat{\beta})^{\mathrm{T}}(y - X\hat{\beta})$$

（3）估计的性质及假设检验。第一，模型的性质。有了模型的估计，我们不加证明地给出这些估计的性质，主要可以总结为以下两个定理。

定理 9.1：对于回归模型，假设对任 $i,j = 1,2,\cdots,n$ 且 $i \neq j$，ε_i 与 ε_j 等方差且不相关，即 $Var(\varepsilon_i) = Var(\varepsilon_j) = \sigma^2$ 且 $Cov(\varepsilon_i,\varepsilon_j) = 0$，那么有以下结论成立：最小二乘估计 $\hat{\beta} = (X^{\mathrm{T}}X)^{-1}X^{\mathrm{T}}y$ 为 β 的无偏估计，即 $E\hat{\beta} = \beta$；$\hat{\beta}$ 的协方差矩阵 $Var(\hat{\beta}) = \sigma^2 (X^{\mathrm{T}}X)^{-1}$；$\frac{1}{n-p}RSS(\hat{\beta})$ 是 σ^2 的无偏估计。

定理 9.2：进一步假设 $\varepsilon_i(i = 1,2,\cdots,n)$ 独立同分布来自 $N(0,\sigma^2)$，那么有：$\hat{\beta} \sim N(\beta,\sigma^2)$；$(X^{\mathrm{T}}X)^{-1})$；$RSS(\hat{\beta}) \sim \sigma^2\chi^2_{n-p}$；$\hat{\beta}$ 相互独立。

第二，回归系数显著性检验。对于 $\hat{\beta}$ 的某个分量 $\hat{\beta}_i(i = 1,2,\cdots,n)$，为了检验它显著地非零，可以有以下原假设：

$$H_0:\beta_i = 0$$

在此原假设下有 $\hat{\beta}_i \sim N(0,\sigma^2 c_{ii})$，其中 c_{ii} 是矩阵 $X^{\mathrm{T}}X$ 的第 i 个对角元。由于 σ^2 未知，还需要借助估计量 $\hat{\sigma}^2 = \frac{1}{n-p}RSS(\hat{\beta})$ 构造以下统计量：

$$t_i = \frac{\hat{\beta}_i}{\sqrt{c_{ii}}\hat{\sigma}} = \frac{\hat{\beta}_i / \sqrt{c_{ii}}\hat{\sigma}}{\hat{\sigma}/\sigma} \sim t_{n-p}$$

其服从自由度为 $n - p$ 的 t 分布。

二、广义线性模型

(一) 二点分布回归

假设响应变量 Y 是二元的, 只能取 0 和 1 两个值。这个响应变量可以表示人们是否做出了某一选择, 例如 1 表示顾客购买了产品, 0 表示没有购买。对这类响应变量, 可以考虑对给定协变量 X_1, X_2, $\cdots$, X_p 的情况下, 对 Y 取值 1 和 0 的概率建模, 即考虑两个非负概率:

$$P(Y = 1 \mid X_1, X_2, \cdots, X_p), \quad P(Y = 0 \mid X_1, X_2, \cdots, X_p)$$

且它们的和为 1。特别地, 可以考虑前者与线性函数 $U = \beta_0 + \beta_1 X_1 + \cdots + \beta_p X_p$ 的关系。一种简单的关系是假设:

$$P(Y = 1 \mid U) = \beta_0 + \beta_1 X_1 + \cdots + \beta_p X_p$$

但是, 等号右边的取值不能限制在区间 $[0,1]$ 内。假设中 $\Phi(u)$ 是标准正态分布的累积量分布函数, 于是可令:

$$P(Y = 1 \mid U) = \Phi(u)$$

或者用 $\varphi(u)$ 表示 Logistic 分布的累积量分布函数, 即:

$$\varphi(u) = \frac{e^u}{1 + e^u}$$

那么可用 $P(Y = 1 \mid U) = \Phi(u)$ 描述 Y 的概率分布。注意, $\Phi(u)$ 和 $\varphi(u)$ 的值域为 $[0,1]$, 这使得由此定义的 $P(Y = 1 \mid U)$ 符合概率分布的要求。此外 $\Phi(u)$ 和 $\varphi(u)$ 都是严格单调的函数, 这使得每个协变量都对 $P(Y = 1 \mid U)$ 有单调的影响, 这样的单调性与线性模型是类似的。我们当然还可以选择其他概率累积量函数来定义 $P(Y = 1 \mid U)$, 实际上, 只要函数是单调递增、值域为 $[0,1]$ 都可以用来定义 $P(Y = 1 \mid U)$。当我们用 $\Phi(u)$ 定义 $P(Y = 1 \mid U)$, 所得的模型被称为 Probit 模型, 使用 $\varphi(u)$ 则得到 Logistic 回归模型——后者的计算更简单, 因而被广泛使用。

参数的估计一般使用极大似然估计。对于观测 $(x_i, y_i)(i = 1, 2, \cdots, n)$, 似然函数可表示为:

$$\prod_{i=1}^{n} \left[P(Y = 1 \mid x_i^{\mathrm{T}}\beta) \right]^{y_i} \left[1 - P(Y = 1 \mid x_i^{\mathrm{T}}\beta) \right]^{1-y_i}$$

对于 Logistic 回归, 它等于

$$\prod_{i=1}^{n} \left[\frac{e^{e^{\mathrm{T}}\beta}}{1 + e^{x^{\mathrm{T}}}} \right]^{y_i} \left[\frac{1}{1 + e^{\mathrm{T}_i^{\mathrm{P}}}} \right]^{1-y_i} = \prod_{i=1}^{n} \left[e^{x_i^{\mathrm{T}}\rho} \right]_i \left[\frac{1}{1 + e^{\mathrm{T}_i^{\mathrm{T}}}} \right]$$

对数似然为:

$$l(\beta) = \sum_{i=1}^{n} y_i x_i^{\mathrm{T}}\beta - \log(1 + e^{\tau_i^{\mathrm{T}}\beta})$$

(二) 指数族概率分布

指数族概率分布 (Exponential Distribution Family) 包含了二项分布、正态分布等。借助指数族分布, 我们对响应变量 y 的描述将不再局限于正态分布, 称观测 $y_1, y_2, \cdots, y_n$ 来自指数族分布，如果其概率密度函数可以表达为如下形式：

$$f(y_i \mid \theta_i, \varphi_i) = \exp\left\{\frac{y_i\theta_i - b(\theta_i)}{\varphi_i} + c(y_i, \varphi_i)\right\}$$

其中：

（1）θ_i 是指数族的自然参数（Natural Parameter），是我们感兴趣的参数；φ_i 称为尺度参数或讨厌参数。

（2）b(.) 以及 c(.) 是依据不同指数族而确定的函数。注意 c(.) 只由 y_i 和 φ 决定。

指数族的均值、方差都有简洁的表达式。由于：

$$0 = \frac{\partial}{\partial \theta_i} E[\log f(y_i \mid \theta_i, \varphi_i)] = E\left[\frac{\partial}{\partial \theta_i}\log f(y_i \mid \theta_i, \varphi_i)\right] = E\left[\frac{y_i - b'(\theta_i)}{\varphi_i}\right]$$

因此可知随机变量 Y_i 的均值为：

$$E(Y_i) = b'(\theta_i)$$

此外，由于：

$$E\left(\frac{y_i - b'(\theta_i)}{\varphi_i}\right)^2 = E\left(\frac{\partial}{\partial \theta_i}\log f(y_i \mid \theta_i, \varphi_i)\right)^2 = E\left(\frac{\partial^2}{\partial \theta_i^2}\log f(y_i \mid \theta_i, \varphi_i)\right) = b''(\theta_i)/\varphi_i$$

可以得到方差公式：

$$Var(Y_i) = E[Y_i - b'(\theta_i)]^2 = \varphi_i b''(\theta_i)$$

指数族包含了很多常用的概率分布。例如，正态分布 $N(u, \sigma^2)$ 的密度函数为：

$$f(y \mid u, \sigma^2) = \frac{1}{\sqrt{2\pi\sigma^2}}\exp\left\{-\frac{(y-u)^2}{2\sigma^2}\right\}$$

上式可以化为：

$$f(y \mid u, \sigma^2) = \exp\left\{\frac{yu - u^2/2}{\sigma^2} - \frac{y^2}{2\sigma^2} - \frac{1}{2}\log(2\pi\sigma^2)\right\}$$

对应于上式，我们有 $\theta = u, \varphi = \sigma^2, b(u) = u^2/2$ 以及 $c(y, \varphi) = \frac{y^2}{2\varphi} + \frac{1}{2}\log(2\pi\sigma^2)$。

由此可见，正态分布属于上式所定义的概率指数族。

同样的，Bernoulli 分布 $B(1, \pi)$ 也属于指数族，这是因为它的概率密度函数：

$$f(y \mid \pi) = \pi^y(1-\pi)^{1-y}, \quad y \in \{0,1\}$$

可以化为：

$$f(y \mid \pi) = \exp\left\{y\log\frac{\pi}{1-\pi} + \log(1-\pi)\right\}$$

再令 $\theta = \log\frac{\pi}{1-\pi}$ 可得：

$$f(y \mid \theta) = \exp\{y\theta - \log(1+e^\theta)\}$$

对应于上式，我们有 $\theta = \log\frac{\pi}{1-\pi}, \varphi = 1, b(u) = \log(1+e^\theta)\epsilon? \delta^1/4^\circ c(y, \varphi) = 0$。

此外，泊松分布 $P(\lambda)$ 的密度函数为：

$$f(y \mid \lambda) = \frac{\lambda^y}{y!}e^{-\lambda}, \quad y = 0,1,2,\cdots$$

伽马分布 $G(u, v)$ 的密度函数为：

$$f(y \mid u, v) = \frac{1}{u^v \Gamma(v)} y^{v-1} e^{-y/u}$$

泊松分布 $P(\lambda)$ 和伽马分布 $G(u,v)$ 都属于指数族，下表总结了所有的指数族分布。

表 9 - 1　指数族分布总结

	θ	φ	$b(\theta)$	$E(y) = b'(\theta)$	$Var(y) = \varphi b''(\theta)$
正态分布 $N(u,\sigma^2)$	u	σ^2	$\theta^2/2$	θ	σ^2
两点分布 $B(1,\pi)$	$\log(\frac{\pi}{1-\pi})$	1	$\log(1+e^\theta)$	$\pi = \frac{e^g}{1+e^\theta}$	$\pi(1-\pi)$
二项分布 $B(n,\pi)$	$\log(\frac{\pi}{1-\pi})$	1	$n\log(1+e^\theta)$	$n\pi$	$\pi(1-\pi)$
泊松分布 $P(\lambda)$	$\log\lambda$	1	$\lambda = e^\theta$	$\lambda = e^\theta$	$\lambda = e^\theta$
伽马分布 $G(u,v)$	$-\frac{1}{uv}$	v^{-1}	$-\log(\theta)$	uv	$u^2 v$

（三）广义线性模型

利用指数族概率分布，我们可以对各类响应变量类型建模。两点分布可以描述二元响应变量，二项分布、泊松分布适用于离散分布，正态分布、伽马分布用于连续变量。

然而，为了做到模型的建立，需要建立响应变量 y_i 与协变量 $x_i = (1, x_{i1}, x_{i2}, \cdots, x_{ip})^T$ 的关系。为此，假定响应变量 y_i 服从的指数族分布的均值 u_i 与协变量 x_i 有如下关系：

$$g(u_i) = x_i^T \beta \quad \text{或} \quad u_i = g^{-1}(x_i^T \beta)$$

其中，β 是回归系数；$g(.)$ 被称为连续函数（link function），它可以被指定为不同的形式。由此可见，$x_i^T \beta$ 决定了指数族分布的均值，而由均值可以确定指数族的参数 θ，最终通过这样的关系链决定了 Y 的分布。这就是广义线性模型的思想基础。

连续函数的选取 $g(.)$ 依赖于具体的问题、数据。一种被称为典则连续或自然连续的函数，产生了很多经典的回归模型，它的选取使得：

$$\theta_i = g(u_i) = x_i^T \beta$$

（四）模型估计

广义线性模型的估计系数方法为极大似然估计。假设数据 $(x_i, y_i)(i = 1, 2, \cdots, n)$ 来自某指数分布式，那么数据的对数似然正比于：

$$\log\left\{ \prod_{i=1}^{n} f(y_i \mid \theta_i, \varphi_i) \right\} \varpropto l = \sum_{i=1}^{n} \frac{y_i \theta_i - b(\theta_i)}{\varphi_i}$$

注意到参数 θ_i 是均值 $u_i = g^{-1}(x_i^T \beta)$ 的函数。求解 β 极大似然估计等价于求解下列方程的根：

$$\frac{\partial}{\partial \beta}l = \sum_{i=1}^{n} \frac{\partial \theta_i}{\partial u_i} \frac{\partial u_i}{\partial \beta} \left[y_i - \frac{\partial b(\theta_i)}{\partial \theta_i} \right] / \varphi_i = \sum_{i=1}^{n} \frac{\partial \theta_i}{\partial u_i} \frac{\partial u_i}{\partial \beta} [y_i - u_i] / \varphi_i = 0$$

此外：

$$\frac{\partial \theta_i}{\partial u_i} = \left[\frac{\partial u_i}{\partial \theta_i} \right]^{-1} = [b''(\theta_i)]^{-1}, \quad \frac{\partial u_i}{\partial \beta} = \frac{\partial g^{-1}(x_i^{\mathrm{T}}\beta)}{\partial \beta} = \frac{1}{g'(u_i)}x_i$$

代入上式可得：

$$\sum_{i=1}^{n} \frac{y_i - u_i}{\varphi_i b''(\theta_i) g'(u_i)} x_i = 0$$

下面我们分两种情况考虑此方程的解。

第一，线性模型求解。首先考虑线性回归模型，即假设正态分布、恒等连接函数。此时 $g'(u) = 1$ 且 $\varphi_i b''(\theta_i) = \sigma_i^2$。令对角矩阵 $V = diag\{\sigma_1^2, \sigma_2^2, \cdots, \sigma_n^2\}$，向量 $y = (y_1, y_2, \cdots, y_n)^{\mathrm{T}}$ 且有矩阵 $X = (x_1, x_2, \cdots, x_n)^{\mathrm{T}}$，于是可写成：

$$X^{\mathrm{T}}V^{-1}y - X^{\mathrm{T}}V^{-1}X\beta = 0$$

于是对于线性模型，可以直接求解 β 得到：

$$\hat{\beta} = (X^{\mathrm{T}}V^{-1}X)^{-1}X^{\mathrm{T}}V^{-1}y$$

这对应于加权最小二乘（weighted least squares）或广义最小二乘（generalized least squares）的结果。

第二，一般模型求解。现在我们考虑非线性模型情况下的解。此时回归系数 β 没有显示解，只能通过迭代来解。可以考虑 Fisher 得分迭代或者 Newton – Raphson 迭代。其中 Newton – Raphson 迭代通过一阶泰勒展开逼近等式左边，即设当前估计值为 $\beta^k, \theta_i^k, u_i^k$，那么将公式化为：

$$\frac{\partial}{\partial \beta}l(\beta^k) + \frac{\partial^2}{\partial \beta \partial \beta^{\mathrm{T}}}l(\beta^k)(\beta - \beta^k) = 0$$

解得迭代的更新表达式为：

$$\beta^{k+1} = \beta^k + \left[\frac{\partial^2}{\partial \beta \partial \beta^{\mathrm{T}}}l(\beta^k) \right]^{-1} \frac{\partial}{\partial \beta}l(\beta^k)$$

其中：

$$\tau_{obs} = -\frac{\partial^2}{\partial \beta \partial \beta^{\mathrm{T}}}l(\beta^k)$$

是观测的 Fisher 信息矩阵（observed Fisher Information matrix）。它一般难以求解，于是用期望 Fisher 信息矩阵（expected Fisher Information matrix）代替，便得到 Fisher 得分迭代法。期望信息矩阵为：

$$\tau(\beta^k) = E\left(-\frac{\partial^2}{\partial \beta \partial \beta^{\mathrm{T}}}l(\beta^k)\right) = E\left\{ -\left[\frac{\partial}{\partial \beta}l(\beta^k) \right]\left[\frac{\partial}{\partial \beta}l(\beta^k) \right]^{\mathrm{T}} \right\} = \sum_{i=1}^{n} \frac{1}{\varphi_i b_n(\theta_i^k)} \frac{1}{[g'(u_i^k)]^2} x_i x_i^{\mathrm{T}}$$

令对角矩阵：

$$W_k = diag[\varphi_1 b''(\theta_1^k), \varphi_2 b''(\theta_2^k), \cdots, \varphi_n b''(\theta_n^k)]$$
$$V_k = diag[g'(u_1^k), g'(u_2^k), \cdots, g'(u_n^k)]$$

于是，用 $\tau(\beta^k)$ 替代式中 $-\frac{\partial^2}{\partial \beta \partial \beta^{\mathrm{T}}}l(\beta^k)$，得到与式的迭代公式：

179

$$\beta^{k+1} = \beta^k + [X^{\mathrm{T}} (W_k V_k^2)^{-1} X]^{-1} X^{\mathrm{T}} (W_k V_k^2)^{-1} (y - u^k)$$

（五）模型检验与诊断

假设 $\hat{\beta}, \hat{u}_i, \hat{\theta}_i$ 是通过模型估计中介绍的迭代方法回归系数、均值、模型参数的估计。广义线性模型的学生残差可表示为：

$$\epsilon = \hat{\Sigma}^{-\frac{1}{2}} (y - \hat{u})$$

其中 $\Sigma = \mathrm{diag} \left[\varphi_1 b''(\hat{\theta}_1), \varphi_2 b''(\hat{\theta}_2), \cdots, \varphi_n b''(\hat{\theta}_n) \right]_0$。借助残差，我们可以找出没有被很好拟合的观测。类似线性回归的残差平方和，定义 Pearson 统计量来衡量模型的拟合优度：

$$\chi^2 = \epsilon^{\mathrm{T}} \epsilon = \sum_{i=1}^{n} \frac{(y_i - \hat{u}_i)^2}{\varphi_i b''(\hat{\theta}_i)}$$

此外，还有偏差（deviance）也能衡量模型的拟合优度：

$$D = -2 \sum_{i=1}^{n} \left\{ l_i (x_i^{\mathrm{T}} \hat{\beta}) - l_i \left[g(y_i) \right] \right\}$$

$l_i (x_i^{\mathrm{T}} \hat{\beta})$ 则是第 i 个观测当前拟合的似然，$l_i [g(y_i)]$ 是单个观测能达到的最优拟合似然，g 是连接函数。Pearson 统计量和偏差都渐进服从分布 χ^2_{n-p}。

与线性回归类似，可以定义：t - 统计量衡量单个回归变量的显著性。令 $\hat{\alpha}_i$ 为期望信息矩阵 $[\tau(\hat{\beta})]^{-1}$ 的逆的第 i 个对角元素。那么 t - 统计量定义为：

$$t_i = \hat{\beta}_i / \sqrt{\hat{\alpha}_i} \quad (i = 1, 2, \cdots, p)$$

它的平方渐近服从 χ^2_1 分布。

三、高维回归系数压缩

一般地，假设预测变量 y_i 与协变量 x_i 的关系满足某一广义线性模型，那么对回归系数 β 的极大似然估计表达式为：

$$\max_{\beta} \sum_{i=1}^{n} \log f \left[y_i \mid \theta_i (x_i^{\mathrm{T}} \beta), \varphi_i \right]$$

加入惩罚项后，可以将其写为：

$$\min_{\beta} \left\{ - \sum_{i=1}^{n} \log f \left[y_i \mid \theta_i (x_i^{\mathrm{T}} \beta), \varphi_i \right] + \sum_{j=1}^{p} p_{\lambda}(\beta_j) \right\}$$

这样做可以控制模型的估计和预测误差，甚至还能起到变量选择的作用。特别地，当 $p_{\lambda}(\beta_j) = \lambda \beta_j^2$ 时得到岭回归；当 $p_{\lambda}(\beta_j) = \lambda |\beta_j|$ 时得到 LASSO，它能将一些系数压缩为 0。

本小节中，响应变量用 $y = (y_1, y_2, \cdots, y_n)^{\mathrm{T}}$ 表示。$n \times p \mid$ 的变量矩阵用 X 表示，每行对应一个观测，每列对应一个协变量。用 $X_1, X_2, \cdots, X_p$ 表示矩阵 X 的各列，此时设计矩阵每一列不是常数列 1，即 $X = (X_1, X_2, \cdots, X_p)$。本小节中额外假设响应变量、协方差矩阵已归一化，即：

$$y^T y = 1, \quad y^T 1 = 0$$

且对 $j = 1, 2, \cdots, p$ 有：

$$X_j^T X_j = 1, \quad X_j^T 1 = 0$$

其中 1 是各分量全为 1 的 n 维向量。因为归一化，所以回归系数没有常数项。

1. 岭回归

当预测变量存在较为明显的相关关系时，通过对回归系数的控制，岭回归（Ridge Regression）能达到减小方差的目的。用 $\|.\|$ 表示向量的二范数，那么有：

$$\| y - X\beta \|^2 = \sum_{i=1}^{n} \left(y_i - \sum_{j=1}^{p} x_{ij}\beta_j \right)^2$$

对于线性回归模型（正态假设），极大似然等价于最小二乘，加入 β 的二范数惩罚项后，岭回归的解可以表示为：

$$\hat{\beta}^{\text{ridke}} = \arg\min_{\beta} \left\{ \frac{1}{2} \| y - X\beta \|^2 + \lambda \sum_{j=1}^{p} \beta_j^2 \right\}$$

或等价地有：

$$\hat{\beta}^{\text{ridge}} = \arg\min_{\beta} \left\{ \frac{1}{2} \| y - X\beta \|^2 \right\}$$

$$\text{s. t. } \lambda \sum_{j=1}^{p} \beta_j^2 \leq t$$

它在运用最小二乘法的同时，把系数的，2 范数控制在一个范围内。这是一个带约束的二次优化问题。其中，t 是控制模型复杂度的参数。由此可以解得岭回归的解的表达式为：

$$\hat{\beta}^{\text{ridge}} = (X^T X + \lambda I)^{-1} X^T y$$

通过显示表达式，我们可以分析岭回归的性质。

回顾最小二乘的表达式 $\hat{\beta} = (X^T X)^{-1} X^T y$，现在我们假设矩阵 X 是列正交的，即 $X^T X = I$。这时，可以发现岭回归估计 β 系数的任一分量与最小二乘估计有如下对应关系：

$$\hat{\beta}^{\text{ridge}} = \frac{\hat{\beta}_j}{1 + \lambda}$$

可以看出，岭回归将最小二乘的系数缩小。回顾矩阵奇异值分解是将矩阵 X 分解为 $X = UDV^T$。其中 U 和 V 都是列正交矩阵。并且矩阵奇异值分解与主成分分析有直接的联系。矩阵 D 的对角元的平方 d_j^2 对应于第 j 个主成分的样本方差。根据这个分解形式，最小二乘拟合的结果为 $\hat{y} = X\hat{\beta} = X(X^T X)^{-1} X^T y = UU^T y = \sum_{j=1}^{p} u_j u_j^T y$；$u_i$ 是 U 的列向量，即 $U = (u_1, u_2, \cdots, u_p)$。由此可见，拟合的结果是将 y 投影到 U 的每个列向量上，并表达为这些列向量的线性组合。对于岭回归有：

$$\hat{y}^{\text{ridke}} = X(X^T X + \lambda I)^{-1} X^T y = UD(D^2 + \lambda I)^{-1} DU^T y = \sum_{j=1}^{p} \frac{d_j^2}{d_j^2 + \lambda} u_j u_j^T y$$

注意到 $d_j^2 / (d_j^2 + \lambda) \leq 1$，且 d_j^2 越小这个比值越小——在样本方差较小的主成分上有较大压缩。这里的潜在假设是，响应变量更能被较大方差的主成分解释；也就是说，响应变量在有较大方差的主成分方向上变化较大。岭回归的自由度通过以下式来衡量：

$$\mathrm{d}f(\lambda) = tr\left\{ X(X^{\mathrm{T}}X + \lambda I)^{-1}X^{\mathrm{T}} \right\} = \sum_{j=1}^{p} \frac{d_j^2}{d_j^2 + \lambda}$$

它是参数 λ 的单调递减函数。尽管 p 个变量的系数非零，但它们已经被压缩，所以自由度比 p 小。

2. LASSO

虽然岭回归能提升模型拟合的精确度，但拟合的系数都非零。也就是说，岭回归并不能达到变量选择的目的。Tibshirani 提出的 LASSO（Least Absolute Shrinkage and Selection Operator）通过一阶惩罚项，能将一些系数恰好压缩为零，实现变量选择。除此以外，在高维问题中，LASSO 有较高的预测精确度和计算能力：

$$\hat{\beta}^{\mathrm{LASSO}} = \arg\min_{\beta}\left\{ \frac{1}{2}\| y - X\beta \|^2 + \lambda \sum_{j=1}^{p} |\beta_j| \right\}$$

或者等价地：

$$\hat{\beta}^{\mathrm{LASSO}} = \arg\min_{\beta}\left\{ \frac{1}{2}\| y - X\beta \|^2 \right\}$$

$$\text{s. t.} \sum_{j=1}^{p} |\beta_j| \leq t$$

这种 l_1 的思想能应用到更广泛的模型中。

四、多元自适应回归样条预测模型

多元自适应回归样条法（Multivariate Adaptive Regression Spline，MARS）是由 Friedman J 于 1991 年提出，该方法是专门用于解决高维回归问题的非参数方法，其基本原理是对一组特殊的线性基建立回归同。

多元自适应回归样条首先将预测变量空间划分为若干个区域，在每个区域用线性模型拟合，整个回归线的斜率在不同区域之间是变化的，不同区域的回归交点称为节点。多元自适应回归样条主要目的是从大量的独立变量 $x_1, x_2, \cdots, x_n$ 中预测一个连续的输出变量 f。

假定每一个基函数代表相应变量的给定区域，$\{X_1, X_2, \cdots, X_j\}, j = 1, 2, \cdots, n$ 为训练集的 n 个特征。假设 MARS 的基函数为：

$$B = (x - t)_+ = \begin{cases} x - t & x > t \\ 0 & x \leq t \end{cases}$$

或：

$$B = (t - x)_+ = \begin{cases} t - x & x < t \\ 0 & x \geq t \end{cases}$$

其中，t 为分段节点，$t \in \{x_1, x_2, \cdots, x_j\}, j = 1, 2, \cdots, n$。以下用 $Max(0, x - t) = (x - t)_+$ 及 $Max(0, t - x) = (t - x)_+$ 来表示基函数，$(x - t)_+$ 和 $(t - x)_+$ 称为一个反演对。

MARS 的预测模型表示为：

$$\hat{f}(x) = \sum_{m=1}^{M} \beta_m h_m(x)$$

其中，$h_m(x)$ 由一个或多个基函数的乘积构成，系数 β_m 可以通过最小均方误差来估计。多元自适应回归样条预测模型的建立过程分为向前逐步选择基函数过程、向后剪枝过程和确定最优模型 3 个过程。前向预测主要是构造 $h_m(x)$ 函数并添加到模型中，直至达到预先设定的最大函数个数。通过前向预测过程有可能会对数据产生过拟合，为此使用后向剪枝过程，进而确定最佳预测模型。

多元自适应回归样条预测模型关键在于如何选择 $h_m(x)$，以下给出 $h_m(x)$ 的构造过程，同时也是 β_m 系数的估计过程。

（1）令 $h_0(x) = 1$，用最小二乘法估计出为宜的参数 β_0，得出估计得残差 R_1。将 $h_0(x) = \beta_0$ 加入模型集 H 中。

（2）考虑模型集 H 与 B 中反演一个函数的积，将所有这样的积看作是一个新的函数对。估计出如下形式的项：

$$\hat{\beta}_{M+1} h_0(x) (X_j - t)_+ + \hat{\beta}_{M+1} h_0(x) (t - X_j)_+$$

这样可得知 $h_1 = (X_j - t)_+, h_2 = (t - X_j)_+$，把 h_1, h_2 添加到模型集 M 中。目前模型集 $M = \{h_0(x), h_1(x), h_2(x)\}$ 使用最小二乘法拟合参数，求出残差 R_2。t 的选择是从 n 个基函数选出残差降低最快的积。

（3）考虑新的模型集 H 与 B 中反演对中一个函数的积：

$$\hat{\beta}_{M+1} h_0(x) (X_j - t)_+ + \hat{\beta}_{M+2} h_0(x) (t - X_j)_+$$

这样 h_1 就不是（1）中的 $h_0(x)$ 只有一个选择，而是 3 个选择 $h_0(x), h_1(x), h_2(x)$，到底选择哪个就要结合，通过上式估计使（1）中得残差降到最小。参数的估计与（1）中的做法一样，将 $h_3 = h_i(x), (X_j - t)_+, h_4 = h_i(x) (t - X_j)_+$ 添加到模型集 M 中。这一步更新的残差为 R_3。

（4）循环上一步。

（5）直到模型集 h 中的函数项数达到指定项数后，停止循环。

在确定最佳预测模型时，引入广义交叉验证，这个准则定义为：

$$GCV(\lambda) = \frac{\sum_{i=1}^{N} (y_i - \hat{f}_\lambda(x_i))^2}{(1 - M(\lambda)/N)^2}$$

其中，$M(\lambda)$ 为模型中有效的参数个数；$\hat{f}_\lambda(x_i)$ 为每一步估计得最佳模型；λ 为模型中项的个数；N 为基函数的个数。通常，当 GCV 的值达到最小时，对应的预测模型即为最佳预测模型。

多元自适应回归样条预测模型是一种能力很强的专门针对高维数据回归方法，以"前向"和"后向"算法逐步筛选因子，具有很强的自适应性。在整个运算过程中，基函数的确定都是根据数据自动完成，不需要人工设定。另外，整个运算过程快捷且得到的模型具有较好的解释能力，对于说明预测变量的变化往往与某几种环境因素具有重要联系，因此具有直观性。由于多元自适应回归样条的非线性和基函数选择，所以相比于其他的经典回归模型，在高维、变量有交互作用、混合变量问题下，多元自适应回归样条比较有优势，解释性也较好。

五、大数据环境下改进的回归分析

大数据独有的特点给统计分析带来了新的机遇和挑战。一方面，大数据提供的数据量庞大，给实施统计计算和最后完成统计估值、检验带来了问题。另一方面，大数据包含抽样个体的大量特征信息，即样本的个异性和高维性。个异性和高维性给统计分析与计算带来了诸多问题，比如数据噪声累积叠加、数据的异母体性、数据的假关联性等。同时，大数据的海量样本规模也引入了数据搜集的偏差性特征，即样本信息的缺失等问题。

为了应对这些挑战，需要对传统的回归分析进行一定的优化，如加入并行化计算、数据的预处理或者与机器学习相结合等。另外，大数据预测分析比传统预测分析更为复杂的一点在于，目前大数据预测没有标准的处理模式和检验方式，需要针对每一次应用场景对传统方法进行优化，从而给出个性化的解决方案。

面对大数据的高维性特征时，在进行回归预测分析之前需要对数据进行降维等预处理。一种直观的预处理方式是选择并保留一些重要变量，然而大部分复杂的非线性工业过程使得变量的选择也变得困难。另外一种有效的预处理办法是通过原有变量的某种组合来代替原有变量集，通过信息的压缩提取达到降维的效果。

第三节　基于时间序列分析的预测方法

回归分析法是从研究客观事实的关系入手，建立单一回归模型进行预测的方法。但有时影响预测对象的因素错综复杂或有关影响因素的数据资料无法得到，回归分析法无能为力，而采用时间序列分析法，却能达到预测的目的。时间序列分析法是依据预测对象过去的统计数据，找到其随时间变化的规律，建立时序模型，以推断未来的预测方法。其基本设想是：过去的变化规律会持续到未来，即未来是过去的延伸。

时间序列平滑法是利用时间序列资料进行短期预测的一种方法。其基本思想在于：除一些不规则变动外，过去的时序数据存在着某种基本形态，假设这种形态在短期内不会改变，则可以作为下一期预测的基础。平滑的主要目的在于消除时序数据的极端值，以某些比较平滑的中间值作为预测的根据。

客观事物的发展史是在时间上开展的，任一事物随时间的流逝，都可以得到一系列依赖于时间力的数据：$Y_1, Y_2, \cdots, Y_n$，其中 t 代表时间，单位可以是年、季、月、日或者小时。依赖于时间变化的变量上称为时间序列，简称时序列，记作 $\{Y_t, t = t_0, t_1, \cdots\}$ 或 $\{Y_t, t = 1, 2, \cdots\}$。

若事物的发展过程具有某种确定的形式，随时间变化的规律可以用时间 £ 的某种确定函数关系加以描述，则称为确定型时序，以时间 z 为自变量建立的函数模型为确定型时序模型。若事物的发展过程是一个随机过程，无法用时间 t 的确定函数关系加以描述，则称为随机型时序，建立的与随机过程相适应的模型为随机型时序模型。时间序列平滑法、趋势外推法、季节变动预测法被视为确定型时间序列的预测方法；马尔可夫法、博克斯—詹金斯法为随机型时间序列的预测方法。

一、确定型时间序列预测方法——时间序列平滑法

（一）移动平均法

时间序列虽然或多或少地会受到不规则变动的影响，但若其未来的发展情况能与过去一段时期的平均状况大致相同，则可以采用历史数据的平均值进行预测。建立在平均基础上的预测方法适用于基本在水平方向波动而没有明显趋势的序列。

1. 简单平均法

给出时间序列 n 期的资料 $Y_1, Y_2, \cdots, Y_n$，选择前 T 期作为试验数据，计算平均值用以测定 $T+1$ 期的数值，即：

$$\hat{Y} = \sum_{i=1}^{T} Y_i / T = F_{T+1}$$

其中 $\hat{Y}$ 为前 T 期的平均值；F_{T+1} 为第 $T+1$ 期的估计值，也就是预测值。简单平均法是计算 T 期的平均值作为下一期即 $T+1$ 期预测值的方法。其预测误差为：

$$\mathrm{e}_{T+1} = Y_{T+1} - F_{T+1}$$

若预测第 $T+2$ 期，则：

$$F_{T+2} = \bar{Y} = \sum_{i=1}^{T+1} Y_i / (T+1)$$

若 Y_{T+2} 为已知，则其预测误差为：

$$\mathrm{e}_{T+2} = Y_{T+2} - F_{T+2}$$

以此类推，便能得到以后各期的预测值。简单平均法需要存储全部历史数据，但在求出前 T 期平均值后，有前一期的估计值和实际观察值，就能对下一期进行预测。实际上，它是利用最近一期的观察值对平均值进行修正的一种预测方法。这种方法虽然实用价值不大，但却是其他平滑法的基础。

2. 简单移动平均法

用简单平均法预测时，其平均期数随预测期的增而增大。事实上，当加进一个新数据时，远离现在的第一个数据作用已不大。移动平均法是对简单平均法加以改进的预测方法。它保持平均的期数不变，总为 T 期，而使所求的平均值随时间变化不断移动。其公式为：

$$F_{T+1} = \frac{Y_1 + Y_2 + \cdots + Y_T}{T} = \frac{1}{T} \sum_{i=1}^{T} Y_i$$

若预测第 $T+2$ 期，则：

$$F_{T+2} = \frac{Y_2 + Y_3 + \cdots + Y_{T+1}}{T} = \frac{1}{T} \sum_{i=2}^{T+1} Y_i$$

简单移动平均法是利用时序前 T 期的平均值作为下一期预测值的方法，其数据存储量比简单平均法少，只需一组 T 个数据。T 是平均的期数，亦即移动步长，其作用为平滑数据，其大小决定了数据平滑的程度。T 越小，平均期数少，得到的数据越容易保留原来的波动，数据相对不够平滑；T 越大即移动步长越长，得到的数据越平滑。一般来说，若序

列变动比较剧烈，则为反映序列的变化，T 宜取比较小的值；若序列变化较为平缓，则 T 可以取较大的值。简单移动平均法应用的关键在于平均期数或移动步长 T 的选择，一般通过试验比较选定。

3. 加权移动平均法

简单移动平均法同等看待被平均的各期数值对预测值的影响。实际上，近期的数值往往影响较大，远离预测期的数值影响会小些。加权移动平均法正是基于这一思想，对不同时期的数据赋予不同的权数来进行预测。其公式为：

$$F_{T+1} = \frac{a_1' Y_1 + a_2' Y_2 + \cdots + a_T' Y_T}{\sum_{i=1}^{T} a_i'}$$

式中，$a_1', a_2', \cdots, a_T'$ 为权数。可写为：

$$F_{T+1} = a_1 Y_1 + a_2 Y_2 + \cdots + a_T Y_T$$

式中，$a_1 \leq a_2 \leq \cdots \leq a_T, a_1 + a_2 + \cdots + a_T = 1$。

采用加权移动平均法的关键是权数的选择和确定。当然，可以先选择不同组的权数，然后通过试预测进行比较分析，选择预测误差小者作为最终的权数。如果移动步长不是很大，由于平均期数不多，权重数目不多，则可以通过不同组合进行测试；如果移动步长很大，可选择的权重组合过多，则很难一一进行测试，这为实际应用带来了困难。

（二）指数平滑法

当移动平均间隔中出现非线性趋势时，给近期观察值赋以较大权数，给远期观察值赋以较小权数，进行加权移动平均，预测效果较好。但要为各个时期分配适当的权数，是一件很麻烦的事，需要花费大量时间、精力寻找适宜的权数，若只为预测最近的一期数值，则是极不经济的。指数平滑法通过对权数加以改进，使其在处理时甚为经济，并能提供良好的短期预测精度，因而，其实际应用较为广泛。

1. 一次指数平滑法

（1）预测模型。一次指数平滑也称作单指数平滑，简记为 SES（Singel Exponential Smoothing）。其公式可以由简单移动平均公式推导出，即：

$$F_{t+1} = F_t + \frac{1}{N}(Y_t - Y_{t-N})$$

式中，N 为移动步长 T；t 为任意时刻。将其写成一般式，为：

$$F_{t+1} = F_t + \frac{1}{N}(Y_t - F_t)$$

即：

$$F_{t+1} = (\frac{1}{N})Y_t + (1 - \frac{1}{N})F_t$$

令 $\alpha = \frac{1}{N}$，显然，$0 < \alpha < 1$，那么就成为：

$$F_{t+1} = \alpha Y_t + (1 - \alpha)F_t$$

（2）平滑常数 α 的作用和选择。由于 $S_t = \alpha Y_{t-1} + (1 - \alpha)S_{t-1}, S_{t-1} = \alpha Y_{t-2} + (1 -$

$\alpha)S_{t-2},\cdots$，所以展开为：

$$F_{t+1} = S_{t+1} = \alpha Y_t + (1 - \alpha)S_t$$
$$= \alpha Y_t + \alpha(1 - \alpha)Y_{t-1} + \alpha(1 - \alpha)^2 Y_{t-2} + \alpha(1 - \alpha)^3 Y_{t-3} + \cdots$$
$$+ \alpha(1 - \alpha)^{N-1} Y_{t-(N-1)} + (1 - \alpha)^N S_{t-(N-1)}$$

无论平滑常数 $\alpha(0 < \alpha < 1)$ 的取值多大，其随时间的变化呈现为一条衰退的指数函数曲线，即随着时间向过去推移，各期实际值对预测值的影响按指数规律递减。这就是此方法冠以"指数"之名的原因。

上式还可以写为：

$$S_{t+1} = S_t + \alpha(Y_t - S_t) \quad 即 \quad S_{t+1} = S_t + \alpha e_t$$

式中，e_t 是时刻的预测误差。从式中可知，第 $t+1$ 期的指数平滑值实际上是上一期预测误差对同期指数平滑值修正的结果。若 $\alpha = 1$，意味着用全部误差修正 S_t；若 $\alpha = 0$，意味着不用误差修正，$S_{t+1} = S_t$。若 $0 < \alpha < 1$，则是用一个适当比例的误差修正 S_t，使对下一期的预测得到比较令人满意的结果。实际预测时，通常初选几个 α 值，经过试预测，对所产生的误差进行分析，选取其中误差最小者。

（3）初始值的选取。从式可知，一次指数平滑法预测模型是一个递推形式，因此需要有一个开始给定的值，这个值就是指数平滑的初始值。一般可以选取第一期的实际观测值或前几期观测值的平均值作为初始值。

一次指数平滑法也存在滞后现象。这种方法需要存储的数据大大减少，有时只要有前一期实际观察值和平滑值，以及一个给定的平滑常数 α，就可以进行预测。但由于其只能预测一期，故实际应用较少。一次指数平滑法适用于较为平稳的序列，一般 α 的取值不大于 0.5。当序列变化较为剧烈时，可取 $0.3 < \alpha < 0.5$；当序列变化不是很剧烈时，可取 $0.1 < \alpha < 0.3$；当序列变化较为平缓时，可取 $0.05 < \alpha < 0.1$；当序列波动很小时，可取 $\alpha < 0.05$。若 $\alpha > 0.5$，平滑值才可与实际值接近，常表明序列有某种趋势。这时，不宜用一次指数平滑法预测。

2. 二次指数平滑法

二次指数平滑法也称作双重指数平滑（Double Exponential Smoothing），它是对一次指数平滑值再进行一次平滑的方法。一次指数平滑法是直接利用平滑值作为预测值的一种预测方法，二次指数平滑法则不同，它是用平滑值对时序的线性趋势进行修正，建立线性平滑模型进行预测。二次指数平滑法也称为线性指数平滑。

（1）布朗单一参数线性指数平滑。当时序列有趋势存在时，一次和二次指数平滑值都落后于实际值。布朗（Brown）单一参数线性指数平滑比较好地解决了这一问题。其平滑公式为：

$$\begin{cases} S_t^{(1)} = \alpha Y_t + (1 - \alpha)S_{t-1}^{(1)} \\ S_t^{(2)} = \alpha S_t^{(1)} + (1 - \alpha)S_{t-1}^{(2)} \end{cases}$$

式中，$S_t^{(1)}$ 为一次指数平滑值；$S_t^{(2)}$ 为二次指数平滑值。

由两个平滑值可以计算线性平滑模型的两个参数：

$$\begin{cases} a_t = S_t^{(1)} + [S_t^{(1)} - S_t^{(2)}] = 2S_t^{(1)} - S_t^{(2)} \\ b_t = \dfrac{\alpha}{1 - \alpha}[S_t^{(1)} - S_t^{(2)}] \end{cases}$$

得到线性平滑模型：

$$F_{t+m} = a_t + b_t m$$

式中，m 为预测的超前期数。上式就是布朗单一参数线性指数平滑的预测模型，通常称为线性平滑模型。

（2）霍特双参数指数平滑。霍特（Holt）双参数指数平滑法即 Holt-Winter 非季节模型（Holt-Winter No Seasonal），其原理与布朗单一参数线性指数平滑法相似，但它不直接应用二次指数平滑值建立线性模型，而是分别对原序列数据和序列的趋势进行平滑。它使用两个平滑参数和三个方程式：

$$S_t = \alpha Y_t + (1 - \alpha)(S_{t-1} + b_{t-1})$$
$$b_t = \beta(S_t - S_{t-1}) + (1 - \beta)b_{t-1}$$
$$F_{t+m} = S_t + b_t m$$

3. 三次指数平滑

三次指数平滑也称三重指数平滑，它与二次指数平滑一样，不是以平滑指数值直接作为预测值，而是建立预测模型。

（1）布朗三次指数平滑。布朗三次指数平滑是对二次平滑值再进行一次平滑，并用以估计二次多项式参数的一种方法，所建立的预测模型为：

$$F_{t+m} = a_t + b_t m + \frac{1}{2} c_t m^2$$

这是一个非线性平滑模型，它类似于一个二项多项式，能表现时序的一种曲线变化趋势，故常用于非线性变化时序的短期预测。布朗三次指数平滑也称作布朗单一参数二次多项式指数平滑。式中参数的计算公式为：

$$a_t = 3S_t^{(1)} - 3S_t^{(2)} + S_t^{(3)}$$
$$b_t = \frac{\alpha}{2(1-\alpha)^2}[(6-5\alpha)S_t^{(1)} - (10-8\alpha)S_t^{(2)} + (4-3\alpha)S_t^{(3)}]$$
$$c_t = \frac{\alpha^2}{(1-\alpha)^2}[S_t^{(1)} - 2S_t^{(2)} + S_t^{(3)}]$$

各次指数平滑值分别为：

$$\begin{cases} S_t^{(1)} = \alpha Y_t + (1-\alpha)S_{t-1}^{(1)} \\ S_t^{(2)} = \alpha S_t^{(1)} + (1-\alpha)S_{t-1}^{(2)} \\ S_t^{(3)} = \alpha S_t^{(2)} + (1-\alpha)S_{t-1}^{(3)} \end{cases}$$

三次指数平滑比一次、二次指数平滑复杂得多，但三者的目的一样，即修正预测值，使其跟踪时序的变化，三次指数平滑跟踪时序的非线性变化趋势。

（2）温特线性和季节性指数平滑。温特线性和季节性指数平滑模型是描述既有线性趋势又有季节变化序列的模型，有两种形式，一种是线性趋势与季节相乘形式；另一种是线性趋势与季节相加形式。

第一种，Holt-Winter 季节乘积模型。Holt-Winter 季节乘积模型（Holt-Winter Multiplicative）用于对既有线性趋势又有季节变动的时间序列的短期预测。其预测模型为：

$$F_{t+m} = (S_t + b_t m)I_{t-L+m}$$

上式包括时序的三种成分：平稳性（S_t）、趋势性（b_t）、季节性（I_t）。它与霍特法很相似，只是多一个季节性。建立在三个平滑值基础上的温特法，需要 α,β,γ 三个参数。它的基础方程为：

总平滑：

$$S_t = \alpha \frac{Y_t}{I_{t-L}} + (1-\alpha)(S_{t-1}+b_{t-1}), \quad 0 < \alpha < 1$$

倾向平滑：

$$b_t = \gamma(S_t - S_{t-1}) + (1-\gamma)b_{t-1}, \quad 0 < \gamma < 1$$

季节平滑：

$$I_t = \beta \frac{Y_t}{S_t} + (1-\beta)I_{t-L}, \quad 0 < \beta < 1$$

式中，L 为季节长度，或称季节周期的长度；I 为季节调整因子。

第二种，Holt-Winter 季节加法模型。Holt-Winter 季节加法模型（Holt-Winter Additive）用于对既有线性趋势又有季节变动的时间序列的短期预测。其预测模型为：

$$F_{t+m} = (S_t + b_t m) + I_{t-L+m}$$

式中，各符号的意义及计算同 Holt-Winter 季节乘积模型，只是趋势与季节的变动是相加的关系。

使用温特法时，面临的一个重要问题是怎样确定 α,β,γ 的值。通常采用反复试验的方法，以使平均绝对百分误差（MAPE）最小。

二、随机型时间序列预测方法——ARMA 模型

ARMA 模型是由美国学者乔治·博克斯和英国统计学家格威利姆，詹金斯共同建立的，也称为博克斯—詹金斯法，简称 B－J 法，是一种随机时间序列预测方法。它将预测对象随时间变化形成的序列看作一个随机序列，也就是说，除去偶然因素的影响，时间序列是依赖于时间 t 的一族随机变量。其中，单个序列值的出现具有不确定性，但整个序列的变化却呈现一定的规律性。B－J 方法的基本思想是，这一串随时间变化而又相互关联的数字序列，可以利用相应的数学模型予以近似描述。通过对相应数学模型的分析研究，能从本质上认识这些动态数据的内在结构和复杂特性，从而得到在最小方差意义下的最佳预测。

ARMA 模型是 B－J 方法的基本模型，它只适用于对平稳时间序列的描述。在实际问题中，时间序列大多并不平稳，而是呈现出各种趋势性和季节性，例如产品的生产量、商品的销售额等。本小节除了讨论 ARMA 模型的一般形式及其特征外，还将讨论如何建立表现趋势性和季节性的合适模型，即改进的 ARMA 模型。

（一）ARMA 模型

1. 模型引进

在多元回归分析中，当预测对象的影响因素有多个且影响因素之间相互独立的，可以建立多元线性回归模型：

$$Y = b_0 + b_1 X_1 + b_2 X_2 + \cdots + b_k X_k + e$$

式中，Y 是因变量；$X_1, X_2, \cdots, X_k$ 是自变量；$b_1, b_2, \cdots, b_k$ 是回归系数；b_0 为回归常数；e 是误差项。如果一个时间序列 Y_t 的变化受到自身变化的影响，即影响 Y_t 变化的因素主要是时序在不同时期的取值，那么，令：

$$Y_{t-1} = X_1, Y_{t-2} = X_2, \cdots, Y_{t-k} = X_k$$

式可转化为：

$$Y_t = b_0 + b_1 Y_{t-1} + b_2 Y_{t-2} + \cdots + b_k Y_{t-k} + e_t$$

在时间序列平滑法中，假定预测对象的历史数据有一种水平样式，并含有随机波动成分，可以采用简单指数平滑法进行短期预测。预测公式如下：

$$F_{t+1} = F_t + \alpha(Y_t - F_t) = F_t + \alpha(e_t)$$

由于：

$$F_t = F_{t-1} + \alpha(Y_{t-1} - F_{t-1})$$

式也可以写成：

$$F_{t+1} = F_{t-1} + \alpha(Y_{t-1} - F_{t-1}) + \alpha(Y_t - F_t)$$
$$= F_{t-1} + \alpha(e_{t-1}) + \alpha(e_t)$$

平滑模型是利用前期预测误差对模型进行修正以得到下一期预测值的方法。由于 $F_{t-1} = F_{t-2} + \alpha(Y_{t-2} - F_{t-2})$，代换式中的 F_{t-1} 得到：

$$F_{t+1} = F_{t-2} + \alpha(e_{t-2}) + \alpha(e_{t-1}) + \alpha(e_t)$$

给出一个初始预测值 F_{t-2}，新的预测值就是在这个初始值上加上前面各期的一部分误差，即 $\alpha(e_{t-2}), \alpha(e_{t-1}), \alpha(e_t)$。上式可以继续递推。这表明，时间序列 Y_t 的随机波动可以用过去不同时期的误差项表示，比如：

$$Y_t = b_0 + b_1 e_{t-1} + b_2 e_{t-2} + \cdots + b_k e_{t-k} + e_t$$

回归分析应用于时间序列（自回归）与应用于截面数据不同。因为自回归中，残差独立的假定容易违背。

2. 自回归模型

（1）模型形式。最简单的 ARMA 模型是自回归模型［AR（p）］它是仅利用时间序列上不同滞后项作为解释变量的模型，其模型形式如下：

$$Y_t = \varphi_1 Y_{t-1} + \varphi_2 Y_{t-2} + \cdots + \varphi_p Y_{t-p} + e_t$$

式中，$\varphi_1, \varphi_2, \cdots, \varphi_p$ 为自回归系数；p 为自回归阶数，也是模型中解释变量的个数。引进自回归算子 $\varphi(B)$，模型可以写成：

$$\varphi(B) Y_t = e_t$$

式中，$\varphi(B) = 1 - \varphi_1 B - \varphi_2 B^2 - \cdots - \varphi_p B^p$。为保证序列是平稳的，要求 $\varphi(B) = 0$ 的所有根都在单位圆之外，即模型的参数有约束条件。$\varphi(B)$ 也称为 AR（p）特征多项式，φ 是特征多项式的系数，B 的值是特征多项式的根。

（2）AR（p）序列的自相关与偏自相关函数。平稳序列的自相关系数是关于时滞性的一个函数，因而，序列的自相关系数构成自相关函数。同样，序列有偏自相关函数。能够用 AR（p）模型描述的序列，称为 AR（p）序列。根据差分方程求根理论可知，AR（p）序列的自相关函数不能在某步后结尾，而是随时滞 k 的增大，呈指数衰减和衰减的正弦波，趋向于 0，具有拖尾性。

AR（p）序列的偏自相关函数满足：

$$\varphi_{kj} = \begin{cases} \varphi_j, & 1 \leqslant j \leqslant p \\ 0, & p+1 \leqslant j \leqslant k \end{cases}$$

也就是说，AR（p）序列的 φ_{kk} 是 p 步截尾，即：

$$\varphi_{kk} \begin{cases} \neq 0, & k \leqslant p \\ = 0, & k > p \end{cases}$$

3. 移动平均模型

（1）模型形式。移动平均模型［MA(q)］是仅用误差的不同滞后作为解释变量的模型，模型形式如下：

$$Y_t = e_t - \theta_1 e_{t-1} - \theta_2 e_{t-2} - \cdots - \theta_q e_{t-q}$$

式中，$\theta_1, \theta_2, \cdots, \theta_q$ 为移动平均系数；q 为移动平均阶数，即模型中解释变量的个数，引进移动平均算子 $\theta(B)$：

$$Y_t = \theta(B) e_1$$

式中，$\theta(B) = 1 - \theta_1 B - \theta_2 B^2 - \cdots - \theta_q B^q$。

（2）MA（q）序列的自相关与偏自相关函数。能够用 MA（q）模型描述的序列，称为 MA（q）序列。MA（q）序列的样本自相关函数如下：

$$r_k = \begin{cases} \dfrac{-\theta k + \theta 1 \theta k + 1 + \cdots + \theta q - k \theta q}{1 + \theta_1^2 + \theta_2^2 + \cdots + \theta_q^2}, & 1 \leqslant k \leqslant q \\ 0, & k \geqslant q \end{cases}$$

（3）AR 与 MA 的对偶性。第一，相互表示。在一个 p 阶平稳自回归过程中，AR（p）模型表述为 $\varphi(B) Y_t = e_t$，也可以表述为 $Y_t = \varphi^{-1}(B) e_t$。前一个形式是 e_t 用既往的 Y_t 的有限加权和表示，后一个是 Y_t 用既往的 e_t｜的无限加权和表示。在一个 q 阶可逆移动半均过程中，MA（q）模型表述为 $Y_t = \theta(B) e_t$，也可以表述为 $\theta^{-1}(B) Y_t = e_t$。前一个形式是 Y_t 用既往的 e_t 的有限加权和表示，后一个形式是 e_t 用既往的 Y_t 的无限加权和表示。这就是 AR 和 MA 的相互表示。这也为两个模型的互相转换提供了依据。在模型阶数 p 和 q 之间，我们可以通过升高 p 而降低 q，或者相反。

第二，自相关与偏自相关。从前面对 AR 序列和 MA 序列自相关函数和偏自相关函数的讨论可知，AR 序列的自相关函数拖尾、偏自相关函数截尾，MA 序列正好相反，自相关函数截尾、偏自相关函数拖尾。

第三，平稳与可逆。在平稳性上，AR 序列是有条件的，即只有参数构成的特征方程 $\varphi(B) = 0$ 的所有根都在单位圆外，过程才平稳；MA 序列是无条件的，能够用 MA 模型描述的序列肯定是平稳序列。

若一个序列可以用无限阶的自回归模型逼近，即逆函数存在，则称其具有可逆性，也就是可逆的，否则不可逆。根据定义可知，AR 序列是用有限阶的自回归模型描述，因此是无条件可逆的；MA 序列必须在 $\theta(B)$ 存在逆函数 $\theta^{-1}(B)$ 的情况下，才可以用无限阶的自回归模型描述，因此它是有条件可逆的。

4. 自回归移动平均结合模型

（1）模型形式。如果对某时间序列 Y_t 建立的模型，残差序列 e_t 不符合模型假定，则用 AR 模型描述序列不合适。这是，可以用更广泛的一类线性模型描述，如：

$$Y_t - \varphi_1 Y_{t-1} - \varphi_2 Y_{t-2} - \cdots - \varphi_p Y_{t-p} = e_t - \theta_1 e_{t-1} - \cdots - \theta_q e_{t-q}$$

令：

$$\varphi(B) = 1 - \varphi_1 B - \varphi_2 B^2 - \cdots - \varphi_p B^p$$

$$\theta(B) = 1 - \theta_1 B - \theta_2 B^2 - \cdots - \theta_q B^q$$

又可简写为：

$$\varphi(B) Y_t = \theta(B) e_t$$

（2）ARMA 序列的自相关与偏自相关函数。B – J 方法是以相关分析为基础实现建模，完成预测的。因而，研究序列的相关函数，对 B – J 方法来说，是必不可少的。ARMA（p,q）序列由于同时包含两个过程——自回归过程和移动平均过程，因而其自相关与偏自相关函数都比单纯的 AR（p）和 MA（q）序列复杂，均表现出拖尾性。对 ARMA（1，1）模型，有：

$$Y_t - \varphi_1 Y_{t-1} = e_t - \theta_1 e_{t-1}$$

进行统计处理，可以得到自相关系数：

$$r_1 = \frac{(1 - \varphi_1 \theta_1)(\varphi_1 - \theta_1)}{(1 + \theta_1^2 - 2\varphi_1 \theta_1)}$$

$$r_2 = \varphi_1 r_1$$

$$r_k = \varphi_1 r_{k-1}$$

因此，自相关系数 r_1 是 θ_1 和 φ_1 的函数，自相关函数从 r_1 开始，呈指数衰减。若 $\varphi_1 > 0$，则自相关函数的指数衰减是平滑的；若 $\varphi_1 < 0$，则自相关函数的指数衰减是交变的；在正负值之间振荡。r_1 的符号由 $\varphi_1 - \theta_1$ 决定，它决定指数衰减趋于 0 的方向。其偏自相关函数的起始值 $\varphi_{11} = r_1$，以后呈指数衰减。若 $\theta_1 > 0$，φ_{kk} 的指数衰减是平滑的；若 $\theta_1 < 0$，φ_{kk} 的指数衰减是振荡的。φ_{11} 的符号与 r_1 相同，也由（$\varphi_1 - \theta_1$）决定。

（二）ARMA 模型的改进

在实际问题中，许多序列上并不近似为平稳序列，不能直接用 ARMA 模型去描述。但是，有些序列经过某些处理后，可以产生一个平稳的新序列，从而可用 ARMA（p,q）模型予以描述。对于这类序列，可以利用改进的自回归—求和—移动平均模型。

1. ARIMA（p,d,q）模型

如果序列仅存在趋势，且经过 d 阶逐期差分变得平稳，那么可以建立改进的一类 ARMA 模型，即 ARIMA（p,d,q）模型。

设 Y_t 为非平稳序列，d 阶差分后的平稳序列为 Z_t，即有：

$$Z_t = \nabla^d Y_t, \quad t > d$$

若 Z_t 是 ARMA（p,q）序列，则 Y_t 称作 ARMA 的 d 阶求和序列，并可以用 ARIMA（p,d,q）表示。模型的一般形式如下：

$$\varphi(B)(1 - B)^d Y_t = \theta(B) e_t$$

或：

$$\varphi(B) \nabla^d Y_t = \theta(B) e_t$$

式中，d 为求和阶数，即差分阶数；p 和 q 分别是平稳序列的自回归和移动平均阶数；$\varphi(B)$ 和 $\theta(B)$ 分别为自回归算子和移动平均算子。特殊地，ARIMA（0，d，0）模型是：

$$(1 - B)^d Y_t = e_t$$

ARIMA（p,d,q）模型的最简单情况是 ARIMA（1，1，1）。它的表达形式如下所示：

$$(1 - B)(1 - \varphi_1 B)Y_t = (1 - \theta_1 B)e_t$$

这些项都能够展开并重新组合，得到：

$$[1 - (1 + \varphi_1)B + \varphi_1 B^2]Y_t = e_t - \theta_1 e_{t-1}$$

也可以写成：

$$Y_t = (1 + \varphi_1)Y_{t-1} - \varphi_1 Y_{t-2} + e_t - \theta_1 e_{t-1}$$

2. ARIMA $(P,D,Q)^s$ 模型

如果序列存在季节变动而没有明显的趋势，且通过 D 阶季节差分季节变化基本消除，则可以建立改进的另一类 ARIMA $(P,D,Q)^s$ 模型。模型的一般形式如下：

$$\Phi(B)Y_t(1 - B^s)^D = \Theta(B)e_t$$

式中 $\Phi(B) = 1 - \Phi_1 B^s - \Phi_2 B^{21} - \cdots - \Phi_P B^{Rs}$ 是季节自回归算子，P 是季节自回归阶数；$\Theta(B) = 1 - \Theta_1 B^s - \Theta_2 B^{2x} - \cdots - \Theta_Q B^{Qs}$ 是季节移动平均算子，Q 是季节移动平均阶数；D 为季节求和阶数，即季节差分阶数，s 是季节周期长度，月度数据 s 为 12，季度数据 s 为 4。

模型如果是 ARIMA $(1，1，1)^4$。则可以写成：

$$(1 - \Phi_1 B^4)(1 - B^4)Y_t = (1 - \Theta_1 B^4)e_t$$

按多项式运算展开，然后合并得到：

$$Y_t - (\Phi_1 + 1)Y_{t-4} + \Phi_1 Y_{t-8} = e_t - \Theta_1 e_{t-4}$$

由式可以看出，季节自回归的阶数 P 和季节移动平均的阶数 Q 决定了待估计参数的个数，季节差分改变了解释变量的个数。

3. ARIMA $(p,d,q)(P,D,Q)^s$ 模型

对于包含季节和趋势的非平稳序列，如果可以通过逐期差分和季节差分使序列平稳化，则可以运用更复杂的模型予以描述，这就是 ARIMA $(p,d,q)(P,D,Q)^s$ 模型。

模型的一般形式如下：

$$\varphi(B)\Phi(B^s)(1 - B)^d(1 - B^s)^D Y_t = \theta(B)\Theta(B^s)e_t$$

或：

$$\varphi(B)\Phi_P(B^s)\nabla^d \nabla_x^D Y_t = \theta_q(B)\Theta_Q(B^s)e_t$$

式中，P 是季节性自回归阶数；Q 是季节性移动平均阶数。$\Phi_P(B^s) = 1 - \Phi_1 B^s - \Phi_2 B^{2s} - \cdots - \Phi_P B^{Ps}$ 是季节性 P 阶自回归算子。$\Theta_Q(B) = 1 - \Theta_1 B^s - \Theta_2 B^{2s} - \cdots - \Theta_Q B^{Qs}$，是季节性 Q 阶移动平均算子。显然，$\Phi(B^s)$ 和 $\Theta(B^s)$ 体现了序列中季节周期之间的关系，$\varphi(B)$ 和 $\theta(B)$ 反映了序列相邻时刻之间的关系。

若序列的季节周期为 4，则 ARIMA $(p,d,q)(P,D,Q)^s$ 最简单的形式 ARIMA $(1，1，1)(1，1，1)^4$ 模型能够写成：

$$(1 - \varphi_1 B)(1 - \Phi_1 B^4)(1 - B)(1 - B^4)Y_t = (1 - \theta_1 B)(1 - \Theta_1 B^4)e_t$$

将式展开，可以得到：

$$\begin{aligned}Y_t = (1 + \varphi_1)Y_{t-1} + (1 + \Phi_1)Y_{t-4} - \varphi_1 Y_{t-2} - (1 + \varphi_1 + \Phi_1 + \varphi_1\Phi_1)Y_{t-5} \\ + (\varphi_1 + \varphi_1\Phi_1)Y_{t-6} - \Phi_1 Y_{t-8} + (\Phi_1 + \varphi_1\Phi_1)Y_{t-9} \\ - \varphi_1\Phi_1 Y_{t-10} + e_t - \theta_1 e_{t-1} - \Theta_1 e_{t-4} + \theta_1\Theta_1 e_{t-5}\end{aligned}$$

式中，$\varphi_1,\Phi_1,\theta_1,\Theta_1$ 一旦用时间序列的样本数据估计出来，模型就能用于预测。

改进的 ARMA 模型，其基础仍是 ARMA 序列。对于带有线性趋势的时间序列或含有季节性的时间序列，以及既有趋势又有季节性的时间序列，可以采用差分（逐期或长期）将其平稳化，因而常可借用对一般 ARMA 模型的讨论方法，工具仍是自相关分析。

三、大数据环境下改进的时间序列

目前，大多数时间序列分析框架的主要目的是预测。这个框架的前两个步骤跟数据挖掘过程一样，数据收集，数据转换、过滤，接着就是对准备的数据降维。接下来的两个过程分别为，标准化数据以及输出用以做决策的信息。根据商业规则进行信息评估和翻译。预测分析的准确度是根据统计的方法进行计算的。目前，对大数据的单时间序列分析的框架已经有很多，另外还有一些学者提出了多时间序列数据的分析框架。

随着大规模数据处理的普遍性，如何解决时间序列分析中计算效率和数据预处理等问题变得十分重要。目前大多数数据预处理技术，为了去除噪声并且纠正数据中的不一致，就要用到数据清理技术；为了把多源数据合并成为一个连贯的数据仓库，就要用到集成技术；为了标准化数据，就要用到转换技术。数据压缩在时序分析的预处理阶段是一个很有意义的技术，它可以通过聚集，消除冗余成分来减小数据规模。

为了能够很好地解决大数据带来的时间序列分析中噪声等问题，将时间序列分析与复杂网络、机器学习等方法相结合进行预测分析。

综上所述，为了解决实际生产过程中大量存在的时间序列问题，解决大数据中的高维不完整时间序列学习模型与预测分析问题，需要对已有的数据集进行降维等预处理。另外，需要将时间序列分析方法与复杂网络、机器学习等学科相结合，优化原有算法；或者利用 MapReduce 计算模型改善已有的时间序列方法等。

第四节 基于深度学习的预测方法

大数据时代背景下，如何对纷繁复杂的数据进行有效分析，让其价值得以体现和合理的利用，是当前迫切需要思考和解决的问题。另外，在大数据环境下，训练数据不充足的瓶颈已经突破，大数据内部隐藏的复杂多变的高阶统计特性也正需要深度结构这样的高容量模型来有效捕获。因此，大数据与深度学习是必然的契合，互为助力，推动各自的发展。

一、基于深度学习的预测方法研究现状

许多研究表明，为了能够学习表示高阶抽象概念的复杂函数，解决目标识别、语音感知和语言理解等人工智能相关的任务，需要引入深度学习。深度学习架构由多层非线性运算单位组成，每个较底层的输出作为更高层的输入，可以从大量输入数据中学习有效的特征表示，学习到的高阶表示中包含输入数据的许多结构信息，是一种从数据中提取表示的好方法，能够用于分类预测、回归预测等特定问题中。

深度学习除了能够利用训练好的学习方法对测试样本进行预测，从而达到图像识别的

目的，也可以利用这种方法进行语言、语音识别等。

深度学习的优越性在一定程度上可以有效提高预测效率，通过特征选择，深度学习算法可以有效提高分类器的准确率等，从而提高预测效果。

二、深度学习理论与方法

深度学习是新兴的机器学习研究领域，旨在研究如何从数据中自动地提取多层特征表示，其核心思想是通过数据驱动的方式，采用一系列的非线性变换，从原始数据中提取由低层到高层、由具体到抽象、由一般到特定语义的特征。

深度学习起源于对神经网络的研究，20世纪60年代，受神经科学对人脑结构研究的启发，为了让机器也具有类似人类一样的智能，人工神经网络被提出用于模拟人脑处理数据的流程。最著名的学习算法成为感知机。但是人们对人工神经网络的发展持乐观态度，曾掀起研究的热潮，认为人工智能时代不久即将到来。但随后人们发现，两层结构的感知机模型不包含隐层单元，输入是人工预先选择好的特征，输出是预测的分类结果，因此只能用于学习固定特征的线性函数，而无法处理非线性分类问题。

由于增加了隐层单元，多层神经网络比感知机具有更灵活且更丰富的表达力，可以用于建立更复杂的数据模型，但同时也增加了模型学习的难度，特别是当包含的隐层数量增加的时候，使用 BP 算法训练网络模型时，常常会陷入局部最小值，而在计算每层节点梯度时，在网络低层方向会出现梯度衰竭的现象。因此，训练含有许多隐层的深度神经网络一直存在困难，导致神经网络模型的深度受到限制，制约了其性能。

（一）浅层结构与深度结构

浅层结构模型通常包含不超过一层或两层的非线性特征变换，如高斯混合模型（Gaussian Mixture Model，GMM）、条件随机场（Conditional Random Fields，CRF）、支持向量机（Support Vector Machine，SVM）及含有单隐层的多层感知机（Multi Layer Perceptron，MLP）等。理论上，只要给定足够多的隐层单元节点，任何复杂函数都可以通过含有单隐层的非线性变换模型拟合。但随着函数复杂度的增加，所需参数数目相对于输入数据维度呈指数增长，因此在实际应用中难以实现。而深度结构通过分层逐级的表示特征，有效降低了参数数目。因而，在处理计算机视觉、自然语言处理、语音识别等人工智能的复杂问题时，深度结构比浅层结构更易于学习表示高层抽象的函数。

深度结构模型具有从数据中学习多层次特征表示的特点，这与人脑的基本结构和处理感知信息的过程很相似，如视觉系统识别外界信息时，包含一系列连续的多阶段处理过程，首先检测边缘信息，然后是基本的形状信息，再逐渐地上升为更复杂的视觉目标信息，依次递进。因此，在学习大数据内部的高度非线性关系和复杂函数表示等方面，深度模型比浅层模型具有更强的表达力。

（二）三种构造深度结构的模块

无监督逐层特征学习方法是深度学习最初提出时的核心思想：深度结构模型的低层输出作为高层的输入，无监督地一次学习一层特征变换，并依次将学习到的网络权参数堆叠成为深度模型的初始化权值。由于权参数被初始化在接近输入数据的流行空间内，降低了模型训练过程中陷入局部最小值的可能，相当于一种正则化约束。无监督的特征学习方法主要适用于训练数据集中有标签数据较少而无标签数据较多的情况，其中主要的三个基本组成模块是受限波尔兹曼机（Restricted Boltzmann Machine，RBM）、自编码模型（Auto-Encoder，AE）和稀疏编码（Sparse Coding）。

1. 受限波尔兹曼机（Restricted Boltzmann Machine，RBM）

RBM 是一类无向概率图模型，由可视层（输入层 v）和隐藏层（输出层 h）构成，且两层模型内，只有层间有连接，而同层内无连接。如果假设所有的节点都是随机二值变量节点（只能取 0 或 1），同时全概率分布 $p(v,h)$ 满足 Boltzmann 分布，我们称这个模型为 RBM 模型。

因为这个模型是二部图，所以在已知 v 的情况下，所有的隐藏节点之间是条件独立的（因为节点之间不存在连接），即 $p(h \mid v) = p(h_1 \mid v) \cdots p(h_n \mid v)$。同理，在已知隐藏层 h 的情况下，所有的可视节点都是条件独立的。同时又由于所有的 v 和 h 满足 Boltzmann 分布，因此，当输入 v 的时候，通过 $p(h \mid v)$ 可以得到隐藏层，而得到隐藏层 h 之后，通过 $p(h \mid v)$ 又能得到可视层，通过调整参数，我们就是要使得从隐藏层得到的可视层与原来的可视层如果一样，那么得到的隐藏层就是可视层另外一种表达，因此隐藏层可以作为可视层输入数据的特征，所以它就是一种深度学习方法。

2. 自编码模型（Auto-Encoder，AE）

AE 由编码部分（encoder）和解码部分（decoder）两部分组成。Encoder 将输入数据映射到特征空间，decoder 将特征映射回数据空间，完成对输入数据的重建。通过最小化重建错误率的约束，学习从数据到特征空间映射的关系。为了防止简单地将输入复制为重建后的输出，需增加一定的约束条件，从而产生多种 AE 的不同形式。

AE 的变体有多种，这里主要简单提出两个，稀疏自动编码器（Sparse Auto Encoder）和降噪自动编码器（Denoising Auto Encoders）。稀疏自动编码器是在自编码模型的基础上加上一些约束条件，如限制每次得到的表达码尽量稀疏。因为稀疏的表达往往比其他的表达要有效（人脑好像也是这样的，某个输入只是刺激某些神经元，其他的大部分的神经元是受到抑制的）。降噪自动编码器 DA 是在自动编码器的基础上，训练数据加入噪声，所以自动编码器必须学习去除这种噪声而获得真正的没有被噪声污染过的输入。因此，这就迫使编码器去学习输入信号的更加鲁棒的表达，这也是它的泛化能力比一般编码器强的原因。DA 可以通过梯度下降算法去训练。

3. 稀疏编码（Sparse Coding）

Sparse Coding 是用于学习输入数据的过完备基，并组成字典。输入的数据 x 可以通过字典中少量的基向量重建或线性表示出来，其线性组合系数 z 具有稀疏的分布。通俗地说，就是将一个信号表示为一组基的线性组合，而且要求只需要较少的几个基就可以将信号表示出来。稀疏性的意思是为表示向量中的许多单元取值为 0，对于特定的任务需要选择合适的表示形式才能对学习性能起到改进的作用。当表示一个特定的输入分布时，一些结构是不可能的，因为它们不相容。例如在语言建模中，运用局部表示可以直接用词汇表中的索引编码词的特性，而在句法特征、形态学特征和语义特征提取中，运用稀疏分布表示可以通过连接一个向量指示器来表示一个词。

稀疏编码算法是一种无监督学习方法，它用来寻找一组过完备基向量来更高效地表示样本数据。虽然形如主成分分析技术（PCA）能使我们方便地找到一组完备基向量，但是这里我们想要做的是找到一组过完备基向量来表示输入向量（也就是说，基向量的个数比输入向量的维数要大）。过完备基的好处是它们能更有效地找出隐含在输入数据内部的结构与模式。然而，对于过完备基来说，系数 z 不再由输入向量唯一确定。因此，在稀疏编码算法中，我们另加了一个评判标准稀疏性来解决因过完备而导致的退化问题。

（三）典型深度学习模型

典型的深度学习模型有卷积神经网络（Convolutional Neural Networks）、深度信任网络（Deep Belief Networks）和堆栈自编码网络（Stacked Auto-encoder Network）模型等，下面对这些模型进行描述。

1. 卷积神经网络（Convolutional Neural Networks）模型

卷积神经网络是人工神经网络的一种，已成为当前语音分析和图像识别领域的研究热点。它的权值共享网络结构使之更类似于生物神经网络，降低了网络模型的复杂度，减少了权值的数量。该优点在网络的输入是多维图像时表现得更为明显，使图像可以直接作为网络的输入，避免了传统识别算法中复杂的特征提取和数据重建过程。卷积网络是为识别二维形状而特殊设计的一个多层感知器，这种网络结构对平移、比例缩放、倾斜或者其他形式的变形具有高度不变性。

卷积神经网络是受早期的延时神经网络（TDNN）的影响。延时神经网络通过在时间维度上共享权值降低学习复杂度，适用于语音和时间序列信号的处理。卷积神经网络是第一个真正成功训练多层网络结构的学习算法。它利用空间关系减少需要学习的参数数目以提高一般前向 BP 算法的训练性能。卷积神经网络作为一个深度学习架构提出是为了最小化数据的预处理要求。在卷积神经网络中，图像的一小部分（局部感受区域）作为层级结构的最低层的输入，信息再依次传输到不同的层，每层通过一个数字滤波器去获得观测数据的最显著的特征。这个方法能够获取对平移、缩放和旋转不变的观测数据的显著特征，因为图像的局部感受区域允许神经元或者处理单元可以访问到最基础的特征，例如定向边缘或者角点。

卷积神经网络是一个多层的神经网络，每层由多个二维平面组成，而每个平面由多个独立神经元组成。输入图像通过和三个可训练的滤波器和可加偏置进行卷积，滤波过程如图 9－1，卷积后在 C1 层产生三个特征映射图，然后特征映射图中每组的四个像素再进行求和，加权值，加偏置，通过一个 Sigmoid 函数得到三个 S2 层的特征映射图。这些映射图再进过滤波得到 C3 层。这个层级结构再和 S2 一样产生 S4。最终，这些像素值被光栅化，并连接成一个向量输入到传统的神经网络，得到输出。

一般地，C 层为特征提取层，每个神经元的输入与前一层的局部感受野相连，并提取该局部的特征，一旦该局部特征被提取后，它与其他特征间的位置关系也随之确定下来；S 层是特征映射层，网络的每个计算层由多个特征映射组成，每个特征映射为一个平面，平面上所有神经元的权值相等。特征映射结构采用影响函数核小的 sigmoid 函数作为卷积网络的激活函数，使得特征映射具有位移不变性。此外，由于一个映射面上的神经元共享权值，因而减少了网络自由参数的个数，降低了网络参数选择的复杂度。卷积神经网络中的每一个特征提取层（C-层）都紧跟着一个用来求局部平均与二次提取的计算层（S-层），这种特有的两次特征提取结构使网络在识别时对输入样本有较高的畸变容忍能力。

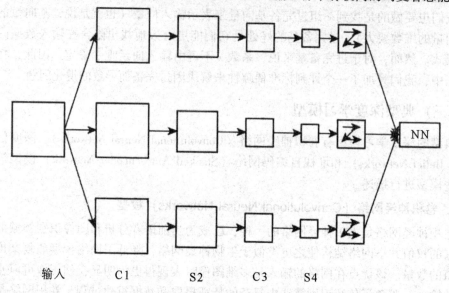

输入　　　　C1　　　　S2　　　　C3　　　　S4

图 9-1　卷积神经网络的概念示范

卷积网络本质上实现一种从输入到输出的映射关系，能够学习大量输入与输出之间的映射关系，不需要任何输入和输出之间的精确数学表达式，只要用已知的模式对卷积神经网络加以训练，就可以使网络具有输入输出之间的映射能力。卷积神经网络执行的是有监督训练，在开始训练前，用一些不同的小随机数对网络的所有权值进行初始化。卷积神经网络的训练分为两个阶段。

第一阶段，向前传播阶段。从样本集中取一个样本 (X, Y_p)，将 X 输入网络，信息从输入层经过逐级的变换，传送到输出层，计算相应的实际输出 O_p：

$$O_p = F_n(\cdots\{F_2[F_1(X_p W^{(1)}) W^{(2)}]\cdots\} W^{(n)})$$

第二阶段，向后传播阶段。首先，计算实际输出 O_p 与相应的理想输出 Y_p 的差。然后，按极小化误差的方法反向传播调整权矩阵：

$$E_p = \frac{1}{2} \sum_j (y_{pj} - o_{pj})^2$$

卷积神经网络主要用来识别位移、缩放及其他形式扭曲不变性的二维图形。由于卷积神经网络的特征检测层通过训练数据进行学习，所以在使用卷积神经网络时，避免了显式的特征抽取，而隐式地从训练数据中进行学习；再者由于同一特征映射面上的神经元权值相同，所以网络可以并行学习，这也是卷积网络相对于神经元彼此相连网络的一大优势。卷积神经网络以其局部权值共享的特殊结构在语音识别和图像处理方面有着独特的优越性，其布局更接近于实际的生物神经网络，权值共享降低了网络的复杂性，特别是多维输入向量的图像可以直接输入网络这一特点避免了特征提取和分类过程中数据重建的复杂度。

2. 深度信任网络（Deep Belief Networks）模型

深度信任网络 DBN 是一个贝叶斯概率生成模型，由多层随机隐变量组成，上面的两层具有无向对称连接，下面的层得到来自上一层的自顶向下的有向连接，最底层单元的状态为可见输入数量向量。DBN 由多个限制波尔兹曼机（Restricted Boltzmann Machine）层组成，一个典型的神经网络类型如图 9-2 所示。这些网络被限制为一个可视层和一个隐层，层间存在连接，但层内的单元间不存在连接。隐层单元被训练去捕捉在可视层表现出来的高阶数据的相关性。

先不考虑最顶构成一个联想记忆（Associative Memory）的两层，一个 DBN 的连接是通过自顶向下的生成权值来指导确定的，RBM 就像一个建筑块一样，相比传统和深度分层的 sigmoid 信念网络，它能易于连接权值的学习。通过一个非监督贪婪逐层方法去预训练获得生成模型的权值，非监督贪婪逐层方法被辛顿（Hinton）证明是有效的，并被其称为对比分歧（Contrastive Divergence）。

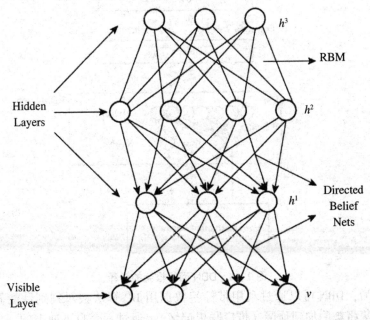

图 9-2　典型 DBN 结构

在这个训练阶段，在可视层会产生一个向量 v，通过它将值传递到隐层。反过来，可视层的输入会被随机地选择，以尝试去重构原始的输入信号。最后，这些新的可视的神经元激活单元将前向传递重构隐层激活单元，获得 h（在训练过程中，首先将可视向量值映射给隐层单元；然后可视单元由隐层单元重建；这些新可视单元再次映射给隐层单元，这样就获取新的隐层单元。执行这种反复步骤叫作吉布斯采样）。这些后退和前进的步骤就是吉布斯 Gibbs 采样，而隐层激活单元和可视层输入之间的相关性差别就作为权值更新的主要依据。

训练时间会显著地减少，因为只需要单个步骤就可以接近最大似然学习。增加进网络的每一层都会改进训练数据的对数概率，我们可以理解为越来越接近能量的真实表达。这个有意义的拓展和无标签数据的使用，是任何一个深度学习应用的决定性的因素。

在最高两层，权值被连接到一起，这样更低层的输出将会提供一个参考的线索或者关联给顶层，这样顶层就会将其联系到它的记忆内容。而我们最关心的，最后想得到的就是判别性能，例如分类任务里面。

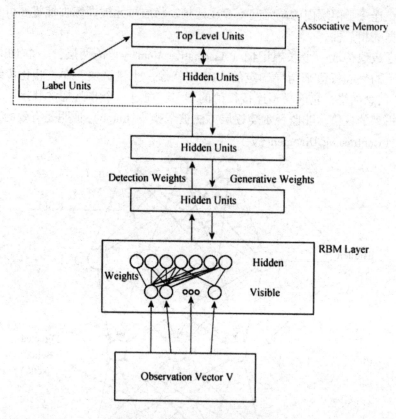

图 9-3　DBN 网络框架的解释

在预训练后，DBN 可以通过利用带标签数据用 BP 算法去对判别性能做调整。在这里，一个标签集将被附加到顶层（推广联想记忆），通过一个自下向上的、学习到的识别权值获得一个网络的分类面。这个性能会比单纯的 BP 算法训练的网络好。这可以很直观地解释，DBN 的 BP 算法只需要对权值参数空间进行一个局部的搜索，这相比前向神经网络来说，训练是要快的，而且收敛的时间也少。

DBN 的灵活性使得它的拓展比较容易。一个拓展就是卷积 DBN（Convolutional Deep Belief Networks，CDBN）。DBN 并没有考虑到图像的二维结构信息，因为输入是简单地从一个图像矩阵一维向量化的。而 CDBN 就是考虑到了这个问题，它利用邻域像素的空域关系，通过一个称为卷积 RBM 的模型区达到生成模型的变换不变性，而且可以容易变换到高维图像。DBN 并没有明确地处理对观察变量的时间联系的学习上，虽然目前已经有这方面的研究，例如堆叠时间 RBM，以此为推广，有序列学习的 Dubbed Temporal Convolution Machines，这种序列学习的应用，给语音信号处理问题带来了一个让人激动的未来研究方向。

目前，和 DBN 有关的研究包括堆叠自动编码器，它是通过用堆叠自动编码器来替换传统 DBN 里面的 RBM。这就使得可以通过同样的规则来训练产生深度多层神经网络架构，但它缺少层的参数化的严格要求。与 DBN 不同，自动编码器使用判别模型，这样这个结构就很难采样输入采样空间，这就使得网络更难捕捉它的内部表达。但是，降噪自动编码器却能很好地避免这个问题，并且比传统的 DBN 更优。它通过在训练过程添加随机的污染并堆叠产生场泛化性能。训练单一的降噪自动编码器的过程和 RBM 训练生成模型的过程一样。

思考题

1. 在运用回归分析方法对大数据进行分析预测时，与传统数据回归分析预测有什么不同点？

2. 在运用时间序列分析方法对大数据进行分析预测时，与传统数据时间序列分析预测有什么不同点？

3. 深度学习的基本模型有哪些？

第十章　社交网络大数据分析

本章首先简要介绍社交网络和社交网络中大数据及其分析的基本概念，阐述大数据时代下社交网络中大数据的应用与挑战，使读者对当今社交网络大数据所处的环境有一定的了解。其次，介绍了几种社交网络中大数据的相关分析技术与方法，主要包含两大类，一类以网络分析的几种演化模型、社交网络社团发现算法为代表的方法，对大数据结构进行分析；另一类是以自然语言处理和情感分析为主的方法，对大数据内容进行分析。

第一节　社交网络大数据概述

一、社交网络和大数据分析

（一）社交网络

社交网络即社交网络服务，源自英文 SNS（Social Network Service）的翻译，又称为社会性网络服务或社会化网络服务。从广义上来说，社交网络涉及硬件、软件、服务及应用等内容。从狭义上来讲，社交网络也可理解为社交网站，社交网站主要是为一群有相同兴趣或活动的人创建的互联网上的虚拟社团，用户之间可以通过互联网提供的各种服务相互联系。随着移动互联网技术的普及，社交网络成为推动移动互联网迅猛发展的主力军。据统计，互联网花了 30 年的时间才达到 7.5 亿用户，而 Facebook 只花了 8 年的时间就达到了与之不相上下的用户数，如今，我们已然进入了社交网络时代。

社交网络的核心价值，在于人与人之间的社交关系。用户分享的信息越多，他们就能通过自己信赖的人获得更多有关产品和服务的信息，更加轻松地找到最适合自己的产品，并提高生活质量。在这一过程中，企业获得的益处则是通过制造更好、更合适、以人为本的个性化产品获取更多、更忠实的顾客，从而获取利益。与传统商品相比，基于社交关系、朋友圈等推广的产品更富有吸引力。由此可见，社交网络为人们开拓了新的信息分享与情感交流空间，同时也为企业创造了为客户提供更精准化的服务和营销的机会，致使企业可以更早、更准确地抓住并了解自身客户的社交网络关系，并将更快、更强地占据市场核心竞争力。

（二）大数据分析

数据分析是计算数学的主体部分，其研究对象是运用数学计算机求解数学问题理论和方法，目的是探讨理论和方法的软件实现。用适当的统计方法对收集来的数据进行分析，可最大化数据的作用和价值。简而言之，数据分析就是为了提取有用信息和形成理论从而对数据加以详细研究与概括总结的过程。相比于数据分析而言，大数据分析有着类似的概念与价值目标，但却更为复杂与深入。

大数据分析是通过把淹没在数据海洋中的杂乱无章的数据进行数据收集和提炼，从而得到有效数据，观察与挖掘隐藏在数据背后的信息，研究其中数据价值的过程。大数据分析是智慧信息的体现，旨在发现隐藏在数据背后的信息，驱动业务发展，帮助管理层快速地做出科学决策的依据。对于企业而言，大数据分析即将分散的不同数据源整合在一起，对未来做出预测，可以衡量的结果引导商业活动，其中包括分析企业的数据来源、收集企业关系数据等，然后通过技术手段，对纯粹的数据关系进行分析，进而解决企业棘手的问题。无论是云计算平台还是一体机设备，所有这些都是为大数据分析服务的，大数据分析可帮助我们解读复杂情况的真正含义，可以弥补我们直觉上的误区。简而言之，大数据实现大数据分析，大数据分析实现大智慧与大价值。

二、社交网络大数据的价值

与传统数据相比，社交网络本身就是一种大数据源，即使从很多方面来看，它更像是一种分析方法学。因为在执行社交网络大数据分析的过程中，需要处理无比庞大的数据集，此外，还要使用行之有效的方法将处理规模提升几个数量级。从某一角度来看，可以说是社交网络把传统数据变成了大数据，因为无论从大数据分析角度还是从大数据"大"的用途来看，相比于传统数据的单维思路而言，社交网络大数据分析关注的是多个关系维度，其需要了解的是人与人或者群体与群体之间的更为复杂与多变的关系。

在大数据分析技术的演进下，社交网络中的"数据"已不再是单纯的数据、文字或图片等，而是一种能让业务流程智能运转的能力与关键力量所在。社交网络主要是通过社交用户产生价值，其中通过用户产生的价值可分为直接价值和扩散价值（或称间接价值）两种。在大数据时代背景下，我们关注的是全部价值，而非单个用户产生的个体价值。社交网络数据非常吸引人的地方也就在于此，它能够识别出客户可以影响到的整体收入，而不仅仅是他们自己提供的直接利益。从不同的角度去分析，也会大大影响投资某个客户的决策。能够产生高影响力的客户需要被"特别照顾"，因为他们能产生直接价值以外的更大价值。如果要使网络整体效益最大化，这种最大化的优先级要高于其个体利益的最大化，我们需要把目标从个体账户的利益最大化转向客户社交网络利益的最大化。

三、社交网络大数据的应用与挑战

（一）大数据在社交网络中的应用

社交网络产生了海量用户以及实时和完整的数据，同时社交网络也记录了用户群体的情绪，通过深入挖掘这些数据来了解用户，然后将这些分析后的数据信息推送给需要的品牌商家或是微博营销公司，商家再依照预测的客户需求提供相应的服务，进而产生利益循环。大数据的普及应用正如当年互联网技术的普及应用一样，将渗透到各个领域，并逐渐影响着每一个人的生活。现今，微博、微信、Facebook、Twitter 等社交网站的应用已经深刻改变了人们的交流方式。社交网络快速增长的用户数量和活跃的用户活动，留下了大量的用户行为痕迹，用户在互联网上的任何行为都是透明的。而在这些行为痕迹的背后，隐含着巨大的商业价值。例如，用户要在网上购买商品，就必然会进行浏览、搜索、下单等行为，而通过这些行为数据的收集和分析，就可以预测客户的需求。运用"大数据"实现"大分析"，将让数据产生"大智慧"。商家可以利用社交网络数据发现消费者的行为倾向，从而推出适合客户的商品，并验证广告的投放效果。数据随处可见，而分析应用就在我们身边。下面列举几类大数据在社交网络中的具体应用。

1. 顾客需求分析

人们不得不接受一个现实，进入互联网之后，每个人都将不可避免地留下自己的行为痕迹。用户分享的数据越多，商家可利用的信息也就越多。社交网络不仅方便了用户的沟通交流，同时也让商家更多地了解客户需求信息，这样可以有效地帮助商家预测市场需求状况，并最大限度地满足客户需求。

顾客发表的评论、点赞，上传的图片、音乐、视频等，其背后都隐含着顾客的兴趣和消费倾向，从这些数据中可以找到顾客对商品的偏爱，还可以从顾客的反馈中找出合理化建议。总而言之，商家可以借助这些数据，来发现顾客的需求，提前生产出相关的产品，更好地满足顾客体验度，同时也提高商品的销量，实现双赢。

2. 社交关系分析

社交关系分析可帮助人们发现彼此的朋友圈子，拓展交际范围，还能更方便地使有共同兴趣的人进行交流。站在商业角度上来说，商家在预测客户需求的时候，不仅要关心客户自己表达的兴趣，还要了解他的朋友们的兴趣。社交成员不可能在社交网站上表露出自己的全部兴趣，商家也不可能了解到全部细节信息。但如果某一客户的大部分朋友都对某种事物感兴趣的话，我们就可以推导出这名客户的兴趣，即使他从来没有直接表达出来。

执法部门和反恐部门也可以从社交网络关系分析中获取帮助。即可以识别出哪些人和问题人群有直接或是间接关系，这类分析也称为链接分析。如果发现有可疑人物出现在某个地方，就可以采用定位技术，并对其进行更深入地监控分析。

3. 用户行为分析

社交网络上有大量用户行为的轨迹数据，对于研究人类行为的科学家而言，没有任何一个时代像现在这么容易收集到大量的人类行为数据。可以通过社交网络数据提取需要的数据并对数据进行分类，这些非结构化数据如照片、声音、文本等可以很好地帮助行为学家分析人类行为变化，从而帮助发现人类的行为特征，寻找到人类行为的共同性与差异性。

4. 舆情监督控制

对社交网络上各种评论和意见进行分析还可以有效地帮助政府进行舆情监督控制。分析这些舆情数据，可以发现社会对某个事件的关注度，也可以帮助社会发现潜在的问题，并据此采取相应的措施，以实现更为及时和人性化的管理。

通过对大数据的收集和分析，社交网络可以提供各式各样的服务，典型的包括搜索、推荐、广告营销等。这些可以提供的服务，也给社交网络中的大数据带来新的挑战。只有提供更高质量的服务，才能赢得用户，从而创造更大的价值，占据市场，提升竞争力。

（二）大数据时代下社交网络面临的挑战

由于社交网络越来越流行，社交网络的用户也与日俱增，用户产生的内容的数量更是持续呈指数级增长。每秒数万的状态更新、博文发表、相册及视频的分享等。成功的企业不仅需要从这些内容中识别出与自己公司产品有关联的信息，还有能剖析这些信息背后隐藏的价值，用实时或持续的方式对这些信息进行分析，构建商业智能等平台技术用以辅助预测顾客行为。可以说，是社交网络真正将互联网带入了大数据时代，随着业务的发展，社交网络在大数据上也面临着越来越多的挑战，主要有以下四个方面：

1. 数据量大

社交网站内容是用户产生的（User Generated Content，UGC）。据统计，Google 每个月要处理 900 亿次的 Web 搜索，为此每月需要处理的数据量高达 600 PB（1 PB = 1 000 000 GB）。使用 Google 各种服务的用户以及与之相关的各种数据，都是分析的对象。Twitter 拥有超过 1 亿的活跃用户，平均每天产生 2.5 亿条推文。每条推文最多 140 个字，数据量约为 200 个字节，这些推文平均每天相当于产生了约 48 GB 的数据流量。而从 Twitter 整个生态圈来说，平均每天产生约 8TB（1TB 相当于 1 012 字节）的数据。Facebook 每月活跃用户达到 8.45 亿，每日活跃用户达到 4.83 亿，其所有用户平均每个月在 Facebook 上花费的时间高达 7 000 亿小时，平均每个用户每个月会创建 90 条内容。从整体上来看，每个月产生的内容高达 300 亿条。

社交网络的快速及风靡发展，催生了一个又一个的社交网站的诞生。在移动互联网时代背景下，社交网络也找到了其新的增长点，即移动社交。根据 Booz 预测的数据：社交游戏在 5 年内会有超过 45% 的增长。移动商务和社交商务也有很大的增长空间，比如移动广告与移动支付等。随着移动互联网时代的全面到来，用户使用习惯正在加速向移动端转移，相比微信等纯移动端产品，无论 Facebook、Twitter 还是新浪微博等都在通过功能的创新，鼓励用户通过移动端使用产品。根据此前发布的数据，Facebook 移动端的月活跃用户占比约为 86.8%，Twitter 则为 80%，新浪微博更达 86%。不断增长的用户量，也带来了无限的商机，同时巨大的数据量也给数据存储、分析处理和采集带来了全新的挑战。显然，传统的管理工具已无法管理这些数据了。这就需要新的存储管理架构来管理。

2. 内容多样化

目前大数据潮流的核心，并不是数值数据等结构化数据，而是网站点击流数据和社交数据，或互联网世界之外的传感器数据，以及自动贩卖机的管理系统、公交车和汽车的运行管理系统、重型机械的监控系统等产生的数据等这些无法存放在传统关系型数据库中的非结构化数据。现在，95% 以上的数字信息都是非结构化数据。在各组织和企业中非结构化数据占到了所有信息数据总量的 80% 以上。社交网站的多样化以及个性化服务设置更是丰富了用户产生内容的多样性。

3. 高价值信息

我们的生活由于各类社交媒体的迅猛发展而变得越来越方便，也越来越不同。当然随之也会产生各类问题，因为随之而来的是互联网中庞杂的数据和一些毫无价值的信息。我们在互联网中花费大把时间却仍找不到有用信息的情况时有发生，所以，如何有效地利用社交网络，进行高效的读取信息，即如何从原始数据中提取出有价值、高价值的信息已然成为亟待解决的问题。

4. 实时性要求

数据的实时性对于社交网络是至关重要的。在这个大数据时代，人们所需的资源已不仅仅是停留在少而精确中，相反，全部数据样本的时代正向我们靠近。因此，追求全部以及多样化的同时，速度成为最关键点。例如对于微博客户而言，他们希望每次打开新浪微博时看到的都是全新的并且多样化的内容，而且，在自己或是关注的人发了一条微博时，可以及时看到下面的评论以及转发数，即获得状态更新。所以，社交网络对实时性的要求一直很高。这种高要求也使得整个数据基础架构都面临着巨大挑战。针对线上的业务数据进行处理，建立一个大数据实时分析系统更具挑战。为了处理更为大量的数据，并且达到实时的效果，对系统的水平扩展性已有更新的要求。

整体而言，社交网络对于大数据的挑战主要集中在数据处理和分析两个部分。在数据处理方面，社交网站要求能在大量用户同时访问网站的情况下良好的运行，提供实时在线服务，其中，Yahoo 开源的 Hadoop 是大数据批处理的主力军，Twitter 开源的 Storm 是大数据流处理的实用工具。在数据分析方面，社交网站可以通过大数据分析，提供"广告精准营销""推荐系统"等先进的大数据服务。数据是社交网站的重要财富，因此，对数据的运用能力是社交网络的主要竞争力之一。

第二节　社交网络大数据分析技术与方法

Google、Amazon 等互联网企业先于其他企业，及时发现了大数据的价值，并独自开发出一些能够低成本存储和处理大数据的技术，从而从中提取出有用信息，并将其整合到业务流程中，有力地占据市场。目前，跟随着他们的脚步，已经有很多企业开始积极进行大数据的分析，通过提供新型服务和提高顾客满意度来提升自身。也有很大一部分的相关研究者对大数据分析技术进行了理论的探索与研究。

一、网络分析方法

网络是由节点和连线组成，通常人们用节点来表示系统的各个组成部分即系统的元素，而用两节点之间的连线表示系统元素之间的相互关系，网络也为系统问题的研究提供了一种新的描述方式。

（一）网络的拓扑性质

在图论中，网络 G 定义为节点的集合 N 及节点之间的连线的结合 E 之和，用数学方式表达为 $G = (N,E)$。它的一些基本拓扑性质可以用以下量来描述。

（1）度及度分布。度是表现一个节点重要性的概念之一。在无向网络中，度是指与节点直接相连的边的数目，对于无自环、无重边的简单图而言，度也表示与节点有边连接的其他节点的数目。节点 i 的度通常用 k_i 来表示，一个节点的度越大，其重要性就越大。网络中所有节点的度的平均值称为网络的平均度，记为 k。节点的度分布通常用 $p(k)$ 表示，是指网络中随机选择一个节点，其度为 k 的概率。对于有向图，其度分布还可以用入度分布和出度分布来表示。

（2）平均最短路径长度。网络的平均最短路径是指网络中任意节点对之间路径长度的平均值，通常用 L 表示。其计算公式为：$L = \dfrac{2}{N(N+1)} \sum_{i=j} l_{ij}$，其中 l_{ij} 为连接两个节点的最短路径的边数。此外，将网络中节点最大路径长度也可定义为网络直径，即 $d = \max_{i,j} l_{ij}$。

（3）集聚系数。网络的集聚系数是用来衡量网络节点的连接的平均可能性，即邻接点间实际连接的边与理论边数的比值。设 M_i 为节点 i 与其 k_i 个邻节点之间存在的实际边数，则节点 i 的集聚系数为 $C_i = \dfrac{2}{k_i(k_i - 1)} M_i$，此网络的集聚系数则为 $C = \dfrac{1}{N} \sum_i C_i$。集聚系数反映了网络的"小集体性"。

（4）介数。介数分为顶点介数和边介数两种，反映了节点或边的作用和影响力。如果一对节点间共有 B 条不同的最短路径，其中 b 条经过节点 i，那么节点 i 对这对节点的介数的贡献为 b/B。把节点 i 对所有节点对的贡献累加起来，就可得到节点 i 的介数。类似地，边的介数定义为所有节点对的最短路径中经过该边的数目。

（5）度相关性。度相关性描述的是网络中不同节点之间的连接关系。如果度大的节点倾向于连接度大的节点，则称网络是正相关的；反之，如果度大的节点倾向于和度小的节点连接，则称网络是负相关的。可以计算顶点度的相关系数 $r(-1 \leqslant r \leqslant 1)$ 来描述其度相关性，r 的取值范围为 $(-1 \leqslant r \leqslant 1)$，当 $r > 0$ 时，网络是正相关的；当 $r < 0$ 时，网络是负相关的；当 $r = 0$ 时，网络是不相关的。

（二）网络演化的基本模型

要想真正理解网络结构与网络行为之间的关系进而考虑改善网络的行为，就需要对现实网络的结构特征有很好的认知，并在此基础上建立合适的网络拓扑模型，以下则简要介绍几种典型且基本的网络结构模型。

1. 规则网络

通常由 N 个节点组成，每个节点与邻接的 k 个最近邻节点连接，即有 k 条边，平均分布在左右两侧。在规则网络中，节点的平均路径长度不大，但集聚系数较高。常见的规则网络有以下三种：

（1）全局耦合网络（Globally Coupled Network），即任意两个节点之间都有边直接相连的网络，简称全耦合网络。一般来讲，在一个规模不大的组织中，内部成员都相互认识，较为典型的即为班级，班级内的所有同学可构成一个全耦合网络。然而，把全耦合网络作为现实网络模型进行研究仍存在一定的局限性。因为当规模变大时，比如由班级转向学校甚至社会，情况则大不同了，要做到在这个大规模的组织中认识每一个人，并且让他人也认识你，所花的时间将是不可预估的（当然，排除那些规模大、人数却极少的特殊组织），即大型现实网络都是稀疏网络。

（2）最近邻耦合网络（Nearest-neighbor Coupled Network）现实当中还存在一种较为特殊的网络，即网络中每一个节点只和它相邻的节点连接，这样的较为稀疏的网络我们称为最近邻耦合网络，如图 10 - 1 所示。较为常见的是一种具有周期边界条件的最近邻耦合网

云计算与大数据

络，它包含有 N 个节点，每个节点与它左右各 $K/2$（K 为偶数）个邻点连接，并围成环形。比如机器人网络与传感器网络等一些技术网络中的节点之间所构成的网络即为一个最近邻耦合网络，只有当两个节点之间的距离在传感器可感知的范围内它们才能进行通信。最近邻耦合网络有一个很重要的特性：网络的拓扑结构是由节点之间的相对位置决定的，即随着节点的位置的变化，网络的拓扑结构也会随之发生改变。目前已有大量的研究对其进行分析探讨。

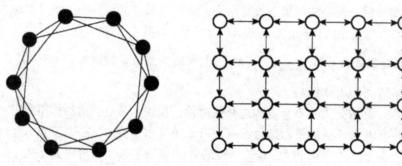

图 10 - 1　最邻近耦合网络简图

（3）星形耦合网络（Star Coupled Network）。指的是一个网络中的所有点都只与除此之外的某一中心点连接，而彼此之间没有连接，如图 10 - 2 所示。这也是我们生活中很常见的一种规则网络，如一个实验室内的所有成员的电脑均连接到一个公共的主服务器上，即形成了一个以主服务器为中心的星形耦合网络。当然也可由一个中心点延伸到具有多个中心点的情况。

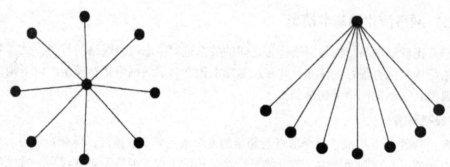

图 10 - 2　星形耦合网络简图

2. 随机网络

随机网络是与完全规则网络相对应的一种复杂网络。较常见的一种随机图模型可这样定义：假设网络中有 N 个节点，每两个节点之间以概率 p 进行连接，随机图记为 $G(N, p)$。由此生成的网络的总边数 $E = pN(N-1)/2$，平均度约为 $\langle k \rangle = p(N-1) \approx pN$。由于每个节点是以概率 p 相连的，因此，一个节点拥有 k 条边的概率为 $C_N^k P_N^k (1-p)^{N-k}$，满足二项分布。当 N 足够大 p 较小时，ER 网的度近似服从泊松分布为 $p(k) = \dfrac{\langle k \rangle^k}{k!} e^{-k}$，聚集系数为 $C = p = \langle k \rangle / N \approx p$，该网络的最短路径为 $L \sim \dfrac{\ln N}{\ln \langle k \rangle}$。

网络的连通性是指网络中的任意两节点之间都存在路径，连通片（Connected

208

Component）则是网络中的一个子图，该子图同时满足"连通性：子图中任意两顶点之间存在路径"和"孤立性：网络中不属于该子图的任一顶点与该子图中的任一顶点之间不存在路径"两个条件。随机图的连通性存在以上两种极端情形。

3. 小世界网络

现实生活中，常常会出现一种情况，即你以为离自己很远或是没有什么关联的人，实际上就在你很近的地方或者你们之间存在着某一种关联，这就是所谓的"小世界现象"。在网络理论中，小世界网络是一类特殊的复杂网络结构，在这种网络中大部分的节点彼此并不相连，但绝大部分节点之间经过少数几步就可到达。以上介绍的两种网络类型中：规则网络一般情况下都具有较高的聚类特性，却不具有较短的平均距离；而完全随机的随机图虽然具有较短的平均路径，聚类特性则相对较低。大多数情况下，两者都不能很好地揭示很多复杂现实网络同时具有的明显聚类特性以及小世界特性。小世界现象可以很好地揭示网络之间的共性特征。在小世界网络理论的发展历程中，有两类较为典型的小世界模型。

4. 无标度网络

（1）增长（Growth）。给定一个完全连通的具有 a_0 个节点的网络，每次引入一个新的节点都与给定网络中已包含的 $a(a \leqslant a_0)$ 个节点连接。增长特性即指网络的规模是不断地扩大的。

（2）择优连接（Prefe0rential Attachment）。一个新的节点与 a 个不同节点连接的概率，由这 a 个节点的度决定，连接概率和连接节点的度成正比。经过 t 步骤后，BA 网络具有 $N = ta + a_0$ 个节点和 $E = A_0 + at$ 条边，其中，A_0 表示初始时刻 $t = 0$ 的 a_0 个节点之间存在的变数，且有 $0 < A_0 \leqslant a_0(a_0 - 1)/2$。择优连接特性即指新的节点更倾向于那些具有较高连接度的节点相连。

无标度网络的一个很重要的特征就是其连通性对于随机故障具有较高的鲁棒性，而对于蓄意攻击则具有较高的脆弱性。在我们进行社交活动时，有时我们会希望可以通过移除一些节点使得自己所处的社交网络的连通性变得更差，当然也可能会出现一些其他状况或是故障，比如微博中的取消关注、微信加黑名单，QQ 被盗、网站受到黑客的攻击等。对于一个给定的网络，每次从中抽取掉一个节点或是移除一条边，都会使得这个网络的连通性发生一定的变化，网络的拓扑性质也随之变化：若抽掉一个节点，也就同时移除了与该节点相连的所有边，也就有可能致使网络中其他节点之间的路径中断；若移除某一条边，则可能使得此边所连接的两个节点之间的距离增大，整个网络的平均路径长度也可能随之增长。由此可以得出一个概念，即若在移走少量节点或边后，网络中的绝大多数节点之间仍是连通的，那么就称此网络的连通性对节点的故障具有鲁棒性。节点的移除策略包括"随机故障策略"和"蓄意攻击"，策略经过实证研究发现，与 ER 随机图相比，BA 无标度网络对随机节点的故障具有相对较高的鲁棒性。而这种对随机节点故障的高度鲁棒性是来自于网络度分布的极端非均匀性，即绝大多数节点的度均相对较小而只有少量节点的度相对较大。

二、社交网络社团发现

社团发现，简而言之，即发现社团，发现聚类。社团也即社团结构（Community

Structure），处于社团内部的节点之间连接比较紧密，而处于不同社团之间的节点连接则相对稀疏。社团结构能够帮助人们直观地认识复杂网络的结构和功能，从而更好地理解和利用网络。

随着互联网和移动互联网的发展，社交网络的规模越来越大，包含的节点数也达到以亿计数甚至更大。然而，经过很多学者研究发现，社交网络中节点的相互关系并不是杂乱无章的，而是遵循着一定的规律。我们遇到的大多数网络，其内部都包含着社团结构，挖掘社交网络中隐藏的社团结构，对于我们研究网络的规律和特性有着重要的参考作用。

（一）社团结构算法类别

社团结构对于人们在理解复杂网络的结构和功能方面有着很重要的作用。经过近几十年来的发展，已有相当多的研究者对社团发现算法进行研究并提出了许多相关算法。目前，社团发现的研究已取得了重要进展，并在很多领域有了成功的应用。将网络中的社团结构算法进行分类，大致可划分为以下 4 大类。

1. 基于图论的算法

其基本思想是对于给定的一个网络，将其分割成若干个子网络，使每个子网络中所包含的节点数基本相等，且处于不同子网内的节点之间的连接极少。将网络用图来表示，简而言之，以上思想即可称为图分割（Graph Partitioning）。基于图分割的著名算法有 Kernighan – Lin 算法和谱平分法。

（1）Kernighan – Lin 算法。简称 K – L 算法。其主要思想是先随机或者根据已知信息将原图划分成两个规模已知的子图，在之后每一步的迭代步骤中，为了获得表示子图内与子图间边数的差别大小的品质因数 q 的最优解，在两个子图中选择规模相等的子图，进行交换，在迭代过程中为了避免只达到局部最优的 q 值，会允许 q 值有下降，最终达到一个稳定的最优解。然而实际上，在大多数现实网络中并不会运用到 K – L 算法，因为该算法计算过程中必须预先指定两个社团的大小，否则将可能得到错误的划分结果。

（2）谱平分法。是基于拉普拉斯图特征值的另一个常用图分割算法，其主要利用了拉普拉斯矩阵 L 的谱特性，即 L 是一个实对称矩阵。然而谱平分法也有其缺陷：因为谱平分法只能将图分成偶数个子图，且不知道什么时候停止，所以在使用这种方法时，事先并不能确定应将图分成多少个子图才合适。

（3）电压谱分割法。又称 WH 快速谱分割法。是以 Wu 等人的基于电阻网络电压谱的快速谱分割法为基础提出的一种图分割算法。对于无向加权图，$G = (N,E,W)$，N 是节点集，E 为边集，$W = [w_{ij}]_{n×m}$ 部是边的权值矩阵，n 是节点个数，m 是边的条数。假设 G 可以划分为两个社团 G_1 和 G_2，且已知节点 X 和 Y 分别属于这两个社团。最初令节点 X 为源节点，电压值为 1，而节点 Y 为终节点，电压值为 0，其他节点的电压值也为 0，即 $V_1 = 1$，$V_2 = 0$，…。将网络中的每条边都视为一个电阻 $R_{ij} = w_{ij}^{-1}$，整个网络就可看成是一个电阻网络进而利用 Kirchhoff 定理求得各个节点的电压值。然后选取一个电压阈值 $N(0 < N < 1)$，若存在节点，其电压值满足 $N_i > N$，则认为它属于源节点 X 所在的社团，否则属于终节点 Y 所在的社团。一般情况下，利用 Kirchhoff 定理求各节点的电压，算法时间复杂度为 $O(n^3)$。在此基础上，有学者进一步简化了算法，按照如下公式计算，只需迭代一定的次数，使电压谱达到一定精度，就足够将网络进行划分。

$$N_i = \frac{\sum_{(i,j) \in E} N_j}{k_i} = \frac{\sum_{j \in N} N_j w_{i,j}}{k_i} \quad i = 3, 4, \cdots$$

划分时，将每个节点的电压值列在电压谱中，然后只要在接近中间位置且电压存在最大差值的两根谱线之间划开，就可以将整个网络分为两个社团。简化后计算速度大大改善，算法的时间复杂度为 $O(n+m)$。此方法是针对二分网络的情况，对于多社团的情况，有学者等人做了进一步的推理，仍以电压谱为基本运算，应用统计的方法得到多个社团。算法时间复杂度依然较低，但其适用范围却大大减小了，因为必须在已知网络社团数目的前提下进行。

2. 基于模块度近似优化算法

模块度是由 Newman 和 Girvan 首先提出的，目前应用最为广泛的评判社团特性强弱的指标，通常用 Q 表示。该指标通过比较现实网络中各社团的边密度和随机网络中对应子图的边密度之间的差异来度量社团结构的显著性。Q 值越大，表示该网络具有很强的社团结构，在实际网络中，该值通常位于 $0.3 \sim 0.7$ 之间。其定义如下所示。

$$Q = \frac{1}{2E} \sum_{ij} \left(A_{ij} - \frac{k_i k_j}{2E} \right) \varphi(C_i, C_j)$$

式中，A_{ij} 是现实网络的邻接矩阵；k_i 和 k_j 分别表示节点 i 和节点 j 的度值；C_i 和 C_j 分别表示节点 i 和节点 j 在网络中所属的社团；E 为网络中的总边数；$\varphi(C_i, C_j)$ 只在 $C_i = C_j$ 时取值 1，其他情况下均为 0。由此得出的 Q 值在 $0 \sim 1$ 之间。

基于模块度优化的算法的思想是将社团发现问题定义为优化问题，然后搜索目标值最优的社团结构。模块度优化算法根据社团发现时的计算顺序大致可分为三类。

（1）利用聚合思想的算法。即由下往上进行，典型的有 Newman 快速算法和 CNM 算法。Newman 快速算法是将每个节点视为一个社团，每次迭代时选择产生最大 Q 值的两个社团合并，直到整个网络融合成一个社团。整个算法过程可表示成一个树状图，从中选择 Q 值最大的层次划分得到最终的社团结构。算法的总体时间复杂度为 $O[m(m+n)]$。CNM 算法则是在 Newman 快速算法的基础上，利用数据结构中的"堆"来对网络的模块化度进行计算和更新，其复杂度只有 $O(n\log 2n)$。虽然聚合算法已在许多不同的现实网络中广泛地使用，但其仍然存在一定的缺陷：聚合算法倾向于找到社团的核心，却不可避免地会忽略社团的周边；在一定情况下，即使知道了社团的数目，却并不能得到准确的社团结构。

（2）利用分裂思想的算法。即由上往下进行，最为典型的即为 GN 算法。GN 算法的基本思想是不断从网络中移除介数最大的边，这里提到的边介数是指网络中经过每条边的最短路径的数目。基本流程是：首先计算网络中所有的边介数，然后找到介数最大的边并将其从网络中移除掉，重复第二步，直到每个节点就是一个退化的社团为止。整个算法过程也可用树状图来表示，当沿着树状图逐步下移时，每移一步就对该截取位置对应的网络结构对应的 Q 值，并找到局部峰值，就是对应着的较好的截取位置。GN 算法复杂度为 $O(n^3)$。同样，GN 算法也有其自身的缺陷：网络的社团结构没有定量的定义，即它不能直接从网络的拓扑结构判断它所求的社团是否合理，也就是说不能断定所得到的社团就是现实网络中的社团结构，所以常常会需要一些附加信息来帮助判断所得到的社团结构是否具有实际的意义；在社团数目不清楚的情况下，不知道分解应该进行到哪一步终止才合理。

（3）模拟退火算法。模拟退火算法（Simulated Annealing，SA）最早是由 N. Metropolis 等人于 1953 年提出。1983 年，S. Kirkpatrick 等成功地将退火思想引入到组合优化领域。它是基于 Monte-Carl. 迭代求解策略的一种随机寻优算法。其基本思想是将解空间分为若干个状态，定义一个全局函数，通过状态的转换，来获得全局函数值的增量或噪声（负增量），通过若干步骤的转换，全局函数获得一个全局最优值，其中噪声的引入是为了避免全局函数只取得局部最优解。在社团发现的具体实现中，状态的转换可分为局部转换和全局转换两种，其中局部转换指的是将某个节点转移到另一个社团，全局转换则是指两个社团的合并或将一个社团分为若干个社团。一种标准的方法即是同时结合了局部转换和全局转换的方法，模拟退火方法计算复杂度较高，但获得的社团划分结果较准确，已在很多领域中被使用。

基于模块度优化的社团发现算法是目前研究最多、最为广泛的一类算法，但虽如此，在具体分析中利用该算法依然存在一定的问题，即很难确定一个较合适的优化目标，致使分析结果很难反映现实的社团结构，特别是在分析大规模的复杂网络时，因为其搜索空间很大，从而使得很多基于模块度近似优化算法的结果变得更加不可靠。

3. 动态算法

（1）自旋模型法。最早在 1984 年 Fu 和 Anderson 提出了利用自旋模型分割图的方法，Reichardt 将自旋玻璃的 Potts 模型引入到了确定网络社团最优划分的问题上，通过构造与网络连接相关的 Hamilton 函数，把社团划分与寻找系统的基态结合起来形成自旋模型法。

（2）随机行走算法。随机行走算法由 Hughes 提出，其主要思想是从某个节点出发，再随机选择下一个节点。因为社团内部的连接相对比较紧密，所以随机行走的路径会更多地在社团内部，由此可利用随机行走的规则来发现社团，即将随机行走算法运用到社团发现中。

（3）同步法。在现实网络中还存在这样一种网络，即一个由相互作用的节点组成的网络中，属于同一社团的节点之间因为连接比较紧密、相互作用较强，由此在状态更替中能够更快地达到同步状态。所以可以借用这个性质，通过观察节点的状态同步状况，来反推出网络中的社团结构情况从而形成同步法。

4. 重叠算法

当前普遍认为复杂网络中的社团结构是重叠的，即网络中存在同时属于多个社团的节点，这就是所谓的重叠社团。比如人们往往因为具有多种兴趣爱好，从而可能会同时属于多个社团。实证也发现，重叠社团发现更符合现实网络中的社团组织规律，也因此成为近几年社团发现研究的新热点，并随之涌现出一系列的新算法。依照时间顺序，重叠社团发现算法可大致分为以下三类：

（1）基于团渗透改进的重叠社团发现算法。由 Palla 等提出的团渗透算法是第一个可以发现重叠社团的算法，该类算法认为社团是由一系列相互可达的大小为 & 的全耦合子图（k 派系）组成的，k - 派系是指网络中包含 k 个节点的全耦合子图，即这 k 个节点中的任

意两节点之间都有直接的联系。我们将那些处于多个 k – 派系社团中的节点即是社团的
"重叠"部分。若两个 k – 派系有 k – 1 个公共节点，就称这两个 k – 派系是相邻的；若某
一个 k – 派系可通过若干个相邻的 k – 派系到达另一个 k – 派系，则称这两个 k – 派系是彼
此相通的。网络中将由所有彼此连通的 k – 派系构成的集合称为 k – 派系社团。

（2）基于模糊聚类的重叠社团发现算法。主要思想是将重叠社团发现归至传统模糊聚
类问题加以解决，以计算节点到社团的模糊隶属度来解释节点的社团关系。此类算法一般
从构建节点的距离出发，然后结合传统模糊聚类来求解隶属度矩阵。此类算法的关键在于
所构建的距离矩阵，即在具体应用中需仔细考虑应采用哪一种节点距离才更符合真实的
情况。

（3）基于边聚类的重叠社团发现。之前的社团发现算法都是把节点作为研究对象，一
般都是考虑如何通过划分、聚类、优化等技术将节点归为重叠或不重叠的社团。尽管一个
节点可以同时属于若干个组织，但一条边通常情况下是对应于单个明确的含义的，继而一
条边只属于一个社团。因此，以边为对象使得划分的结果可以更加真实地反映节点在复杂
网络中的角色或功能。

（二）相关社团发现算法

互联网的飞速发展使得各种互联网应用层出不穷，特别是 Web2.0 的兴起，在这些互
联网应用中许多具有相同爱好或者具有相似属性的用户会形成特定的群体，体现出"人以
群分"的特点，这些互联网中的群体与传统的群体相比甚至超越了地域的限制，更具包容
性和开放性。例如家庭、同事、班级同学、朋友等，这些群体在某种意义上可以看作是社
团。社团具有内部联系紧密、社团之间联系相对稀疏的特征。前面对网络中的社团结构算
法进行了大致的归类，都是很简要的介绍分析，以下对几种确切的社团发现算法做一个较
为详细的介绍：

1. 派系过滤算法

在一个 k – 派系中任意选择 $t(0 < t \leqslant k)$ 个节点，这 t 个节点也会形成一个全耦合子
图。所以在 CPM 算法中只需要寻找各个最大的全耦合子图，之后则可通过构造一个派系
之间的矩阵，并根据参数 k 和这个矩阵来寻找相应派系产生的连通子图。具体可按以下步
骤实施：

（1）采用由大到小、迭代回归的算法找出网络中的派系。

（2）根据找出的所有派系构造一个由派系之间的关系形成的派系重叠矩阵。该矩阵是
对称的方阵。矩阵的每一行（列）对应一个派系，对角线上的元素表示相应派系的节点
数，非对角线上的元素表示两个派系之间的公共节点数。

（3）在第（2）步获得的派系重叠矩阵中，将对角线上小于 k 而非对角线上小于 k – 1
的元素设置为 0，其他元素设置为 1。

（4）CPM 算法认为社团是由连通的 k – 派系组成的子图。根据第（3）步处理后的矩
阵，对角线为 1 的派系表示满足条件的派系，非对角线为 1 表示相应两个派系的相邻关
系，即得到派系的社团结构邻接矩阵，因此通过这个矩阵可方便地得到各个连通部分，分
别代表各个 k – 派系的社团。

经过以上步骤分析可知，派系过滤算法对派系相邻关系的要求很高。然而在许多社交

网络上的社团发现结果模块化系数并不理想，且派系过滤算法的复杂度较高，所以在处理规模较大、边较为稠密的网络时效率很低。实际上，现实中的许多社交网络的社团结构常常是随时间变化的，即社团的规模和数量都有可能随时间变化，比如若干个小的社团可能会合并为一个大的社团，大社团也可能会分成若干个小社团，一个节点所属的社团也并非固定不变。

2. EAGLE 算法

EAGLE 算法的主要过程如下 3 个步骤：

（1）找出网络中的所有极大 k – 派系。忽略次要极大派系，余下的派系和次要节点都被当作初始社团。次要节点是指因舍弃节点数未达到 k 的完全耦合子图而产生的那些不在任何派系当中的孤立节点。

（2）计算每个社团之间的相似度，并选择相似度最大的两个社团进行合并，再计算这个新合并的社团与其他社团之间的相似度。

（3）重复步骤（2）直至只剩下一个社团结束。

EAGLE 算法的复杂度很高，第一过程的合并社团的时间复杂度就有 $O\left[n^2 + s\left(h + n\right)\right]$，第二过程即从树状图中选择一层作为社团结果的时间复杂度也有 $O(n^2 s)$。其中 n 是网络的节点数，s 是极大派系的数目，h 是相邻的极大派系对的数量。且还要加上找出网络中所有极大派系的时间等，整个算法的整体时间复杂度是很高的，因此 EAGLE 算法很难在大规模的现实网络上应用。

3. GCE 算法

由于 GCE 算法把极大派系作为初始社团种子并从其出发进行扩展，不可避免地会出现近似重复的社团，即当前扩展的社团和已经扩展得到的社团基本上为同一社团。为了判断两个社团 S_1 和 S_2 是否是重复，首先定义 $\varphi_E(S_1, S_2)$ 为社团 S_1 和 S_2 之间的距离，如下所示。

$$\varphi_E(S_1, S_2) = 1 - \frac{|S_1|}{\min(|S_1|, |S_2|)}$$

给定一组社团的集合 W 和一个社团 S_1，W 中所有与 S_1 距离小于 δ（一般取 0.4）的社团都认为是 S_1 的重复社团。基于此，GCE 算法的步骤如下所示：

（1）找到网络中所有节点数不小于 k 的极大派系，作为社团种子；

（2）选择没有进行扩展的种子中节点数最多的种子，根据适应函数进行扩展，直到加入任何节点都会降低适应函数的值，将此社团记为 D_0；

（3）如果已经生成并被接受的社团中存在与 D_0 距离小于 3，则认为 D_0 与已有社团重复，因此放弃 D_0，否则接受 D_0；

（4）返回步骤（2）继续执行，直到所有种子都已被扩展。

GCE 算法做了许多工程上的优化，并且很多参数都是经验值，但是其在人工网络及一些真实网络上效果很好，且效率很高，是目前较为优秀的重叠社团发现算法。然而，虽然 GCE 算法在实现时做了尽可能的优化，但其仍存在效率的瓶颈，即在处理大规模且稠密的网络时还是会导致扩展的过程很慢。

4. 标签传播算法

标签传播算法是一种基于图的半监督学习方法，其基本思路是用已标记节点的标签信息去预测未标记节点的标签信息。利用样本间的关系建立关系完全图模型，在完全图中，节点包括已标注和未标注数据，其边表示两个节点的相似度，节点的标签按相似度传递给其他节点。标签数据就像是一个源头，可以对无标签数据进行标注，节点的相似度越大，标签越容易传播。

5. 层次聚类法

给定一个数据集，层次聚类法要对这个数据集进行层次性的分解或聚合，直到满足一定条件为止。具体又可以分成两类。一为"自底向上"，即通过慢慢合并聚类（cluster）达到聚类效果；二为"自顶向下"，即通过慢慢分裂聚类而达到聚类效果。在"自底向上"方法中，初始化时每一个数据点都代表一个聚类，在接下来的迭代中，若存在两个足够相似的聚类，就把这两个聚类合成一个聚类，直到所有的聚类都不再变化。一般情况下，是运用两个聚类之间距离来判别这两个聚类是否足够相似。节点 i 和节点 j 间的相似值用 S_{ij} 表示，聚类 c_1 和聚类 c_2 之间的相似值用 $S(c_1, c_2)$ 表示，有下面三种方法可用于计算 (c_1, c_2)。

（1）若要求两个聚类间的任意两个点都比较相似，用最小相似值比较好，其缺点是聚成的类别较多。两个聚类间数据点的最小相似值如下式所示。

$$S(c_1, c_2) = \min S_{ij}, \quad i \in c_1, j \in c_2$$

（2）若要求聚成的聚类比较集中，类别数目较少，用最大相似值比较好，其缺点是聚成的聚类之间可能存在不相关的点。两个聚类间数据点的最大相似值如下式所示。

$$S(c_1, c_2) = \max S_{ij}, \quad i \in c_1, j \in c_2$$

（3）平均值也是常用的衡量标准之一，两个聚类间数据点的平均相似值如下式所示。

$$S(c_1, c_2) = \frac{1}{\cdots} \sum S_{i,j}, \quad i \in c_1, j \in c_2$$

6. 划分聚类法

给定一个包含 n 个 "数据对象" 的数据集，这些数据点可以是坐标点，可以是一个网页，或一张图片。把这 n 个数据对象进行划分，并构造成 k 个分组，每一个分组代表一个聚类。而且 k 个分组满足以下条件：①每一个分组至少包含一个数据点；②每两个组别之间没有重复的数据点，即每一个数据点属于且仅属于一个分组。划分聚类法在初始阶段要设定好聚类的数目，通过不断地一次次迭代优化分组的情况，使得每一次迭代后的分组的结果都比前一次迭代的聚类结果要好。聚类结果好的标准是同一个分组中的数据点的相似性越大越好，而不同分组的数据点相似性越小越好。

划分聚类法中的典型代表是 K-means 算法。K-means 算法是于 1967 年提出的一种基于样本间相似性度量的间接聚类方法，属于非监督学习方法。其具体步骤如下所示。

（1）从 n 个数据对象任意选择 k 个对象作为初始聚类中心（centroid）。

（2）将每一个数据点都赋给最近的聚类中心，直至所有数据点都赋给聚类中心之后，再重新更新每一聚类赋与一个新的聚类中心。

（3）重新计算每个有变化聚类的均值（聚类中心），直到没有数据点改变它所属的聚类，即每个聚类中心保持不变。

（4）计算标准测度函数，当满足一定条件，如函数收敛时，则算法终止；若条件不满足则回到步骤（2）。

算法的时间复杂度上界为 $O(nkt)$，其中 t 是迭代次数。以上步骤中提到的把数据点赋给与它最近的聚类中心，需要一个衡量相似度的方法来表示"最近"。其中，欧氏距离是欧氏空间中数据点常用的相似度衡量方法，cosine 距离则常用于文本图像间的距离计算。当然，还有其他描述相似性距离的方法，比如曼哈顿距离也可以描述欧氏空间中数据点的距离，而 Jaccard 方法也常应用于文本的距离计算。K-means 聚类算法思路比较简单，但也是十分实用的一个算法，如今已被广泛应用于各个领域。

三、自然语言处理

自然语言（Natural Language）是指人们日常交流使用的语言。相对于编程语言和数学符号这样的人工语言，自然语言随着一代代的传递而不断演化，因而很难用明确的规则来确定。广义上讲，自然语言处理（Natural Language Processing，NLP）包含所有用计算机对自然语言进行的操作，从简单的通过计数词汇出现的频率来比较不同的写作风格，到复杂的完全理解人所说的话，或至少达到能对人的话语做出有效反应的程度。简单来讲，是指利用计算机对自然语言的各级语言单位进行自动地处理，包括对字、词、句、篇章等进行转换、分析与理解等。具体来说，包括将句子分解为单词的语素分析、统计各单词出现频率的频度分析、理解文章含义并造句的功能。

NLP 的技术日益广泛。例如：手机和平板电脑对输入法联想提示和手写识别的支持；网络搜索引擎能搜索到非结构化文本中的信息；机器翻译能把中文文本翻译成其他国家的语言。通过提供更自然的人机界面和获取存储信息的高级手段，语言处理正在这个多语种的信息社会中扮演着更核心的角色。其应用领域也十分广泛，如从大量文本数据中提炼出有用信息的文本挖掘，以及利用文本挖掘对社交媒体上的商品和服务的评价进行分析等。苹果手机中的语音助手 Siri 也是自然语言处理的一个应用。

（一）自然语言工具包

自然语言工具包（Natural Language Toolkit，NLTK）创建于 2001 年，最初是宾州大学计算机和信息科学系计算语言学课程的一部分。从那以后，在数十名贡献者的帮助下不断发展壮大。下表列出了 NLTK 的一些最重要的模块。NLTK 包含大量的软件、数据和文档，提供了大量的用于各种文本分析的工具，包括常见度量的计算、信息提取和自然语言处理。

（二）自然语言处理模型

自然语言处理模型可分为三大类：基于规则的方法即分析模型，基于统计的方法即统计语言模型，还有就是混合模型。分析模型是对客观事物或现象的一种描述，是被研究对象的一种抽象。客观事物之间存在着相互依赖又相互制约的关系，要分析其相互作用机制，揭示内部规律，可根据对观测数据的分析，设计一种模型来代表所研究的对象。然而有些过程通过理论分析方法导出的模型不能很好地反映该过程的本质，于是研究者想到了可通过试验或直接由其发生过程测定数据，然后应用数理统计法求得各变量之间的函数关系，得到相应的模型，就是基于统计的自然语言处理模型，简称统计模型（statistical model）。基于统计的自然语言处理模型使用分布函数来表示词、词组及句子等自然语言基本单位，它描述了自然语言的基于统计的生成和处理规则。

统计语言模型首先要进行训练，当达到一定要求后便可应用。具体来说，大致经过以下步骤：①建立大容量的语料库，并对语料进行不同深度的标注；②设计模型和学习算法，根据不同的目的，选择不同的语言特征集，用设计的模型和算法学习和表达这些特征；③进行模型训练，根据学习的效果对模型和算法进行必要的调整，并重新学习，直至得到预期的结果；④将得到的模型植入应用系统，进行具体应用。典型的统计模型主要有：N－gram语言模型、指数语言模型、支持向量机语言模型和神经网络语言模型。

四、情感分析及其他

（一）情感分析

Web已经越来越成为现代社会各种信息的载体。随着Web2.0的兴起与普及，由普通用户主动发布的文本越来越多，如新闻、博客文章、产品评论、论坛帖子等。在线社交网络在近几年也得到迅速发展，如国内的新浪微博，是一个基于用户关系的信息分享、传播以及获取平台。用户可以通过Web，WAP以及各种客户端组件，以140字左右的文字更新信息，并实现即时分享。它给予网络用户更自由、更快捷的方式来沟通信息、表达观点、记录心情。在不到三年的时间内新浪微博已积累了近3亿用户，平均每秒有超过1 000条的新微博产生，用户每日发博量超过1亿条。这些微博不仅反映了一些事件信息，同时也附加了用户对事件的情感表达。

1. 情感分析的定义

通过对在线文本的文本内容分析，自动探测和分析对感兴趣话题的喜爱度，而不是通过调查问卷来制造特定的调查。人们可以很容易地识别在这些在线文本中的自然的评价。除此之外，能有效地监控这些在线文本可能也是很重要的，因为它们有时候会影响公众的观点，而且在线文本中负面的流言可能对某些组织造成后果严重的问题。这样就出现了一种适用于特定领域的，面向大规模文本，探测文本对所谈论主题的"喜欢"和"不喜欢"评价的技术，为多种应用提供了支持。这种技术往往是集中在一个特定主题的内容分析，为竞争力分析、市场分析以及为风险管理的"不受欢迎"的谣言的探测，这就是所谓的文本内容的情感分析。简单地说，情感分析是指分析说话者在传达信息时所隐含的情绪状态，对信息进行有效的分析和挖掘，对说话者的态度、意见进行判断或者评估，识别出其情感趋向，或得出其观点是"赞同"还是"反对"，甚至情感随时间的演化规律。

对于计算机程序来说，从一个较大篇幅的文档和博文中抽取情感词十分困难。特别是对于那些特点词汇或表达在不同知识领域或专业领域中表达不同意思的情况来说，尤其在涉及专业领域和政治领域时，情况将更为复杂。

2. 情感分析的用途

从历史的角度来看，根据技术以及社会化媒体的发展，情感分析的用途可分为两大类：一是作为决策过程的输入，在购买商品的决策过程中显得尤为重要。提供人们分享经验和看法的网络论坛越来越多，这满足了人们想要了解其他人对某件商品的看法的需求，而不是单纯地从某一本商品杂志中去查找相关决策辅助信息。二是与公司获取的关于商品及服务的反馈信息有关。过去,公司想要获取相关信息,需进行小组讨论民意调查等烦琐的工作,而现在公司则可以通过监测社会化媒体,实时了解到所需要的一切信息。使用情感分析,可以更好地理解用户的消费习惯,得出消费趋势和市场反应,找出消费根源,并快速发现新的商机与威胁。

通过情感分析还可以分析热点事件的舆情,为企业、政府等机构提供重要的决策依据。对于公司和独立用户的商业活动而言,情感分析是很有用的一种工具,可以为产品,服务或者品牌的评价进行分类。情感分析在微博海量数据上的应用,将有助于完善互联网的舆情监控系统;丰富和拓展企业的营销能力;通过波动分析,实现对物理世界异常或突发事件的检测;此外,还可以应用于心理学、社会学、金融预测等领域的研究。情感分析已在如电影评论、产品评价、用户反馈等领域中得到了尝试。

3. 情感分析的技术方法

尽管文本情感分析兴起不久,但针对情感的自动文本分析已有很广泛的研究,如情感分类器,影响分析,自动调查分析,评价抽取以及推荐系统。这些方法都是试图识别和文本相关的全局上的情感,要么是"喜欢"的,要么是"不喜欢"的,或者是一种"中立"的态度。情感分析具有全局性也具有局部性,基于全文的情感分析得出的结论只有一个,即整体而言是"喜欢"还是"不喜欢",这样就很难探测有关一个主题某个方面的细致情感。举例来说,尽管一个评论表示总体上很喜欢一个数码照相机,但是也可能提到他认为这个数码相机的可选颜色比较少。因此,把注意力放在局部文本关于主题情感的描述上,而不仅仅对全局的喜爱度的分析,是很自然和有意义的。所以情感分析的研究可以分为以下两条路线。

(1)基于全文的情感分析,往往采用机器学习的方法,把情感分析看成是一个模式分类问题。最受欢迎的情感分析工具都是基于机器学习分类器的,通常使用的方法有贝叶斯分类器(程序更加简单,因此得到广泛的应用)、最大熵和支持向量机三种。

(2)基于局部的情感分析,采用的方法往往要结合自然语言处理的技术,比如语言学模板,句法分析,机器翻译。

(二)语义检索

语义检索(Semantic Search)是指通过文章内各语素之间的关联性来分析语言的含义,与将单词视为符号来进行检索的关键词检索不同,语义检索更加需要透过现象看本质,准确地分析与捕捉用户所输入的文章或是语句中包含的真正含义,从而提高分析结果精确度的一种检索技术。

(三)链接挖掘

链接挖掘(Link Mining)是对 SNS、网页之间的连接结构、邮件的收发件关系、论文的引用关系等各种网络中的相互关系进行分析的一种挖掘技术。最近这种技术被应用在 SNS 中,如"你可能认识的人""你要找的是不是"等推荐功能,以及用于找到影响力较大的风云人物。

（四）A/B 测试

A/B 测试是指在网站优化的过程中，同时提供多个版本，并对各自的好评程度进行测试的方法。每个版本中的页面内容、设计、布局、文案等要素要有所不同，通过对比实际的点击量和转化率，就可以判断哪一个更优秀。想 SNS 中的大数据，则需要从用户发布的庞大文本数据中提炼出自己所需要的信息，并通过文本挖掘和语义检索等技术，由机器对用户要表达的意图进行自动分析。

在支撑大数据分析的技术中，虽然 Hadoop、数据仓库、分析型数据库等基础技术是不可忽视的，但即便这些技术是对提高处理的速度做出了很大的贡献，仅靠其本身并不能产生商业上的价值。如何从社交网络的大数据中获取有价值、有意义的信息，从商业价值的角度上考虑大数据分析，则就需要像自然语言处理、语义技术等方法的帮助了，它们可以更好地从个别数据中总结出有用的信息，从而获取商业价值，这一点也是不容忽视的。

第三节　社交网站大数据实践

一、社交网站大数据实践：腾讯

（一）腾讯大数据现状

腾讯在 2012 年 4 月正式公布了其社会化营销平台，宣称揭开了"大数据"转向广告层面盈利的序幕。腾讯公布了一组数据：基于 QQ 空间和朋友社团的广告系统的日流量已达几十亿，即时通信活跃账户数超过 7 亿，QQ 空间活跃账户数达 5.5 亿。这意味着，腾讯开放的社交网络日流量超过几十亿。

IBM 将大数据的特征概括为 4 个 V，即大量化（Volume）、多样化（Variety），快速化（Velocity）以及产生的价值（Value）。所以从这四个方面也可看出腾讯的大数据现状。首先，从业务角度来看，腾讯数据的确足够大。腾讯数据平台自研的 TDW 替换了商业数据库，实现公司级数据集中存储。其覆盖了公司 90% 易上手的业务产品，总记录达到 375 万亿条，日接入 5 千亿条；通过 TA/MTA/信鸽等外部应用，覆盖移动设备数 7.7 亿。其次，从平台角度来看，腾讯的数据平台拥有总设备 8 400 台，单集群 5 600 台，总存储 100 PB +；日新增数据 200 TB +，月数据增长率 10%；存储 100 + 个产品数据，存储 5 万多个表；日均 job 数 100 万，日均计算量 5PB。可见其数据量足够大，数据处理速度也是非常快的。从用户角度来看，这里提到的用户是指腾讯的内部员工。腾讯员工 2 万多人，腾讯数据门户的月活跃是 2 500 左右，也就是说访问腾讯数据门户的人占比公司 10% +；每月处理数据提取分析的任务数是 1 万个，如果访问者每人都会提数据任务，平均就是一个人提 4 个左右的分析提取任务；用户画像分析任务为 1.2 万，可以看出腾讯对用户画像的重视程度。最后，腾讯数据平台已经接入 100 多个产品的各类数据，比如：用户属性、用户标签、用户行为、用户兴趣、用户细分等，也可见其数据的多样化。

（二）腾讯大数据平台

腾讯大数据平台有如下核心模块：TDW、TRC，TDBank 和 Gaia。数据服务的核心是分布式存储、实时计算、离线计算，以数据产品的方式对外呈现于应用，业务平台则主要考虑的是用户接入、业务逻辑和关系型存储的工作。简单来说，TDW 用来做批量的离线计算，TRC 负责做流式的实时计算，TDBank 则作为统一的数据采集入口，而底层的 Gaia 则负责整个集群的资源调度和管理。下面将对这四块内容进行整体介绍：

（1）TDW（Tencent distributed Data Warehouse）：腾讯分布式数据仓库。它支持百 PB 级数据的离线存储和计算，为业务提供海量、高效、稳定的大数据平台支撑和决策支持。目前，TDW 集群总设备 8 400 台，单集群最大规模 5 600 台，总存储数据超过 100 PB，日均计算量超过 5 PB，日均 job 数达到 100 万个。

为了降低用户从传统商业数据库迁移门槛，TDW 基于开源 Hive 进行了大量定制开发。在功能扩充方面，SQL 语法兼容 Oracle，实现了基于角色的权限管理、分区功能、窗口函数、多维分析功能、DML - update/delete、入库数据校验等。在易用性方面，增加了基于 Python 的过程语言接口，以及命令行工具 PLClient，并提供可视化的 IDE 集成开发环境，使得开发效率大幅度提升。另外，在性能优化方面也做了大量工作，包括 Hash Join、按行 split、Order by limit 优化、查询计划并行优化等，特别是针对 Hive 元数据的重构，去掉了低效的 JDO 层，并实现元数据集群化，使系统扩展性提升明显。

为了尽可能促进数据共享和提升计算资源利用率，实施构建高效稳定的大集群战略，TDW 针对 Hadoop 原有架构进行了深度改造。首先，通过 JobTracker/NameNode 分散化和容灾，解决了 Master 单点问题，使得集群的可扩展性和稳定性得到大幅度提升。其次，优化公平资源调度策略，以支撑上千并发 JOB（现网 3k +）同时运行，并且归属不同业务的任务之间不会互相影响。同时，根据数据使用频率实施差异化压缩策略，比如热数据 LZO、温数据 GZ、冷数据 GZ + HDFS RAID，总压缩率相对文本可以达到 10～20 倍。

另外，为了弥补 Hadoop 天然在 update/delete 操作上的不足，TDW 引入 PostgreSQL 作为辅助，适用于较小数据集的高效分析。当前，TDW 正在向着实时化发展，通过引入 HBase 提供了千亿级实时查询服务，并开始投入 Spark 研发为大数据分析加速。

（2）TDBank（Tencent Data Bank）：数据实时收集与分发平台。构建数据源和数据处理系统间的桥梁，将数据处理系统同数据源解耦，为离线计算 TDW 和在线计算 TRC 平台提供数据支持。

从架构上来看，TBank 可划分为前端采集、消息接入、消息存储和消息分拣等模块。前端模块主要针对各种数据形式（普通文件，DB 增量/全量，Socket 消息，共享内存等）提供实时采集组件，提供了主动且实时的数据获取方式。中间模块则是具备日接入量万亿级的基于"发布—订阅"模型的分布式消息中间件，它起到了很好的缓存和缓冲作用，避免了因后端系统繁忙或故障从而导致的处理阻塞或消息丢失。针对不同应用场景，TDBank 提供数据的主动订阅模式，以及不同的数据分发支持（分发到 TDW 数据仓库，文件，DB，HBase，Socket 等）。整个数据通路透明化，只需简单配置，即可实现一点接入，整个大数据平台可用。

另外，为了减少大量数据进行跨城网络传输，TDBank 在数据传输的过程中进行数据压缩，并提供公网/内网自动识别模式，极大地降低了专线带宽成本。为了保障数据的完整性，TDBank 提供定制化的失败重发和滤重机制，保障在复杂网络情况下数据的高可用。TDBank 基于流式的数据处理过程，保障了数据的实时性，为 TRC 实时计算平台提供实时的数据支持。目前，TDBank 实时采集的数据超过 150 + TB/日（约 5 000 + 亿条/日），这个数字一直在持续增长中，预计年底将超过 2 万亿条/日。

（3）TRC（Tencent Real-time Computing）：腾讯实时计算平台。作为海量数据处理的另一利器，专门为对时间延敏感的业务提供海量数据实时处理服务。通过海量数据的实时采集、实时计算，实时感知外界变化，从事件发生，到感知变化，到输出计算结果，整个过程中秒级完成。

TRC 是基于开源的 Storm 深度定制的流式处理引擎，用 Java 重写了 Storm 的核心代码。为了解决资源利用率和集群规模的问题，重构了底层调度模块，实现了任务级别的权限管理、资源分配、资源隔离，通过和 Gaia 这样的资源管理框架相结合，做到了根据线上业务实际利用资源的状况、动态扩容和缩容，单集群轻松超过 1 000 台规模。为了提高平台的易用性和可运维性，提供了类 SQL 和 Pig Latin 这样的过程化语言扩展，方便用户提交业务，提升接入效率，同时提供系统级的指标度量，支持用户代码对其扩展，实时监控整个系统运营环节。另外将 TRC 的功能服务化，通过 REST API 提供 PaaS 级别的开放，用户无须了解底层实现细节就能方便的申请权限，资源和提交任务。

目前，TRC 日计算次数超过 2 万亿次，在腾讯已经有很多业务正在使用 TRC 提供的实时数据处理服务。比如，对于广点通广告推荐而言，用户在互联网上的行为能实时地影响其广告推送内容，在用户下一次刷新页面时，就提供给用户精准的广告；对于在线视频、新闻而言，用户的每一次收藏、点击、浏览行为，都能被快速归入他的个人模型中，立刻修正视频和新闻推荐。

（4）Gaia：统一资源调度平台。Gaia，希腊神话中的大地之神，是众神之母，取名寓意各种业务类型和计算框架都能植根于"大地"之上。对于海量数据来说，至关重要的是 Gaia 高效的资源调度，提供高并发的任务调度与资源管理，为实现秒级的数据监控与实时运算提供保证。它能够让应用开发者像使用一台超级计算机一样使用整个集群，极大地简化了开发者的资源管理逻辑。Gaia 提供高并发任务调度和资源管理，实现集群资源共享，具有很高的可伸缩性和可靠性，它不仅支持 MR 等离线业务，还可以支持实时计算，甚至在线 service 业务。

二、社交网站大数据实践：Twitter

Twitter（推特）是一个集社交网络和微博客服务于一体的社交网站，目前已是全球互联网上访问量最大的十个网站之一。它允许用户将自己的最新动态和想法以短信形式（推文）发送给手机和个性化网站群，而不仅仅是发送给个人。所有的 Twitter 消息都被限制在 140 个字符之内。Twitter 需要实时处理大量的数据。它主要被分成"在线部分"和"离线部分"两部分。在线部分指的是当用户发出请求，需要及时响应的部分。离线部分则指的是数据分析部分。传统的离线处理可能会有较大延迟。然而由于数据量庞大以及对低迟延的要求，导致 Twitter 无法使用 Hadoop 之类的高延迟大数据处理工具。

（一）Twitter 在线部分大数据解决方案

1. 状态存储

状态存储是 Twitter 面临的第一个难题。一是推文有 140 字，外加一些元数据。元数据包括 ID 和作者。对推文的查询有两种，一是按主键获取，二是按用户获取。最早的实现是用关系数据库，单表存储，并使用 Memcached 作为缓存。

随着时间的推移，Twitter 数据量在增大，之前 Twitter 数据库使用的磁盘阵列已经有800 GB，存储了近 30 亿条的推文。Twitter 面临的扩展性问题，解决方案就是对数据做分区。数据区分的方式有多种，若按主键切分，用户获取的时候性能会比较差；若按用户切分，则会按时间顺序逐个查询，直到访问到足够量的数据。为平衡两者需求，Twitter 最终选择了按时间切分。

解决了数据切分的问题，还有一个问题就是访问的延迟。Twitter 使用 Memcached 作为缓存。Memcached 的延迟一般只有 1 毫秒，而 MySQL 的延迟却达到 10 毫秒。由于 MySQL是水平切分过的，所以可能需要访问不止一个 MySQL 分区才能找到数据，而使用分布式缓存则不会遇到这个问题。因此，使用分布式缓存系统，就可以较好地解决延迟的问题。

2. 查询时间轴

时间轴是 Twitter 在线业务的第二个难题。时间轴就是打开 Twitter 主页看到的关注者的活动页面。时间轴上会显示按时间排列的推文。事实上，时间轴就是一个推文的序列，一开始的时候是使用 SQL 语句进行查询的。

使用主键获取的时候需要访问多个分区。那什么才是最佳分区呢？当前的做法是可以按时间分区。不同时间的数据会保存在不同的分区中。但是这样在有大量 SQL 查询的时候，仍然会出现问题。因为关注者会很多，内存中无法保存，访问时就会在磁盘中找，造成性能急剧下降。现在的做法是通过预处理来解决，Twitter 的时间轴解决方案是使用Fanout 来分发请求。当用户发一个新状态时，会通过一个 Fanout 引擎分发到多个时间轴中去。数据被保存在 Memcached 中，等待用户访问。若用户访问时缓存已超期，就可通过用户数据重建。通过这样的解决方案，现在获取和添加时间轴的延迟低于 1 毫秒，重建的延迟也小于 1 秒。

3. 状态搜索

状态搜索是 Twitter 的一大重点功能。与传统的搜索不一样，Twitter 的搜索不但要处理大量的数据，还要保证实时性。很早以前，Twitter 曾使用 MySQL 作为搜索引擎，用一张索引表来提供搜索功能。

（二）Twitter 离线部分大数据解决方案

对于 Twitter 来说，大数据收集以及大规模的大数据分析都是非常大的挑战。因此Twitter 使用了 Scribe 来收集数据，用 Hadoop 和 Storm 来处理大量的数据。

Scribe 是 Facebook 开发的一个开源的分布式数据收集工具。可以使用 Thrift 接口来收集并汇总数据，最后将数据保存到文件，也可把数据保存在 HDFS。数据从 Scribe 被收集后，会汇总到一些骨干 Scribe 节点，然后再转发到 Hadoop 或者 Storm 中。

在非实时的数据分析中，Twitter 也采用了 Hadoop。与 Hadoop 不同，Storm 是一个计算系统，它没有包括任何存储概念。这也就使得 Storm 可以用于各类的上下文中，无论数据是从一个非传统来源动态传入，还是存储在数据库等存储系统中，或者由一个控制器用于对其他一些设备进行实时操作。Hadoop 专注于批处理。这种模型对许多情形（比如为网页建立索引）已经足够，但还存在其他一些使用模型，它们需要来自高度动态的来源的实时信息。为了解决这个问题，就得借助 NathanMarz 推出的 Storm（现在在 Twitter 中称为 BackType）。Storm 不处理静态数据，但它处理预计会连续的流数据。考虑到 Twitter 用户每天生成 1.4 亿条推文，那么就很容易看到此技术的巨大用途。

（三）通过分析 Twitter 数据测量用户影响力

社交媒体很受营销团队的欢迎，而 Twitter 就是一种能引起大众对产品的热情的有效工具。利用 Twitter，更容易吸引用户，还可以直接与用户交流；反过来，用户对产品的讨论又会形成口碑营销。在资源有限并且确定无法与目标群体中的每个人直接交流时，通过区别对待可接触到的人。于是，找出 Twitter 中转发量最多，即最具有影响力的用户，已经成为营销团队的一重要任务。接下来我们将从这个方面来举例说明 Twitter 的解决方案。

整体而言，要找出最具影响力的用户或推文，其方案可如下陈述：首先，使用 SQL 查询将转发降序排列，找出最大的转发量。但是，传统的关系数据库中查询 Twitter 数据并不方便，因为 Twitter Streaming API 是以 JSON 格式输出推文的，这可能会非常复杂。在 Hadoop 生态系统中，Hive 项目提供了查询 HDFS 中数据的接口。Hive 的查询语言与 SQL 非常相似，但利用它为复杂类型建模很容易，因此我们可以轻松地查询出所拥有数据的类型。其次是解决 Twitter 数据导入到 Hive 问题，将 Twitter 数据导入到 HDFS 中，然后告知 Hive 数据的位置以及如何读取。

1. 使用 Apache Flume 收集数据

Twitter Streaming API 将为我们提供一个来自 Twitter 服务的稳定推文流。使用像 CURL 这样的实用工具来访问该 API，然后周期性地加载文件，这是一个选择。然而，这就需要我们编写代码来控制数据在何处进入 HDFS，而且，如果使用了安全集群，还必须集成安全机制。利用 CDH 内部的组件将文件自动从 API 移到 HDFS 就简单得多，并且无须手工干预。

Apache Flume 是一个数据获取系统，通过定义数据流中的端点来配置，这里的端点分别称作源（source）与汇（sink）。在 Flume 中，每段数据都称为事件；源负责生成事件，并通过连接起源与汇的通道传递事件。汇负责把事件写入预定义位置。Flume 支持一些标准的数据源，如 syslog 或 netcat。对这里的例子而言，我们需要设计定制的源，使之能够使用 Twitter Streaming API，然后将推文通过通道发送给汇，最后由汇负责将数据写入 HDFS 文件。此外，我们还可以在定制的源上通过一组搜索关键词来过滤推文，这样就可以识别出相关推文，从而避免 Twitter 的数据洪流。定制 Flume 源的代码见该链接。

2. 使用 Apache Oozie 管理分区

一旦将 Twitter 数据加载到 HDFS 中，就可以通过在 Hive 中创建外部表来查询了。利用外部表，不需要改变 HDFS 中数据的位置，即可对表进行查询。为确保可伸缩性，随着添加的数据越来越多，我们也需要对表进行分区。分区表允许我们在查询时剪掉已经读过的文件，这在处理大规模数据集时会带来更好的性能。然而，Twitter API 将继续输出推文，而 Flume 也会不断地创建新文件。我们可以将随着新数据进入而向表中添加分区的周期性过程自动化。

Apache Oozie 是一个工作流协同系统，可用于解决这里的问题。对于作业工作流的设计而言，Oozie 非常灵活，可以基于一组条件调度运行。我们可以配置工作流来运行 ALTER TABLE 命令，该命令负责向 Hive 中添加一个包含上一小时数据的分区。我们还可以控制这个工作流每小时执行。这就能确保我们看到的总是最新的数据。

3. 使用 Hive 查询复杂数据

在开始查询数据之前，我们需要确保 Hive 表可以正确地解释 JSON 数据。Hive 默认希望输入文件采用分隔的行格式，但我们的 Twitter 数据是 JSON 格式的，因此在默认情况下无法工作。实际上这是 Hive 最大的优势之一。Hive 允许我们灵活定义或重定义数据在磁盘上的表现方式。模式只有读数据的时候才需要真正保证，而且我们可以使用 Hive SerDe 接口来指定如何解释加载的数据。SerDe 代表的是 Serializer 和 Deserializer，这些接口会告诉 Hive，它如何将数据转换为 Hive 可以处理的东西。特别的是，Deserializer 接口用于从磁盘读数据时，该接口还会将数据转换为 Hive 知道如何操作的对象。我们可以编写一个定制的 SerDe，负责读入 JSON 数据并为 Hive 转换对象。

三、社交网站大数据实践：新浪

新浪微博是由新浪网推出的微博服务，是一个基于用户关系的信息分享、传播，以及获取信息的平台，提供微型博客服务类的社交网站。

据了解，新浪的基础架构整体经历过 3 个版本。第一版主要解决其发布规模问题，第二版则是解决数据规模的问题，第三版解决服务化的问题。

新浪微博基础架构第一版是 LAMP 架构。可快速开发为其主要优点，但随着用户数量的极速增加，之后相继出现了两大问题：其一是发表会出现延迟现象，另一个问题则是锁表。所以在第二版的时候，新浪就对其进行了模块化。其中最底层称基础层，是对数据做水平拆分；第二层为服务层，即将微博基础的单元设计成一个一个的模块。

第二版做了一定改进之后，随着用户和访问量依旧在不断地增加，很多新的问题继续出现。一是系统问题，比如单点故障导致的雪崩；二是访问速度问题，由于国内网络环境复杂，会有用户反映说在同地区访问较慢；三是数据压力以及峰值，MySQL 复制延迟、慢查询；四是热门事件来临的时候系统压力会暴增，例如世界杯的时候用户每秒发表的内容达到几千条。由此新浪继续改进，出现了第三版。

经过一年多的发展，在有一定的用户基数之后，新浪也终于开放了 API。这也就是所谓的第三版。在第三版时，新浪将底层的东西分成基础服务，包括一个去中心化自动化分布式的存储。在基础服务之上有平台服务，新浪把微博常用的应用做成了各种小的服务。最上面是 API，新浪微博各种第三方应用都运行在 API 上。

新浪的微博 API 是完全开放的，任何开发组织或者个人，只需通过简单的注册信息填写，就可以完全使用这套 API 的所有功能。其覆盖了新浪微博的全部功能，用户可通过

API 发微博、传照片、加关注，以及搜索等全部功能。基于这套微博全功能的 API 开发出来的应用和服务，用户完全可以在上面使用到新浪微博的所有功能，根本无须再去新浪微博的网站。并且新浪微博 API 支持 OAuth 协议，让用户使用新浪微博 API 创建的应用和服务的时候，无须关心账号和密码泄密的问题。

新浪微博给微博用户提供了一些数据类应用，如微数据。这些应用来自新浪微博数据中心。新浪微博数据中心基于海量微博数据为新浪内部、广大互联网用户提供了包括个人数据分析、行业数据分析、数据研究报告、数据接口输出等专业数据支持服务。

那新浪微博是如何处理每日近亿条记录更新，并且保证其一致性的呢？新浪使用了 MySQL。因为 MySQL 久经考验，并且有一整套切库、切表的解决办法。但是单单使用 MySQL 还不够，由于单机性能限制，以及对低延迟的考虑，还要加一层 Cache。Cache 保证了低延迟，但是，使用 Cache 会遇到一些问题。这些问题有序列化造成的开销和不一致的问题。新浪微博的解决办法是使用 Google Protocol Buffers 作为其序列化方案。Protocol Buffers 可以支持多种语言平台，生成内容较小，节省空间，性能好，一致性问题的解决方案是通过将平台异步化，将写缓存和数据库分开。

思考题

1. 简要概述社交网络中大数据分析的应用价值。
2. 社交网络中大数据分析的应用与挑战有哪些？
3. 试分析社会和心理因素在社交网络大数据分析中的作用。
4. 谈谈某一社交网站的大数据应用实践。
5. 试参考文中介绍或网上选取某一方法（算法），研究其在社交网站数据分析中的应用。

第十一章　大数据计算系统

Hadoop 是 Apache 软件基金会旗下的一个开源式分步计算平台，以 Hadoop 分布式文件系统（Hadoop Distributed File System，HDFS）和 MapReduce 为核心的 Hadoop 为用户提供了系统底层细节透明的分布式基础框架。

大数据处理有批处理和流处理两种模式。批处理模式下，数据源是静态的，使用这种处理模式的系统有 Hadoop、Disco、Spark 等；流处理模式下，数据源是动态的，使用这种处理模式的系统有 Storm、S4 等。通常地，批处理模式产生的中间结果会写入磁盘，而流处理模式产生的中间结果全部存入内存，读写磁盘会大大增加处理的延迟和处理的烦琐性，因此流处理模式相较于批处理模式，它的处理延迟更低，处理过程更加简单，更适合应用于实时计算。Storm 是一款典型的流处理模式下的大数据处理分析系统，与 Hadoop 等批处理系统相比，其在实时性、局效性、容错性、扩展性方面都表现出了明显的优势。

第一节　分布式大数据系统

一、Hadoop

Hadoop 是一个基础架构系统，是 Google 的云计算基础架构的开源实现，主要由 HDFS、MapReduce 组成。Hadoop 原本来自谷歌一款名为 MapReduce 的编程模型包。谷歌的 MapReduce 框架可以把一个应用程序分解为许多并行计算指令，让大量的计算节点运行非常巨大的数据集。使用该框架的一个典型例子就是在网络数据上运行的搜索算法。Hadoop 最初只与网页索引有关，后迅速发展成为分析大数据的领先平台。

（一）Hadoop 概况

Hadoop 最早起源于 Nutch。Nutch 是开源的网络搜索引擎，由 Doug Cutting 于 2002 年创建。Nutch 的设计目标是构建一个大型的全网搜索引擎，包括网页抓取、索引、查询等功能，但随着抓取网页数量的增加，遇到了严重的可扩展性问题，不能解决数十亿网页的存储和索引问题。之后，谷歌发表的两篇论文为该问题提供了可行的解决方案。

Hadoop 是一个由 Apache 基金会所开发的分布式系统基础架构。用户可以在不了解分布式底层细节的情况下开发分布式程序。简单地说，Hadoop 是一个可以更容易开发和运行处理大规模数据的软件平台，可充分利用集群的威力进行高速运算和存储。Hadoop 实现了一个分布式文件系统（HDFS）。HDFS 有高容错性的特点，并且设计用来部署在低廉的硬件上，形成分布式系统；它通过提供高吞吐量来访问应用程序的数据，适合那些有着超大数据集的应用程序。HDFS 放宽了 POSIX 的要求，可以流的形式访问文件系统中的数据。因此用户可以利用 Hadoop 轻松地组织计算资源，从而搭建自己的分布式计算平台，并且可以充分利用集群的计算和存储能力，完成海量数据处理。

Hadoop 框架最核心的设计就是 HDFS 和 MapReduce。HDFS 为海量的数据提供了存储，MapReduce 为海量的数据提供了计算，即 Hadoop 实现了 HDFS 文件系统和 MapReduce 计算框架，使 Hadoop 成为一个分布式的计算平台。用户只要分别实现 Map 和 Reduce，并注册 JOB 即可自动分布式运行。因此，Hadoop 并不仅仅是一个用于存储的分布式文件系统，而且是用于由通过计算设备组成的大型集群上执行分布式应用的框架。实际上，狭义的 Hadoop 就是指 HDFS 和 MapReduee，是一种典型的 Master – Slave 架构，如图 11 – 1 所示。

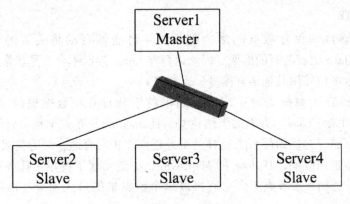

图 11 – 1　Hadoop 基本架构

（二）Hadoop 的功能和作用

众所周知，当今社会信息科技飞速发展，这些信息中又积累着大量数据，人们若要对这些数据进行分析处理，以获取更多有价值的信息，可以选择 Hadoop 系统。Hadoop 是一种实现云存储和云计算的方法，在处理这类问题时，采用了分布式存储方式，提高了读写速度，并扩大了存储容量。采用 MapReduce 来整合分布式文件系统上的数据，可保证分析和处理数据的高效。与此同时，Hadoop 还采用存储冗余数据的方式保证了数据的安全性。Hadoop 中 HDFS 的高容错特性，以及它是基于 Java 语言开发的特性使得 Hadoop 可以部署在低廉的计算机集群中，同时不限于某个操作系统。

（三）Hadoop 的优势

Hadoop 是一个能够对大量数据进行分布式处理的软件框架，Hadoop 可以一种可靠、高效、可伸缩的方式进行处理。Hadoop 是可靠的，因为它假设计算元素和存储会失败，因此维护多个工作数据副本，确保能够针对失败的节点重新分布处理。Hadoop 是高效的，因为它可以并行工作，通过并行处理加快处理速度。Hadoop 是可伸缩的，能够处理拍字节（PB）级数据。此外，Hadoop 依赖于廉价商用服务器，因此它的成本较低，任何人都可以使用。Hadoop 是一个能够让用户轻松搭建和使用的分布式计算平台，用户可以轻松地在 Hadoop 上开发和运行处理海量数据的应用程序。它的主要优点如下。

1. 高可靠性

Hadoop 按位存储和处理数据的能力值得人们信赖。

2. 高扩展性

Hadoop 是在可用的计算机集群间分配数据并完成计算任务的，这些集群可以方便地扩展到数以千计的节点中。

3. 高效性

Hadoop 能够在节点之间动态地移动数据，并保证各个节点的动态平衡，因此处理速度非常快。

4. 高容错性

Hadoop 能够自动保存数据的多个副本，并且能够自动将失败的任务重新分配。Hadoop 带有用 Java 语言编写的框架，因此运行在 Linux 生产平台上是非常理想的，Hadoop ± 的应用程序也可以使用其他语言编写，比如 C + + 。

Hadoop 得以在大数据处理中广泛应用得益于其自身在数据提取（Extract）、变形（Trasform）和加载（Load）方面的天然优势。Hadoop 的分布式架构，将大数据处理引擎尽可能地靠近存储，对例如像 ETL 这样的批处理操作相对合适，因为类似这样操作的批处理结果可以直接走向存储。Hadoop 的 MapReduce 功能实现了将单个任务打碎，并将碎片任务（Map）发送到多个节点上，之后再以单个数据集的形式加载（Reduce）到数据仓库里。

（四）Hadoop 的应用前景

Hadoop 在设计之初就定位于高可靠性、高可拓展性、高容错性和高效性。正是这些设计上与生俱来的优点，才使得 Hadoop 一出现就受到众多大公司的青睐，同时也引起了研究界的普遍关注。到目前为止，Hadoop 技术在互联网领域已经得到了广泛的运用。例如，雅虎使用 4 000 个节点的 Hadoop 集群来支持广告系统和 Web 搜索的研究；Facebook 使用 1 000 个节点的集群运行 Hadoop 存储日志数据，支持其上的数据分析和机器学习；百度用 Hadoop 处理每周 200 TB 的数据，从而进行搜索日志分析和网页数据挖掘工作；中国移动研究院基于 Hadoop 开发了"大云"（Big Cloud）系统，不但用于相关数据分析，还对外提供服务；淘宝的 Hadoop 系统用于存储并处理电子商务交易的相关数据。国内的高校和科研院所基于 Hadoop 在数据存储、资源管理、作业调度、性能优化、系统高可用性和安全性方面进行研究，相关研究成果多以开源形式贡献给 Hadoop 社区。

Hadoop 技术虽然已经被广泛应用，但是该技术无论在功能上还是在稳定性等方面还有待进一步完善，所以还在不断开发和不断升级维护的过程中，新的功能也在不断地被添加和引入，读者可以关注 Apache Hadoop 的官方网站了解最新的信息。得益于如此多厂商和开源社区的大力支持，相信在不久的将来，Hadoop 也会像当年的 Linux 一样被广泛应用于越来越多的领域，从而风靡全球。

二、HDFS 体系结构

(一) 数据块

每个磁盘都有默认的数据块 (Data Block) 大小, 这是磁盘进行数据读/写的最小单位。构建于单个磁盘之上的文件系统通过磁盘来管理该文件系统中的块, 该文件系统块的大小可以是磁盘块的整数倍。文件系统块一般为几千字节, 而一个磁盘块一般为 512 B, 这些信息对用户来说都是透明的, 都由系统来维护。

HDFS 是一个文件系统, 它也遵循按块的方式进行文件操作的原则。在默认情况下, HDFS 块的大小为 128 MB。也就是说, HDFS 上的文件会被划分为多个大小为 128 MB (默认时) 的数据块。当一个文件小于 128 MB 时, HDFS 不会让这个文件占据整个块的空间。

对分布式文件系统中的块进行抽象会带来很多好处, 具体有以下几点:

①一个文件的大小可以大于网络中任意一个磁盘的容量, 文件的所有块并不需要存储在同一个磁盘上, 因此它们可以利用集群上的任意一个磁盘进行存储。

②使用块而不是文件可以简化存储子系统。简化是所有系统的目标, 但是这对于故障种类繁多的分布式系统来说尤为重要。将存储子系统控制单元设置为块, 可简化存储管理 (由于块的大小是固定的, 因此计算单个磁盘能存储多少个块相对容易一些)。同时也消除了对元数据的顾虑, 因为块的内容和块的元数据是分开存放和处理的, 所以其他系统可以单独来管理这些元数据。

③块非常适用于数据备份, 进而提供数据容错能力和可用性。将每个块复制到少数几个独立的机器上 (默认为 3 个), 可以确保在发生块、磁盘或机器故障后数据不丢失。如果发现一个块不可用, 系统会从其他地方读取另一个副本, 这个过程对用户是透明的。

(二) 数据复制

HDFS 被设计成一个可以在大集群中、跨机器、海量数据的框架。它将每个文件存储成块 (Block), 所有的 Block 都是同样的大小。

Block 为了容错都会被冗余复制。每个文件的 Block 大小和复制 (Replication) 因子都是可配置的。Replication 因子在文件创建的时候会默认读取客户端的 HDFS 配置, 然后创建, 以后也可以改变。HDFS 中的文件只写入一次, 并且严格要求在任何时候只有一个写入者 (writer)。HDFS 的数据冗余复制示意如图 11 - 2 所示。

文件/user/zkpk/data/part - 0001 的 Replication 因子值是 2, Block 的 ID 列表包括 1 和 3, 可以看到块 1 和块 3 分别被冗余备份了两份数据块; 文件/user/zkpk/data/part - 0002 的 Replication 因子值是 3, Block 的 ID 列表包括 2、4、5, 可以看到块 2、4、5 分别被冗余复制了三份。在 HDFS 中, 文件所有块的复制会全权由名称节点 (NameNode) 进行管理, NameNode 周期性地从集群中的每个数据节点 (DataNode) 接收心跳包和一个 BlockReport。心跳包, 表示该 DataNode 节点正常工作, 而 BlockReport 包括了该 DataNode 上所有的 Block 组成的列表。

块复制（Block Replication）

NameNode(Filename, numReplicas, block-ids,)

/user/zkpk/date/part－0001,r2,{1,3}

/user/zkpk/data/part－0002,r3,{2,4,5}

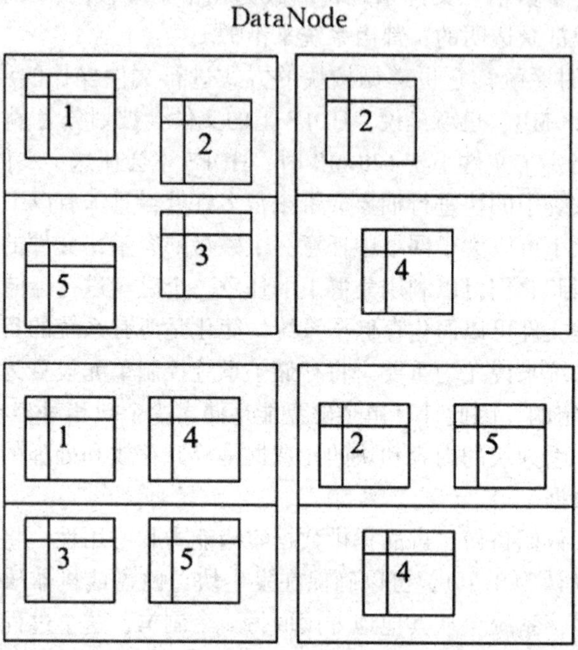

DataNode

图 11 －2　数据冗余复制示意

（三）数据副本的存放策略

　　数据分块存储和副本的存放是 HDFS 保证可靠性和高性能的关键。HDFS 将每个文件的数据进行分块存储，同时每一个数据块又保存有多个副本，这些数据块副本分布在不同的机器节点上。优化的副本存放策略是 HDFS 区分于其他大部分分布式文件系统的重要特性。这种特性需要做大量的调优，并需要经验积累。HDFS 采用一种称为机架感知（rackaware）的策略来改进数据的可靠性、可用性和提高网络带宽的利用率。通过一个机架感知的过程，NameNode 可以确定每个 DataNode 所属的机架 ID。一个简单且没有优化的策略就是将副本存放在不同的机架上。这样可以有效防止当整个机架失效时数据的丢失，并且允许读数据的时候充分利用多个机架的带宽。这种策略设置可以将副本均匀分布在集群中，有利于组件失效情况下的负载均衡。但是，因为这种策略的一个写操作需要传输数据块到多个机架，因此增加了写的代价。目前实现的副本存放策略只是在这个方向上的第一步。实现这个策略的短期目标是验证它在生产环境下的有效性，观察它的行为，为实现更先进的策略打下测试和研究的基础。在多数情况下，HDFS 默认的副本系数是 3。为了数据的安全和高效，Hadoop 默认对 3 个副本的存放策略，如图 11 －3 所示。

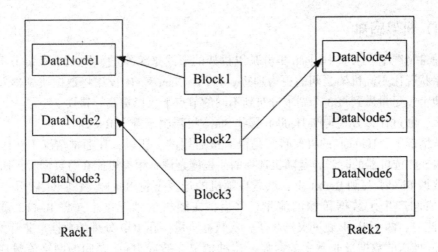

图 11 - 3　Block 备份规则

①第一块：在本机器的 HDFS 目录下存储一个 Block。

②第二块：在不同 Rack（机架）的某个 DataNode 上存储一个 Block。

③第三块：在该机器的同一个 Rack 下的某台机器上存储最后一个 Block。

这种策略减少了机架间的数据传输，提高了写操作的效率，而且可以保证对该 Block 所属文件的访问能够优先在本 Rack 下找到，如果整个 Rack 发生了异常，也可以在另外的 Rack ± 找到该 Block 的副本。这样可以保障足够的高效，同时做到了数据的容错。

机架的错误远远比节点的错误少，所以这个策略不会影响数据的可靠性和可用性。与此同时，因为数据块只放在两个（不是三个）不同的机架上，所以此策略减少了读取数据时需要的网络传输总带宽。在这种策略下，副本并不是均匀分布在不同的机架上。三分之一的副本在一个节点上，三分之一的副本在同一个机架的其他节点上，其他副本均匀分布在剩下的机架中，这一策略在不损害数据可靠性和读取性能的情况下改进了写的性能。

如果将 Block 备份设置成三份，那么这三份一样的块是怎么复制到 DataNode 上的呢？下面了解一下 Block 块的备份机制，如图 11 - 4 所示。

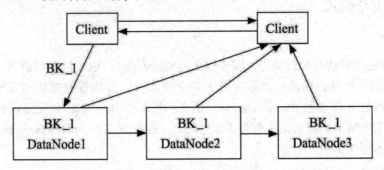

图 11 - 4　Block 的备份机制

假设第一个备份传到 DataNode1 上，那么第二个备份是从 DataNode1 上以流的形式传输到 DataNode2 上，同样，第三个备份是从 DataNode2 上以流的形式传输到 DataNode3 上。

（四）机架感知

在通常情况下，大型 Hadoop 集群是以机架的形式来组织的，同一个机架上不同节点间的网络状况比不同机架之间的更为理想。另外，NameNode 设法将数据块副本保存在不同的机架上，尽量做到将 3 个副本分布到不同的节点上，以提高容错性。

那么，通过什么方式告知 Hadoop 哪些 Slave 机器属于哪个 Rack？

默认情况下，Hadoop 的机架感知是没有被启用的。所以，在通常情况下，Hadoop 集群的 HDFS 在选机器的时候，是随机选择的。也就是说，很有可能在写数据时，Hadoop 将第一块数据 Block1 写到 Rack1 上，然后在随机的选择下将 Block2 写到 Rack2 下，此时两个 Rack 之间产生了数据传输的流量。之后，在随机的情况下，又将 Block3 重新写回 Rack1，此时，两个 Rack 之间又产生了一次数据流量。在 JOB 处理的数据量非常大，或者往 Hadoop 推送的数据量非常大的时候，这种情况会造成 Rack 之间的网络流量成倍地上升，成为性能的瓶颈，进而影响作业的性能乃至整个集群的服务。

要将 Hadoop 机架感知的功能启用，配置非常简单，在 NameNode 所在机器的 core-site. xml 配置文件中配置一个选项：

```
< property >
< name > topology. script. file. name </ name >  < value >/path/to/script  </ value >
< property >
```

这个配置选项的 value 指定为一个可执行程序，通常为一个脚本，该脚本接收一个参数，输出一个值。接收的参数通常为某台 DataNode 机器的 IP 地址，而输出的值通常为该 IP 地址对应的 DataNode 所在的 Rack，例如/Rack1。NameNode 启动时，会判断该配置选项是否为空，如果非空，则表示已经用机架感知的配置，此时 NameNode 会根据配置寻找该脚本，并在接收到每一个 DataNode 的 heartbeat（心跳）时，将该 DataNode 的 IP 地址作为参数传给该脚本运行，并将得到的输出作为该 DataNode 所属的机架保存到内存的一个 Map 中。

（五）安全模式

1. 简介

NameNode 在启动时会自动进入安全模式（SafeMode），也可以手动进入。安全模式是 Hadoop 集群的一种保护模式。当系统处于安全模式时，会检查数据块的完整性。假设我们设置的副本数（即参数 dfs replication）是 5，那么在 DataNode 上就应该有 5 个副本存在，若只有 3 个副本，那么比率就是 3/5 （0. 6）。在配置文件 hdfs-default. xml 中定义了一个最小的副本率 0. 999。

```
< property >
< name > dfs, safemode threshold, pct </ name > value >0. 999f </ value >
</ property >
```

当前的副本率 0. 6 明显小于 0. 999，因此系统会自动复制副本到其他 DataNode，当 DataNode 上报的 Block 个数达到了元数据记录的 Block 个数的 0. 999 倍时才可以离开安全模式，否则一直是这种只读模式。如果设为 1 则 HDFS 永远处于安全模式。如果系统中有

232

8 个副本，超过我们设定的 5 个副本，那么系统也会删除多余的 3 个副本。

由此看来，安全模式是 Hadoop 的一种保护机制，用于保证集群中数据块的安全性。

2. 影响

当系统处于安全模式时，不接受任何对名称空间的修改，同时也不会对数据块进行复制或删除。虽然不能进行修改文件的操作，但是可以进行浏览目录结构、查看文件内容等操作。

在安全模式下运行 Hadoop 程序时，有时会报以下错误：

org. apache，hadoop. dfs. SafeMode Exception：Cannot delete/user/ hadoop/input. Name node is in safe mode.

正常情况下，安全模式会运行一段时间后自动退出，只是需要等一会儿。有没有不用等，直接退出安全模式的方法呢？下面一起来看一下如何用命令来操作安全模式。

3. 操作

hadoop dfsadmin-safemode leave//强制 NameNode 退出安全模式。

hadoop dfsadmin-safemode enter//进入安全模式。

hadoop dfsadmin-safemode get//查看安全模式状态。

hadoop dfsadmin-safemode wait//等待，一直到安全模式结束。

(六) 负载均衡

HDFS 的数据也许并不是非常均匀地分布在各个 DataNode 中。机器与机器之间磁盘利用率不平衡是 HDFS 集群非常容易出现的情况，尤其是在 DataNode 节点出现故障或在现有的集群上增加新的 DataNode 的时候。当新增一个数据块（一个文件的数据被保存在一系列的块中）时，NameNode 在选择 DataNode 接收这个数据块之前，会考虑很多因素。其中的一些因素如下。

①将数据块的一个副本放在正在写这个数据块的节点上。

②尽量将数据块的不同副本分布在不同的机架上，这样集群可在完全失去某一机架的情况下还能存活。

③一个副本通常被放置在和写文件的节点同一机架的某个节点上，这样可以减少跨越机架的网络 I/O。

④尽量均匀地将 HDFS 数据分布在集群的 DataNode 中。

由于上述多种因素的影响，数据可能不会均匀分布在 DataNode 中。当 HDFS 出现不平衡状况的时候，会引发很多问题，比如 MapReduce 程序无法很好地利用本地计算的优势、机器之间无法达到更好的网络带宽使用率、机器磁盘无法利用等。为此，HDFS 提供了一个专门用于分析数据块分布和重新均衡 DataNode 上的数据分布的工具：

$HADOOP_ HOME/bin/start-balancer. sh-t 10%

在这个命令中，-t 参数后面跟的是 HDFS 达到平衡状态的磁盘使用率偏差值。如果机器与机器之间磁盘使用率偏差小于 10%，那么我们就认为 HDFS 集群已经达到了平衡状态。Hadoop 开发人员在开发负载均衡程序 Balancer 的时候，建议遵循以下几个原则。

①在执行数据重分布的过程中，必须保证数据不能出现丢失，不能改变数据的备份

数，不能改变每一个机架中所具备的 Block 数量。

②系统管理员可以通过一条命令启动数据重分布程序或停止数据重分布程序。

③Block 在移动的过程中，不能占用过多的资源，如网络宽带。

④数据重分布程序在执行的过程中，不能影响 NameNode 的正常工作。

负载均衡程序作为一个独立的进程与 NameNode 进程分开执行。HDFS 负载均衡的处理步骤如下。

①负载均衡服务 Rebalancing Server 从 NameNode 中获取所有的 DataNode 情况，具体包括每一个 DataNode 磁盘使用情况，见图 11 – 5 中的流程 1。

②Rebalancing Server 计算哪些机器需要将数据移动，哪些机器可以接收移动的数据，以及从 NameNode 中获取需要移动数据的分布情况，见图 11 – 5 中的流程 2。

③Rebalancing Server 计算出可以将哪一台机器的 Block 移动到另一台机器中去，如图 11 – 5 所示的流程 3。

④需要移动 Block 的机器将数据移动到目标机器上，同时删除自己机器上的 Block 数据，如图 11 – 5 中的流程 4 ~ 6 所示。

⑤Rebalancing Server 获取本次数据移动的执行结果，并继续执行这个过程，一直到没有数据可以移动或 HDFS 集群已经到达平衡的标准为止，如图 11 – 5 所示的流程 7。

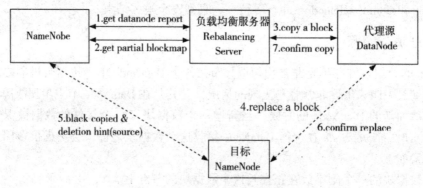

图 11 – 5 HDFS 数据重分布流程示意

在大多数情况下，我们可以选择上述 HDFS 的这种负载均衡工作机制，然而一些特定的场景确实还是需要不同的处理方式，这里设定一种场景。

①复制因子是 3。

②HDFS 由两个机架（Rack）组成。

③两个机架中的机器磁盘配置不同，第一个机架中每一台机器的磁盘配置为 2 TB，第二个机架中每一台机器的磁盘配置为 12 TB。

④大多数数据的两份备份都存储在第一个机架中。

在这样的情况下，HDFS 集群中的数据肯定是不平衡地出现在运行负载均衡程序会发现运行结束以后整个 HDFS 集群中的数据依旧不平衡。Rack1 中的磁盘剩余空间远远小于 Rack2，这是因为负载均衡程序的原则是不能改变每一个机架中所具备的 Block 数量。简单地说，就是在执行负载均衡程序的时候，不会将数据从一个机架移到另一个机架中，所以就导致了负载均衡程序永远无法平衡 HDFS 集群的情况。

针对这种情况，就需要 HDFS 系统管理员手动操作来达到负载均衡，操作步骤如下。

①继续使用现有的负载均衡程序，但修改机架中的机器分布，将磁盘空间小的机器部署到不同的机架中去。

②修改负载均衡程序，允许改变每一个机架中所具有的 Block 数量，将磁盘空间告急的机架中存放的 Block 数量减少，或者将其移到其他磁盘空间充足的机架中去。

（七）心跳机制

所谓"心跳"，是一种形象化描述，指的是持续地按照一定频率在运行，类似于心脏在永无休止地跳动。Hadoop 中心跳机制的具体实现如下：

①Hadoop 集群是 Master/Slave 模式。其中，Master 包括 NameNode 和 ResourceManager，Slave 包括 DataNode 和 NodeManager。

②Master 启动的时候，会开一个 IpcServer 在那里，等待 Slave 心跳。

③Slave 启动时，会连接 Master，并每隔 3 秒钟主动向 Master 发送一个"心跳"，将自己的状态信息告诉 Master，然后 Master 也是通过这个心跳的返回值，向 Slave 节点传达指令。

④需要指出的是，NameNode 与 DataNode 之间的通信，ResourceManager 与 NodeManager 之间的通信，都是通过"心跳"完成的。

⑤当 NameNode 长时间没有接收到 DataNode 发送的心跳时，NameNode 就判断 DataNode 的连接已经中断，不能继续工作了，就把它定性为 dead node。NameNode 会检查 dead node 中的副本数据，复制到其他 DataNode 中。

三、MapReduce

在云计算和大数据技术领域被广泛提到并被成功应用的一项技术就是 MapReduce。MapReduce 是 Google 系统和 Hadoop 系统中的一项核心技术。

（一）MapReduce 的基本工作过程

MapReduce 是一种处理大数据集的编程模式，它借鉴了最早出现在 LISP 语言和其他函数语言中的 map 和 reduce 操作，MapReduce 的基本过程为：用户通过 map 函数处理 key/value 对，从而产生一系列不同的 key/value 对，reduce 函数将 key 值相同的 key/value 对进行合并。现实中的很多处理任务都可以利用这一模型进行描述。通过 MapReduce 框架能实现基于数据切分的自动并行计算，大大简化了分布式编程的难度，并为在相对廉价的商品化服务器集群系统上实现大规模的数据处理提供了可能。

MapReduce 的过程其实非常简单，但上面解释看上去却较为晦涩，我们用一个实际的例子来说明 MapReduce 的编程模型。假设我们需要对文件 example.txt 中出现的单词次数进行复计，这就是著名的 WordCount 例子，在这个例子中 MapReduce 的编程模型可以进行如下描述。用户需要处理的文件 example.txt 已被分为多个数据片存储在集群系统中不同的节点上了，用户先使用一个 Map 函数（example.txt，文件内容），在这个 Map 函数中 key 值为 example.txt，key 通常是指一个具有唯一值的标识，value 值就是 example.txt 文件中的内容。Map 操作程序通常会被分布到存有文件 example.txt 数据片段的节点上发起，这个 Map 操作将产生一组中间 key/value 对（Word，Count），这里的 Word 代表出现在文件

example. txt 片段中的任一个单词，每个 Map 操作所产生的 key/value 对只代表 example. txt 一部分内容的统计值。Reduce 函数将接收集群中不同节点 Map 函数生成的中间 key/value 对，并将 key 相同的 key/value 对进行合并，在这个例子中 Reduce 函数将对所有 Key 值相同的 value 值进行求和合并。最后输出的 key/value 对就是（Word，Count），其中 Count 就是这个单词在文件 example. txt 中出现的总的次数。

（二）MapReduce 主要特点

1. 需要在集群条件下使用

MapReduce 的主要作用是实现对大数据的分布式处理，其设计时的基本要求就是在大规模集群条件下（虽然一些系统可以在单机下运行，但这种条件下只具有仿真运行的意义）。Google 本身就是世界上最大的集群系统，所以 MapReduce 需要在集群系统下运行才能有效。

2. 需要有相应的分布式文件系统的支持

这里要注意的是，单独的 MapReduce 模式并不具有自动的并行性能，就像它在 LISP 语言中的表现一样，它只有与相应的分布式文件系统相结合才能完美地体现 MapReduce 这种编程框架的优势。如 Google 系统对应的分布式文件系统为 GFS，Hadoop 系统对应的分布式文件系统为 HDFS。MapReduce 能实现计算的自动并行化很大程度上是由于分布式文件系统在对文件存储时就实现了对大数据文件的切分，这种并行方法也叫数据并行方法。数据并行方法避免了对计算任务本身的人工切分，降低了编程的难度，而像 MPI 往往需要人工对计算任务进行切分，因此分布式编程难度较大。

3. 可以在商品化集群条件下运行，不需要特别的硬件支持

和高性能计算不同，基于 MapReduce 的系统往往不需要特别的硬件支持，按 Google 的报道，它们的实验系统中的节点就是基于典型的双核 x86 的系统，配置 2 ~ 4 GB 的内存，网络为百兆网和千兆网构成，存储设备是便宜的硬盘。

4. 假设节点的失效为正常情况

传统的服务器通常被认为是稳定的，但在服务器数量巨大或采用廉价服务的条件下，服务器的实效将变得常见，所以通常基于 MapReduce 的分布式计算系统采用了存储备份、计算备份和计算迁移等策略来应对，从而实现在单节点不稳定的情况下保持系统整个的稳定性。

5. 适合对大数据进行处理

由于基于 MapReduce 的系统并行化是通过数据切分实现的数据并行，同时计算程序启动时需要向各节点拷贝计算程序，过小的文件在这种模式下工作反而会效率低下。Google 的试验也表明一个由 150 秒时间完成的计算任务，程序启动阶段的时间就花了 60 秒。可以想象，如果计算任务数据过小，这样的花费是不值得的，同时对过小的数据进行切分也无必要，所以 MapReduce 更适合进行大数据的处理。

6. 计算向存储迁移

传统的高性能计算数据集中存储，计算时数据向计算节点复制，而基于 MapReduce 的

分布式系统在数据存储时就实现了分布式存储，一个较大的文件会被切分成大量较小的文件存储于不同的节点，系统调度机制在启动计算时会将计算程序尽可能分发给需要处理的数据所在的节点。计算程序的大小通常会比数据文件小得多，所以迁移计算的网络代价要比迁移数据小得多。

7. MapReduce 的计算效率会受最慢的 Map 任务影响

由于 Reduce 操作的完成需要等待所有 Map 任务的完成，所以如果 Map 任务中有一个任务出现了延迟，则整个 MapReduce 操作将受最慢的 Map 任务的影响。

第二节 流数据实时计算系统

一、Storm 简介及结构

（一）Storm 简介

BackType 公司（后被 Twitter 收购）前工程师 Nathan Marz 在使用 Hadoop 过程中，因为不满意 Hadoop 系统的扩展性和其代码的烦琐性，以及其粗糙的容错处理机制，提出了一种支持实时流处理、扩展机制简单的编程模型 Topology，取名为 Storm。Storm 于 2011 年 9 月 19 日正式开源，实现 Storm 的语言为一种运行于 Java 平台的 LISP 语言 Clojure。Storm 是很有潜力的流处理系统，出现不久，就在淘宝、百度、支付宝、Groupon、Facebook、Twitter 等平台上得到使用。第三方支付平台支付宝使用 Storm 来计算实时交易量、交易排行榜、用户注册量等，每天处理的信息超过 1 亿条，处理的日志文件超过 6 TB；团购网站 Groupon 使用 Storm 对实时数据进行快速数据清洗、格式转换、数据分析；Twitter 使用它来处理 Tweet（用户发送到 Twitter 上的信息）。

Storm 的 Topology 编程模型简单，在实际任务处理时却很实用。Topology 实际上就是任务的逻辑规划，包含 Spout 和 Bolt 两类组件，Spout 组件负责读取数据，Bolt 组件负责任务处理。与 MapReduce 相比，它的任务粒度相对灵活，不只局限于 MapReduce 中的 Map 和 Reduce 函数，用户可以根据任务需求编写自己的函数。同时，它不存储中间数据，组件与组件之间的数据传递通过消息传递的方式。对于很多不需要存储中间数据的应用来说，Topology 编程模型降低了处理过程的烦琐与延迟。

1. Storm 具有很好的容错性、扩展性、可靠性和健壮性

Storm 使用 ZooKeeper（Hadoop 中的正式子项目，后被广泛使用的一种分布式协调工具）作为集群协调工具，当发现正在运行的 Topology 出错的时候，ZooKeeper 就会告诉 Nimbus（Storm 系统的主进程，负责分发任务等操作），然后 Nimbus 就重新分配并启动任务。在 Storm 中，Topology 被提交后，在没有被手动停止之前，它都将一直处于运行状态。这些措施都是为了保证该系统的容错性。当需要在集群中新加入节点的时候，只需要修改配置文件和运行 Supervisor 和 ZooKeeper 进程即可，扩展起来十分方便。另外，Storm 采用消息传递方式进行数据运算，数据传输的可靠性至关重要。Storm 系统中传递的消息，主节点都会根据消息的产生到结束生成一棵消息树。所以，消息从诞生到消亡的整个过程，它都会被跟踪。如果主节点发现某消息丢失，那么它就会重新处理该消息。正是因为有了容错性、可靠性的保障，该系统运行中体现出健壮性，不会出现轻易宕机、崩溃的现象。

2. Storm 并行机制灵活

各个组件的并行数由用户根据任务的繁重程度自行设定，如果该组件处理的任务复杂度高，耗费时间多，那么并行数目的设置就偏大些，相反地，并行数目的设置则偏小些。这样，拓扑中的每个组件就能很好地配合，最大化地利用集群性能，提高任务处理效率。

3. Storm 支持多种语言

Storm 内部实现语言是 Clojure，基于 Storm 开发的应用却可以使用几乎任何一种语言，而所需的只是连接到 Storm 的适配器。Storm 默认支持 Clojure、Java、Ruby 和 Python，并已经存在针对 Scala、Ruby、Perl 和 PHP 的适配器，更多的适配器将会随着应用的扩展变得更加的丰富。

（二）Storm 原理及其体系结构

1. Storm 编程模型原理

Storm 编程模型采用的是生活中常见的并行处理任务方式——流水线作业方式。Storm 实现一个任务的完整拓扑如图 11-6 所示，在 Storm 中每实现一个任务，用户就需要构造一个这样的拓扑。该拓扑包含两类组件：Spout 和 Bolt。Spout 负责读取数据源，Bolt 负责任务处理。Storm 处理一个任务，往往会把该任务拆分为几部分，分别由不同的 Bolt 组件来实现。这是流水线作业中实现并行和提升任务处理效率采用的方法。

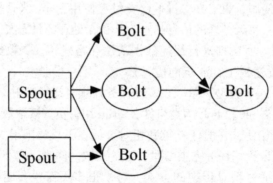

图 11-6　Storm 编程模型 Topology

比如，使用 Storm 处理单词统计的任务（WordCount），该任务的拓扑如图 11-7 所示，Spout 组件负责读取要统计的数据源中的句子，Split 组件负责将接收到的句子拆分成单个的单词，把这些单词发送至 Count 组件，Count 组件负责统计发送过来的单词出现的次数。

这样一个统计单词的任务就被拆分为三部分来操作，每部分可以根据任务的繁重程度来规划并行数目，各个组件的并行数没有明确规定。比如，可以设置 Spout 并行数为 2，Split 并行数为 8，Count 并行数为 12，如图 11-8 所示。

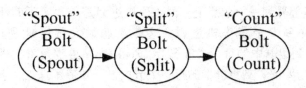

图 11 –7　WordCount Topology

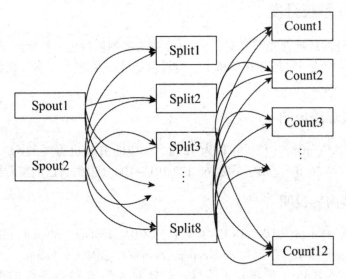

图 11 –8　WordCount 并行工作模式

2. Storm 体系结构

Storm 中因为没有使用文件系统，相比于 Hadoop 它的架构要简单得多。Storm 依然采用的是主从架构模式，即有一个主进程和多个从进程。除了这两个进程以外，还有在主进程与从进程之间进行协调的进程 ZooKeeper。Storm 的体系结构如图 11 –9 所示。

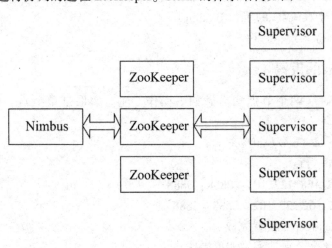

图 11 –9　Storm 体系结构

Storm 是由三类进程组成的，但是 Storm 的三进程部署到具体的集群上又是怎样的呢？因为主进程任务是负责分发任务和调度任务，在一个任务中只需要一个这种角色，所以主进程 Nimbus 只需要部署到一个节点上。而工作机进程是负责实际的任务处理，一个集群有多少节点就配置多少个工作机进程，这样才能最大限度地利用集群性能，所以 Supervisor 需要部署到集群中的每一个节点上。ZooKeeper 进程负责主进程与工作进程协调的任务，因此它也需要部署到集群中的每一个节点上。知道了这点，下面的部署安装也就不难理解了。

二、Storm 系统开发

搭建 Storm 开发环境首先需要安装 Storm 系统需要的依赖包，然后再安装 Storm 系统工具包。Storm 开发环境可以搭建在单机上，也可以搭建在集群上。本节我们在 4 个节点构建的集群上搭建 Storm 开发环境。

（一）试验环境说明

①操作系统：CentOS 64 位（可以为 32 位，相应的 JDK 也需要 32 位）。
②集群配置：4 个节点。IP：192 168 122 101 – 104（根据自己的集群情况自行设置）。

（二）安装内容说明

①依赖软件：Python、JDK、GCC – C + +、UUID、libtook、libuuid、libuuid-devel。
②安装 Storm 所需工具包包含 ZooKeeper、ZeroMQ、JZMQ 和 Storm。
A. ZooKeeper：Hadoop 的正式子项目，是针对大型分布式系统的可靠协调系统，提供配置维护、名字服务、分布式同步、组服务等功能。ZooKeeper 的目标就是封装好复杂易出错的关键服务，将简单易用的接口和性能高效、功能稳定的系统提供给用户。
B. ZeroMQ：类似于 Socket 的一系列接口，ZeroMQ 与 Socket 的区别在于 Socket 是端到端的（1:1）的关系，而 ZeroMQ 是 N：M 的关系，屏蔽细节使得网络编程更加简单。
C. JZMQ：针对 ZeroMQ 的 Java Binding。
D. Storm：Storm 系统主程序。

（三）Storm 的设置

设置 ZooKeeper（两个节点均需做如下操作。注：如果是单节点，就不需要以下操作）：
vi/usr/local/zookeeper/conf/zoq. cfg
文件最后添加一行：
Server. 1 = 192. 168. 122. 101：2888：3888
Server. 2 = 192 16&122. 102：2888：3888
保存退出，ZooKeeper 设置完成。
设置 Storm（4 个节点均需做如下操作）：
vi/usr/local/storm/conf/storm. yaml
将 storm. yaml 文件中的：
#storm，zookeeper，Servers：

#— "Server1"

#— "Server2"

替换为：

storm，zookeeper，Servers：

#— "192. 16&122. 101"

#— "192 16&122. 102"

将：

#nimbus，host："nimbus"

替换为：

nimbus，host："192. 168. 122. 102"

添加 Storm 临时文件存放目录：

storm local dir："/tmp/storm"

另外，可根据节点性能情况适当添加 supervisor 进程槽端口号，添加几个端口号就表示该节点启动多少个 supervisor 进程，本书添加了如下 4 个端口号。实际上，可以根据节点性能添加更少或者更多的端口号。

supervisor slot ports：

—6701

—6702

—6703

—6704

保存退出，然后将新建文件夹/tmp/storm 作为 storm 运行时存放临时文件的目录：

mkdir-p/tmp/storm

到此，一个节点上的 Storm 的设置完成，其余节点配置一样，可以将这个文件复制到其他节点的/usr/local/storm/conf 目录中，替换掉以前的 storm. yaml 文件。

（四）Storm 的启动

①在节点 192. 168. 122. 101 和 192. 168. 122. 102 上启动 ZooKeeper 进程：

zkserver. sh start

②在主节点 192. 168. 122. 101 上启动 Nimbus、Supervisor、UI 进程：

storm nimbus&

storm supervisor&

storm ui&

UI 进程是一个 Storm 系统的 Web 图形管理进程，启动 UI 进程后可以通过浏览器查看 Storm 系统状态。

③在子节点 192. 168. 122. 102 ~ 192. 16&122. 104 上启动 Supervisor 进程：

storm supervisor&

现在检测是否安装成功，通过浏览器输入 192. 168. 122. 101：8080 查看。

1. 分布式大数据系统包括什么？
2. Hadoop 的优势与应用前景是什么？
3. MapReduce 的基本工作过程是什么？
4. 流数据实时计算系统包括哪些？

第十二章　大数据与信息安全

尽管医学技术不断变化，但健康数据仍然是我们生活中非常私密的部分。在大数据使得较之以往任何时候都更为强大的发现成为可能的同时，重新审视相关信息被所有医疗保健机构共享后的隐私保密方式也显得相当重要。医疗保健行业的领导者已经呼吁构建一个更为广泛的信用框架，使得不同来源、不同隐私保密程度的健康数据得以汇聚。

大数据正在改变世界，但是它并没有改变人们对于保护个人隐私、确保公平或是防止歧视的坚定信仰。我们在鼓励使用数据以推动社会进步，特别是在市场与现有的机构并未以其他方式来支持这样的进步的领域的同时，也需要相应的框架、结构与研究，来帮助保护我们的核心价值观念。

第一节　大数据带来的安全问题

大数据的意义在于政府可以从中了解整个国民经济社会的运行，以便更好地指导社会的运转；企业可以从中了解客户的行为，从而推出针对性的产品和服务；研究者则可以利用大数据从社会、经济、技术等不同的角度来进行研究。大数据技术被众多企业和组织机构列为最具战略意义的技术之一，同时各国政府也是大数据技术的主要推动者。

一、大数据安全面临的问题

大数据的发展仍然面临着许多问题，其中安全问题是阻碍大数据推广与应用的主要问题之一。大数据环境下，由于海量信息的开放和融合，信息安全问题将更加突出。由于大数据的来源多样且应用目标不同，这就造成了数据共享、公开与数据安全保护之间的矛盾。这种矛盾虽然在传统信息系统中也存在，但在大数据共享与交换过程中则更为突出，且存在以下三方面的问题：

其一，大数据共享、交换与使用过程不可控。数据源，即数据的提供方，包括个人用户和机构，对其共享数据的采集、存储、使用和二次传播无法有效控制，难以对数据进行追溯、追踪。

其二，大数据的可信性难以验证。大数据的可信性威胁可能来自于数据源的伪造或刻意制造，也可能来自于数据传播中的逐步失真，而大数据的使用者还难以根据数据来源的真实性、数据传播途径和加工处理过程的可靠性来判断数据的可信度。

其三，大数据的内容安全难以识别。大数据内容的安全，一方面在于需要识别不同来源的数据当中是否包含不安全的内容，如病毒、木马等，但更重要的是，当多源无害数据被从各个方面大量收集后，其中蕴含的知识是否会危及数据源方、使用方或其他第三方的安全。例如，多个案例已经证明，本不包含个人信息的共享数据，当从多个方面进行大量收集后也会暴露个人隐私。因此，大数据内容安全的保护对象不仅限于大数据自身，也包括大数据中所蕴含的知识。

从以上分析可以看出，大数据应用的发展必然使安全威胁不断增加，所需的安全成本和资源也必然成倍增长，且这一阶段的信息安全内涵较之以往将发生显著的变化，从过去单纯的应对威胁发展到既要应对威胁又要追求开放和共享、质量和效益。这种安全观念的变化将直接导致基于威胁分析的安全范式向基于风险管理的安全范式转变。

在当今复杂的、分布的、异构的大数据环境下，无论采取多么完善的信息安全手段都难以达到绝对的安全，风险总会存在，因而很难采取风险消除的方法实现安全性，适宜的方法是将基于风险的安全理念引入到保障信息系统信息安全的过程中，对整个信息系统进行风险管理。风险管理承认风险事件将会存在，但发生的频率及产生后果的严重程度将被限制和控制在可承受的范围。由此可见，风险管理体现了对信息系统信息安全的动态管理，是一个连续的过程，其最终目的是采用一组安全措施集合，即特定的安全方案将风险降低至可接受的程度，而非完全消除风险。因此，风险管理是信息安全的新范式，最佳的信息系统信息安全保障方式实际上就是运用风险管理手段和方法管理风险的保障方式。

信息安全风险管理的目标是在信息可用性和信息安全性之间建立平衡，其核心是对信息安全风险的有效分析和准确评估，通过确定其中存在的风险等级而采取相应的安全防护策略。但是在大数据环境下，由于前述三个问题的存在，使得原有评估模型、评估指标体系和评估方法都面临新的挑战，这表现在以下几个方面：

（一）风险评估对象和目标带来的挑战

传统风险评估的对象是自治的封闭系统，即使与外界有数据交换，也仅限于合作伙伴间确定的可控的方式，而大数据的风险评估对象是开放的数据和系统，其中的数据流动、使用和可能遭受的威胁都具有不确定性。同时，两者的评估目标也完全相反，前者的目标是防止因非授权访问而带来的风险与损失，而后者的目标是尽可能地开放数据访问权，并将风险控制在可承受范围之内。大数据风险评估对象和目标的不同，使原有评估指标、评估方法面临新的挑战。

（二）评估模型的挑战

传统风险评估未将数据作为一种独立的资产进行建模，而仅是将数据的载体，如主机、存储设备等一个个载体作为资产，分别对其价值、脆弱性和威胁进行风险计算，这样导致的结果是每一个数据对象是依赖其载体被一个个孤立计算。而大数据的特点在于不同来源的数据汇集在一起，其产生的价值并不是各个数据价值的简单相加。同时，由于数据来源复杂，可信度不同，数据当中还蕴藏着风险，如何对这种脆弱性和风险进行建模和计算，也是对传统评估模型的挑战。

（三）应对决策和法律风险的挑战

大数据背景下，出于协助执法和突发事件应急处置的需要，管理部门可能要求数据源方提供可用数据，但由于缺乏收集限制原则的约束，因此存在公权力与数据安全保护的冲突，尤其是与个人隐私保护的冲突，也需要建立在风险评估的基础上加以解决，并且需要完善相关立法来根据风险评估结果约束数据的采集和使用。这对个人隐私保护的行政监管，个人隐私泄露的风险评估机制，隐私保护的法律法规和基本规则都是新的挑战。

综上所述，如何对大数据共享与公开过程中的信息安全风险进行评估，提出对策和法律建议，已经成为解决数据公开与信息安全保护这一对矛盾，实现大数据共享，从而提升公共管理和服务能力的关键。因此，本章提出了对大数据背景下信息安全风险评估与对策的研究。

二、大数据安全需求

大数据的产生使数据分析与应用更加复杂，难以管理。据统计，过去3年里全球产生的数据量比以往400年的数据加起来还多，这些数据包括文档、图片、视频、Web 页面、电子邮件、微博等不同类型，其中，只有20%是结构化数据，80%则是非结构化数据。数据的增多使数据安全和隐私保护问题日渐突出，各类安全事件给企业和用户敲响了警钟。

在整个数据生命周期里，企业需要遵守更严格的安全标准和保密规定，故对数据存储与使用的安全性和隐私性要求越来越高，传统数据保护方法常常无法满足新变化网络和数字化生活，也使得黑客更容易获得他人信息，有了更多不易被追踪和防范的犯罪手段，而现有的法律法规和技术手段却难以解决此类问题。因此，在大数据环境下数据安全和隐私保护是一个重大挑战。

在大数据时代，业务数据和安全需求相结合才能够有效提高企业的安全防护水平。通过对业务数据的大量收集、过滤与整合，经过细致的业务分析和关联规则挖掘，企业能够感知自身的网络安全态势，预测业务数据走向。了解业务运营安全情况，这对企业来说具有革命性的意义。

随着对大数据的广泛关注，有关大数据安全的研究和实践也已逐步展开，包括科研机构、政府组织、企事业单位、安全厂商等在内的各方力量，正在积极推动与大数据安全相关的标准制定和产品研发，为大数据的大规模应用奠定更加安全和坚实的基础。

在理解大数据安全内涵、制定相应策略之前，有必要对各领域大数据的安全需求进行全面了解和掌握，以分析大数据环境下的安全特征与问题。

（一）互联网行业

互联网企业在应用大数据时，常会涉及数据安全和用户隐私问题。随着电子商务、手机上网行为的发展，互联网企业受到攻击的情况比以前更为隐蔽。攻击的目的并不仅是让服务器宕机，更多是以渗透 APT 的攻击方式进行。因此，防止数据被损坏、篡改、泄露或窃取的任务十分艰巨。

同时，由于用户隐私和商业机密涉及的技术领域繁多、机理复杂。很难有专家可以贯通法理与专业技术，界定出由于个人隐私和商业机密的传播而产生的损失，也很难界定侵权主体是出于个人目的还是企业行为。所以，互联网企业的大数据安全需求是：可靠的数据存储、安全的挖掘分析、严格的运营监管，呼唤针对用户隐私的安全保护标准、法律法规、行业规范，期待从海量数据中合理发现与发掘商业机会和商业价值。

（二）电信行业

大量数据的产生、存储和分析，使得运营商在数据对外应用和开放过程中面临着数据保密、用户隐私、商业合作等一系列问题。运营商需要利用企业平台、系统和工具实现数据的科学建模，确定或归类这些数据的价值。

由于数据通常散乱在众多系统中，信息来源十分庞杂，因此运营商需要进行有效的数据收集与分析，保障数据的完整性和安全性。在对外合作时，运营商需要能够准确地将外部业务需求转换成实际的数据需求，建立完善的数据对外开放访问控制。

在此过程中，如何有效保护用户隐私，防止企业核心数据泄露，成为运营商对外开展大数据应用需要考虑的重要问题。因此，电信运营商的大数据安全需求是：确保核心数据与资源的保密性、完整性和可用性。在保障用户利益、体验和隐私的基础上充分发挥数据的价值。

（三）金融行业

金融行业的系统具有相互牵连、使用对象多样化、安全风险多方位、信息可靠性和保密性要求高等特征。而且金融业对网络的安全性、稳定性要求更高。系统要能够高速处理数据，提供冗余备份和容错功能，具备较好的管理能力和灵活性，以应对复杂的应用。

虽然金融行业一直在数据安全方面追加投资和技术研发，但是金融领域业务链条的拉长、云计算模式的普及、自身系统复杂度的提升以及对数据的不当利用等，都增加了金融业大数据的安全风险。

因此，金融行业的大数据安全需求是：对数据访问控制、处理算法、网络安全、数据管理和应用等方面提出安全要求，期望利用大数据安全技术加强金融机构的内部控制，提高金融监管和服务水平，防范和化解金融风险。

（四）医疗行业

随着医疗数据的几何倍数增长，数据存储压力也越来越大。数据存储是否安全可靠，已经关乎医院业务的连续性。因为系统一旦出现故障，首先考验的就是数据的存储、备份和恢复能力。如果数据不能迅速恢复，而且恢复不到断点，就会对医院的业务、患者满意度构成直接损害。

同时，医疗数据具有极强的隐私性，大多数医疗数据拥有者不愿意将数据直接提供给其他单位或个人进行研究利用，而数据处理技术和手段的有限性也造成了宝贵数据资源的浪费。因此，医疗行业对大数据安全的需求是：数据隐私性高于安全性和机密性，同时需要安全和可靠的数据存储、完善的数据备份和管理，以帮助医疗机构进行疾病诊断，药物开发，管理决策，完善医院服务，提高病人满意度，降低病人流失率。

（五）政府组织

大数据分析在安全上的潜能已经被各国政府组织发现，它的作用在于能够帮助国家构建更加安全的网络环境。例如，美国进口安全申报委员会很早就宣布，通过6个关键性的调查结果证明，大数据分析不仅具备强大的数据分析能力，而且能确保数据的安全性。

三、大数据安全的特征

（一）移动数据安全面临高压力

社交媒体、电子商务、物联网等新应用的兴起，打破了企业原有价值链的围墙，仅对原有价值链各个环节的数据进行分析，已经不能满足需求。需要借助大数据战略打破数据边界，使企业了解更全面的运营及运营环境的全景图。

但是，这显然会对企业的移动数据安全防范能力提出更高的要求。此外，数据价值的提升会造成更多敏感性分析数据在移动设备间传递，一些恶意软件甚至具备一定的数据上传和监控功能，能够追踪到用户位置，窃取数据或机密信息，严重威胁个人的信息安全，使安全事故等级升高。

在移动设备与移动平台威胁飞速增长的情况下，如何跟踪移动恶意软件样本及其始作俑者，分析样本相互间关系，成为移动大数据安全需要解决的问题。

（二）网络化社会使大数据易成为攻击目标

在网络空间里，大数据是更容易被发现的大目标。一方面，网络访问便捷化和数据流的形成，为实现资源的快速弹性推送和个性化服务提供了基础。正因为平台的暴露，使得蕴含着潜在价值的大数据更容易吸引黑客的攻击。

另一方面，在开放的网络化社会，大数据的数据量大且相互关联，使得黑客成功攻击一次就能获得更多数据，无形中降低了黑客的进攻成本，增加了收益率。例如，黑客能够利用大数据发起僵尸网络攻击，同时控制上百万台傀儡机并发起攻击，或者利用大数据技术最大限度地收集更多有用信息。

（三）用户隐私保护成为难题

大数据的汇集不可避免地加大了用户隐私数据信息泄露的风险。由于数据中包含大量的用户信息，使得对大数据的开发利用很容易侵犯公民的隐私，恶意利用公民隐私的技术门槛大大降低。在大数据应用环境下，数据呈现动态特征，面对数据库中属性和表现形式不断随机变化，基于静态数据集的传统数据隐私保护技术面临挑战。各领域对于用户隐私保护有多方面的要求和特点，数据之间存在着复杂的关联和敏感性，而大部分现有隐私保护模型和算法都是仅针对传统的关系型数据，不能直接将其移植到大数据应用中。

（四）海量数据的安全存储问题

随着结构化数据和非结构化数据量的持续增长，以及分析数据来源的多样化，以往的存储系统已经无法满足大数据应用的需要。对于占数据总量80%以上的非结构化数据，通常采用NoSQL存储技术完成对大数据的抓取、管理和处理。

虽然NoSQL数据存储易扩展、高可用、性能好，但是仍存在一些问题。例如，访问控制和隐私管理模式问题、技术漏洞和成熟度问题、授权与验证的安全问题、数据管理与保密问题等。而结构化数据的安全防护也存在漏洞，例如物理故障、人为误操作、软件问题、病毒、木马和黑客攻击等因素都可能严重威胁数据的安全性。

大数据所带来的存储容量问题、延迟、并发访问、安全问题、成本问题等，对大数据的存储系统架构和安全防护提出了挑战。

（五）大数据生命周期变化促使数据安全进化

传统数据安全往往是围绕数据生命周期部署的，即数据的产生、存储、使用和销毁，随着大数据应用越来越多，数据的拥有者和管理者相分离，原来的数据生命周期逐渐转变成数据的产生、传输、存储和使用。

由于大数据的规模没有上限，且许多数据的生命周期极为短暂，因此，传统安全产品要想继续发挥作用，则需要及时解决大数据存储和处理的动态化、并行化特征，动态跟踪数据边界，管理对数据的操作行为。

（六）大数据的信任安全问题

大数据的最大障碍不是在多大程度上取得成功，而是让人们真正相信和信任大数据这包括对别人数据的信任和自我数据被正确使用的信任。例如，近年来工资"被增长"、CPI"被下降"、房价"被降低"、失业率"被减少"，因百姓的切身感受与统计数据之间的差异以及国家和地方之间 GDP 数据严重不符，都导致了市场对统计数据的质疑。

同时，大数据的信任安全问题也不仅是指要相信大数据本身，还包括要相信可以通过数据获得的成果。但是，要让人们相信和信任通过大数据模型获得的洞察信息却并不容易，而证明大数据本身的价值比成功完成一个项目要更加困难。因此，构建对大数据的安全信任至关重要，这需要政府机构、企事业单位、个人等多方面共同建设和维护好大数据可信任的安全环境。

解决大数据自身的安全问题。大数据安全不同于关系型数据安全，大数据无论是在数据体量、结构类型、处理速度、价值密度方面，还是在数据存储、查询模式、分析应用上，都与关系型数据有着显著差异。

大数据意味着数据及其承载系统的分布式，单个数据和系统的价值相对降低，空间和时间的大跨度，价值的稀疏，使得外部人员寻找价值攻击点更不容易。但是，在大数据环境下完全地去中心化很难。只要存在中心就可能成为被攻击的穴道，而对于低密度价值的提炼过程也是吸引攻击的内容。

针对这些问题，传统安全产品所使用的监控、分析日志文件、发现数据和评估漏洞的技术在大数据环境中并不能有效运行。很多传统安全技术方案中，数据的大小会影响到安全控制或配套操作能否正确运行。多数网络安全产品不能进行调整，无法满足大数据领域，也不能完全理解其面对的信息。而且，在大数据时代会有越来越多的数据开放，交叉使用，在这个过程中如何保护用户隐私是最需要考虑的问题。

为解决大数据自身的安全问题，需要重新设计和构建大数据安全架构和开放数据服务，从网络安全、数据安全、灾难备份、安全风险管理、安全运营管理、安全事件管理、安全治理等各个角度考虑，部署整体的安全解决方案，保障大数据计算过程、数据形态、应用价值的安全。

随后将从以下三个方面探讨大数据安全问题：

（1）大数据信息安全风险因素的识别。研究大数据信息安全风险因素的识别方法，分析大数据传播、挖掘过程中的各种风险因素，包括其中的政策、制度、技术、隐私保护和法律风险因素。研究基于数据追溯的风险识别机制，实现数据和关联资产的识别，使大数据的流动、使用变得部分可控、可追踪；进而在此基础上，围绕关联数据和资产，研究威胁的识别方法和可能性计算方法，使不确定的威胁也可以得到动态识别。

（2）大数据安全策略研究。研究以数据为中心的大数据风险评估模型，将不同来源的大数据独立作为一种资产进行建模，从数据规模、维度、传播范围、用户数量、内容关联性强弱等方面描述大数据资产的价值，从敏感属性及其关联性、隐私复合约束性等方面描述大数据内容的脆弱性和可能面临的威胁。研究数据源和数据使用方之间的直接、间接信任关系，数据可信性的传递机制，建立大数据可信度的计算模型。将模糊数学理论、知识发现理论等引入大数据的风险评估，对风险事件发生的概率和影响进行分析，确定各风险因素的风险等级，并评估整体的风险度。

（3）大数据信息安全的法律法规建设。研究大数据系统的安全预警、安全决策与应急处置机制，研究大数据系统安全预警的启动条件和安全预警决策启动流程，研究数据共享与安全应急处置决策、方案调控的整体框架，以及应急方案的多属性群体决策方法。建立大数据安全风险控制问题的求解策略框架，研究应急方案的效用指标和多目标优化模型及求解方法，作为应急方案实施效果评价和决策的依据。研究大数据采集、共享、使用、传播当中的隐私保护等法律问题，从民法、经济法、刑法及行政法等不同层面提出法律对策和建议。

第二节 大数据信息安全风险因素识别

公共和私营部门如何在将风险最小化的同时，将大数据的价值最大化？

大数据技术能够将大量的数据集以从前不可能的方式分析出有价值的东西。的确，部分大数据所能产生的卓见是研究者过去从未敢想过的。但是，有关大数据的技术能力已然达到了成熟与普及的水平，它要求我们思考如何努力在大数据提供的机遇与这些技术所带来的社会、伦理问题之间做出平衡。

大数据分析令数据科学家积聚了海量数据，包括非结构化数据，并且使他们能够找出异常点与数据模式。在这种发现的模式中，为了找到针，你得有个大海；为了获得确定的洞见，你需要一定量的数据。而在其中所涉及的巨大数据量内，就隐含了对于个人隐私的关键性挑战。

一、大数据信息安全问题日益凸显

随着互联网、物联网、云计算等技术的快速发展，全球数据量出现爆发式增长。与此同时，云计算为这些海量的多样化数据提供了存储和运算平台，分布式计算等数据挖掘技术又使得大数据分析规律、研判趋势的能力大大增强。在大数据不断向各个行业渗透并深刻影响国家政治、经济、民生、国防等领域的同时，其安全问题也将对个人隐私、社会稳定和国家安全带来巨大的潜在威胁，如何应对这些巨大的挑战，成为摆在我们面前的重要课题。大数据背景下，信息安全的风险因素主要体现在以下几个方面：

（一） 互联网上国家数据资源大量流失

互联网海量数据的跨境流动，加剧了大数据作为国家战略资源的大量流失，全世界的各类海量数据正在不断汇总到美国，短期内还看不到转变的迹象。随着未来大数据的广泛应用，涉及国家安全的政府和公用事业领域的大量数据资源也将进一步开放，但目前由于相关配套法律法规和监管机制尚不健全，极有可能造成国家关键数据资源的流失。

（二） 数据整合对用户隐私安全威胁严重

随着大数据挖掘分析技术的不断发展，个人隐私保护和数据安全变得非常紧迫。一是大数据环境下人们对个人信息的控制权明显下降，导致个人数据能够被广泛、翔实地收集和分析。二是大数据被应用于攻击手段，黑客可最大限度地收集更多有用信息，为发起攻击做准备，大数据分析让黑客的攻击更精准。三是随着大数据技术的发展，更多信息可以用于个人身份识别，而个人身份识别信息的范围界定困难，隐私保护的数据范围变得模糊。四是以往建立在"目的明确、事先同意、使用限制"等原则之上的个人信息保护制度，在大数据场景下变得越来越难以操作。

数据整合等技术在使大数据分析功能日益强大的同时，也给目前个人隐私的保护带来了严峻挑战。当数据开始连接到个人或设备时，一些隐私保护技术将设法去除这种连接，或者将个人身份信息"模糊化"（"deidentify"）。但是，一些同样有效的技术也可以把这些碎片化的连接复原，并重新确定相应的个人或设备信息。同样，整合不同的数据可能会导致一些分析师所说的"马赛克效应"，即个人身份信息甚至可以从不包括其个人识别码的数据库中得到或者推断出，只要明确包括其爱好等倾向在内的行为图谱即可。

（三） 基于大数据挖掘技术的国家安全威胁日益严重

大数据时代美国情报机构已抢占先机，美国通过遍布在全球的国安局监听机构如地面卫星站、国内监听站、海外监听站等采集各种信息，对采集到的海量数据进行快速预处理、解密还原、分析比对、深度挖掘，并生成相关情报，供上层决策。

（四） 基础设施安全防护能力不足引发数据资产失控

一是基础通信网络关键产品缺乏自主可控，成为大数据安全缺口。我国运营企业网络中，国外厂商设备的现网存量很大，国外产品可能存在原生性后门等隐患，一旦被远程利用，大量数据信息就存在被窃取的安全风险。

二是我国大数据安全保障体系不健全，防御手段能力建设处于起步阶段，尚未建立起针对境外网络数据和流量的监测分析机制，对"棱镜"监听等深层次、复杂、高隐蔽性的安全威胁难以有效防御、发现和处置。

（五） 云存储/网盘带来的安全隐患

云存储是一种基本服务。通过云存储服务，用户不必使用本地存储设备，不再需要关注物理层的存储设备，也避免了维护期和硬件升级的高昂开销，通过网络就能随时随地访问数据。

云服务提供商（Cloud Service Provider，CSP）可以获取、搜索用户存储在云端的数据。大家熟悉的云存储有：苹果 iCloud、百度网盘、360 云盘、QQ 空间、微信朋友圈以及几乎所有的即时通信工具等，都存储在云端服务器中。

从云存储的运作模式来看，用户上传的资料并不能全部以密文保存，对于未加密的资料，管理员可以直接查看和删除。如果管理员违反职业操守，就可能造成严重的后果。此外，如果用户的移动终端或客户端用户名和密码泄露或被非法窃取，服务器上用户的隐私数据安全将难以保证。

这意味着，用户上传到云端的资料信息越多，个人隐私越多，信息安全隐患就越大。

二、移动互联网/智能手机是个人信息泄露的重要渠道

移动互联时代的一切看起来似乎都很美好，但实际上存在不少问题，用户信息泄露、二维码扫描陷阱、移动快捷支付诈骗、移动应用恶性竞争等不良现象时有发生，移动安全问题更是备受关注。

移动应用中存在着大量的恶意应用，倘若用户在不知情的情况下去下载安装这些恶意应用，就可能遭遇隐私被窃、资费消耗、后台安装等恶意行为。此外，随着移动互联网的发展，相关地下黑色产业链也开始浮出水面，毋庸置疑，这也埋下了极大的安全隐患。

移动互联网具有网络融合化、终端智能化、应用多样化、平台开放化等特点，同时也造成监管复杂化的问题，给国家安全、社会稳定和用户保护尤其是用户隐私保护带来了新的安全隐患。具体如下：

（一）技术融合新增安全隐患，用户行为难以溯源

相比传统互联网，移动互联网增加了无线空口接入，并将大量移动电信设备如 WAP 网关、IMS 设备等引入 IP 承载网，给互联网产生了新的安全威胁，其中网络攻击、失窃密等问题将更为突出。例如，通过破解空口接入协议非法访问网络，对空口传递信息进行监听和盗取等。

同时，与传统互联网不同，移动互联网因 IPv4 地址有限而引入了 NAT（网络地址转换）技术。NAT 技术有效解决了地址资源紧缺问题，但其破坏了互联网"端到端透明性"的体系架构，同时由于目前部分移动上网日志留存信息的缺失，使得侦查部门只能追溯到某一对应多个私网用户的公网 IP 地址，而无法精确溯源、落地查人，给不法分子提供了可乘之机。加之手机实名制尚未在我国完全普及，使得目前移动互联网成为不法分子实施网络犯罪的主要途径之一。

（二）移动终端智能化给国家信息安全监管和用户隐私保护带来新挑战

移动智能终端打破了传统手机应用的封闭性，其不仅具有与电脑相当的强大功能和业务能力，而且记录并存储了大量用户隐私数据。同时，移动智能终端的安全防护能力较弱及主流产品由国外企业掌控的现状，给我国移动互联网用户的个人隐私带来了潜在安全风险，也对国家信息安全监管工作造成极大威胁，主要体现在以下几个方面：

（1）移动智能终端操作系统逐步 PC 化，扩展性增强，部分功能给用户信息保护带来安全隐患。如某些国外厂商开发的操作系统可为用户提供数据同步上传及位置定位等功

能。其中，同步上传功能可将用户手机中的通信录、邮件、日程表、即时通信内容等信息通过手机上网实时上传到国外服务器上，使用户可随时随地通过互联网查询已上传的信息。而该功能对于中国用户而言，将会是弊大于利：首先，用户个人信息被同步到国外服务器上，存在被泄露和被滥用等风险；其次，国外企业可通过存储在其服务器上海量的中国用户数据，分析并获知我社情民意、社会热点、舆情动向和用户社交关系等信息，对我国家安全构成威胁。除同步上传功能外，国外生产商还可通过移动智能终端的定位功能将用户锁定在数十米范围内，从而对我国用户尤其是重要用户的行踪了如指掌。

（2）移动智能终端采用加密技术，给国家信息安全监管带来极大挑战。目前，部分移动智能终端采用了应用层加密技术，如 RIM 公司的黑莓手机，采用非公开加密算法对数据进行加密后传输，其保密系数不低于银行数据系统。部分移动智能终端甚至可内嵌 VPN 和 SSH 隧道实施加密传输，这也将为违法和有害信息提供更为隐秘安全的传播渠道，使其逃避监管，破坏互联网社会的和谐健康。

（三）移动互联网业务挑战传统互联网监管模式

移动互联网使"人人时时处处在线"成为现实，网民发布和获取信息将更加隐秘快捷；网上信息传播的无中心化和交互性特点更加突出，手机网民"人人都是信息源"，管理的难度和复杂性前所未有；而现有传统互联网的监管技术手段难以覆盖移动互联网，缺乏针对移动互联网的有效管控平台。以上这些特点，将会使移动互联网管理在很长一段时间内"机遇与挑战"并存。

应从法律法规、技术规范、安全评估等角度加强对移动互联网管理。移动互联网是一把"双刃剑"，我们必须对其正确认识、科学对待、依法管理、确保安全。首先应针对移动互联网技术发展和业务管理尽快制定相应的法律法规和技术规范，如出台个人信息保护法、建立移动互联网络安全防护制度、制定移动上网日志留存规范等；其次，扩展延伸现有互联网安全监管措施，使其覆盖移动互联网范围，并针对移动互联网技术和业务特点研究更有针对性的管理手段；同时，应针对移动互联网新技术、新业务建立网络与信息安全评估机制，使安全隐患在业务推广普及前得到及时有效的解决。

三、物联网应用的安全问题

物联网（Internet of Things）指的是将无处不在的末端设备和设施（包括具备"内在智能"的传感器、移动终端、工业系统、楼控系统、家庭智能设施、视频监控系统等），以及"外在使能"的"智能化物件或动物"或"智能尘埃"（如贴上 RFID 无线射频识别）的各种资产、携带无线终端的个人与车辆等），通过各种无线和/或有线的长距离和/或短距离通信网络实现互联互通，应用大集成以及基于云计算的 SaaS 营运等模式，在内联网（Intranet）、外联网（Extranet）和互联网（Internet）环境下，采用适当的信息安全保障机制，提供安全可控乃至个性化的实时在线监测、定位追溯、报警联动、调度指挥、预案管理、远程控制、安全防范、远程维保、在线升级、统计报表、决策支持、领导桌面等管理和服务功能，实现对"万物"的"高效、节能、安全、环保"的"管、控、营"一体化。

在物联网中，射频识别技术是一项很重要的技术。在射频识别系统中，标签有可能预先被嵌入任何物品中，比如人们的日常生活物品中，但由于该物品（比如衣物）的拥有者，不一定能够觉察该物品预先已嵌入有电子标签以及自身可能不受控制地被扫描、定位和追踪，这势必会使个人的隐私问题受到侵犯。因此，如何确保标签物的拥有者个人隐私不受侵犯便成为射频识别技术乃至物联网推广的关键问题。

传感网的建设要求 RFID 标签预先被嵌入任何与人息息相关的物品中。但人们在观念上似乎还不是很能接受自己周围的生活物品甚至包括自己时刻都处于一种被监控的状态，这直接导致嵌入标签势必会使个人的隐私权问题受到侵犯。若政府允许与国外的大型企业合作，如何确保企业商业信息、国家机密等不会泄露也至关重要。所以说在这一点上，物联网的发展不仅仅是一个技术问题，更有可能涉及政治法律和国家安全问题。

由于物联网在很多场合都需要无线传输，对这种暴露在公开场所之中的信号如果没做合适保护的话，很容易被窃取，也更容易被干扰，这将直接影响到物联网体系的安全。同时，由于物联网的应用可以取代人来完成一些复杂、危险和机械的工作。所以物联网机器多数部署在无人监控的场景中，攻击者可以轻易地接触到这些设备，从而对它们造成破坏甚至通过本地操作更换机器的软硬件，因而物联网机器的本地安全问题也就显得日趋重要。

第三节　大数据安全策略

数据的模糊化处理作为保护个人隐私的一种手段，其作用也只是有限的。事实上，对数据进行收集与模糊化处理是基于相关公司不恢复数据的承诺与对应的安保措施的基础上的。对数据进行加密、删除独特标识符、打乱数据使其无法识别个人，或者在其个人资料的控制上给予使用者更多的权限是目前采用的几种技术解决方案。但是，有目的的模糊化处理可能使数据丧失其实用性与确保其出处及相应责任的能力。此外，它很难预测再识别技术将如何演变以应对看似匿名的数据。这将导致大量的不确定性，个人该怎样控制自己的数据？他或她该怎样反对建立在海量数据之上的决策？

在过去，对于个人信息的自然控制的保存技术经常可以保证足够的隐私。数据可以被摧毁，对话可以被遗忘，记录可以被消除。但在数字世界，信息可以被获取、拷贝、分享、精确地翻译并且无限期地保存。从前存储大量数据的成本巨大，现在这些数据可以储存在一粒米大小的芯片里，既简单又实惠。结果是数据一旦被创造出来，就可以在许多情况下永恒有效。此外，电子数据经常涉及复杂多样的人群，使得个人的控制难以实现。

确定关键信息基础设施

目前，国家关键信息基础设施已经被视为国家的重要战略资源，以立法形式保护关键基础设施和关键信息基础设施的安全，已经成为当今世界各国网络空间安全制度建设的核心内容和基本实践。在针对国家关键信息基础设施开展的研究中，首当其冲的是厘清关键基础设施（Critical Infrastructure，CI）和关键信息基础设施（Critical Information Infrastructure，CII）的关系问题。在对 CII 的研究中发现，国际社会虽然对 CI 有着基本的共识，但对 CII 的认知存在较大的分歧。近十年来，随着信息通信技术的进一步发展，越来越多的基础设施接入互联网，CII 涵盖的范围也随之不断扩大。

（一）国际社会 CII 相关概念

全球或国家信息基础设施中维系关键基础设施服务持续运转的这一部分称为关键信息基础设施（CII）。它是全球或国家信息基础设施的组成部分，是确保一个国家关键基础设施服务得以持续运转的不可或缺要素，在很大程度上由信息和电信部门构成，但又并非仅仅包含信息和电信部门，还包括电信、计算机/软件、互联网、卫星、光纤等成分，这个术语还被用来统称相互连接的计算机、网络以及在其上传送的关键信息流。

（二）确定数据的访问权限

对每一领域的数据，它们都共同制定其数据属性并针对不同的用户群体设置了对应的访问权限。在制定出一整套标签来对信息进行编码后，它们又针对特定的使用限制或一些法律法规下的特殊情况设计附加的规则与保护措施。通过这种添加标签的方式，不仅可以完成高精度的数据访问控制，同时也保留了源数据与其原始搜集目的之间的联系，最终形成了一套对数据从哪里来、到哪里去得到进行全程监控的分类规则。

每个数据库中的字段分为三类：核心身份信息（例如姓名、出生日期和公民身份）、扩展身份信息（包括地址、电话号码和电子邮箱）、具体的随机数据（衍生于国土安全部的电子信息与真人信息的匹配过程）。随机数据是最为敏感的数据类型，它可能包括执法人员对被访者的观察记录以及对被访者提出的威胁国土安全的指控。此时详细的规则就能借助数据标签来确定哪些人可以以何种目的访问这些信息。在这两个试点项目中，大多数访问权限的规则设计都需要国土安全部内不同部门的数据使用者间的持续协商才能完成。例如，许多数据使用者需要核心身份信息访问权限来获得完成相应的任务所需的特定数据，但由于特定的使用限制，一些规则要求这些数据者提供与所确定的标准更为匹配的信息。

"海王星"与"地狱犬"试点项目同时包含对数据使用者能够采用的搜索方式的重要限制。一个基础检查点可能只需要对一个特定的个人进行数据搜索，因为这个检查点仅需核实基本的身份信息。但是，移民局和海关在侦查案件时，就需要对个人基础身份信息和特征信息进行搜索。而国土安全部的情报分析员就可能需要综合身份、特征与行动趋势信息来分析国家安全的潜在威胁。同时，系统管理员也没有系统内部数据的访问权限，因此数据库的框架设计要允许管理员在不访问任何个人记录的同时也能维持整体系统的正常运作。

国家安全局如此细致地设计数据处理系统并不是偶然的结果。国家安全局内部专门设有独立的隐私办公室、公民权利与自由办公室，每一个办公室都配有专业人员来帮助研究处理这一复杂领域的相关事务。每一个试点项目在实施前都会向社会公众公布详细的隐私影响评估报告。国家安全局同时向公众提供各项目的介绍并接受大众对于项目具体措施的问询。经过这一系列的工作，隐私与公民自由办公室的官员不仅批准了这两个试点项目的实施，还同时通过了服务于未来功能扩展的配置建设。所有这一切都将有助于推动国土安全部的计划能在确保隐私和公民自由自始至终得到密切关注的同时得到进一步的发展。

（三）大数据安全与政策法规建设

科技可以被用来服务群众，但也可以伤害个人。不管科技多么先进，公众都保留着一种力量，即他们能够通过制定政策与法律来管理新技术的使用，进而在某种程度上保护基本的价值观。

大数据正在改变世界，但是它并没有改变人们对于保护个人隐私、确保公平或是防止歧视的坚定信仰。在鼓励使用数据以推动社会进步，特别是在市场与现有的机构并未以其他方式来支持这样的进步的领域的同时，我们也需要相应的框架、结构与研究，来帮助保护我们的核心价值观念。

"公平信息实务法则"清楚地表达了处理个人信息时的基本保护措施。它规定个人有权知道他人收集了哪些关于他的信息，以及这些信息是如何被使用的。进一步说，个人有权拒绝某些信息使用并更正不准确的信息。信息收集组织有义务保证信息的可靠性并保护信息安全。

（四）制定大数据信息安全法律法规

近日，好莱坞女星私密照泄露事件的持续发酵，再次为人们对大数据时代的到来敲响安全警钟。大数据来源于消费者，又被人们收集并利用，在这个过程中，信息泄露和信息不对称也一度困扰着人们的生活，受到社会各界的关注。目前，除了拥有数据的企业要遵守道德准则以及持续进行安全和保密技术的更新升级外，工信部等相关部门已经牵头着手起草相关的法律法规。

（五）大数据时代个人信息的法律保护

在大数据时代，数据的价值不可估量。数据被誉为未来世界的"石油"，对其分析挖掘和利用，能创造巨大的物质财富和社会价值。然而，数据在大量聚集的同时，信息泄露也如影随形，无处不在，使得个人信息安全面临严重威胁。近几年，大规模数据泄露事件时有发生，令网民心有余悸。可以说，大数据时代既为我们带来了巨大的经济潜力，又对公民个人信息安全提出了严峻的挑战。因此，大数据时代亟须加强个人信息的法律保护。

明确个人信息的法律边界。明确个人信息的外延边界，从范围上看，个人信息指的是能够识别某个特定自然人身份的信息以及需要集合起来才能推断出特定某个人身份的信息。明确个人信息的区分边界，要明确区分个人信息与个人隐私，前者须具备身份识别性，而后者通常是指公民个人生活中不愿向他人公开或为他人知悉的秘密。在明确区分的基础上，区别对待，严格保密严禁搜集的个人隐私，防止滥用个人信息。明确个人信息的权利边界，应当在相关法律法规中明确用户的个人信息属于私人资产，相关企业不得擅自使用。

完善个人信息保护的立法体系。在现有国家和地方个人信息保护立法实践的基础上制定个人信息保护的专门法，厘定大数据时代个人信息保护的基本原则和规则，对企业如何保护收集来的个人信息做出明确规定，明确个人的信息数据准入权、删除权、修改权、救济权等内容，完善个人信息违法行为的责任体系。完善与个人信息保护相关的法律法规，针对垃圾电子邮件、手机垃圾短信等与个人信息保护密切相关的问题制定法律法规，为大数据时代下信息的法律保护提供多角度、全方位的立法支撑。完善个人信息安全相关法律的实施细则，细化个人信息保护相关法律的基本规定，提高个人信息法律保护的可操作性。

优化个人信息保护的执法机制。设立个人信息监督管理机构，为避免多头监管带来的问题，可以设立跨部门的个人信息保护委员会，统筹规划，专司其职。强化个人信息保护的事前监管，在大数据时代，一旦个人保护信息被泄露，其被非法使用可能带来诸多无法弥补的危害和危险，保护个人信息不能只立足于事后查处，更应着眼于事前预防，从根本上预防非法使用个人信息的行为。建立企业个人信息泄露问责机制，加大对涉事企业的惩罚力度，增强企业对用户信息安全的维护意识。

思考题

1. 大数据安全面临的问题是什么？
2. 大数据安全需求是什么？
3. 移动互联网/智能手机在大数据安全中的影响是什么？
4. 物联网应用的安全包括哪些？

第十三章 机器学习和数据挖掘的对比分析

机器学习（Machine Learning，ML）是一门多领域交叉学科，涉及概率论、统计学、逼近论、凸分析、算法复杂度理论等多门学科。其专门研究计算机是怎样模拟或实现人类的学习行为，以获取新的知识或技能，重新组织已有的知识结构，使之不断改善自身的性能。

除了机器学习外，数据挖掘和机器学习有很大的交集。机器学习和数据挖掘是两个非常难的领域，本书更多地从架构和应用角度去解读，理论知识则不进行重点阐述。

第一节 机器学习和数据挖掘的联系与区别

一、典型的数据挖掘和机器学习过程

要从用户数据中得出列表，首先需要挖掘出客户特征，然后选择一个合适的模型来进行预测，最后从用户数据中得出结果。

业务理解：理解业务本身，其本质是什么？是分类问题还是回归问题？数据怎么获取？应用哪些模型才能解决？

数据理解：获取数据之后，分析数据里面有什么内容、数据是否准确，为下一步的预处理做准备。

数据预处理：原始数据会有噪声，格式化也不好，所以为了保证预测的准确性，需要进行数据的预处理。

特征提取：特征提取是机器学习最重要、最耗时的一个阶段。

模型构建：使用适当的算法，获取预期准确的值。

模型评估：根据测试集来评估模型的准确度。

模型应用：将模型部署应用到实际生产环境中。

应用效果评估：根据最终的业务，评估最终的应用效果。

整个过程会不断反复，模型也会不断调整，直至达到理想效果。

二、机器学习和数据挖掘的联系与区别

数据挖掘是从海量数据中获取有效的、新颖的、潜在有用的、最终可理解的模式的非平凡过程。数据挖掘中用到了大量的机器学习界提供的数据分析技术和数据库界提供的数据管理技术。从数据分析的角度来看，数据挖掘与机器学习有很多相似之处，但不同之处也十分明显。例如，数据挖掘并没有机器学习探索人的学习机制这一科学发现任务，数据

挖掘中的数据分析是针对海量数据进行的，等等。从某种意义上说，机器学习的科学成分更重一些，而数据挖掘的技术成分更重一些。

学习能力是智能行为的一个非常重要的特征，不具有学习能力的系统很难称为一个真正的智能系统，而机器学习则希望（计算机）系统能够利用经验来改善自身的性能，因此该领域一直是人工智能的核心研究领域之一。在计算机系统中，"经验"通常是以数据的形式存在的，因此，机器学习不仅涉及对人的认知学习过程的探索，还涉及对数据的分析处理。实际上，机器学习已经成为计算机数据分析技术的创新源头之一。由于几乎所有的学科都要面对数据分析任务，因此机器学习已经开始影响到计算机科学的众多领域，甚至影响到计算机科学之外的很多学科。机器学习是数据挖掘中的一种重要工具。然而数据挖掘不仅仅要研究、拓展、应用一些机器学习方法，还要通过许多非机器学习技术解决数据仓储、大规模数据、数据噪声等实践问题。机器学习的涉及面也很宽，常用在数据挖掘上的方法通常只是从数据学习然而机器学习不仅仅可以用在数据挖掘上，一些机器学习的子领域甚至与数据挖掘关系不大，如增强学习与自动控制等。所以，数据挖掘是从目的而言的，机器学习是从方法而言的，两个领域有相当大的交集，但不能等同。

第二节　机器学习的方式与类型

机器学习的算法有很多，这里从两个方面进行介绍：一个是学习方式，另一个是算法类似性。

一、学习方式

根据数据类型的不同，对一个问题的建模可以有不同的方式。在机器学习或人工智能领域，人们首先会考虑算法的学习方式。在机器学习领域有如下几种主要的学习方式。

（一）监督式学习

在监督式学习下，输入数据被称为"训练数据"，每组训练数据都有一个明确的标识或结果，如对防垃圾邮件系统中的"垃圾邮件""非垃圾邮件"，对手写数字识别中的"1""2""3""4"等。在建立预测模型的时候，监督式学习建立一个学习过程，将预测结果与"训练数据"的实际结果进行比较，不断地调整预测模型，直到模型的预测结果达到一个预期的准确率。监督式学习的常见应用场景包括分类问题和回归问题。常见算法有逻辑回归（Logistic Regression）和反向传递神经网络（Back Propagation Neural Network）。

（二）非监督式学习

在非监督式学习下，数据并不被特别标识，学习模型是为了推断出数据的一些内在结构。常见的应用场景包括关联规则的学习及聚类等。常见算法包括 Apriori 算法和 K-means 算法。

（三）半监督式学习

在半监督式学习下，输入数据部分被标识，部分没有被标识。这种学习模型可以用来进行预测，但是模型首先需要学习数据的内在结构，以便合理地组织数据进行预测。其应用场景包括分类和回归。常见算法包括一些对常用监督式学习算法的延伸。这些算法首先试图对未标识的数据进行建模，然后在此基础上对标识的数据进行预测，如图论推理算法（Graph Inference）或拉普拉斯支持向量机（Laplacian SVM）等。

（四）强化学习

在强化学习下，输入数据作为对模型的反馈，不像监督模型那样，输入数据仅仅作为一种检查模型对错的方式。在强化学习下，输入数据直接反馈到模型，模型必须对此立刻做出调整。常见的应用场景包括动态系统及机器人控制等。常见算法包括 Q - Learning 及时间差学习（Temporal Difference Learning）等。

在企业数据应用的场景下，人们最常用的可能就是监督式学习和非监督式学习。在图像识别等领域，由于存在大量的非标识数据和少量的可标识数据，目前半监督式学习是一个很热门的话题。而强化学习更多地应用在机器人控制及其他需要进行系统控制的领域。

二、算法类似性

根据算法的功能和形式的类似性，可以对算法进行分类，如基于树的算法、基于神经网络的算法等。当然，机器学习的范围非常庞大，有些算法很难明确归到某一类。而对于有些分类来说，同一分类的算法可以针对不同类型的问题。这里，我们尽量把常用的算法按照最容易理解的方式进行分类。

（一）回归算法

回归算法是试图采用对误差的衡量来探索变量之间的关系的一类算法。回归算法是统计机器学习的利器。常见的回归算法包括最小二乘法（Ordinary Least Square）、逻辑回归（Logistic Regression）、逐步式回归（Stepwise Regression）、多元自适应回归样条（Multivariate Adaptive Regression Splines）及本地散点平滑估计（Locally Estimated Scatterplot Smoothing）等。

（二）基于实例的算法

基于实例的算法常常用来对决策问题建立模型，这样的模型常常先选取一批样本数据，然后根据某些近似性把新数据与样本数据进行比较，从而找到最佳的匹配。因此，基于实例的算法常常被称为"赢家通吃学习"或者"基于记忆的学习"。常见的算法包括 K - Nearest Neighbor（KNN）、学习矢量量化（Learning Vector Quantization，LVQ）及自组织映射算法（Self - Organizing Map，SOM）等。

（三）正则化算法

正则化算法是其他算法（通常是回归算法）的延伸，根据算法的复杂度对算法进行调整。正则化算法通常对简单模型予以奖励，而对复杂算法予以惩罚。常见的算法包括 Ridge Regression，Least Absolute Shrinkage and Selection Operator（LASSO）及弹性网络（Elastic Net）等。

（四）决策树算法

决策树算法根据数据的属性采用树状结构建立决策模型，常常用来解决分类和回归问题。常见的算法包括分类及回归树（Classification and Regression Tree，CART）、ID3（Iterative Dichotomiser 3）、C4.5、Chi-squared Automatic Interaction Detection（CHAID）、Decision Stumps、随机森林（Random Forest）、多元自适应回归样条（MARS）及梯度推进机（Gradient Boosting Machine，GBM）等。

（五）贝叶斯算法

贝叶斯算法是基于贝叶斯定理的一类算法，主要用来解决分类和回归问题。常见的算法包括朴素贝叶斯算法、平均单依赖估计（Averaged One-Dependence Estimators，AODE）及 Bayesian Belief Network（BBN）等。

（六）基于核的算法

基于核的算法中最著名的莫过于支持向量机（SVM）。基于核的算法是把输入数据映射到一个高阶的向量空间，在这些高阶向量空间里，有些分类或者回归问题能够更容易地解决。常见的基于核的算法包括支持向量机（Support Vector Machine，SVM）、径向基函数（Radial Basis Function，RBF）及线性判别分析（Linear Discriminate Analysis，LDA）等。

（七）聚类算法

聚类算法通常按照中心点或者分层的方式对输入数据进行归并。所有的聚类算法都试图找到数据的内在结构，以便按照最大的共同点将数据进行归类。常见的聚类算法包括 K-means 算法及期望最大化算法（Expectation Maximization，EM）等。

（八）关联规则算法

关联规则算法通过寻找最能够解释数据变量之间关系的规则，来找出大量多元数据集中有用的关联规则。常见的算法包括 Apriori 算法和 Eclat 算法等。

（九）人工神经网络算法

人工神经网络算法模拟生物神经网络，是一类模式匹配算法，通常用于解决分类和回归问题。人工神经网络是机器学习的一个庞大的分支，有几百种不同的算法（深度学习就是其中的一类算法）。常见的人工神经网络算法包括感知器神经网络（Perceptron Neural Network）、反向传递（Back Propagation）、Hopfield 网络、自组织映射（Self-Organizing Map，SOM）及学习矢量量化（Learning Vector Quantization，LVQ）等。

（十）深度学习算法

深度学习算法是对人工神经网络的发展。在计算能力变得日益廉价的今天，深度学习算法试图建立大得多也复杂得多的神经网络。很多深度学习算法是半监督式学习算法，用来处理存在少量未标识数据的大数据集。常见的深度学习算法包括受限波尔兹曼机（Restricted Boltzmann Machine，RBN）、Deep Belief Networks（DBN）、卷积网络（Convolutional Network）及堆栈式自动编码器（Stacked Auto-encoders）等。

（十一）降低维度算法

与聚类算法一样，降低维度算法试图分析数据的内在结构，不过降低维度算法通过非监督式学习，试图利用较少的信息来归纳或者解释数据。这类算法可以用于高维数据的可视化，或者用来简化数据以便监督式学习使用。常见的降低维度算法包括主成分分析（Principle Component Analysis，PCA）、偏最小二乘回归（Partial Least Square Regression，PLSR）、Sammon 映射、多维尺度（Multi-Dimensional Scaling，MDS）及投影追踪（Projection Pursuit）等。

（十二）集成算法

集成算法用一些相对较弱的学习模型独立地就同样的样本进行训练，然后把结果整合起来进行整体预测。集成算法的主要难点在于究竟集成哪些独立的、较弱的学习模型，以及如何把学习结果整合起来。这是一类非常强大的算法，同时也非常流行。常见的集成算法包括 Boosting、Bootstrapped Aggregation（Bagging）、AdaBoost、堆叠泛化（Stacked Generalization，Blending）、梯度推进机（Gradient Boosting Machine，GBM）及随机森林（Random Forest）等。

第三节 深度学习的实践与发展

深度学习是相对于简单学习而言的，目前多数分类、回归等学习算法都属于简单学习，其局限性在于有限样本和计算单元情况下对复杂函数的表示能力有限，针对复杂分类问题其泛化能力受到一定制约。深度学习可通过学习一种深层非线性网络结构，实现复杂函数逼近，表征输入数据分布式表示，其展现出了强大的从少数样本集中学习数据集本质特征的能力。深度学习模拟更多的神经层神经活动，通过组合低层特征形成更加抽象的高层特征，以发现数据的分布式特征表示。

一、深度学习介绍

（一）深度学习的概念

研究人员通过分析人脑的工作方式发现：通过感官信号从视网膜传递到前额大脑皮质再到运动神经的时间，推断出大脑皮质并未直接对数据进行特征提取处理，而是使接收到的刺激信号通过一个复杂的层状网络模型，进而获取观测数据展现的规则。也就是说，人脑并不是直接根据外部世界在视网膜上的投影来识别物体，而是根据经聚集和分解过程处理后的信息来识别物体。因此视皮层的功能是对感知信号进行特征提取和计算，而不仅仅是简单地重现视网膜的图像。人类感知系统这种明确的层次结构极大地降低了视觉系统处理的数据量，并保留了物体有用的结构信息。深度学习正是希望通过模拟人脑多层次的分析方式来提高学习的准确性。

实际生活中，人们为了解决一个问题，如对象的分类（对象可是文档、图像等），首先必须做的事情是表达一个对象，即必须抽取一些特征来表示一个对象，因此特征对结果的影响非常大。在传统的数据挖掘方法中，特征的选择一般都是通过手工完成的，通过手工选取的好处是可以借助人的经验或者专业知识选择出正确的特征；但缺点是效率低，而且在复杂的问题中，人工选择可能也会陷入困惑。于是，人们就在寻找一种能够自动选择特征，而且还能保证特征准确的方法。深度学习能够通过组合低层特征形成更抽象的高层特征，从而实现自动选择特征，而不需要人参与特征的选取。

接下来我们分析深度学习的核心思想。假设有一个系统 S，它有 n 层（$S_1, \cdots, S_n$），它的输入是 I，输出是 O，如果输出 O 等于输入 I，即输入 I 经过这个系统变化之后没有任何的信息损失，保持不变，则意味着输入 I 经过每一层 S_i 都没有任何的信息损失，即在任何一层 S_i，它都是原有信息（即输入 I）的另外一种表示。现在回到我们的主题深度学习中，我们需要自动地学习特征，假设有一堆输入 I（如一堆图像或者文本），并且设计了一个系统 S（有 n 层），通过调整系统中的参数，使得它的输出仍然是输入 I，那么就可以自动获取输入 I 的一系列层次特征。

对于深度学习来说，其思想就是堆叠多个层，也就是说上一层的输出作为下一层的输入。通过这种方式，就可以实现对输入信息进行分级表达。另外，之前假设输出严格地等于输入，这个限制过于严格，我们可以略微地放松这个限制，例如只要使得输入与输出的差别尽可能小即可，这个放松会引出另外一类不同的深度学习方法。

（二）深度学习的结构

深度学习的结构有以下三种：

1. 生成性深度结构

生成性深度结构描述数据的高阶相关特性，或观测数据和相应类别的联合概率分布。与传统区分型神经网络不同，它可获取观测数据和标签的联合概率分布，这方便了先验概率和后验概率的估计，而区分型模型仅能对后验概率进行估计。DBN 解决了传统 Back Propagation（BP）算法训练多层神经网络的难题：①需要大量含标签训练样本集；②收敛速度较慢；③因不合适的参数选择而陷入局部最优。

DBN 由一系列受限波尔兹曼机（Restricted Boltzmann Machine，RBM）单元组成。RBM 是一种典型神经网络，该网络可视层和隐层单元彼此互连（层内无连接），隐单元可获取输入可视单元的高阶相关性。相比于传统 Sigmoid 信度网络，RBM 权值的学习相对容易。为了获取生成性权值，预训练采用无监督贪心逐层方式来实现。在训练过程中，首先将可视向量值映射给隐单元，然后由隐单元重建可视单元，将这些新的可视单元再次映射给隐单元，就获取了新的隐单元。通过自底向上组合多个 RBM 可以构建一个 DBN。应用高斯－伯努利 RBM 或伯努利－伯努利 RBM，可用隐单元的输出作为训练上层伯努利－伯努利 RBM 的输入，第二层的输出作为第三层的输入等，如图 13－1 所示。

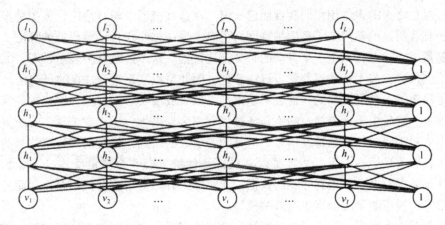

图 13-1　DBN 模型

2. 区分性深度结构

区分性深度结构的作用是提供对模式分类的区分性能力，通常描述数据的后验分布。卷积神经网络（Convolutional Neural Network，CNN）是第一个真正成功训练多层网络结构的学习算法，与 DBN 不同，它属于区分性训练算法。受视觉系统结构的启示，当具有相同参数的神经元应用于前一层的不同位置时，就可获取一种变换不变性特征。CNN 作为深度学习框架是基于最小化预处理数据要求而产生的。受早期的时间延迟神经网络影响，CNN 靠共享时域权值降低复杂度。CNN 是利用空间关系减少参数数目以改善一般前向 BP 训练的一种拓扑结构，并在多个实验中获取了较好性能。在 CNN 中被称为局部感受区域的图像的一小部分作为分层结构的最底层输入。信息通过不同的网络层次进行传递，因此在每一层能够获取对平移、缩放和旋转不变的观测数据的显著特征。

3. 混合型结构

混合型结构的学习过程包含两个部分，即生成性部分和区分性部分。现有典型的生成性单元通常最终用于区分性任务，生成性模型应用于分类任务时，训练可结合其他典型区分性学习算法对所有权值进行优化。这个区分性寻优过程通常是附加一个顶层变量来表示训练集提供的期望输出或标签。BP 算法可用于优化 DBN 权值，它的初始权值在 RBM 和 DBN 预训练中得到而非随机产生，这样的网络通常会比仅通过 BP 算法单独训练的网络性能优越。可以认为 BP 对 DBN 训练仅完成局部参数空间搜索，与前馈型神经网络相比加速了训练和收敛。

（三）从机器学习到深度学习

机器学习算法无一例外要对数据集进行各种人工干预，具体来说，分为两个阶段的干预。首先，机器学习需要把数据表示成特征的集合，究竟用何种特征表示数据是由实现该算法的程序员决定的，这是第一阶段的人工干预，称为特征选择。第二阶段的人工干预产生于人们对于机器学习算法的选择，一旦选择了某种算法，就相当于假设数据集与这个算法的模型相似。

机器学习的终极目标是让计算机能够自己从数据中学习知识，从而为人服务。但是机器学习的人工干预使得这个目标无法实现，既然需要人工干预，就无法实现知识产生的自动化，不过是将人的想法用代码实现而已。但是在这些机器学习算法中，人工神经网络与其他算法有着明显的不同：①多层神经网络可以实现一种叫作自动编码器的算法，自动编码器的隐藏层实际上相当于一个自动的特征筛选过程，这个过程称为表示学习；②神经网络从理论上来讲，与大多数机器学习算法相似，因此可以实现模型选择的自动化。

但是目前基于神经网络的特征表示基本都可以看成浅层学习，因为这些神经网络的隐藏层都很少。这是由于传统神经网络训练过程有很多局限性：①梯度扩散，传统算法在求解过程中依赖于后向传播的梯度信号，但是随着层数的增加，梯度误差矫正信号的强度会逐渐变小，以致最后不可用；②容易得到局部最优解，而非全局最优解；③对数据要求高，尤其是要求数据必须是有标签的数据，在实际中有标签的数据很难获得，而神经网络参数有很多，很可能无法训练出有效的模型。

虽然面对诸多困难，但浅层神经网络目前依然广泛应用于图像识别等领域，这说明少量的隐藏层在合理的调试下，依然能够被应用到现实中。但正因为调试困难，神经网络在数据挖掘中的应用没有其他机器学习算法广泛。

深度学习的出现，使得这个窘境有了解决的思路。深度学习的主要思想是增加神经网络中隐藏层的数量，使用大量的隐藏层来增强神经网络对特征筛选的能力，从而能够用较少的参数表达出复杂的模型函数，逼近机器学习的终极目标——知识的自动发现。

深度学习的核心技术就是一个能够有效解决传统神经训练方法种种问题的算法，这个算法将在后续部分中阐述。

二、深度学习基本方法

深度学习的训练方法如今已经有了许多复杂的变种实现，但这些实现的基本思想都是相同的。

（一）编码器

深度学习的基本算法被称为逐层贪心算法，该算法在每一次迭代中训练一层网络，然后使用一个类似于后向传播的算法对深度网络进行调优。具体来说，首先将深度网络看成一连串的自动编码器。每个自动编码器可以看成由两个阶段构成，第一个阶段是编码阶段，编码阶段对应输入层到隐藏层的映射；第二个阶段是解码阶段，对应的是隐藏层到输出层的映射。自动编码器实现编码的学习过程如下：首先用隐藏层进行编码，再将编码结果作为输入传递给输出层进行解码，解码后的结果应该与原始输入相似但并不相同，通过将结果与原始输入的误差最小化得到最优编码方案，把中间层参数提取出来就是一个最优编码方案。

1. 前向训练阶段

在逐层贪心算法中，我们在整体上将自动编码器拆开，编码过程用下面的公式表示：

$$a^{(l)} = f(Z^{(l)}).$$
$$Z^{(i+1)} = W^{(l,1)}a^{(l)} + b^{(l,1)}$$

解码过程用下面的公式表示：

$$a^{(n+1)} = f(Z^{(n+1)})$$
$$Z^{(n+l+1)} = W(Z^{(n-1,2)})Z^{(n+l)} + b^{(n-l,2)}$$

其中，$a^{(n)}$ 就包含了我们想要的高阶特征。一个更具体的含两个隐藏层的训练步骤如下。

（1）首先训练第一层自动编码器，如图 13 − 2 所示。

（2）然后将第一层自动编码器的解码部分拿掉，直接将第一层的编码结果作为输入，利用这个输入训练第二层编码器（图 13 − 3）。

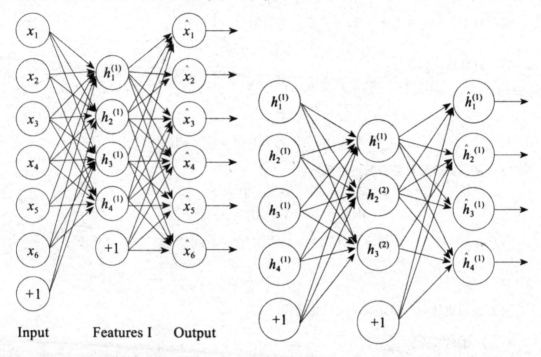

图 13 − 2　自动编码器训练步骤 1　　　　图 13 − 3　自动编码器训练步骤 2

（3）最后根据需要将第二层的解码部分换成相应的分类函数即可实现一个简单的分类器（图 13 − 4）。

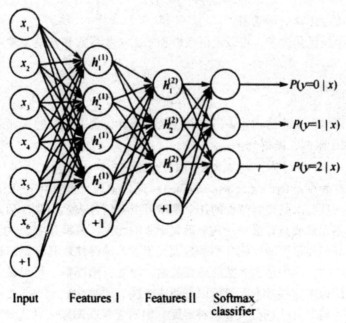

图 13 − 4　自动编码器训练步骤 3

2. 后向调优阶段

后向调优阶段的调优过程如下。

(1) 从输出层 n_1 开始，计算参数：

$$\delta^{(n)} = -(\nabla_{a^{(nl)}}J) \cdot f'(z^{(nl)})$$

(2) 对于 $l = n_1 - 1, n_1 - 2, \cdots, 2$ 层，计算参数：

$$\delta^{(l)} = ((W^{(l)})^{\mathrm{T}}\delta^{(l+1)}) \cdot f'(z^{(l)})$$

(3) 计算目标偏微分：

$$\nabla_{W^{(n)}}J(W,b;x,y) = \delta^{(l+1)}(a^{(l)})^{\mathrm{T}}$$

$$\nabla_{b^{(n)}}J(W,b;x,y) = \delta^{(i+1)}$$

$$J(W,b) = \left[\frac{1}{m}\sum_{i=1}^{m}J(W,b;x^{(i)},y^i)\right]$$

(4) 使用偏微分对各参数进行更新：

$$\Delta W^{(l)} = \Delta W^{(l)} + \nabla_{W^{(l)}}J(W,b;x,y)$$

$$\Delta b^{(l)} = \Delta b^{(l)} + \nabla_{b^{(l}}J(W,b;x,y)$$

$$W^{(l)} = W^{(l)} - a\left[(\frac{1}{m}\Delta W^{(l)}) + \lambda W^{(l)}\right]$$

$$b^{(l)} = b^{(l)} - a\left[(\frac{1}{m}\Delta b^{(l)})\right]$$

(5) 完成更新后，即完成一次优化迭代。

（二）稀疏编码

如果把输出必须和输入相等的限制放松，同时利用线性代数中基的概念，可以得到这样一个优化问题：

$$\min |I - O|$$

其中，I 表示输入，O 表示输出。

通过求解这个最优化式子，可以求得系数和基，这些系数和基就是输入的另外一种近似表达：

$$x = \sum_{i=1}^{k}a_i\varphi_i$$

因此，它们可以用来表达输入 I，这个过程也是自动学习得到的。如果在上述式子中加上 L_1 的正则因子限制，则得到：

$$\min |I - O| + u \times (|a_1| + |a_2| + \cdots + |a_n|)$$

这种方法被称为稀疏编码（Sparse Coding）。通俗地说，就是将一个信号表示为一组基的线性组合，而且要求只需要较少的几个基就可以将信号表示出来。稀疏性定义为：只有很少的几个非零元素或只有很少的几个远大于零的元素。要求系数 a_i 的意思就是：对于一组输入向量，只想要尽可能少的几个系数远大于零。选择使用具有稀疏性的分量来表示输入数据是有原因的，因为绝大多数的感官数据，比如自然图像，可以被表示成少量基本元素的叠加，在图像中这些基本元素可以是面或者线。同时，比如与初级视觉皮层的类比过程也因此得到了提升（人脑有大量的神经元，但对于某些图像或者边缘只有很少的神经元兴奋，其他都处于抑制状态）。

稀疏编码算法是一种无监督学习方法，它用来寻找一组"超完备"基向量以更高效地表示样本数据。虽然主成分分析技术（PCA）能使我们方便地找到一组"完备"基向量，但是这里我们想要做的是找到一组"超完备"基向量来表示输入向量（也就是说，基向量的个数比输入向量的维数要大）。超完备基的好处是它们能更有效地找出隐含在输入数据内部的结构与模式。然而，对于超完备基来说，系数不再由输入向量唯一确定。因此，在稀疏编码算法中，我们另加了一个评判标准"稀疏性"来解决因超完备而导致的退化（degeneracy）问题。稀疏编码算法可分为 Training 和 Coding 两个阶段。

1. Training 阶段

给定一系列的样本图片 $[x_1, x_2, \cdots]$，需要学习得到一组基 $[\varphi_1, \varphi_2, \cdots]$，也就是字典。稀疏编码是 K-means 算法的变体，两者训练过程相差不多。由于 K-means 聚类算法为 EM 算法的具体应用，EM 算法的思想是，如果要优化的目标函数包含两个变量，如 $L(W, B)$，那么可以先固定 W，调整 B 使得 L 最小，然后固定 B，调整 W 使 L 最小，这样迭代交替，不断将 L 推向最小值。

稀疏编码的训练过程就是一个重复迭代的过程，按上面所说，交替地更改 a 和 φ，使下面这个目标函数最小：

$$\min_{a,\varphi} \sum_{i=1}^{m} \| x_i - \sum_{j=1}^{k} a_{i,j}\varphi_j \|^2 + \lambda \sum_{i=1}^{m} \sum_{j=1}^{k} a_{i,j}$$

每次迭代分两步：

（1）固定字典 $\varphi_{[k]}$，然后调整 $a_{[k]}$，使得上式，即目标函数最小（即解 LASSO 问题）。

（2）然后固定 $a_{[k]}$，调整 $\varphi_{[k]}$，使得上式，即目标函数最小（即解 QP 问题）。

不断迭代，直至收敛。这样就可以得到一组可以良好表示这一系列 x 的基，也就是字典。

2. Coding 阶段

给定一个新的图片 x，由上面得到的字典，通过解一个 LASSO 问题得到稀疏向量 a。

$$\min_a \sum_{i=1}^{m} \| x_i - \sum_{j=1}^{k} a_{i,j}\varphi_j \|^2 + \lambda \sum_{i=1}^{m} \sum_{j=1}^{k} | a_{i,j}$$

三、深度学习模型

同机器学习方法一样，深度学习方法也有生成模型与判别模型之分，不同的学习框架下建立的学习模型不同。例如，卷积神经网络就是一种深度判别模型，而深度置信网络就是一种生成模型。

（一）深度置信网络

深度置信网络（DBN）是一个概率生成模型，与传统的判别模型的神经网络相对，生成模型是建立一个观察数据和标签之间的联合分布，对 P（Observation | Label）和 P（Label | Observation）都做了评估；而判别模型仅仅评估了后者，也就是 P（Label |

Observation）。对深度神经网络应用传统的 BP 算法时，DBN 遇到了以下问题：

1. 需要为训练提供一个有标签的样本集。
2. 学习过程较慢。
3. 不适当的参数选择会导致学习收敛于局部最优解。

DBN 由多个受限波尔兹曼机（Restricted Boltzmann Machines，RBM）层组成，一个典型的 DBN 结构如图 13−5 所示。这些网络被"限制"为一个可视层和一个隐层，层间存在连接，但层内的单元间不存在连接。隐层单元被训练去捕捉在可视层表现出来的高阶数据的相关性。

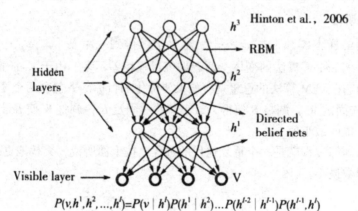

$$P(v,h^1,h^2,...,h^l)=P(v\mid h^1)P(h^1\mid h^2)...P(h^{l-2}\mid h^{l-1})P(h^{l-1},h^l)$$

图 13−5 DBN 结构

先不考虑最顶部构成一个联想记忆（Associative Memory）的两层，一个 DBN 的连接是通过自顶向下的生成权值来指导确定的，RBM 就像一个建筑块一样，相比于传统和深度分层的 Sigmoid 信念网络，它更易于连接权值的学习。

最开始的时候，通过一个非监督贪婪逐层方法去预训练获得生成模型的权值，非监督贪婪逐层方法被 Hinton 证明是有效的，并被其称为对比分歧（Contrastive Divergence）。在这个训练阶段，在可视层会产生一个向量 v，通过它将值传递到隐层。反过来，可视层的输入会被随机选择，以尝试去重构原始的输入信号。最后，这些新的可视的神经元激活单元将前向传递重构隐层激活单元，获得 h（在训练过程中，首先将可视向量值映射给隐单元，然后由隐单元重建可视单元，再将这些新的可视单元映射给隐单元，这样就可获取新的隐单元。执行这种反复步骤叫作吉布斯采样）。这些后退和前进的步骤就是我们熟悉的吉布斯采样，而隐层激活单元和可视层输入之间的相关性差就是权值更新的主要依据。

因为只需要单个步骤就可以接近最大似然学习，训练时间会显著减少。增加进网络的每一层都会改进训练数据的对数概率，我们可以理解为越来越接近能量的真实表达。这个有意义的拓展和无标签数据的使用，是任何一个深度学习应用的决定性的因素。

在最高两层，权值被连接到一起，这样更低层的输出将会提供一个参考的线索或者关联给顶层，顶层就会将其联系到它的记忆内容。而在分类任务中我们最关心的是最终的判别性能。

在预训练后，DBN 可以利用带标签的数据以 BP 算法对判别性能做调整。在这里，一个标签集将被附加到顶层（推广联想记忆），通过一个自下向上学习到的识别权值获得一个网络的分类面。这个性能会比单纯的 BP 算法训练的网络好。这可以很直观地解释，DBN 的 BP 算法只需要对权值参数空间进行局部搜索，这相比于前向神经网络来说，训练较快，而且收敛的时间也较短。

DBN 的灵活性使得它的拓展比较容易。一个拓展就是卷积 DBN（Convolutional Deep Belief Network，CDBN）。DBN 并没有考虑到二维结构信息，因为输入是简单地从一个图像矩阵一维向量化的。而 CDBN 就考虑到了这个问题，它利用邻域像素的空域关系，通过一个被称为卷积 RBM 的模型区达到生成模型的变换不变性，而且可以容易地变换到高维图像。

目前，和 DBN 有关的研究包括堆叠自动编码器，即用堆叠自动编码器来替换传统 DBN 里面的 RBM。这就使得可以通过同样的规则来训练产生深度多层神经网络架构，但它缺少层的参数化的严格要求。与 DBN 不同，自动编码器使用判别模型，这样这个结构就很难采样输入采样空间，这就使得网络更难捕捉它的内部表达。但是，降噪自动编码器却能很好地避免这个问题，并且比传统的 DBN 更优秀。它通过在训练过程中添加随机的污染并堆叠产生场泛化性能。训练单一的降噪自动编码器的过程和 RBM 训练生成模型的过程一样。

（二）卷积神经网络

卷积神经网络（CNN）是人工神经网络的一种，已成为当前语音分析和图像识别领域的研究热点。它的权值共享网络结构使之更类似于生物神经网络，降低了网络模型的复杂度，减少了权值的数量。该优点在网络的输入是多维图像时表现得更为明显，使图像可以直接作为网络的输入，避免了传统识别算法中复杂的特征提取和数据重建过程。卷积网络是为识别二维形状而特殊设计的一个多层感知器，这种网络结构对平移、比例缩放、倾斜或者其他形式的变形具有高度不变性。

CNN 受早期的延时神经网络（TDNN）的影响。延时神经网络通过在时间维度上共享权值降低学习复杂度，适用于语音和时间序列信号的处理。

CNN 是第一个真正成功训练多层网络结构的学习算法。它利用空间关系减少需要学习的参数数目，以提高一般前向 BP 算法的训练性能。CNN 作为一个深度学习架构提出是为了最小化数据的预处理要求。在 CNN 中，图像的一小部分（局部感受区域）作为层级结构的最低层的输入，信息再依次传输到不同的层，每层通过一个数字滤波器获得观测数据的最显著的特征。这个方法能够获取对平移、缩放和旋转不变的观测数据的显著特征，因为图像的局部感受区域允许神经元或者处理单元访问到最基础的特征，例如定向边缘或者角点。

1. 卷积神经网络的结构

卷积神经网络是一个多层的神经网络，每层由多个二维平面组成，而每个平面由多个独立神经元组成。

输入图像和三个可训练的滤波器及可加偏置进行卷积，卷积后在 C1 层产生三个特征映射图，然后对特征映射图中每组的 4 个像素进行求和，加权值，加偏置，通过一个 Sigmoid 函数得到三个 S2 层的特征映射图。这些映射图再经过滤波得到 C3 层。这个层级结构再和 S2 一样产生 S4。最终，这些像素值被光栅化，并连接成一个向量输入传统的神经网络，得到输出。

一般，C 层为特征提取层，每个神经元的输入与前一层的局部感受域相连，并提取该域局部特征，该局部特征被提取后，它与其他特征间的位置关系也随之确定下来；S 层是特征映射层，网络的每个计算层由多个特征映射组成，每个特征映射为一个平面，平面上所有神经元的权值相等。特征映射结构采用影响函数核大小的 Sigmoid 函数作为卷积网络的激活函数，使得特征映射具有位移不变性。

此外，由于一个映射面上的神经元共享权值，因而减少了网络自由参数的个数，降低了网络参数选择的复杂度。卷积神经网络中的每一个特征提取层（C 层）都紧跟着一个用来求局部平均与二次提取的计算层（S 层），这种特有的两次特征提取结构使网络在识别时对输入样本有较高的畸变容忍能力。

2. 训练过程

神经网络用于模式识别的主流是存监督学习网络，无监督学习网络更多的是用于聚类分析。对于有指导的模式识别，由于任一样本的类别是已知的，样本在空间的分布不再依据其自然分布倾向来划分，而是根据同类样本在空间的分布及同类样本之间的分离程度找到一种适当的空间划分方法，或者找到一个分类边界，使得不同类样本分别位于不同的区域内。这就需要一个长时间且复杂的学习过程，不断调整用以划分样本空间的分类边界的位置，使尽可能少的样本被划分到非同类区域中。

卷积网络在本质上是一种输入到输出的映射，它能够学习大量的输入与输出之间的映射关系，而不需要任何输入和输出之间的精确的数学表达式，只要用已知的模式对卷积网络加以训练，网络就具有输入输出对之间的映射能力。卷积网络执行的是有监督训练，所以其样本集是由形如（输入向量，理想输出向量）的向量对构成的。所以这些向量对，都应该来源于网络即将模拟的系统的实际"运行"结果。它们可以是从实际运行系统中采集来的。在开始训练前，所有的权值都应该用一些不同的小随机数进行初始化。"小随机数"用来保证网络不会因权值过大而进入饱和状态，从而导致训练失败；"不同"用来保证网络可以正常地学习。实际上，如果用相同的数去初始化权值矩阵，则网络无能力学习。

训练算法与传统的 BP 算法相似，主要分为两个阶段，共 4 个步骤。

（1）向前传播阶段

①从样本集中取一个样本（X, Y_p），将 X 输入网络。

②计算相应的实际输出 O_p。

在此阶段，信息从输入层经过逐级变换，传送到输出层。这个过程也是网络在完成训练后正常运行时执行的过程。在此过程中，网络执行的是计算：

$$O_\mathrm{p} = F_n(\cdots(F_2(F_1(X_\mathrm{p}W^{(1)})W^{(2)})\cdots)W^{(n)})$$

（2）向后传播阶段

①计算实际输出 O_p 与相应的理想输出 Y_p 的差。

②按极小化误差的方法反向传播调整权值矩阵。

3. 卷积神经网络的优点

卷积神经网络主要用来识别位移、缩放及其他形式扭曲不变性的二维图形。由于 CNN 的特征检测层通过训练数据进行学习，所以在使用 CNN 时，避免了显式的特征抽取，而隐式地从训练数据中进行学习；再者，由于同一特征映射面上的神经元权值相同，所以网络可以并行学习，这也是卷积网络相对于神经元彼此相连网络的一大优势。卷积神经网络以其局部权值共享的特殊结构在语音识别和图像处理方面有着独特的优越性，其布局更接近于实际的生物神经网络，权值共享降低了网络的复杂性，特别是多维输入向量的图像可以直接输入网络这一特点避免了特征提取和分类过程中数据重建的复杂度。

流的分类方式几乎都是基于统计特征的，这就意味着在进行分辨前必须提取某些特征。然而，显式的特征提取并不容易，在一些应用问题中也并非总是可靠的。卷积神经网络避免了显式的特征取样，隐式地从训练数据中进行学习。这使得卷积神经网络明显有别于其他基于神经网络的分类器，通过结构重组和减少权值将特征提取功能融合进多层感知器。它可以直接处理灰度图片，能够直接用于处理基于图像的分类。

卷积网络较一般神经网络在图像处理方面有如下优点：①输入图像和网络的拓扑结构能很好地吻合；②特征提取和模式分类同时进行，并同时在训练中产生；③权重共享可以减少网络的训练参数，使神经网络结构变得更简单，适应性更强。

四、深度学习的训练加速

深度学习模型训练需要各种技巧，例如网络结构的选取、神经元个数的设定、权重参数的初始化、学习率的调整、Mini-batch 的控制等。即便对这些技巧十分精通，实践中也需要多次训练，反复摸索尝试。此外，深层模型参数多，计算量大，训练数据的规模更大，需要消耗大量计算资源。如果可以让训练加速，就可以在同样的时间内多尝试几个新方案，多调试几组参数，工作效率会明显提升，对于大规模的训练数据和模型来说，更可以将难以完成的任务变成可能。

（一）GPU 加速

矢量化编程是提高算法速度的一种有效方法。为了提升特定数值运算操作（如矩阵相乘、矩阵相加、矩阵和向量乘法等）的速度，数值计算和并行计算的研究人员已经努力了几十年。矢量化编程强调单一指令并行操作多条相似数据，形成单指令流多数据流（SIMD）的编程泛型。深层模型的算法，如 BP、Auto-Encoder、CNN 等，都可以写成矢量化的形式。然而，在单个 GPU 上执行时，矢量运算会被展开成循环的形式，本质上还是串行执行。

GPU（Graphic Process Units，图形处理器）的众核体系结构包含几千个流处理器，可将矢量运算并行化执行，大幅缩短计算时间。随着 NVIDIA、AMD 等公司不断推进其 GPU 的大规模并行架构支持，面向通用计算的 GPU（General-Purposed GPU，GPGPU）已成为加速可并行应用程序的重要手段。得益于 GPU 众核（many-core）体系结构，程序在 GPU 系统上的运行速度相较于单核 CPU 往往提升几十倍乃至上千倍。目前 GPU 已经发展到了较为成熟的阶段，受益最大的是科学计算领域，典型的成功案例包括多体问题（N-Body Problem），蛋白质分子建模、医学成像分析、金融计算、密码计算等。

利用 GPU 来训练深度神经网络，可以充分发挥其数以千计计算核心的高效并行计算能力，在使用海量训练数据的场景下，所耗费的时间大幅缩短，占用的服务器也更少。如果针对适当的深度神经网络进行合理优化，一块 GPU 卡的计算能力可相当于数十甚至上百台 CPU 服务器的计算能力，因此 GPU 已经成为业界在深度学习模型训练方面的首选解决方案。

（二）数据并行

数据并行是指对训练数据做切分，同时采用多个模型实例，对多个分片的数据并行训练。

数据并行有同步模式和异步模式之分。同步模式中，所有训练程序同时训练一个批次的训练数据，完成后经过同步，再同时交换参数。参数交换完成后所有的训练程序就有了共同的新模型作为起点，再训练下一个批次。而异步模式中，训练程序完成一个批次的训练数据，立即和参数服务器交换参数，不考虑其他训练程序的状态。异步模式中一个训练程序的最新结果不会立刻体现在其他训练程序中，直到它们进行下次参数交换。

参数服务器只是一个逻辑上的概念，不一定部署为独立的一台服务器。有时候它会附属在某一个训练程序上；有时也会将参数服务器按照模型划分为不同的分片，分别部署。

（三）模型并行

模型并行是指将模型拆分成几个分片，由几个训练单元分别持有，共同协作完成训练。当一个神经元的输入来自另一个训练单元上的神经元的输出时，会产生通信开销。

多数情况下，模型并行带来的通信开销和同步消耗超过数据并行，因此加速比也不及数据并行。但对于单机内存无法容纳的大模型来说，模型并行是一个很好的选择。令人遗憾的是，数据并行和模型并行都不能无限扩展。数据并行的训练程序太多时，不得不减小学习率，以保证训练过程的平稳；模型并行的分片太多时，神经元输出值的交换量会急剧增加，效率会大幅下降。因此，同时进行模型并行和数据并行也是一种常见的方案。

大规模分布式计算集群的强大计算能力，利用模型可分布式存储、参数可异步通信的特点，达到快速训练深层模型的目的。

CPU 集群方案的基本架构包含用于执行训练任务的 Worker，用于分布式存储分发模型的参数服务器（Parameter Server）和用于协调整体任务的主控程序（Master）。CPU 集群方案适合训练 GPU 内存难以容纳的大模型，以及稀疏连接神经网络。Andrew Ng 和 Jeff Dean 在 Google 用 1 000 台 CPU 服务器，完成了模型并行和 Downpour SGD 数据并行的深度神经网络训练。

结合 GPU 计算和集群计算技术，构建 GPU 集群正在成为加速大规模深度神经网络训练的有效解决方案。GPU 集群搭建在 CPU – GPU 系统之上，采用万兆网卡或 Infiniband 等更加快速的网络通信设施，以及树形拓扑等逻辑网络拓扑结构。在发挥出单节点较高计算能力的基础上，充分挖掘集群中多台服务器的协同计算能力，进一步加速大规模训练任务。

五、深度学习应用

深度学习在几个主要领域都获得了突破性的进展：在语音识别领域，深度学习用深层模型替换声学模型中的混合高斯模型（Gaussian Mixture Model，GMM），获得了 30% 左右的相对错误率降低；在图像识别领域，通过构造深度卷积神经网络，将 Top5 错误率由

26%大幅降低至15%，又通过加大加深网络结构，进一步降低到11%；在自然语言处理领域，深度学习基本获得了与其他方法水平相当的结果，但可以免去烦琐的特征提取步骤。可以说到目前为止，深度学习是最接近人类大脑的智能学习方法。下面将介绍深度学习在业界的应用。

（一）Google

2012年，由人工智能和机器学习顶级学者 Andrew Ng 及分布式系统顶级专家 Jeff Dean 领衔的梦幻阵容，开始打造 Google Brain 项目，用包含 16 000 个 CPU 核的并行计算平台训练超过 10 亿个神经元的深度神经网络，在语音识别和图像识别等领域取得了突破性的进展。Google 把从 YouTube 随机挑选的 1 000 万张 200 像素×200 像素缩略图输入该系统，让计算机寻找图像中重复出现的特征，从而对含有这种特征的物体进行识别。这种新的面部识别方式本身已经是一种技术创新，更不用提有史以来机器首次对于猫脸或人体这种"高级概念"有了认知。下面简单介绍该应用系统的工作原理。

在开始分析数据之前，工作人员不会教授系统或者向系统输入任何诸如"脸、肢体、猫的长相是什么样子"这类信息。一旦系统发现了重复出现的图像信息，计算机就创建出"图像地图"，该地图稍后会帮助系统自动检测与前述图像信息类似的物体。Google 把它命名为"神经系统"，旨在向神经生物学中的一个经典理论致敬。这个理论指出，人类大颞叶皮层的某些神经元是专门用来识别面部、手等这类对象的。

以往传统的面部识别技术，一般都是由研究者先在计算机中通过定义识别对象的形状边缘等信息来"教会"计算机该对象的外观应该如何，然后计算机对包含同类信息的图片做出标识，从而达到"识别"的结果。Jeff Dean 博士（"神经系统"参与者）表示，在 Google 的这个新系统里，工作人员从不向计算机描述"猫长什么样"这类信息，计算机基本上靠自己产生出"猫"这一概念。

（二）百度

在深度学习方面，百度已经在学术理论、工程实现、产品应用等多个领域取得了显著的进展，已经成为业界推动"大数据驱动的人工智能"的领导者之一。

在图像技术应用中，传统的从图像到语义的转换是极具挑战性的课题，业界称其为语义鸿沟。百度深度学习算法构造出一个多层非线性层叠式神经元网络，能够很好地模拟视觉信号从视网膜开始逐层处理传递，直至大脑深处的整个过程。这样的学习模式能够以更高的精度和更快的速度跨越语义鸿沟，让机器快速地对图像中可能蕴含的成千上万种语义概念进行有效识别，进而确定图片的主题。在人脸识别方面，最困难的是识别照片中的人是谁或者通过照片寻找相似的人。百度在深度学习的基础上，借鉴认知学中的一些概念与方法，探索出了独特的相似度量学习方法来寻找图像的相似性和关联，能够做到举一反三。

在深度神经网络训练方面，伴随着计算广告、文本、图像、语音等训练数据的快速增长，传统的基于单 GPU 的训练平台已经无法满足需求。为此，百度搭建了 Paddle（Parallel Asynchronous Distributed Deep Learning）多机并行 GPU 训练平台。数据分布到不同的机器，通过 Parameter Server 协调各机器进行训练，多机训练使得大数据的模型训练成为可能。

在算法方面，单机多卡并行训练算法研发，难点在于通过并行提高计算速度一般会降低收敛速度。百度则研发了新算法，在不影响收敛速度的条件下计算速度图像提升至 2.4 倍，语音提升至 1.4 倍，这使得新算法在单机上的收敛速度达到图像提升至 12 倍、语音提升至 7 倍的效果。相比于 Google 的 DistBelief 系统用 200 台机器加速约 7.3 倍而言，百度的算法优势更加明显。

第四节　大数据机器学习系统

一、大数据机器学习相关技术

（一）数据挖掘平台

近年来，机器学习技术的应用已经迅速成为大型互联网企业及网站业务创新的"秘密武器"。以前，谷歌组建了由计算机科学家与数学家组成的科研团队，专门建设机器学习系统。随着机器学习技术及其他统计分析技术的日益普及，"数据科学家"的需求从 2010 年以来暴增了许多，均要求其具备软件开发者和分析师的技能，能够将统计分析技术应用到大型数据集。

因此，技能的稀缺和市场的不成熟，导致人力成本急剧增长，从而也增加了机器学习系统应用的成本，这就很难能够为中上型企业产生推动力量。对于数据科学家来说，当前的市场对于个人是机会，但是，对于众多关于服务的提供商来说，这也意味着是巨大的市场。

（二）SkyTree

SkyTree 服务器是一组软件产品，旨在使用户能够非常迅速地部署精确而且非常快的机器学习系统。系统的设想是打破原有利用 R 或 Matlab 作为工具对机器学习系统建模的过程，而是采用或部署系统。SkyTree 服务器本身设计为一个后端服务系统，由多个前端客户端通过 API（可支持 Python、Java 和 R）调用，数据通常以 CSV 文件格式传递至服务器。SkyTree 的优势在于，用户可以直接地控制机器学习算法的应用，在服务器内部还实现了最流行的算法，如支持向量机、K – 近邻、K-means 等算法。

（三）BigML

BigML 成立于 2011 年，创造的愿景"大众的机器学习平台"（ML for the rest of us），基于这一点，目前已经建立了一个定位于商务用户基于云的产品，大大降低了进行机器学习分析时的使用障碍。用户在使用服务时，首先上传一个文本格式的数据集，然后系统提供一个向导来格式化和清理数据，这中间通过一些复杂的模式匹配来支持，目标是确保系统可以容忍混乱数据，最后指定数据中的一个或多个列作为预测目标，用来训练预测模型。一旦模型被生成，附加数据也可以输入到系统中，模型可以对其做出预测。目前，BigML 只支持决策树模型进行机器学习，基于该类模型提供了各种直观的可视化效果，极大地方便了用户的分析和诊断。

（四）Wise. io

Wise. io 是由天体物理学教技组建的一家机器学习服务平台，易于使用是该平台最大的亮点。创始人最初是为了从太空望远镜中识别太空现象，采用非传统技术来构建机器学习模型，后开放成为公共服务，使得其他公司也可以在自己的数据集上构建模型。从 Hadoop、MongoDB 或其他输入源读取数据后，Wise. io 可以对上亿的数据进行多维分析，构建多维分析模型用于预测结果。产品目前定位于工业安全市场，在这个领域内以往需要花费六个月或更多的时间来产生报告，假设这期间可以分析所有炼油石、核电站的数据，则 Wise. io 只需要 20 分钟就可以报告结果，这将能极大地减少人力成本花费和降低生产风险。

与 Google、Amazon 等互联网巨头仅为自身建设（或少数开放）机器学习系统相比，以上三个产品均是基于云的方式向中小型企业提供机器学习服务，使得 "Machine Learning as a Service" 成为现实，能更好地发挥大数据的价值。服务平台化的趋势也正努力发展以满足当前的这一需求。这些平台凭借自身在大数据基础设施建设方面的工作，旨在向其他企业和公司提供数据分析与机器学习系统建设的服务。

除了在线提供的机器学习和数据挖掘服务平台，当前还流行着许多大数据处理的计算平台和开放框架，如 Mahout、GraphLab 等，以及方便易用的数据挖掘工具，如 Weka、Scikit-Leam 等。

（五）Mahout

Mahout 是设计用于处理大规模数据的机器学习类库，它具有良好的可扩展能力，在内部实现了许多机器学习领域的经典算法，用来帮助开发者更加方便快捷地创建机器学习系统，将算法应用于实际用途。在 Mahout 中，大部分算法通过与 Hadoop 分布式框架相结合，利用 MapReduce 的线性扩展能力，可以有效地使用分布式系统来实现高性能计算。

目前，Mahout 主要提供以下几种使用场景的算法：

推荐引擎：通过分析用户的历史记录来预测用户最可能喜欢的商品和服务等。在实现时，可以方便地完成基于用户项目的协同过滤、矩阵分解等推荐功能。

聚类：通过分析一系列相关的物品，采用 K-means、谱聚类等功能将它们依照相似性划分为相似的类。

分类：通过一组已经分类的物品进行训练，调用朴素贝叶斯、随机森林等算法，将未分类的物品归入相应的分类。

降维：基于等算法，将高维空间中的数据转换成低维后，可用特征选择等任务。

以上 Mahout 算法所处理的场景，是在海量数据挖掘中常常会遇到的情况。通过将 Mahout 算法基于 MapReduce 框架实现，将数据的输入、输出和中间结果均保存在 HDFS 上，使得 Mahout 具有局吞吐、局并发、局可靠性的特点，最终，使业务系统可以高效快速地得到分析结果。目前，Mahout 有比较广泛的应用场景：如针对视频的分析和检索，在数字城市中的车牌识别、套牌分析、车辆轨迹分析等应用，都可以通过的 Mahout 分类算法部署在服务器集群中，完成大量数据的分析处理；另外还有商品推荐引擎，将用户的历史购买记录保存，采用 Mahout 推荐算法生成预测模型，当用户再次访问时，可调用的推荐接口近实时地得到分析结果。

（六）GraphLab

为解决大规模数据的图计算问题，Google 提出了 Pregel 框架，采用以顶点为中心的计算模式，遵循 BSP 模型中的"计算通信同步"原则，完成图算法的数据同步和迭代任务。曾称其在内部的运算是使用完成，而其他是使用实现的，但一直没有将其具体实现开源。

在 GraphLab 计算模型中，GraphLab 将数据抽象成图中的顶点结构，并行化将顶点切分，将算法的执行过程抽象成 Gather（收集）、Apply（更新）和 Scatter（分散）三个步骤，每个顶点每一轮迭代都需要经过以下这三个阶段：

Gather 阶段：每个工作顶点从其邻接顶点及自身收集数据，然后完成自定义的求和运算。

Apply 阶段：利用 Gather 阶段收集的计算结果，结合当前顶点自身保存的数据，完成顶点上数据的更新。

Scatter 阶段：当顶点上的数据更新完成后，更新该顶点邻接边上的数据。

在执行计算的过程中，GraphLab 通过对三个阶段的读写权限控制来达到计算并发及同步的目的。并行计算过程中的同步通过 Master 和 Mirror 组件来实现，在 Mirror 上完成各个顶点的 Gather 阶段后，会将求和结果发送至 Master 节点，由 Master 完成 Apply 阶段顶点数据的更新，再同步至 Mirror 节点，将复杂的数据通信抽象成顶点的行为。

（七）Weka

Weka 是新西兰怀卡托大学开发的一组机器学习算法软件，可用于不同的数据挖掘任务，这些算法集合可以方便地直接应用于现有数据集或者自定义开发 Java 代码来调用相应的 API 访问。Weka 基于面向对象的良好设计，封装了数据预处理、分类、回归、聚类、关联规则和可视化等算法及工具，用户在此基础上也可以开发和加入新的机器学习算法。

Weka 是用 Java 语言实现的，可以不用修改地跨平台使用。在 Weka 中提供了可视化的工作界面工具和算法的使用和运行过程都可以在 GUI 界面中提示，可以方便地完成对数据进行分析和预测建模。

Weka 中包含了比较全面的数据预处理和多种建模技术，支持多种标准的数据挖掘任务，更具体地说，包含数据预处理、聚类、分类、回归、可视化和特征选择等。Weka 的主用户界面是 Explorer，用户可以在界面上操作完成几乎所有的数据挖掘，但实质上同样的功能也可以通过基于组件的 Knowledge Flow 接口和命令行访问。同时还有 Experimenter，它允许在同一数据集上使用 Weka 中不同的机器学习算法进行性能的比较。

（八）Scikit-Learn

Scikit-Learn 是由 Python 语言编写的开源机器学习库，提供各种分类、回归和聚类算法，包括支持向量机、logistic 回归、朴素贝叶斯、随机森林、Gradient Boosting，K-means 和 DBSCAN 等算法，并且还可以方便与 Python 数值与科学计算等库（如 NumPy、SciPy 和 matplotlib）进行互操作。是在"Google 编程之夏"上发起，开源后广泛地被其他开发者重写，到 2012 年已经相当流行。

最初的用户是 Evernote，它通过利用朴素贝叶斯分类器在食谱数据库区分用户，而后由 Mendeley 使用 SGD 算法来构建推荐系统，另外流行的 Python 自然语言工具包（NLTK）也可以通过 nltk. classify 来使用 Scikit-Learn。Scikit – Learn 设计的目标是简单、高效、容易使用、重用，在设计实现时，开发人员就项目的可分解性和可重用性进行很多方面的分析和讨论。

（九）Spark

Spark 主要提供了基于内存计算的抽象对象 RDD，允许用户将数据加载至内存后重复地使用，这样的设计很适合于机器学习算法。基于内存的计算特点，与 MapReduce 相比，Spark 在某些应用上的实验性能要超过 100 多倍。基于 RDD 提供的各种函数式抽象接口，AMPLab 实验室还开发了一系列的项目，如 Shark（Hive on Spark）、GraphX（Graph Computing）和 Spark Streaming（支持流计算）。

二、流数据挖掘

流数据处理平台主要是针对需要接收大量的、不间断的数据（称为流式数据），并可以迅速完成数据处理并响应的系统。当前最为流行的流数据处理平台有 Storm、S4 和 Spark Streaming。

Storm 提供了简单的编程模型，定义 Stream 是被处理的数据，Spout 是数据源，Bolt 处理数据。Task 是运行于 Spout 或 Bolt 中的线程，而 Worker 是运行这些线程的进程，Stream Grouping 则规定了接收输入数据的规范。Storm 可支持各种编程语言，其数据流程上采用了 pull 模型，每个 Bolt 从事件来源（可以是 Spout 或 Bolt 来接取数据，这可以免于数据的丢失，有可靠的消息处理机制。而在架构上，Storm 依赖 ZooKeeper、ZeroMQ 等组件工作，具有很好的容错能力和水平扩展能力，所提供的"本地"模式也能方便地进行快速开发和单元测试。

S4 则提供了更为简便的 Actor 编程范式，只需要为执行单元（Processing Elements，PEs）编写简单的逻辑，框架会自动在流上运行这样的 PEs，这如同 MapReduce 程序一样。但 S4 并不保证消息的发送，所采用的 push 模型，当发送到 PEs 的事件填满了其接收缓冲区时，事件将会被丢弃。为提高容错性，S4 提供了很强的状态恢复机制，这对于大多数机器学习程序来说非常重要。但相比于 S4，Strom 的社区更加活跃和成熟，性能更好，最小延迟能达到 100 毫秒左右。

Spark 在内部将数据抽象为 RDD（Resilent Distributed Dataset），提供函数式的编程范式接口，支持分布式的函数式编程算子，如 Map、Flatmap、Join、Reduce（有别于 MapReduce）等，充分发挥多节点的计算性能，使得 Spark 可以替代 MapReduce 进行批处理任务。Spark 利用基于内存计算的特点，通过 Scala 语言特性实现的 Lineage Graph 抽象，简化了容错机制，特别适合迭代式和交互式数据处理。Spark Streaming 是在 Spark 的基础上进一步开发的流式处理框架，其将流式计算任务离散化成一系列短小的 DStream（Discretized Stream）数据窗口，DStream 上提供了类似 RDD 的函数式操作接口，并且保证每个窗口的 exactly-once 事件语义，能从 HDFS、Flume、Twitter 和 ZeroMQ 等平台中读取流数据。当前最新版本的最小窗口选择在 0.5 ~ 2 秒之间，这已经能够满足大多数（如实时推荐、广告系统等）的准实时计算场景。

三、聚类分析技术

（一）聚类分析概述

聚类分析（Clustering Analysis），又称数据切割，是一种探查数据结构的工具。聚类分析源于数学、计算机科学和经济学等多个领域，是一种重要的人类行为。聚类分析广泛应用于目标客户推荐、市场划分、生物技术、人口统计学和教学辅导等多个领域，大致可以分为数据精简、假设推断和预测等几类应用。

聚类分析在相似的基础上分析数据进行分类，然后通过单独分析每个类别中的数据，获取数据中隐藏的知识和信息。然而，在大多数情况下，无法提前对数据类别进行定义，需要应用聚类分析算法对数据集进行分类。

聚类分析的定义如下：

设数据集 $D = \{d_1, d_2, \cdots, d_i, \cdots, d_m\}$，其中 $d_i (1 \leq i \leq m)$ 是数据对象，聚类分析就是根据数据对象之间的相似度进行划分，将数据对象划分为 k' 个群组：$C_1, C_2, \cdots, C_i, \cdots, C_k$。由于应用环境的不同，聚类分析的方式和步骤也不完全一样。但是，对于常见的数据分析应用而言，其分析过程可以分为四个步骤，如图 13-6 所示。

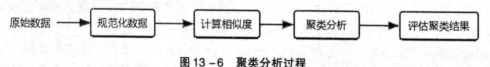

原始数据 → 规范化数据 → 计算相似度 → 聚类分析 → 评估聚类结果

图 13-6　聚类分析过程

第一步，提取待分析数据中需要分析的特征属性，选择合适的方法进行规范化处理并存储；第二步，根据特征属性选择一个合适的相似度计算方法；第三步，选择合适的聚类分析算法，将数据划分至多个群组；第四步，对算法的运行结果进行评估，对数据进行解释和分析。其中，相似度是聚类分析的重要参数，其计算方法的选择是聚类分析的重要步骤。主流的相似度计算方法都是基于距离公式计算数据对象的空间距离作为对象之间的相似度，常用的计算方法有欧氏距离和绝对距离。

（二）K-means 聚类算法

"K-means" 术语最早由 James Mac Queen 于 1967 年提出，最早的标准 K-means 算法是由 Stuart Lloyd 于 1957 年提出并应用于脉码调制中，因此 K-means 算法常被称为 Lloyd 算法。K-means 算法的目标是将待分区的数据对象，划分到 k 个簇中，这些数据对象和其所属簇的中心的距离最近。虽然，聚类算法在计算时比较难于计算，但是 K-means 算法是一个高效的启发式算法，通常采用快速收敛得到局部最优值。

K-means 算法的标准定义如下：

给定一个数据对象集 $X = \{x_1, x_2, \cdots, x_n\}$，其中每个对象 x_i 是一个 d 纬向量。K-means 算法的目标是根据数据对象的特征将 n 个对象划分为 k 个群组，其中 $k \leq n$，使得各个群组内部的均方误差总和最小，记为 V。假设存在 k 个群组 S_i，其中 $i = 1, 2, \cdots, k$，是群组 S_i 内所有元素 x_i 的中心点。则 V 的计算公式为：

$$V = argmin \sum_{i=1}^{k} \sum_{x_i \in s_i} |x_i - \mu_i|^2$$

具体而言，K-means 算法的详细步骤如下：

输入：是群组个数 k 和 n 个数对象。

输出：数据对象集合的 k 个划分。

随机选择 k 个数据对象作为初始的群组中心点，并进行初始化。

遍历数据对象集合，计算数据对象和 k 个群组中心点的距离，将数据对象划分到距离最小的中心点所属的群组中。

重新计算群组中心点，通过计算群组所含数据对象的平均值，得到中心点。

重复计算步骤（2）和（3），直至得到的新的群组中心点和旧的中心点的差值低于一个阈值，迭代计算结束。

聚类分析是机器学习中重要的研究方向和领域，K-means 算法是聚类分析中最重要的算法之一。目前，K-means 算法是人们在科研生产应用中最常用的机器学习算法，主要是利用 K-means 算法产生一些不相交的对象簇，然后再对这些对象簇中的数据进行下一步处理，比如进行关联规则挖掘和知识推荐等。

在实际使用中，K-means 算法具有以下优点：

算法比较简单，容易理解和实现。

算法的时间和空间复杂度不高。

算法能适应多种应用环境，具有一定的扩充性。

算法能够产生更紧密的簇，特别是球状簇。

相应地，人们在使用 K-means 算法时，也发现 K-means 算法具有以下缺点：

K-means 算法中的群组数目 K 值是使用者预先设定的，这对使用者提出了较高的要求，经验不足的使用者设定的 K 值的准确性也存在一定的问题。

包含较多孤立点的数据将会增加 K-means 算法的迭代次数，提高算法的复杂度，降低算法的准确性。

初始中心点的选择将会影响 K-means 算法的迭代次数以及算法能否取得全局最优解。

（三）K-means 算法的数据预处理

在电子商务、医学、物流和其他各个领域中，工程师和学者们使用了各种各样的机器学习算法对数据进行分析和挖掘，提取隐藏在数据中的知识。例如，医学领域的学者会对数据库中的数据进行分析用于推测用户的疾病类型。机器学习中使用的原始数据来源于实际应用场景，存在各类难以避免的缺陷。例如，原始数据中总会存在大量的空缺值，甚至错误的记录；同时，原始数据总会包含噪声数据和冗余数据。低质量的数据将导致低质量的挖掘结果，这些问题对于机器学习算法构成了极大的挑战，也会影响机器学习算法的有效性和运行时间。从原始数据到待分析数据的过程中，对数据进行的操作称为数据预处理。

数据预处理主要包括以下三个步骤：数据清理、数据集成与变换和数据归约。以下分别对三个步骤进行详细说明。

（1）数据清理

数据清理主要解决空缺值、错误数据和噪声等问题。

处理空缺值：处理空缺值的方法主要包括忽略元组、填补空缺值和推倒空缺值等。

处理错误数据：对于错误数据而言，首先需要识别包含错误数据的样本，然后进行更改或者删除。错误数据的分辨与具体的问题相关。

处理噪声数据：噪声是指对于一个变量进行测量时，测量结果存在的偏差。如果偏差较大，即为孤立点。噪声数据，包括孤立点，就是被测量变量的随机误差。处理噪声数据的方法主要包括分箱、回归、聚类和人机结合等。

（2）数据集成与变换

数据分析任务通常需要处理多个数据源中的数据，这涉及合并多个数据库或者文件中的数据至一个一致的数据存储中，即数据集成。

数据变换是指将数据转换或者统一为适合挖掘的形式，例如数据规范化，主要包括平滑、聚集和规范化等方法。以下将对规范化进行简单介绍。

数据规范化，又称特征缩放（Feature Scaling），是指将特征数据按比例缩放后，使特征落入一个较小的特定区间中。进行数据分析之前，通常需要对数据进行规范化处理。数据规范化通常根据数据的具体情况，选择合适的规范化方法。对数据进行规范化处理常用于涉及神经网络或者距离度量的分类算法和聚类算法中。对于基于距离度量相异度或者相似度的方法，数据规范化可以让所有特征具有相同的权重。

常用的规范化方法包括小数定标规范化、最小—最大值规范化、Z-score 规范化、极差标准化和极差正规化等。

（3）数据归约

数据归约是指通过某种方式，获得保持原数据集完整性并且数量相对较小的数据集。不同的数据集可以采用不同的规约方法。常用的数据归约方法主要包括数据立方体聚集、特征子集选择、维度归约、数值归约和离散化等。

包含较多孤立点的数据会增加 K-means 算法的迭代次数，提高算法的复杂度，降低算法的准确性；同时，K-means 算法是基于距离度量相似度的算法。因此，对于从实际环境中获取的数据集，需要进行规划化处理，让所有特征具有相同的权重；并且对数据集中的孤立点进行检测和删除，降低 K-means 算法的迭代次数。

K-means 算法需要预先设定群组数目 K 值。针对 K-means 算法的这一限制，很多学者进行了相关的研究，并且提出了许多自动化计算 K 值的算法。这些算法的适用范围通常具有一定的限制或者算法自身的准确性不甚理想。因此，一些学者对于这个问题进行了更加深入的研究，提出了一些更为通用的算法。这些算法的基本思想是根据数据集的特点，确定一个 K 值的搜索范围 $[k_{min}, k_{max}]$，运行 K-means 算法产生不同的聚类结果，然后选择合适的有效性评价指标对不同聚类数目对应的聚类结果进行评估，以确定最优的群组数目 K。

聚类的有效性是指评价聚类结果的质量并确定最适合特定数据集的划分。通常采用聚类有效性评价指标来评估聚类算法产生的聚类结果，然后选择最优的聚类结果对应的群组数目作为最佳群组数。目前，研究者们已经提出了许多检验聚类结果的聚类有效性评价指标，在聚类数目 K 值的搜索范围 $[k_{min}, k_{max}]$，使用这些函数指标确定最优的群组数大，即最佳群组数。目前，常用的聚类有效性评价指标包括 Calinski-Harabasz（CH）指标、In-Group Proportion（IGP）指标和 Silhouette（Sil）指标等。

在常用的聚类有效性评价指标中，Silhouette 指标具有简单易用和评价性能良好等特点，并且得到了广泛应用。设 $a(i)$ 为数据对象 i 与群组内所有其他数据对象的平均距离，$b(i)$ 为数据对象 i 到其他每个群组中数据对象平均距离的最小值。Silhouette 指标定义为：

$$Sil(i) = \frac{b(i) - a(i)}{\max\{a(i), b(i)\}}$$

由于 Silhouette 指标综合反映了聚类结构的类内紧密性和类间分离性，因此 Silhouette 指标既能够评价聚类质量的优劣，也能够估计最佳的群组数目，其值域为 $[-1, 1]$。当所有样本的平均 Silhouette 指标值越大时，聚类结果质量越好，聚类结果越有效，Silhouette 指标的最大值所对应的聚类数即为最佳群组数。

（四）分类分析技术

（1）分类分析概述

分类分析的流程是一个两步过程：第一步，建立一个模型，描述已知的数据集或者概念集。第一步称为有指导的学习，通过分析由特征描述的数据样本或者实例来构造模型。为建立模型而被分析的数据集或者概念集称为训练数据集，其中每一个数据样本或者实例都属于一个预先定义的类，由一个被称为类标签的特征确定。第二步，使用模型分析未知数据，进行分类。

根据模型的不同，目前常用的分类器主要包括：贝叶斯分类器、决策树分类器和支持向量机分类器等。

贝叶斯分类器：贝叶斯分类器的基本思想是基于贝叶斯公式，通过数据对象的先验概率，计算后验概率，即该对象属于某一类的概率，然后选择具有最大后验概率的类别作为该对象所属的类。虽然贝叶斯分类器的算法模型简单，但是贝叶斯分类器往往会取得高效准确的分类结果。最常见的贝叶斯分类器是朴素贝叶斯分类器。它是一种基于独立假设贝叶斯定理的简单概率分类器。

决策树分类器：决策树（Decision Tree）表述了一种树型结构，由树的分支以及数据对象的特征进行分类，代表了对象特征值与类别特征值之间的一种映射关系。树中的每个内部节点选用一个特征进行分割，每个分叉路径代表某个特征的可能取值，每个叶节点对应从根节点到该叶节点所经历的路径所表示的分类结果，每个特征在决策树中作为分类特征时只能使用一次。

决策树的构建过程包括两个步骤。第一步，决策树的生成。开始时，所有数据对象都在根节点聚集。然后，递归地进行数据分片。第二步，决策树的剪枝，防止过拟合现象。在生成决策树时，需要选择某一特征进行数据分片，并且所选的特征是分类效果最好的特征。

支持向量机分类器：支持向量机（Support Vector Machine，简称 SVM）分类器是一种二类分类模型，理论基础是非线性映射。支持向量机的基本模型定义为特征空间上的支持向量间隔最大的线性分类器，最终可转化为一个凸二次规划问题进行求解。

（2）随机森林分类算法

随机森林是一种集成分类器，它基于随机化的思想构建了一群相互独立且互不相同的决策树。随机森林可以定义为 $\{h(x, \theta k), k = 1, \cdots, L\}$，其中 θk 是一类相互独立的随机向量参数，x 为输入数据。每一棵决策树均使用随机向量作为参数，随机地选择样本的特征，随机地选择样本数据集的子集作为训练集。

随机森林的构建算法如下，其中，k 表示随机森林中决策树的数量，n 表示每棵决策树对应的训练数据集中的样本个数，M 表示样本的特征数目，m 表示在单棵决策树的一个节点上进行分割时选择的特征数目，$m << M$：

从全部的训练样本集中以可重复取样的方式，取样 N 次，形成 k 组训练集（即 bootstrap 取样），分别对每组训练集构建决策树，未被抽样选中的样本形成了 k 组袋外数据（Out of Bag，简称 OOB）；

对于决策树的每一个节点，随机选择 m 个基于此节点上的特征，根据这 m 个特征，计算最佳的分割特征；

每棵决策树都完整地生长，不进行剪枝；

将生成的多棵决策树组成随机森林模型，使用该模型对未知数据进行判别与分类。

随机森林的分类性能与每一棵决策树的质量息息相关。通常，袋外数据被用于评价每一棵决策树的质量。另外，袋外数据还被应用于评估随机森林的误差和特征重要性评分。

随机森林算法的优点主要包括：

①适用范围广，对于很多种资料，都可以产生高准确率的分类器，即使对于包含大量遗失资料的数据，随机森林依然可以维持准确率；

②性能好，可以处理大量的输入变量；

③随机森林能够评估特征的重要性；

④随机森林具有良好的抗噪声干扰能力；

⑤对于不平衡的分类数据集，随机森林可以平衡误差；

⑥具有快速的学习过程，并且能够进行并行化处理；

⑦一般而言，随机森林不会出现过拟合现象。

然而，随机森林算法并不是完美的。不论是在实际应用中，还是在研究中，随机森林算法都表现出一些不完善的地方。相对的，随机森林算法的缺点有：

对于包含噪声特征和冗余特征的数据集，随机森林算法的准确性会受到影响，错误率会提高。

随机森林算法进行决策时，无法区别对待每一棵决策树，导致准确性差的决策树会影响算法整体的准确性。

（3）随机森林算法对于特征的重要性评分

随机森林算法能够计算单个特征的重要性。这一特点可以在很多领域得到应用。例如，银行贷款业务中可以使用随机森林算法对贷款客户信息中的每一个特征计算重要性评分，并进行排序，进而从所有特征中选择重要性靠前的特征进行深入分析，以降低银行贷款的坏账率。具体而言，随机森林算法计算某个特征 X 的重要性评分的步骤如下：

对于随机森林中的每一棵决策树，使用相应的袋外数据计算袋外数据的误差，记为 errOOB1；

随机地对袋外数据所有样本的特征 X 加入噪声干扰，例如随机地改变样本在特征 X 处的取值，再次计算决策树对应的袋外数据误差，记为 errOOB2。

假设随机森林中包含 ntree 棵树，则特征 X 的重要性为：

$$\Sigma\,(\,errOOB2 - errOOB1\,)/ntree$$

选择上述表达式作为随机森林算法计算特征重要性评分度量值的原因在于：若给某个特征随机地加入噪声干扰之后，如果袋外数据的准确率大幅降低，则表示这个特征显著影响了样本的分类结果，即该特征的重要程度比较高。具体而言，随机森林以每一棵决策树为单位计算特征的重要性评分。为了计算一棵决策树对于一个特征的重要性度量结果，在其他特征的取值不发生变化的前提下，对该决策树的袋外数据在该特征上的取值进行重排，即破坏了袋外数据中的样本在该特征上与类标的映射关系。然后，使用该决策树重新预测"新"的袋外数据样本的类标。在袋外数据样本与类标的映射关系被破坏前后，分别计算决策树的准确率或者误差。前后两次准确率的差值就是该决策树对于该特征重要性的度量结果。特征的重要性评分是所有决策树共同作用的结果，得分越高，特征的重要性越高。

（4）随机森林算法的特征选择

对于包含噪声特征和冗余特征的数据集，随机森林算法的准确性会受到影响，错误率会提高。因此，可以使用特征选择对待分析数据集进行处理，删除噪声特征和冗余特征。

特征选择是利用一系列规则，计算特征重要性的相对关系，对数据的特征进行排名的过程。特征选择技术通常用于对分类分析中的数据进行转换，以提高分类的准确性。一般而言，机器学习中的特征选择技术主要分为三类：过滤法（Filter）、封装法（Wrapper）和集成法。

过滤法是指通过统计的方法，赋予特征一个权重，根据特征的权重进行特征排序，然后采用某种规则选取一个阈值，权重大于阈值的特征予以保留，否则被删除。过滤法的特征选择过程根据数据集的特征进行操作，独立于具体的分类算法。

过滤法具有速度快和鲁棒性强的优点，对于大数据集，尤其是海量数据集，依然适用。

但是，过滤法过于简单，统计的结果取决于样本的质量，难以补救，选择的特征子集的分类性能一般也弱于封装法。因此，过滤法一般不单独使用，而是作为一种数据预处理的方法，辅助封装法或者集成法，提高模型参数和特征选择结果的质量。常见的过滤法有很多种，例如 Fisher 比、信息增益、Relief、T-test 和方差分析等。以下将简单介绍 T-test 和方差分析。

T-test，又称 T 检验，是针对两类问题的非参数检验方法，使用 t 分布理论推导差异发生的概率。使用 T-test 检验方法筛选特征时，会计算每一个特征的 T 统计值，具体公式如下：

$$T = \frac{\overline{x_1} - \overline{x_2}}{\sqrt{\dfrac{\sum\limits_{i=1}^{n_1} x_i^2 + \sum\limits_{j=1}^{n_2} x_j^2}{n_1 + n_2 - 2} \times \dfrac{n_1 + n_2}{n_1 \times n_2}}}$$

式中，n_1 为第一类样本的数量，n_2 为第二类样本的数量，分子为某个特征对应的两类均值的差值。特征的 T 统计值计算完成后，会对应一个 P-value 值。如果特征的 P-value 值小于 0.05，表示该特征在两类之间具有显著性差异；否则没有显著性差异。在选择 0.05 作为阈值时，P-value 值小于 0.05 的特征即为特征选择的结果。

方差分析（Analysis of Variance，简称 ANOVA），又称变异数分析或者 F 检验，是针对多类问题（类别数目超过两类）的非参数检验方法。方差分析的基本思想是通过分析研究不同来源的变异对总变异的贡献度，以此确定可控因素对研究结果影响力的大小。使用方差分析检验方法筛选特征时，会计算每一个特征的检验统计量 F 值，具体的计算公式如下：

组间变异量：

$$BSS = \sum \sum_i n_i \, (\bar{Y}_i - \overline{Y_{\text{total}}})^2$$

组内变异量：

$$WSS = \sum_i \sum_j (Y_{ij} - \bar{Y}_i)^2$$

其中 n_i 为第 i 组内观测值的总数，$\bar{Y}_i$ 为第 i 组的平均值，$\overline{Y_{\text{total}}}$ 为总体的平均值，Y_{ij} 为该特征在第 i 组的第 j 个观测值。

组间均方：

$$BWSS = \frac{BSS}{k-1} = \frac{\sum_i n_i \, (\overline{Y_1} - \overline{Y_{total}})^2}{k-1}$$

其中 k 为组别数量，n 为观测值总数。

两个均方值的比值即为：

$$F = \frac{BMSS}{WMSS}$$

F 值越大，表示组间均方大于组内均方，即组间变异量大于组内变异量，各组间的差异远超总期望值离差，各组的平均数存在明显的差异；相反的，F 值越小，甚至逼近于 0，表示组间变异量小于组内变异量，各组间的差异很小，各组平均值则不存在明显的差异。特征的检验统计量 F 值计算完成后，会对应一个 P-value 值，具体的处理方法与 T-test 类似。

封装法的特征选择过程与具体的分类算法绑定。与过滤法比较而言，封装法更加深入，通过迭代或者重复的方式，从一个给定的局部最优解出发，逐渐向全局最优解逼近。封装法选择的特征子集的数量一般比较小，并且分类性能优于过滤法。

但是封装法的速度比较慢，鲁棒性不如过滤法。成熟的封装法有很多，例如支持向量机、遗传算法和 K-means 算法等。

与过滤法和封装法比较而言，集成法没有清晰明确的定义。例如，可以对多种封装法进行集成，或者对各个封装法的输出结果进行集成，或者将多个封装法组合成一个新的方法。当然，也可以把过滤法作为封装法的一种数据预处理手段，将两种方法进行集成。虽然集成法的设计方式有多种多样，但是对现有方法进行随意的集成，其效果并不一定优于原有的特征选择方法。优秀的集成法取决于集成策略的设计能否综合各个子方法的优势，并且匹配数据集的特点。

随机森林算法能够通过计算特征的重要性评分的特性进行特征选择。基于这一特性设计的特征选择策略中，常用的方法是循环构建随机森林模型，计算特征的重要性评分，每次删除一个或者多个评分最低的特征，直至剩余特征的数量降低至用户设定的数量。但是这种方法并不是严格的、统一适用的或者高效的。另外，剩余特征的数量以及每次删除的特征数量必须由用户设定。这种方法只能基于具体的问题进行设计，不具备问题独立性。同时，由于随机森林的构建过程具有随机性，直接使用某一次构建的随机森林模型关于特征的重要性评分进行特征选择是不具备说服力的。

四、大数据机器学习平台总体架构

在大数据场景下的建模，通常有两种形式的基本需求：一是随着实时数据流的建模，二是大批量数据分析建模。这两种需求在当前分别有独自的解决方案，针对第一个需求可以使用流数据计算平台，而针对第二个需求则可以使用 Hadoop 或 MPI 等高性能集群进行离线数据分析。然而在通常的应用中，这两个需求是同时产生，比如一个推荐系统的网站，既需要有对大容量的历史数据进行挖掘，如建立用户的长期兴趣，也有对用户的点击和购买行为快速反馈的实时建模，跟踪行为当前的行为记录形成用户当前偏好。

（一）Spark 架构思路

为应对这一挑战，很多项目都采用混合架构形式，称为 Lambda Architecture。Lanmbda Architecture 针对于混合多样的数据场景（既需要批量处理，又需要实时或流数据处理）提供了一系列清晰的架构设计原则，其主要分为三个层次：批量处理层（Batch Layer）服务层（Serving Layer）以及速度层（Speed Layer）。

在批量处理层，一般选用当前成熟的计算和存储平台 Hadoop，一方面 HDFS 可以用来存储大容量的数据集，另一方面可以依靠 MapReduce 灵活的计算扩展功能，再结合多轮迭代完成各种形式的计算。同时，也可以使用 Spark 完成批量处理计算任务，其基于内存的特点使得它更适合于大量迭代的机器学习和复杂数据处理，而且在 Spark 平台上开发的 GraphX（图计算框架）和 MLlib（机器学习库）都可以直接用于批量的数据分析，极大地方便了应用程序的开发和维护。由于用户的长期兴趣一般很稳定，每次参与计算的都是完整数据集，因此在设计实现中，对批量处理层模型的更新不会很频繁。

服务层则可以利用 Shark（Hive on Spark）等索引服务针对批量处理层的结果进行索引，接收外部 ad-hoc 查询请求，完成准实时的 SQL 查询任务。而速度层则采用分布式的流处理平台 Spark Streaming，作为批量处理层高延迟响应的补充，可实时计算数据完成查询处理。在 Spark-Streaming 中，随着新数据的到来，基于内存的计算任务会被划分成固定时间间隔的窗口抽象，称为 Discretized Stream。与 Spark 提供的 RDD 抽象类似，DStream 也提供了丰富的函数式编程接口（如 map、flatMap、Reduce Join 等），用于完成复杂多样的操作任务，同时还可以调用 Spark 平台上的操作，如 RDD、GraphX 和 MLlib 库等。

在批量处理层等待数据的积累，间隔地启动批量任务存储在 HDFS 上，并通知服务层 Impala 快速更新索引，而速度层则可以在内存中快速更新。一个新数据的到来，需要同时发送至批量处理层和速度层，服务层会通过建立的索引完成低延迟的数据查询，在速度层通过实时查询直接返回结果，最终将两者的查询合并返回最终的输出结果。

举例来说，针对电子商务网站的推荐任务，系统一方面需要分析当前用户的历史偏好，另一方面根据当前用户的浏览和点击行为反馈产生实时推荐。首先，在固定的某个时间，批量处理层 Hadoop 或 Spark 将分析当前收集的所有历史数据，通过对当前历史记录的大规模用户反馈矩阵进行矩阵分解，得到推荐系统的用户和项目模型。

（二）平台整体架构

Spark 是一种新型的分布式计算框架，采用 Scala 语言构建，为分布式计算中在并行操作之间重用数据集的工作负载类型设计。例如，数据挖掘和机器学习算法。为了优化这些类型的工作负载，Spark 引入了内存计算的概念，通过在集群中将数据集缓存在内存中，支持数据集的共享和重用，缩短数据集的访问时间。为了实现数据集的重用，Spark 设计了一种弹性分布式数据集 RDD（Resilient Distributed Dataset）。RDD 是分布在集群中的只读对象集合，在集群中的多个节点上进行分区，可以在多个计算中共享，它不仅支持基于数据集的应用，还具有容错、局部计算调度和可扩展等特性。具体而言，RDD 是一个 Scala 对象，可以通过读取 HDFS（Hadoop Distributed File System）或者本地文件系统中的数据进行创建，也可以从程序中的集合对象进行创建。RDD 支持用户在执行计算时选择缓存数据集在内存中，便于下次计算时重用数据集，提供了更快速的数据访问，减少了不必要的磁盘重复读写操作。目前，RDD 的缓存粒度比较粗，只能被全部缓存。当集群中没有足够的内存时，Spark 会根据 LRU（Least Recently Used）算法对缓存的 RDD 进行替换。

Spark 是基于内存计算的迭代分布式计算框架，适用于需要多次操作特定数据集的应用场景。由于 RDD 具有只读的特性，Spark 不适用于异步细粒度更新状态的应用场景，例如增量的爬虫和索引。

为了提供一体化的大数据处理平台，Spark 不仅向用户提供了 MapReduce 编程模型，还向用户提供了一组工具集，以支持不同应用场景下使用 Spark 进行大数据处理。

Spark SQL 是在 Spark 平台上处理结构化数据的工具。首先，Spark SQL 简化了 SQL 查询与其他复杂数据分析算法的集成；其次，Spark SQL 向用户提供了统一的数据源访问接口，包括 Apache Hive 表和 JSON 文件等；再次，Spark SQL 完全兼容 Hive，复用 Hive 的元数据，支持 Hive 的数据、查询语句和 UDF 等；最后，Spark SQL 支持标准的 JDBC 和 ODBC 连接，便于集成其他数据分析工具。

Spark Streaming 是 Spark 平台上的流式计算工具。首先，Spark Streaming 使用 Spark 特有的 API，编写流式计算程序的方式和普通的批处理程序一样，简化了流式计算的复杂度；其次，Spark Streaming 提供自动化的容错处理；最后，Spark Streaming 便于将流式计算和批处理任务与交互式查询进行结合。

MLlib 是一个基于 Spark 运行时的分布式低层次的机器学习算法库，包含了一些常用的分类、回归、聚类、统计分析和协同过滤算法。MLlib 的性能是 Hadoop 的 100 倍。MLlib 自 Spark 0.8 版本开始发布，并且成为 Spark 的一个子模块，用户使用十分方便。目前，MLlib 正在开发和完善中。

GraphX 是 Spark 平台上的图运算工具。GraphX 基于 Spark 平台，用户可以无缝对接图运算和集合运算；GraphX 的性能优于现有的其他图运算框架，例如 Graph Lab 和 Giraph 等。

相比于其他分布式计算框架，Spark 的特性主要包括：

1. 高效

对于小数据集，Spark 能够达到亚秒级的延迟；对于大数据集，例如典型的迭代式机器学习，Spark 比基于 Hadoop 和 Pregel 的实现快十倍到百倍。

2. 通用性

Spark 提供了不局限于 Map 和 Reduce 的多种数据集操作，比如 map、Filter、flatMap、sample、groupByKey、reduceByKey、union、join、cogroup、mapValues、sort、partitionBy 等多种操作类型。Spark 为上层应用的开发人员提供了更多的方便。

3. 容错性

Spark 提供的 RDD 是弹性的。Spark 通过维护"血统"，即数据衍生过程，重建 RDD 的信息。另外，在执行任务时，Spark 支持通过 checkpoint 实现容错处理。

4. 易用性

Spark 提供了丰富的 Scala、Java 和 Python 访问接口以及交互式的 Shell 工具。

5. 多运行模式

Spark 既支持独立部署，也支持通过资源管理框架与其他分布式计算框架同时部署，运行模式包括本地模式、Standalone 模式、Mesos 模式和 Yam 模式。

Spark 集群存在两种元素，即驱动程序（Driver）和工作节点（Worker）。驱动程序是应用逻辑执行的起点，可以实现在单一节点上执行的操作或者在一组节点上并行执行的操作；多个工作节点对数据进行实际的并行计算。当用户向 Spark 提交一个应用程序时，Spark 产生一个驱动程序。工作节点的进程会长期运行，将 RDD 数据集以对象的形式缓存在内存中。

思考题

1. 机器学习和数据挖掘的联系与区别是什么？
2. 机器学习的方式与类型是什么？
3. 深度学习基本方法是什么？
4. 深度学习应用包括哪些？举例说明。

第十四章　大数据巨量分析与机器学习的应用领域

机器学习的应用领域十分广泛，已经渗透到各行业，下面我们简要介绍其在互联网、商业、工业、农业、医疗、城市规划与建筑，及其他领域的应用。

第一节　互联网领域

机器学习和互联网相结合已经不再是什么新鲜事，百度成立三大实验室，大数据实验室、深度学习研究院等也表明了百度在这一领域的决心和雄心。随着互联网企业用户的积累，软硬件的更新，想创造更大的利润，机器学习必然能起到关键的作用，它与互联网的结合必然也会推动整个互联网产业的一次巨大的发展，也是互联网发展的必然趋势。

一、机器学习与互联网

微软亚洲研究院互联网搜索与挖掘组高级研究员李航博士介绍说，机器学习是关于计算机基于数据构建模型并运用模型来模拟人类智能活动的一门学科。机器学习实际上体现了计算机向智能化发展的必然趋势。现在当人们提到机器学习时，通常是指统计机器学习或统计学习。实践表明，统计机器学习是实现计算机智能化这一目标的最有效手段。

机器学习最大的优点是它具有泛化能力，也就是可以举一反三。无论是在什么样的图片中，甚至是在抽象画中，人们能够轻而易举地找出其中的人脸，这种能力就是泛化能力。

当然，统计学习的预测准确率不能保证100%。

人工智能挑战：搜索最终是人工智能问题。搜索系统需要帮助用户尽快、尽准、尽全地找到信息。这从本质上需要对用户需求如查询语句，以及互联网上的文本、图像、视频等多种数据进行"理解"。现在的搜索引擎通过关键词匹配以及其他"信号"，能够在很大程度上帮助用户找到信息。但是，还是远远不够的。

规模优势：互联网上有大量的内容数据，搜索引擎记录了大量的用户行为数据。这些数据能够帮助我们找到看似很难找到的信息。比如，"纽约市的人口是多少"，"春风又绿江南岸作者是谁"。另一方面，低频率的搜索行为对人工智能的挑战就更显著。

二、机器学习与信息安全

机器学习与信息安全的结合，可以从以下几个点切入：入侵检测系统、木马检测、漏洞扫描。

（一）入侵检测

入侵检测技术是近20年出现的一种主动保护自己免受攻击的网络安全技术，它在不影响网络性能的情况下对网络进行检测，从而提供对内部攻击、外部攻击和误用操作的实时保护。它通过手机和分析网络行为、安全日志、审计数据、其他网络上可以获得的信息以及计算机系统中若干关键点的信息，检查网络或系统中是否存在违反安全策略的行为和被攻击的迹象。入侵检测因此被认为是防火墙之后的第二道安全闸门，在不影响网络性能的情况下对网络进行监测。入侵检测通过执行以下任务来实现其功能：监视、分析用户及系统活动；系统构造和弱点审计；识别已知进攻活动的模式并向相关人士报警；异常行为模式的统计分析；评估重要系统和数据文件的完整性；操作系统的审计跟踪管理并识别用户违反安全策略的行为。

（二）木马检测

网页木马是利用网页来进行破坏的病毒，它包含在恶意网页之中，通过使用脚本语言编写恶意代码，利用浏览器或者浏览器插件存在的漏洞来实现病毒的传播。当用户登录了包含网页病毒的恶意网站时，网页木马便会被激活，受影响的系统一旦感染网页病毒，就会被植入木马病毒，盗取密码和个人信息等。

目前对网页木马的分析方法主要分为动态分析和静态分析。动态分析主要有高交互式蜜罐和低交互式蜜罐两种方式。高交互式蜜罐使用真实的带有漏洞的系统，其优点是能够捕获零日漏洞"CH11"。低交互式蜜罐则是仿真模拟漏洞来捕获恶意代码，其主要优点是统一部署且风险性小，且主要缺点是不能发现利用零日漏洞的未知攻击。静态分析主要是利用特征码匹配来识别恶意代码，受到了加密和混淆的严峻挑战。

（三）漏洞扫描

漏洞扫描就是对计算机系统或者其他网络设备进行安全相关的检测，以找出安全隐患和可被黑客利用的漏洞。显然，漏洞扫描软件是把双刃剑，黑客利用它入侵系统，而系统管理员掌握它以后又可以有效地防范黑客入侵。因此，漏洞扫描是保证系统和网络安全必不可少的手段，必须仔细研究利用。

第一种是被动式策略，第二种是主动式策略。所谓被动式策略就是基于主机之上，对系统中不合适的设置、脆弱的口令以及其他同安全规则抵触的对象进行检查；而主动式策略是基于网络的，它通过执行一些脚本文件模拟对系统进行攻击的行为并记录系统的反应，从而发现其中的漏洞。利用被动式策略扫描称为系统安全扫描，利用主动式策略扫描称为网络安全扫描。

三、P2P网络流分类

P2P（Peer-to-Peer）是一种对等网络技术，是伴随着互联网发展应运而生的新一代网络技术，是分布式系统和网络技术相结合的产物。它不再是传统的"客户端/服务器"（Client/Server，C/S）模式，网络中的每个节点关系对等，即每个节点既可以作为客户端又能够充当服务器，这使得每个网络节点既可以向另一个节点发送信息，同时又能从对方接收信息。

与传统的分布式系统相比，P2P技术的分布化程度、可扩展性、健壮性、性价比以及负载均衡能力等都表现得更加优秀，客观来说更加适合现有网络结构，因此，P2P应用在近年来得到了迅猛的发展，据相关统计，P2P流量已经占据互联网70%以上的流量。

凭借P2P网络技术的优越性，P2P应用在诞生短短几年时间里迅速占据Internet中的许多应用领域：以迅雷、BitTorrent、Napster为代表的文件共享应用给用户带来了自由、开放和对等的高速文件下载体验；以Skype、QQ、MSN为代表的语音通信给用户带来快捷方便的即时通信体验；以PPLive、PPStream为代表的流媒体在线播放给用户带来丰富多彩的视听盛宴。

然而随着P2P应用的迅猛发展，其负面效果也逐渐凸显，主要表现为：

（1）病毒、木马能够隐藏在P2P文件中，通过P2P网络平台轻易地扩散，能够在很短的时间内对大范围的用户造成破坏，造成不可估量的损失；暴力、色情等不良信息能在P2P环境下更加轻易地传播出去；盗版影视作品、山寨版软件更加肆无忌惮地扩散，法律的约束能力逐渐变弱。

（2）网络带宽被大量的P2P数据流吞噬，非P2P应用的网络环境受到严重影响，造成许多企事业单位的带宽不够用，严重影响了企业的正常运营。

（3）传统的互联网非对称流量模型被打破，建立在传统互联网模式下的收费形式需要改变，互联网服务的运营商将要面临网络技术变革所带来的挑战。通过P2P流量的识别技术可以挖掘P2P的具体应用，从而分析用户的网络行为，能够给网络管理和流量监控提供极大的帮助，有助于网络运营商和管理者找到网络中的不安全因素，从而提高网络环境的安全性。近年来，P2P流量的识别技术的研究越来越受到重视，然而已有的众多P2P流量识别技术、解决方法仍存在一定的局限性，具体表现为：

①P2P流多采用动态端口和隧道加密技术使得传统的基于端口检测P2P流的方法失效；

②P2P应用层出不穷，各种新型的协议出现和应用层加密技术的使用使得基于应用层检测技术失效；

③P2P流量特征规模庞大，流量规模庞大，对基于机器学习的P2P流识别提出了更高的要求，如何简化分类模型、节省建模时间和提高分类正确率都是目前P2P流识别中值得深入研究的方向。

随着网络信息时代的到来，互联网逐渐成为各种通信设施的统一平台，网络中的应用越来越多样化和复杂化，传统的网络维护方式和网络运营模式面临着变革。由于网络服务运营模式的不完善，网络运营商难以捕捉到客户的网络需求，无法提高网络服务质量。目前的互联网环境中，P2P流量占据了70%左右的网络带宽，不断吞噬网络带宽资源，造成网络拥塞，严重影响了客户体验。所以有效的P2P流识别技术是网络运营商和企事业单位的网络管理者迫切需要解决的问题，是提高网络稳定性、安全性和可控性的基础。

通过P2P流量识别技术能够增强网络监控、分析网络行为从而提高网络管理能力，而P2P流量识别是其必要的前提，只有从互联网流量中准确地识别出P2P流量后，才能更加合理、更加细致、更加有效地管理和控制网络。作为一种生命力强大的新型网络应用，P2P应用的发展也是随着流量识别技术的发展而发展。为了加强P2P技术的隐蔽性和安全性，P2P技术正朝着端口动态化，网络行为复杂化，内容加密化的方向发展。在P2P识别与反识别的较量中，P2P 流量正越来越多变难测，对于有效的 P2P 流识别技术的渴求已迫不及待。随着传统的基于端口识别、深度包检测等技术的逐渐失效，P2P 流识别开始转向机器学习方法。机器学习方法利用统计特征建立分类模型，由于 P2P 流量规模庞大，特征极多，量化后的 P2P 流维数高达 200 多维，一方面如何过滤掉冗余无关的特征对建立高效的分类器模型有着重要意义，另一方面如何建立健壮性强、泛化性好和准确率高的分类器是最终 P2P 流识别效果好坏的关键。

四、机器学习与物联网

物联网是新一代信息技术的重要组成部分，顾名思义，物联网就是物物相连的互联网，其实现方式主要是通过各种信息传感设备，实时采集任何需要监控、连接、互动的物体或过程等各种需要的信息，与互联网结合形成的一个巨大网络。其目的是实现物与物、物与人，所有的物品与网络的连接，方便识别、管理和控制。

物联网的组成可归纳为以下四个部分：物品编码标识系统，它是物联网的基础；自动信息获取和感知系统，它解决信息的来源问题；网络系统，它解决信息的交互问题；应用和服务系统，它是建设物联网的目的。

在物联网的基础层，信息的采集主要靠传感器来实现，视觉传感器是其中最重要也是应用最广泛的一种。研究视觉传感器应用的学科即是机器视觉，机器视觉相当于人的眼睛，主要用于检测一些复杂的图形识别任务。现在越来越多的项目都需要用到这样的检测，比如 AOI 上的标志点识别、电子设备的外观瑕疵检测、食品药品的质量追溯以及 AGV 上的视觉导航等，这些领域都是机器视觉大有用途的地方。同时，随着物联网技术的持续发酵，机器视觉在这一领域的应用正在引起大家的广泛关注。

在自动信息获取和感知系统中，用到最多的技术是自动识别技术，它是指条码、射频、传感器等通过信息化手段将与物品有关的信息通过一定的方法自动输入计算机系统的技术的总称。自动识别技术在 20 世纪 70 年代初步形成规模，它帮助人们快速地进行海量数据的自动采集，解决了应用中由于数据输入速度慢、出错率高等造成的"瓶颈"问题。目前，自动识别技术被广泛地应用在商业、工业、交通运输业、邮电通信业、物资管理、仓储等行业，为国家信息化建设做出了重要贡献。在目前的物联网技术中，基于图像传感器采集后的图像，一般通过图像处理来实现自动识别。条码识读、生物识别（人脸、语音、指纹、静脉）、图像识别、OCR 光学字符识别等，都是通过机器视觉图像采集设备采集到目标图像，然后通过软件分析对比图像中的纹理特征等，实现自动识别。目前国内机器视觉厂商中，视觉产品在物联网行业中应用较多的有维视图像，其产品在该行业的主要应用方向如：基于图像处理技术的织物组织自动识别、指纹自动识别、条纹痕迹图像处理自动识别、动物毛发及植物纤维显微自动识别等。

从当前的物联网发展形势来看，逐步形成了长三角、珠三角、环渤海地区、中西部地区等四大核心区域。这四大区域目前形成了中国物联网产业的核心产业带，呈现出物联网知识普及率高、产业链完善、研发机构密集、示范基地和工程起步早的特点。在这些区域，已经建设了很多基于感知、监测、控制等方面的示范型工程。特别是在智能家居、智能农业、智能电网等领域，成绩比较突出，在矿山感知、电梯监控、智能家居、农业监控、停车场、医疗、远程抄表等方面都取得重大突破。

第二节　商业领域

机器学习的技术基础已有超过 50 年历史了，但是直到最近，学术界之外的人才注意到它的能力。机器学习需要大量的计算能力，但早期使用者们缺乏成本划算的基础设施。近期，机器学习引起了许多人的兴趣，逐渐活跃起来，这归功于一些正在融合的趋势。摩尔定律极大降低了计算成本大规模计算能力可用最小的成本获得。具有独创性的新算法提升了计算速度。数据科学家积累了许多理论和实践知识，提升了机器学习的效率。总的来说，大数据带来的飓风创造了许多无法用传统统计学方法解决的分析问题。需要是发明之母。旧的分析方法已经不适用于今天的商业环境。

一、业务流程自动化

埃森哲（Accenture）是全球最大的管理咨询、信息技术和外包服务公司，《财富》全球 500 强企业之一。H. James Wilson 是 Accenture 高性能研究所信息技术与业务调研董事总经理；Sharad Sachdev 是 Accenture 分析董事总经理，实践创新带头人；Allan Alter 是 Accenture 高性能研究所的高级研究员。

机器再造工程（Machine-reengineering）是一种使用机器学习实现业务流程自动化的方式。尽管机器再造工程是一项新兴技术，企业们已经看到了显著成效，尤其是在提高运作速度和效率方面。通过研究 168 个早期就开始试用这项技术的组织或企业，我们发现绝大部分业务流程的运作速度都有了 2 倍以上的提升，一些组织报告说速度的提升甚至达到了 10 倍以上。

这些企业组织是如何做到的呢？我们研究发现这些企业通过机器再造工程建立新型人机合作模式，从而打破了复杂的数字化流程的"瓶颈"。在一些情况下，比如图像分析和撰写报告，机器再造工程技术直接帮助员工去执行数字任务。在其他情况下，这项技术帮人们从烦冗的数据里激发灵感找到关键。以下是企业如何通过机器再造工程技术提高速度和效率的几个例子。

（一）扫描图像、声音和文本

在企业实行数字战略的同时，产生了一种新的高强度工作任务，处理公司收集到的所有数据。这些数据是高度无结构的，而且有着各种各样的格式，这意味着人们需要花很大的精力去逐个扫描来获取需要的数据，而后完成流程当中的一步。以数字化数据扫描为核心的人机合作模式至少能够提高三种常规数据处理任务的速度。

（二）视频预览

Clarifai 是一家总部在纽约的创业公司，该公司利用机器学习来识别视频中的人物、物体和场景，其分析识别速度远远快于人类。在演示中，处理一段 3.5 分钟的视频片段只需要 10 秒钟。这项技术能识别视频中不同类型的人物，比如说登山者，从而帮助广告商更好地将广告和视频结合起来。它还能用来帮助视频编辑和策展团队发现组织视频集锦和编辑视频脚本的新方法。这个自动编辑助手极大地改变了媒体、广告和电影产业工作者的日常工作模式。

（三）图像分析

MetaMind 是另一家位于硅谷的创业公司。该公司提供一种叫作 HealthMind 的服务，使用于计算机视觉分析大脑、眼睛和肺的医学扫描图片，发现肿瘤或组织损伤。HealthMind 的自然语言处理、计算机视觉和数据预测算法都依靠深度学习技术。使用 HealthMind 的结果是医生可以用更少的时间分析图像，用更多的时间去和病人交流。

（四）文件和数据输入

机器可以学会执行耗时的文件和数据输入任务，从而让知识工作者花更多的时间解决更有价值的问题。总部在伦敦的创业公司 Attia 就是一个例子。它能帮助客户自动生成从健康医疗到金融再到石油天然气行业的产业报告。该公司的自然语言处理技术通过扫描文本、确定不同概念之间的联系来生成报告。而且它还能刷新输入的数据来不断更新报告。Attia 发现这个过程能让知识工作者提高 25% 的工作效率。例如工程师，可以每月省下 40 个小时做报告的时间。

（五）挖掘数据内部价值

随着工作流程中数据量的增加，分析、处理数据所需要的时间也随之增加。我们在股票交易、市场营销和工业制作的过程中已经能看到这样的现象。大量数据的涌入会让我们更难寻找到关键的、有意义的信息。但有了机器这个帮手，人们可以更快地从大数据中挖掘出有价值的见解。我们研究表明企业至少在四种数据分析任务中证明了这一点。

（六）市场监测

总部位于纽约的公司 Dataminr，使用多种指标为股票交易者确认含有股票交易相关信息的小道消息。通过监测整个网络中的信息传播，Dataminr 评估这些信息的重要性和紧迫性。只要它能提前三分钟通知到交易者，这就能转化为巨大的利益。新闻行业也正在使用 Dataminr 寻找突发新闻，从而使记者能更快地报道新闻。

（七）预测模型

同样也是来自纽约的 SailThru 公司通过分析电子邮件和网络数据建立客户档案，帮助市场营销人员部署更有效的促销邮件。SailThru 的系统会记住顾客的兴趣爱好（比如骑自行车或攀岩）和购买行为，然后预测哪些人会在什么时候购买什么物品，进而在这最有效的时机提供恰当的信息。Clymb 是 SailThru 公司的一个客户，它们专门销售户外装备。在使用 SailThru 个性化邮件系统的 90 天内，Clymb 见证了邮件收入增长 12%，完全通过邮件购买的总额增长了 8%。个性化再结合智能预测之后，每发送一千封电子邮件的收入更是增长了 175%，客户流失也减少了 72%。

（八）根源分析

总部设在三藩市和利沃尼亚的制造业分析公司 Sight Machine，专门帮助客户解决复杂的质量控制问题。一条装配线上有数千个不同类型的传感器，而一个质量问题或事故就能触发数百个警报代码，所以客户面对的一个问题是如何解释每一次警报的源头。Sight Machine 的软件运用机器学习解释这些警报的模式，从而帮助工程师从数百个报警器中找出代表问题根源的警报器，快速准确地解决问题。

（九）预测性维护

机器学习能在工厂数据中发现容易被人们忽视的有意义的数据模式，从而帮助人类做出决策。还是 Sight Machine 公司：通过分析之前故障的数据模式，该公司的系统帮助制造工程师预测和预防故障发生。对于一条自动生产线而言，Sight Machine 能把一个月之内的停机时间减少 50%，性能提升 25%，这远远优于客户行业只有 1% ~ 2% 性能提升的现状。

许多开发者相信，机器学习将变得像搜索引擎一样无处不在和使用简便。在搜索引擎方面，谷歌、雅虎等公司向普通用户释放了 Web 的力量，让他们能在浩如烟海的网页中找到自己想要的信息。同样的，机器学习也能帮助各种各样的企业利用现代化的数据集获取有价值的洞察。目前，我们还未做到这一点。要达到理想的未来，还需要更多的投入——不仅来自机器学习开发者，还来自那些数据量和分析需求早已超出传统方法处理范畴的商业用户。

二、市场营销

营销的价值在于满足需求，但事实上消费者的需求很难解析。他们的需求每天都在变化，针对性不强或相关性低的广告和邮件很难被消费者接受。除了工作流程自动化和客户服务，越来越多的软件也在帮助品牌商理解甚至预测消费者最细微的需求。Colin Kelley 是电话追踪和分析的自动化营销公司 Invoca 的联合创始人兼 CTO，在通信技术和电话智能领域有 25 年经验，他指出："多年来，营销行业关于数据驱动个性化的讨论从没停止，市场营销已经取得了很大的进步，但我们才刚刚开始察觉机器学习为特定人群匹配商品和服务的潜力。"

营销 1.0 版本所代表的 20 世纪早期的市场，销售产品给表现出需求的人。20 世纪 50 年代，市场营销 2.0 崛起了，广告激发了消费者的购买欲。营销 3.0 时代是一个新阶段，机器学习使销售人员超越之前模式，在增加营销影响力和效率的同时，回归营销的最初目的。

营销 1.0：满足已表达出来的需求。

营销 2.0：创造需求，然后满足需求。

营销 3.0：通过机器分析需求，然后满足需求。

营销 3.0 通过机器学习更快、更精确地在恰当的环境中将消费者和产品进行匹配，同时锁定具有明确需求和隐含需求的消费者。机器从大量现实世界的例子中学习，通过观察过去的行为来预测未来的意图。营销人员无须掌握从大量数据中产生的精确模式，或总结决定人们行为的规则。换句话讲，机器学习使营销人员完成了一次角色转换，从尝试操纵客户的需求变成了满足他们在特定时刻的实际需求。

一位宝马经销商希望出售更多的特定车型，他使用机器学习来识别过去一年中购买宝马 5 系的客户的相关指标，研究了奥迪 A6 和奔驰 E 级轿车每加仑汽油的行驶里程，之后发现这些车具有相似的用户特征。

设想一个这样的情况：我想买一辆车，而我的一位朋友刚好最近买了一辆宝马 5 系，我了解了该车远程 3D 视图的功能。当我在手机上搜索"宝马 5 系"时，会看到一个在我周围 10 公里半径范围内的经销商列表。然后当我打电话给经销商询问他们的库存时，他们就知道我已经准备好购买。我将被自动匹配到给我朋友服务的销售代表，他知道我感兴趣的规格，并将向我介绍 3D 视图。

对于连接在线和离线互动，例如在移动广告、电子邮件营销活动以及电话会话和现场体验等方面，预测功能具有大量可能性。随着谷歌、Facebook 以及苹果和亚马逊加大语音助理和自然语言处理技术的投资，这种互动的预测正在成为现实。据说亚马逊正在更新 Alexa，使其成为更富有情感的智能。从在客厅里发出语音命令到直接通过 Echo 完成商业沟通和在线购物的过渡并不难实现。谈话是最自然的互动形式，有利于建立关系。

语音将成为营销人员在机器学习能力与创造人类体验需求之间寻找平衡点的关键。即使机器可以在恰当的时间表达信息和建议，消费者仍然希望建立人与人之间的对话，特别是涉及复杂或昂贵的产品的购买时。客户乐意接受让 Alexa 帮忙订购一个比萨，但不会让它帮忙买车。

机器的作用在于寻找消费者行为与其最终目的之间的关联。营销人员的角色是搞清楚如何增强软件的作用，例如在自动化方面，在购买行为完成之后自动发送电子邮件，以及预测什么是最吸引顾客的产品。未来营销 4.0 的浪潮将进一步满足消费者已表达的和未表达的需求。

我们正朝着一个更具预测性的世界迈进，在这个世界中，机器学习能够激发消费者和品牌商之间的主要互动，这和人与人之间的联系或是真实的体验没有差异。营销将真正由数据驱动，在满足消费者期望的同时，通过技术的力量改变之前营销固有的方法。

三、信用评级

企业信用评级的传统方法主要是包括专家法、打分法等在内的主观综合法，在信用评级行为越来越频繁和普遍的今天，冗繁的评定过程和过强的主观性使人们开始寻求传统法之外的信用评级方法。20 世纪 30 年代以来，随着统计学的发展，基于统计判别方法的评级方法成为国外信用评级体系的支柱，主流方法包括多元判别分析法（MDA）、加权 Logistic 回归分析模型、Probit 回归分析模型等。除此之外，传统的信用评级常用的方法还包括：模糊综合评价法 FCE、层次分析法等。

随着近 20 年来机器学习的发展和兴起，越来越多与之相关的技术被运用到信用评级的工作中，其中应用较为广泛的包括：人工神经网络（Artificial Neural Network，ANN），支持向量机（SVM）和投影寻踪等。而它们也因为对于财务样本较少的依赖以及良好的预测效果越来越成为信用评级中的热门研究领域。

人工神经网络（Artifical Neural Networks，ANN）近年来在多个领域迅速兴起，在包括会计和金融、健康和医药、工程和制造业、营销等在内的多个领域内取得了很好的应用。ANN 相比于传统的统计学方法也是一种有效的处理回归和分类问题的方法，并被证明在信用评级问题上也具有良好的表现。ANN 是通过模拟生物神经网络的结构和功能的数学模型，是一种自适应的非线性的建模方式，常用来针对输入和输出之间的复杂关系进行探索。

四、推荐系统

当今社会，机器学习被广泛应用在金融、商业、市场、工厂等各个重大的领域，包括用来预测信用卡的诈骗，识别拦截垃圾邮件以及图像识别等等。就机器学习在金融领域来讲，有两个常见的例子：

（1）对市场价格的预测：主要包括对商品价格变动的分析，可归为对影响市场供求关系的诸多因素的综合分析。传统的统计经济学方法因其固有的局限性，难以对价格变动做出科学的和准确的预测，而机器学习中的神经网络能够处理不完整的、模糊不确定的或规律性不明显的数据，所以用神经网络进行价格预测是有着传统方法无法比拟的优势。从市场价格的确定机制出发，依据影响商品价格的家庭户数、人均可支配收入、贷款利率、城市化水平等复杂、多变的因素，建立较为准确可靠的模型。该模型可以对商品价格的变动趋势进行科学预测，并得到准确客观的评价结果。

（2）风险评估：风险是指在从事某项特定活动的过程中，因其存在的不确定性而产生的经济或财务的损失、自然破坏或损伤的可能性。防范风险的最佳办法就是事先对风险做出科学的预测和评估。应用机器学习中的神经网络的预测思想是根据具体现实的风险来源，构造出适合实际情况的信用风险模型的结构和算法，得到风险评价系数，然后确定实际问题的解决方案。利用该模型进行实证分析能够弥补主观评估的不足，可以取得满意效果。

第三节　农业信息化建设领域

一、数字农业

随着农业信息化的迅速发展，作物图像信息成为农业大数据的主体。

农业是一个复杂的生命系统，具有典型的生态区域性和生理过程复杂性。信息技术是推动社会经济变革的重要力量，加速信息化发展是世界各国的共同选择。我国是个农业大国，对农业信息化技术与科学有着巨大需求。

移动农业机器人也是农业图像信息获取的主要途径。采用机器人技术提高农业领域竞争力的现象相对普遍。农业机器人本质上是一种智能化农业机械。它的出现和应用，改变了传统的农业劳动方式，改变了定点视频监控局面，实现了农情信息"巡防"，能够捕获更精准、多角度的农业图像信息。

因此，伴随着农业智能设备及传感器、物联网的普遍应用，海量有价值的农业图像数据和农情信息得以采集存储，如何对这些数据特别是图像数据进行处理，从中发现提取新颖的农业知识模式，成为发掘项目效益和促进农业生产力发展的关键举措。相对于海量积累的农业数据，机器学习的行业基础技术储备严重不足，农业领域现有处理技术无法满足如此大规模信息的即时分析挖掘需求。如何进行数据处理和学习，挖掘有价值的农业生产知识，使之有效地服务于智慧农业，已经成为现代农业发展的突出科技问题。

二、机器视觉与农业生产自动化

机器视觉技术在农业生产上的研究与应用，始于 20 世纪 70 年代末期，主要研究集中于桃、香蕉、西红柿、黄瓜等农产品的品质检测和分级。由于受到当时计算机发展水平的影响，检测速度达不到实时的要求，处于实验研究阶段。随着电子技术、计算机软硬件技术、图像处理技术及与人类视觉相关的生理技术的迅速发展，机器视觉技术本身在理论和实践上都取得了重大突破。在农业机械上的研究与应用也有了较大的进展，除农产品分选机械外，目前已渗透到收获、农田作业、农产品品质识别以及植物生长检测等领域，有些已取得了实用性成果。

农作物收获自动化是机器视觉技术在收获机械中的应用，是近年来最热门的研究课题之一。其基本原理是在收获机械上配备摄像系统，采集田间或果树上作业区域图像，运用图像处理与分析的方法判别图像中是否有目标，如水果、蔬菜等，发现目标后，引导机械手完成采摘。研究涉及西红柿、卷心菜、西瓜、苹果等农产品，但是，由于田间或果园作业环境较为复杂，使得采集的图像含有大量噪声或干扰，例如植物或蔬菜的果实常常被茎叶遮挡，田间光照也时常变化，因此，造成目标信息判别速度较慢，识别的准确率不高。

由于受计算机、图像处理等相关技术发展的影响，机器视觉技术在播种、施肥、植保等农田作业机械中的应用研究起步较晚。农药的粗放式喷洒是农业生产中效率最低、污染最严重的环节，因此需要针对杂草精确喷洒除草剂，针对大田植株喷洒杀虫剂进行病虫害防治。采用机器视觉技术进行农田作业时，需要解决植株秧苗行列的识别、作物行与机器相对位置的确定导向和杂草与植株的识别等主要问题。

农产品品质自动识别是机器视觉技术在农业机械中应用最早、最多的一个方面，主要是利用该项技术进行无损检测。一是利用农产品表面所反映出的一些基本物理特性对产品按一定的标准进行质量评估和分级。需要进行检测的物理参数有尺寸、质量形状、色彩及表面缺损状态等。二是对农产品内部品质的机器视觉的无损检测。如对玉米籽粒应力裂纹机器视觉无损检测技术研究，采用高速滤波法将其识别出来，检测精度为 90%；烟叶等级判断的研究在实验室已达到较高的识别效果，与专家分级结果的吻合率约为 83%。三是对果梗等情况的准确判别对水果分级具有非常重要的意义，国外学者对果梗识别已进行了不少研究。到目前为止，所提出的识别果梗的有关算法均还存在计算复杂、速度较慢、判别精度低等问题，还有待于进一步深入研究。由于农产品在生产过程中受到人为和自然生长条件等因素的影响，其形状、大小及色泽等差异很大，很难做到整齐划分，及根据质量、大小、色泽等特征进行的质量分级、大小分级，通常只能进行单一指标的检测，不能满足分级中对综合指标的要求，还需配合人工分选，分选的效率不高，准确性较差，也不利于实现自动化。长期以来，品质自动化检测和反馈控制一直是难以实现农产品品质自动识别的关键问题。

设施农业生产中，为了使作物在最经济的生长空间内，获得最高产量、品质和经济效益，达到优质高产的目的，必须提高环境调控技术。利用计算机视觉技术对植物生长进行监测具有无损、快速、实时等特点，它不仅可以检测设施内植物的叶片面积、叶片周长、茎秆直径、叶柄夹角等外部生长参数，还可以根据果实表面颜色及果实大小判别其成熟度以及作物缺水缺肥等情况。

三、作物病害识别

（一）作物图像信息自动识别有助于作物病害长势的智能解读及预警

当农民看到小麦地里长出了杂草时，他的第一反应是如何除草。当果农看到果体体表出现腐烂、轮纹或者黑星时，第一反应是"果实得了什么病，该喷什么药，防止其蔓延"。当农业生产环境中的视频感知设备，或者农业机器人感知到类似的图像信息时，大部分设备只是当作什么都没发生，如往常一样把这些信息数字化并记录下来，传输到云端保存起来，这就是视频设备对农情的视而不见。

设备只能采集图像，缺乏加工提取功能，无法得到有价值的信息。对云端的农情图像信息分析识别处理，而使得系统能做出类似智能生命体的响应，这成为解决问题的首要任务。要设备能够"看得见"，关键是具备图像信息的识别功能，农业图像信息识别在生产中有着广泛应用。

（1）提高农业机械作业的效率。在大田杂草识别方面，采用机器视觉图像信息，基于纹理、位置、颜色和形状等特征，识别作物（玉米、小麦）行间在苗期的杂草，针对性地变量喷洒化学制剂，提高精准农业的效率。

（2）开发高智能水平的农业机器人。在农业机器人视觉领域，中国农业大学实验室研制的农业机器人，成功执行从架上采摘黄瓜放到后置筐的操作过程，它装备了感应智能采摘臂，通过电子眼，可以在 80～160 厘米高度内定位到成熟黄瓜的空间位置，并且自动地伸出采摘手臂实施采摘，再由机械手末端的柔性手臂根据瓜体表皮软硬度自动紧握黄瓜，再用切刀割断瓜梗，缓缓送入安装在机器人后面的果筐。其中，关键的系统是果实识别，利用黄瓜果实和背景叶片在红外波段呈现较大的分光反射特性上的差异，将果实和叶片从图像中分离。

（3）实时预警和识别作物病虫害。有研究人员基于图像规则与 Android 手机的棉花病虫害诊断系统，通过产生式规则专家系统和现场指认式诊断，开发了基于安卓的病害诊断。通过在现场，实时获取到作物的长势信息，对其病虫害感染情况通过智能识别和诊断系统做出科学判断。

处理识别非结构化的图像数据成本高，过程复杂。在农业大数据中，结构化的数值数据如气象、土壤等，其含义已经明确，数据和生态环境相关性，可以通过农学知识给出，知识挖掘任务主要是探讨其中时间序列的规律以指导农业耕作，其数据容量，相比于图像是很小的。图像直观地、形象地表达了作物生长、发育、健康状况、受害程度、病因等方方面面的信息。资深农学专家能看懂，悟出其中语义，做出准确把握，给农技措施给出科学指导。让机器视觉设备能实施同样工作，就是研究的终极目标。培养资深专家高昂的社会成本、时间成本和稀缺性，以及大数据的海量、决策紧迫性都使得依靠人力来快速、科学解读农业数据的海量图像信息显得极不现实，图像信息的机器识别对于问题的解决能发挥出巨大的推动作用。

（二）作物病害图像识别促进精准、高效、绿色农业发展

农业生产过程中，生理病变和虫害侵袭仍然是妨碍作物生长的基本问题。在病害空间

分布、杂草种类不能准确识别的前提下，盲目性地、笼统地喷洒化肥、杀虫制剂等化学物质不仅会造成大量浪费，而且会严重污染土壤环境，危及食品、食材安全，影响人类健康。因此，研究如何利用机器视觉和图像感知自动、及时、精确识别作物和杂草、健康作物和病害作物以及病变种类就十分必要。

农药残留威胁着生态环境和人类健康。喷洒后的农药，一些附着在农作物表面，或渗入其体内，使粮食、蔬菜、水果等受到污染；另一部分飘落在地表或挥发、飘散到空气中，或混入雨水及灌溉排水进入河流湖泊，污染水源和水中生物。残留农药通过饲料使禽畜产品受到污染。还有一部分通过空气、饮水、食物，最后进入人体，引发多种病害。

此外，过量的化学肥料破坏农业生态环境。农田所追加的各品种和形态的化学肥料，都不可能百分之百被作物吸收，不能吸收的部分给农业生产造成大量浪费，给农业环境带来污染。农业要持续发展，必须尽快实施精准农业策略和化学制剂变量追加，降低农业成本和培养市场竞优势，保护生态环境，实现可持续发展。

利用视频感知和人工智能技术识别病变图像是实现精准农药变量投入的技术前提，成为精准、高效、绿色、安全、可持续农业的基石。最近几年，信息加工、机器学习技术取得了长足发展，CPU、内存等硬件性价比也大幅度提高，这些进一步为感知图像的人工智能识别技术在农业信息化领域的应用及科学研究提供了有力支撑，为提高农作精确化水平提供了可能。

（三）研究机器学习的作物病害识别将提高农业信息化的智能化水平

智慧农业将物联网技术运用到传统农业，运用传感器和计算机软件通过移动终端或者电脑平台对农业生产进行控制，使传统农业更具有"智慧"。除了精准感知、控制与决策管理外，从更广的意义上讲，它还包括农业电子商务、食品溯源防伪、农业信息服务等方面的内容，能便捷地实现农业可视化远程诊断与控制、灾变预警等智能管理。它是农业生产的高级阶段，依托农业生产现场的各类信息传感节点和无线通信网络实现生产环境的智能感知、智能预警、智能决策、智能分析、专家在线指导，为农业提供精准化生产、智能化生产。

智慧农业的物联网积累了海量有价值的农业数据，物联网数据增长速度越来越快，非结构数据越来越多，"数据泛滥，知识贫乏"也成为智慧农业领域面临的困境。机器学习将提高农业信息系统的智能化水准和大大改善农业信息化服务质量。从实践中不断吸取失败的教训，总结成功的经验，让下一次实践完成得更好，是人类认知的基本路线。让机器也能复制类似的自我学习智能，机器专家成为不断成长寻优的专家，将机器学习智能植入农业智能系统，让智能系统的领域知识动态地自更新、自寻优，从而提高智能系统对于农业复杂问题科学决策水平，延伸农业生产力，这成为机器学习在智慧农业中的终极发展目标。智能和智慧都离不开机器学习，复杂多变的生产环境对智能系统作业精准度提出了更高要求，使得智慧农业日益增长的知识需求和机器学习速度精度之间的矛盾表现得愈加突出，研究机器学习技术在作物病害识别中的应用将大大提高农业信息化的智能化水平，对于推动机器学习新技术有机融入智慧农业有着积极意义。

第四节　医疗行业

随着人工智能技术的演进，其在医疗健康领域的应用越发广泛和深入，当下人工智能不断加速着医疗领域的发展，在个人基因、药物研发、新疾病的诊断和控制方面展开了一系列变革。人工智能和机器学习在医疗健康领域的应用正在重塑着整个行业的形貌，并将曾经的不可能变成可能。

在医疗健康领域活跃着世界上最具创新性的初创公司，它们致力于为人类带来更高质量的生活和更长的生命。软件和信息技术刺激了这些创新的产生和发展，数字化的健康和医疗数据使得医疗的研究和应用进程不断加速。

近年来，以人工智能和机器学习为首的先进技术让软件变得越来越智能和独立，不断加速着健康领域的创新步伐，也使得业界得以在个人基因、药物研发、新疾病的诊断和控制等领域展开一系列变革。

这些技术为医疗健康领域带了巨大的发展机会，在某一个细分领域拥有差异化和高附加值产品的企业，将会收获巨大的回报。

一、个人基因时代的开启

人工智能和机器学习在遗传学方面最重要的应用就是理解 DNA 如何影响生命的进程。尽管我们已经能够绘制出人类完整的基因图谱，但是我们依然不清楚大多数基因的作用和影响。基因会和外部环境、食物气候等因素发生协同作用并对生命产生影响。

如果我们想要了解什么在影响生命和生物进程，我们必须首先学会理解 DNA 的语言。先进的机器学习算法和 Google Deep Mind 和 IBM Watson 这样的系统应运而生。如今利用机器学习系统和先进的技术可以在很短的时间内，处理以前可能一生都无法处理的海量数据（病历、诊断记录、医学影像和治疗方案），从中学习和识别出疾病的模式和规律。

像 Deep Genomics 这样的公司已经开始在这一领域进行革命性的研究。这家公司正在研发一套可以解读 DNA 的系统并在分子层面预测每一个基因变量的影响。他们的数据库可以解读上亿个基因变量对基因编码的影响。

一旦对人类 DNA 信息有了更好的理解，我们就有机会更深入地研究每个个体的遗传信息。这将会使得"个人基因时代"到来，每个人将有机会利用前所未有的基因信息，控制自身的健康和生命过程。

基因领域的消费公司 23andMe 和 Rthm 代表了这个领域的第一波浪潮。它们研发出了便捷的基因诊断工具来帮助客户理解自己的基因构成。Rthm 还进一步地利用这些数据帮助顾客改变他们的日常行为习惯，实实在在地管理自己的健康。

机器学习和人工智能在应用中，必须能够接入海量的数据进行分析，才能够为用户提供更好的建议来改善个人的生活习惯。目前初创公司致力于在基因信息的交付过程中进行更多的思考，就如同日本学者 Takashi Kido 强调的：

①获取可靠的个人基因数据和基因风险预测；

②通过用户数据和基因信息指导用户行为模式的分析，以得到对用户有用的信息，抛弃无用信息。

其中第二点是值得注意的，并不是所有的数据对于用户来说都是有用的，心理学在数据信息的控制和分析中起到了重要作用。

二、精准的药物研发

人工智能和机器学习另一个激动人心的应用在于极大地减少了新药研发的时间和金钱。一款新药从研发到投入临床使用通常需要耗费 12~14 年的时间，并花费高达 26 亿美元的预算。在研发的过程中，复杂的化学成分需要与每一种可能结合的细胞进行测试，并需要综合考虑基因变异和治疗情况的不同。

这样的工作极为耗时，同时也大大限制了实验的广泛性。而机器学习算法可以教会计算机基于先前的实验数据学会预测哪些实验需要进行，药物的化学成分会有什么样的副作用。这极大地加快了研发的进程。

旧金山的初创公司 Atomwise 就致力于利用超级计算机来代替新药研发中的试管实验。他们利用机器学习和三维的神经网络筛查一个分子结构的数据库，为疾病找到可能的药物解决方案，帮助人们发现治愈疾病的新药物，或者将已经存在的治疗方法创造性地应用到其他病症的治疗中去。

2015 年这家公司就曾帮助研发出两种新药，并在很大程度上缓解了埃博拉疫情。不像传统方法耗费几年的时间，新方法只用了一天的时间就完成了新药研发的分析。最近的一项研究也证实了 Atomwise 的研究结果，表明深度神经网络是可以用于预测药物的药理学特性并实现药物的重新应用的。

Berghealth 是波士顿的一家生物制药公司，从一个独特的角度进行新药研发。他们通过 AI 挖掘患者的生物数据来理解某些患者能从疾病中痊愈的原因，并基于此来改进现有的疗法和新药的研发。

Benevolent AI 是一家伦敦的初创公司，致力于利用 AI 从科研文献中发掘信息来加速新药的研发过程。目前在世界范围内只有一小部分基因科学信息被用于研究，而每 30 秒就会有新的健康相关的信息产生。Benevolent AI 可以分析研究人员提供的海量数据，并大幅度地提升药物的研发进程。最近公司发现了两种可以用于老年痴呆的药物，极大地吸引了药企的注意。

随着机器学习和人工智能的发展，药物研发的未来越来越明朗。最近一篇谷歌研究论文表示利用不同地方获取的数据可以更好地确定哪一种化学成分对于疾病更有用，并且机器学习还能够通过大规模的实验来验证几百万种复杂的药物以节省大量的时间和金钱。

三、新型疾病的发现和控制

大多数疾病并不仅仅是因为简单基因变异产生的，我们还需要分析很多因素才能更加了解。尽管医疗系统积累了丰富的数据，但之前我们一直没有足够强大的软硬件来从中发掘出其中的宝藏。

疾病诊断是一个需要综合考虑许多因素的复杂过程，从患者的皮肤质地到每天他/她的糖分摄入量，需要广泛的综合信息来做出判断。过去的两千多年来，医学一直是由症状诊断和对应的治疗来完成的（如果你发烧流鼻涕了，那你八成是感冒了）。

　　但对于患者来说，待到有明显症状时已经太晚了，特别对于癌症患者和阿尔茨海默病患者来说，早期发现尤为重要。如今，我们利用机器学习有希望在疾病发于腠理之时就进行诊断和预测，极大地提高患者生存和治愈的概率。

　　旧金山的初创公司 Freenome 创造了一台自适应的基因引擎，可以动态地检测血液中的疾病特征。这家公司动态地收集血液检测用户的基因信息，例如你的年龄、和生长过程。

　　在疾病诊断和疗程管理等方面，像 Enlitic 这样的公司致力于改善患者治疗费用的支出情况，利用深度学习分析医疗数据来从百亿计的临床案例中寻求帮助。IBM 的 Watson 与纽约癌症治疗中心合作，分析了过去几十年来的癌症患者及其治疗方案数据，为医生提供对于特殊病例的有效治疗方案。

　　在伦敦，Google 的 DeepMind 正从 Moorfields 眼科医院的眼底扫描数据中挖掘分析，帮助医生在治疗眼部疾病时有更好的理解和处理。同时 DeepMind 还在进行一个帮助颈部和头部癌症患者进行化疗的治疗方案，极大地减少医生指定治疗计划的时间，让他们可以集中精力处理更多患者。

　　这意味着什么？

　　人工智能和机器学习在医疗健康领域的应用正在重塑着整个行业的形貌，并将曾经的不可能变成可能。

　　人工智能如今无处不在，在医疗行业中，持续的数据输入是成功的关键。一个系统能拥有越多的数据，这个系统便会变得越聪明。所以很多公司都不断增加对于数据获取的关注（匿名数据）。去年 2 月 IBM 就以 26 亿美元收购了一家健康分析公司 Truven Health，目的是获取这家公司海量的数据。最近又与 Medtronic 合作，通过接入真实的胰岛素数据不断拓展 Watson 在糖尿病方面的分析能力。

　　数据越来越丰富，技术越来越先进，医疗健康领域的机会也在不断涌现，不断激励着从业者们为人类的健康和福祉实现更多的可能。

四、脑网络

　　人脑的结构和功能极其复杂，理解大脑的运转机制，是 21 世纪人类面临的最大的挑战之一。世界各国投入了大量的人力和物力进行研究。例如，美国和欧盟分别投入 38 亿美元和 10 亿欧元，启动大脑研究计划。脑科学研究成果一方面将为人类更好地了解大脑、保护大脑、开发大脑潜能等方面做出重要贡献，同时也有助于加深对阿尔茨海默病及其早期阶段即轻度认知功能障碍、帕金森氏症等脑疾病的理解，找到一系列神经性疾病的早期诊断和治疗新方法。

　　大量医学和生物方面的研究成果表明人的认知过程通常依赖于不同神经元和脑区间的交互。近年来，现代成像技术如磁共振成像和正电子发射断层扫描等提供了一种非侵入式的方式来有效探索人脑及其交互模式。

　　从脑影像数据可进一步构建脑网络，由于脑网络能从脑连接层面刻画大脑功能或结构的交互，脑网络分析已成为近年来脑影像研究中的一个热点。目前，脑网络分析研究主要包括：（1）探索大脑区域之间结构性和功能性连接关系；（2）分析一些脑疾病所呈现的非正常连接，从而寻找可能对疾病敏感的一些生物标记。由于增加了具有生物学意义测量的可靠性，从脑影像中学习连接特性对识别基于图像的生物标记展现了潜在的应用前景。

　　脑网络是对大脑连接的一种简单表示。在脑网络中，节点通常被定义为神经元、皮层或感兴趣区域，而边对应着它们之间的连接模式。根据边的构造方式，可以把脑网络分为以下两种：（1）结构性连接网络，指不同神经元之间医学结构上的连接模式，其边一般是（神经元的）轴突或纤维。（2）功能性连接网络，是指大脑区域间功能关联模式，其可以通过测量来自于功能性磁共振成像或脑电/脑磁数据的神经电生理活动时序信号而获得。如果构建的连接网络的边是有向的，则又称为有效连接网。

　　脑网络分析提供了一个新的途径来探索脑功能障碍与脑疾病相关的潜在结构性破坏之间的关联。已有研究证据表明，许多神经和精神疾病能被描述为一些异常的连接，表现为大脑区域之间连接中断或异常整合。目前，有关脑网络分析的研究可以大致分为两类：（1）基于特定假设驱动的群组差异性测试，如小世界网络、默认模式网络和海马网络等；（2）基于机器学习方法的个体分类和预测。

　　在第（1）类中，研究工作主要集中在利用图论分析方法寻找疾病在脑网络功能上的障碍，从而揭示患者大脑和正常人大脑之间的连接性差异。通过使用组对比分析的方法，一些研究者已经研究了 AD/MCI 的大脑网络，并在各种网络中发现了一些非正常连接，包括默认模式网络以及其他静息态网络。另外，研究者也分析和发现了精神分裂症中一些非正常的功能性连接。然而，这一类研究主要的限制是一般只寻找支持某种驱动假设的证据，而不能自动完成对个体的分类。

　　在第（2）类研究工作中，机器学习方法被用来训练分类模型，从而能够精确地对个体进行分类。如，研究者利用弥散张量图像和功能 FMRI 构建网络学习模型用于 AD 和 MCI 分类研究。另外，研究者也基于脑网络模型开展其他脑疾病研究，如：精神分裂症、儿童自闭症、网络成瘾和抑郁症等。由于能够从数据中自动分析获得规律，并利用规律对未知数据进行预测以及辅助寻找可能对疾病比较敏感的生物标记，基于机器学习的脑网络分析已成为一个新的研究热点，并吸引了越来越多研究者的兴趣。

五、基因功能注释

　　随着高通量技术如基因芯片、测序的发展，涌现出关于物种的各种高通量数据，如基因表达谱、蛋白相互作用（protein-protein interaction，PPI）、蛋白质结构、基因组突变、表观遗传修饰、转录因子结合位点等。各式各样数据库的建立，使得利用计算机、数学及统计学的方法进行基因功能注释成为可能。近年来，生物信息学家不断地改进算法和策略，试图更加准确地对基因进行功能注释，其中最为常见的是机器学习方法。

　　机器学习方法用于基因功能注释中，常将输入数据分为正集合和负集合，正集合为具有该功能的基因及其特征，负集合为不具有该功能的基因及其特征。这些特征主要包括提取自蛋白质序列与结构，互作网络，包括蛋白质序列长度、分子量、原子数、总平均亲水指数、氨基酸组成、理化特性、二级结构、亚细胞定位、表达等。这些特征输入模型进行训练，以构建该功能的分类器，从而对新基因是否具有该功能进行预测。因此，基因功能注释的机器学习方法可以说是一个多示例、多标记学习（multi-instance multi-label learning，MIML）的问题。用于训练预测模型的数据集称为训练集。此外，机器学习方法还需要验证集（validation set）以调整模型的参数，以及测试集（test set）来测试模型的性能。交叉验证和 ROC 曲线、PR 曲线常用于模型预测性能的分析。最常用的评价指标为 ROC 曲线下面积（Area Under the ROC Curve，AUC）和 PR 曲线下面积（Area Under the PR Curve，AUPRC）等。

六、中医药配方评估

中医药是一门经验学科，发源于中国黄河流域，很早之前就形成了一门具有特色的学术体系。在漫长的历史过程中，劳动人民有着许多奇妙的创造，涌现了大批中医药领域的名医，并且出现了不同的学派，各个朝代和中医从业者编著了大量相关的名著，并流传下不断被后人研究的基础中医配方。中国历史上有人人皆知的"神农尝百草……一日而遇七十毒"的传说，这反映了历史中各个时期的人民群众在与病痛、与大自然的不断反抗过程中发现中医药物、累积经验的漫长历程，也真实描写了中医药的起源。由此可以看出，中医药是几千年中国劳动人民的智慧结晶。

大量的经典书籍、历代积累的方剂以及现代人们在实践中产生的中医药数据很难依靠人工处理的方法进行中医药理论基础的研究，该个过程尤其缓慢，而数据挖掘就是为了解决"数据丰富"与"知识贫乏"之间的矛盾，如果能利用机器学习的方法辅助中医药的研究，就可以大量节省人力成本，同时提高中医药的客观性，从而能够更好地推广中医药。事实上，中药知识的累积就是一个十分长久（几千年）并且自主应用"机器学习"的方法的过程，流传下来的都是积极成功的治疗方法或经验，消极失败的经验被摒弃或者被记录下来以示警戒。依据古人多年的知识经验和实践，人们通过进一步研究而形成了现代中医理论，例如方剂的君臣佐使结构、十八反研究、药物配伍关系等。

为了提高中医药研究的客观性，许多中医药学者和计算机科学学者使用科学实验、数据分析的方法对中医药进行研究。关联规则、频繁项集、聚类分析和人工神经网络是在中医领域应用的最多的方法，从已发表论文来看，已经有研究者将复杂网络应用到中药预测分析上，也有相关人员尝试了使用人工神经网络和支持向量机等方法进行中药指纹图谱模式识别问题研究分析，同样，关于规则和频繁项集也已经被应用到了中药"十八反"的禁忌问题研究上，还有很多将数据挖掘或者机器学习等相关计算机技术与中医药问题相结合的研究，为中医药研究的客观性和自动化提供了一种新的思路。

七、医学图像处理

医学图像处理的研究始于 20 世纪 70 年代。随着信号获取手段的提高带来的图像质量增强，以及 80 年代发展起来的变形模型分析技术，医学图像处理技术在 20 世纪 80 年代中期得到进一步发展，21 世纪初，随着先进高端成像技术的出现开始大规模发展。目前常用的成像技术包括计算机断层扫描（CT）、核磁共振成像（MRI）、病理学切片成像、超声（ultrasound）成像、正电子放射技术（PET）成像以及 X 射线成像等。

美国弗吉尼亚大学的 Sam Dwyer 教授在 1984 年的 SPIE（国际光学成像组织）举办的医学图像处理会议上指出，医学图像处理的目的是利用各种医学模态技术以及模态技术之外的处理、显示、获取和管理等手段来处理与医学物理和统计学相关的图像问题。目前，医学图像处理已发展为一门涉及医学、计算机科学、电子工程学、生物工程学、统计学和药理学等在内的多领域交叉学科。

早期医学图像处理主要涉及成像、显示、获取和软硬件系统设计等技术。而随着医疗设备的推广和发展，目前研究者更多关注更具体的医学图像处理技术，如分割、配准、增强、超分辨率、分类和重建等。

在众多医学图像处理手段中，基于机器学习的方法在许多问题上（图像分割、图像配准和图像分类等）扮演着重要的角色。机器学习最初作为人工智能学科的分支出现，始于20世纪50年代；机器学习研究最初的研究目的是从人工智能研究角度出发，为了让计算机系统通过对人学习事物能力的模拟使之具有智能属性。

机器学习作为一门涉及多领域的交叉学科，已经成功地应用到各个领域，包括数据挖掘、模式识别、自然语言处理、机器视觉和信息检索等，而在医学图像处理领域中，基于机器学习的方法也越来越被人们所关注。在2010年医学图像顶级会议MICCA止，首次出现了MLMI workshop（机器学习在医学图像分析中的应用）。在医学图像处理中常见的三种机器学习技术分别是代价敏感学习、半监督学习及多视图学习。

第五节　城市规划与建筑工程

一、城市规划

城市是一个典型的动态空间复杂系统，具有开放性、动态性、自组织性、非平衡性等耗散结构特征。城市的发展变化受到自然、社会、经济、文化、政治、法律等多种因素的影响，因而其行为过程具有高度的复杂性。城市规划研究与规划编制管理以城市系统为研究对象，现代城市规划奠基发展的100多年间，为了实现建设理想城市的规划愿景，学者、规划师和规划管理者不断吸收借鉴社会科学和工程技术的最新成果。伴随着社会科学思潮发展和科学技术革命成为规划行业发展的重要动因，近年来，随着移动互联网、云计算和高性能计算等信息技术不断取得突破，城乡规划行业信息化新技术应用再次迎来一股热潮，代表性的探索包括通过大数据剖析人类时空行为从而构建城市空间结构及环境品质的多维度认知，云计算和高性能计算相结合实现协同在线规划、编制管理，以及通过数据增强设计提高设计的科学性等等。进入2016年，人工智能（Artificial Intelligence，AI）技术引起高度关注并以云计算服务的模式进入实际应用，已经走上不断与最新信息化技术整合提升发展轨道的城乡规划行业会否再次从"大数据时代"走向"AI时代"引发了业界热议。

（一）采用机器学习AI技术升级现有规划决策辅助模型

目前广泛采用的各类规划模拟仿真支持系统大都源于20世纪80年代基于专业领域AI技术开发的专家系统或决策支持系统。这些系统中的重要模块如交通仿真模型和土地利用模拟模型往往是基于单PC机或单工作站计算能力，采用元胞自动机、多智体、空间句法等AI算法内核进行开发，仅能适应简单要素和理想边界条件下的仿真预测。目前常规的技术升级路线是基于现有模型，应用高性能计算的并行处理能力，提高模拟能力和效率。例如：在交通仿真模型方面，欧美发达国家已开发出一些应用级系统，如加拿大的

SOFTIMAGE 公司和英国的 Quadstone 公司开发的 PARAMICS 交通并行仿真系统，以及德国 PTV 公司开发的 VISSIM 等等；在城市用地模拟方面，基于元胞自动机并行化思路提高模拟效率的学术理论探讨已经展开。依据这一技术路线，用于 AI 模型训练的数据来源仍仅局限于结构化基础数据，而在大数据时代产生的大量视频监控、街景地图、航拍遥感、社交网络照片等图像、视频非结构化数据所蕴含的内在经验无法融入。笔者认为，可参考 Google Q-Network 等的模型构建思路，将非结构化数据（在 Google 案例中是游戏场景，在规划领域则可是各类建成环境的现实影响或设计效果）的深度学习与传统决策支持模型相结合将是今后对规划决策辅助模型的更有效升级路径。基于这一技术路线，有望实现从单要素的预测向多要素集成预测分析，从平面、线性的用地属性、规模和流量预测转向三维、立体的空间品质、城市活力等人居环境要素综合预测。

（二）采用机器学习 AI 技术辅助规划文本编制

随着规划行业从物质形态设计向"多规融合"地空间治理公共政策的转型，在宏观中观规划和规划公共政策等领域，以自然语言形式存在的规划文本、基础资料、访谈记录、专家及社会公众评论和政策法规与规划图件具有相同的重要地位。目前的状况是各类文本信息的承载的逻辑关系、策略、经验均依靠规划师的个人经验和人脑存储。资深的规划设计人员或许都会存在一个体验，每次规划启动阶段收集的海量文本数据，往往都仅靠人工阅读留下的模糊印象，在规划成果部分采用，不少规划文本和政策文件往往停留在文字工整、标题醒目的表面水平上，核心观点以及内在因果逻辑关系的科学合理性很难保证。

自然语言深度学习也是机器学习 AI 技术的重要领域，目前已初步运用于电子商务推广等领域。在电子商务领域应用的其内在逻辑是通过海量分析学习非结构化的文本信息（如消费者的评论），得出内在关系、经验和规律，进而提出商业策略建议。

二、绿色建筑智能控制

进入 21 世纪，随着地球上可用能源的减少和人类对能源需求的不断增加，将会使得人类最终面对能源短缺匮乏的危机。此外，能源的不合理使用所造成的污染，也给生态环境造成了很大的破坏。建筑作为能源消耗的主要群体，在为人们创造了温暖舒适、适合居住的生活环境的同时，也在以极快的速度吞噬着地球上有限的可用能源，并制造出大量有害污染物。据统计，进入 21 世纪以来，楼宇建筑每年消耗的能量占全球总能耗的 50% 以上，远远超过了工业、交通和其他一系列高能耗行业。随着建筑能耗问题的日趋严峻，如果不能够及时地改变建筑方法，调整对传统建筑的认识并广泛实施绿色智能建筑的观念，人类将很快面临能源枯竭、生态环境恶化等问题。

传统建筑的发展趋势是以能够减少污染物排放、对环境友好并提高能源利用率的绿色建筑为主。绿色建筑是指能够向居住人群提供健康、舒适的工作生活环境，并能够以最高效率利用能源、最低限度地降低对环境的影响的建筑物。绿色建筑最基本的特点是：绿色化、以人为本、因地制宜、整体设计。这表明了，绿色建筑既要遵循选址相关的设计原则，又要充分考虑所在地点的气候和环境，最大限度地利用自然采光、自然通风、被动式集热和制冷，从而减少因为通风、采光、供暖和制冷所导致的能耗和污染，着眼于整体和大局进行设计与实施。

随着信息技术的快速发展，绿色建筑的智能化是其发展的必然趋势。绿色建筑的智能化是指利用系统集成的方法，将计算机科学、控制理论、信息科学与建筑设计有机结合，通过跨学科、跨领域理论融合，对建筑内用户的行为进行具体的分析和建模，对所在地区的环境因子进行监测和控制，使其满足人们对舒适生活的诉求，经过控制算法的处理后，使得该绿色建筑可以在保证居住者最大程度的健康舒适的基础上，实现能源最大程度的利用并尽量减少污染物的排放。

机器学习方法凭借其对数据进行主动学习，并能够从中提取相应的子类和做出智能决策的强大能力，在需要决策支持的领域有效地提供了一系列新的解决方法。机器学习算法可以从已知数据中分析出未知的、潜在的概率分布、运算，使得机器能够像人一样具备思维、学习甚至创造的能力，送样机器就可以更进一步地帮人们做更多的工作，进一步地提高了生产和工作的效率。机器学习研究重点关注的是对数据进行自主地学习，识别其中的复杂模式并能够做出智能决策，其难点在于所有可能的输入所对应的可存在的行为集太大，导致已经观察的实例（训练数据）无法覆盖。因此，机器学习算法必须能够根据所给定的实例进行泛化以便对新样本也能产生有用的输出。此外，泛化能力对机器学习算法在实际应用中发挥效果也起到了至关重要的作用。通过模拟人的思维方式和行为方法，使得机器学习算法在人工智能学科的发展中占据了重要的地位。

三、城市区域与功能

城市功能区是实现城市经济社会各类职能的重要空间载体，其数量与分布集中地反映了城市的特性，是现代城市发展的一种形式。城市功能区可由两种途径产生：

一是社会自发形成。一个地方居住人群和生活方式的改变会导致该地区功能的变化。

二是通过城市规划者人为设计，利用一系列投资建造使其成为某个功能区，如开发房地产、兴建游乐园等。

基于波段的遥感图像分类技术在城市地类识别和动态监测中获得了广泛应用，这为实时获取城市功能区的空间分布提供了可行的研究思路。然而，由于遥感图像的分类结果多侧重于区域的自然属性，如草地、建筑用地或湖泊等，很难获得诸如商业区、住宅区等区域经济社会属性。

一些学者通过收集每个区域的经济、人口和交通数据等，通过模糊分类方法划分城市功能区。其中的商贸繁华度、人口密度、道路通达度和绿地覆盖率等数据获取难度较大，实际应用前景有待检验。

另外，上述方法都无法获取功能区的强度信息，而其对于城市规划、交通规划以及人们的日常出行等是一个非常重要的指标。移动定位设备的普及极大地便利了行人 GPS 移动轨迹的获取，从海量轨迹数据中挖掘用户出行信息和移动模式已成为空间数据挖掘领域的一个热点。

除导航外，GPS 数据中还蕴含着丰富的关于人类移动模式的知识。从 GPS 轨迹数据中可以提取用户的出行信息，通过预测模型来缓解城市的交通压力。通过行人轨迹提取密度和分布信息，可以为政府部门提供更好的城市规划。

事实上，行人移动轨迹中隐含的出行规律和移动模式与城市功能区定位存在很大的关联性。例如，工作日住宅区的出发高峰出现在早上，到达高峰出现在傍晚，而工业区正好相反；商业区的到达高峰出现在周末下午，且强度高于住宅区；绿化区的到达高峰出现在早上和傍晚，强度较小。

基于此，将行人的移动模式与城市功能区相结合，通过机器学习方法，可以从看似杂乱无章的 GPS 移动轨迹中发现城市的不同功能分区及其强度，以其为城市规划、建设和管理提供一定的决策参考。

第六节　其他研究领域

目标跟踪技术一直以来都是计算机视觉、图像处理领域的研究热点，其在国防侦察、安防监控、智能控制等领域具有重要应用价值，是武器装备、监控设备等的核心技术之一。数十年来，国内外一直有大量学者从事目标跟踪算法方面的研究，但是由于跟踪过程中所观测的目标信息的多变性、目标的机动性以及背景的复杂性、自身或背景遮挡等原因，目标跟踪仍然是一个非常具有挑战性的问题。近年来，将机器学习理论应用到目标的跟踪、识别问题是一个研究热点。与传统跟踪的目标匹配不同，运用机器学习理论进行目标跟踪是将目标跟踪问题转换成目标分类问题，即用算法将视场中的目标和背景分类，分类结果置信度最大的目标所在的位置就是目标位置。机器学习的一大特点就是学习，即让计算机有人一样的"学习"能力，可以通过学习被跟踪目标的不同变化，如位置变化、姿态变化和相似干扰等，及时调整跟踪器的状态，适用于多种复杂的目标跟踪问题。

目标跟踪是计算机视觉领域的一个重要问题，随着高性能计算机的发展、摄像机价格的下降、自动视频分析等需求的不断增加，极大地推动了目标跟踪算法的发展。目标跟踪是一个非常有挑战性的问题，目标跟踪会因为目标的突然运动、目标或背景特征模式参数的变化、非刚性物体、目标遮挡以及摄像机运动等问题而变得更加困难。最初视频目标跟踪技术只用在军事侦察或视频监控领域，随着研究的逐步深入，视频目标跟踪问题还可以引申到其他方面应用，如对视频进行分析。随着科技水平的飞速发展，人们对智能图像处理的需求越来越大，视频分析已经是一个热点问题。视频分析有三个关键步骤：感兴趣运动目标的检测，逐帧跟踪目标和根据目标运动规律跟踪分析识别其行为。因此，可认为目标跟踪问题可运用于以下领域：民用领域有基于运动的识别，如根据人的步态判断人的状态、自动目标检测、自动监视等，视频检索、人机交互、交通控制、汽车导航；军事方面，随着现代航海、航空、航天等领域的迅速发展，以及现代战争的信息化发展，运动目标的跟踪技术越来越受到各国的重视，已然成为军事领域的一个研究热点问题，无人机空中侦察、车载光电平台的地面侦察以及导弹的火力打击等，无不用到了目标跟踪技术。

基于运动的识别一般用在已知目标的运动轨迹的情况下的识别，根据目标运动的轨迹情况判断目标当前所处的状态。例如在医学的护理监控中，在某一特定的地点放置摄像机，随时跟踪监控病人的运动轨迹，通过训练学习得知病人在通常情况下的一般运动情况如大概轨迹、在某一处停留时间等情况，当目标的轨迹与所训练学习的目标的轨迹有较大异常时则通知监护人员。该种目标轨迹识别技术也可运用到其他方面，在一些安全要求比较特别的地方如银行 ATM 附近或某些特殊部门的门口，可以通过这种基于运动的识别察觉出异常情况，避免不必要的损失。

视频检索技术源自计算机视觉技术，它可以从未知的视频中搜索出有用或者需要的资料，随着"天网工程""平安都市"建设的不断加深，视频安防监控技术的推陈出新、新技术的出现以及未来的发展越来越受到各界的高度重视。高清视频、视频存储、智能视频分析等技术已经成为当前视频技术发展的主要方向。随着安防行业的发展，视频监控正面临空前的挑战。目前，监控摄像头已遍布中国的街头巷尾，不间断地监视和录像。在改善社会治安的同时，也产生海量视频信息，对成千上万个监控平台进行监控将耗费大量的时间、人力和物力。在海量的视频中查找所需要的信息，无疑是大海捞针，也给视频监控技术带来巨大的挑战。传统的人海战术早已不能满足实际应用中的需要，视频检索和视频浓缩是其中的关键，其可以在耗费极少人力的情况下实现自动的目标查找。随着社会治安的完善，犯罪线索查找、走失人口的追查方面对视频检索技术的需求与日俱增。

在人机交互方面运用最多的就是近年来流行的体感游戏，随着智能数字产品的发展，人们对各种游戏的逼真性能要求越来越高，现在的游戏已从以前的只从屏幕上看发展到了人与屏幕中的角色的互动。人机互动的前提是机器能够识别跟踪人的动作，从而使机器中的角色能够有对应的反应。

在汽车导航方面，自20世纪70年代以来，无人驾驶汽车在军事、民用等方面的巨大发展潜力吸引了大量的公司、机构投入大量人力物力去研究，Google公司的Google X实验室已经研发出了一种无人驾驶汽车，该汽车不需要驾驶者就可以自动启动、行驶及停止，目前该车已经驾驶了48万公里，相信在不久的将来，自动驾驶汽车能够进入寻常百姓家。汽车自动驾驶的关键技术之一就是在复杂背景中如何将目标进行自动定位、跟踪以及识别，如此车辆才能正常行驶。

在军事应用领域，随着现代武器的自动化、智能化的快速发展，目标跟踪技术的作用更加重要。光电处理子系统构成了武器的眼睛，其与雷达、测距等其他子系统共同构成了武器的整个视觉系统，光电子系统的主要作用是对目标的搜索、跟踪和定位以及识别，在火力打击过程中，光电系统将目标的具体位置发送给指挥中心以及火控系统，能够大幅提高对目标打击准确率。

现代武器系统中，用到光电跟踪装置的武器比比皆是，在现代导弹上一般都会有光电导引头，使导弹在飞行过程中能够根据目标的位置信息不断调整飞行姿态，准确命中目标，导弹上的光电设备一般是电视末制导，就是导弹在俯冲的过程中根据目标的位置对弹体姿态进行调整。

车载光电平台中的光电系统一般用在战区侦察方面，在战前的侦察工作是战争能否取得先机的关键因素，车载光电侦察系统一般能在距离目标几十公里的距离实现对目标的侦察，识别伪装，跟踪特定的目标，并将目标的具体位置信息发送到指挥中心，从而决定如何对已发现目标进行处理，目前各国最新研制的侦察车都有光电子系统，一般都包括可见光、红外视觉子系统以及激光测距测照子系统。

机载光电平台应用范围也非常广泛，飞机在侦察、打击目标时也会用到光电平台，譬如在武装直升机的侦察系统中，光电子系统一般安装在飞机机鼻位置，一般包括红外成像系统、可见光成像系统、激光测距系统以及激光测照系统等，光电系统通过可见光或者室外系统对可能的目标进行检测、分类、评估，认为或自动选择一个主要目标进行自动跟踪。

固定翼战斗机的武器系统中的光电子系统通常称为光电搜索瞄准系统，由于光电传感器是一种被动传感系统，能够使飞行员在飞行过程中更加详细地了解飞机周边的情况，并且在空中格斗的过程中，光电系统能够使飞行员准确瞄准所要打击的目标，提高格斗一击制胜的可能性。

另一种固定翼飞机是近年来越来越被重视的无人机系统，因为无人机系统机动灵活，昼夜均可用，可以随时深入到危险区域上空长时间执行侦察、监视以及打击任务，并且能够将感兴趣的信息传输到指挥中心，并且无人机具有结构简单、体积小、重量轻、雷达反射面小等特点，其研制费用、生产成本及维护费用都远低于有人机，可以最大限度地减小战场上的损失，同其他几种光电平台类似，无人机光电子系统同样也包含红外、可见光、激光等有效载荷，使用无人机对地方进行侦查，使战争开始前就能够掌握敌方的一些关键信息，大大提高了战争胜利的可能性。

综上所述，无论是民用还是军事应用领域，目标跟踪技术的重要性越来越凸显，因为随着信息技术的发展，各种智能设备层出不穷，机器智能已经成了一个发展趋势。机器智能，在机器视觉领域中简单来说即是通过光电设备获取红外或可见图像，通过对图像数据的处理、分析，最后做出合理的决策，目标跟踪技术无疑是其中的核心技术之一，由于目标跟踪问题的复杂性，目前已有的跟踪算法并不能解决所有的目标跟踪问题。因此，国内外仍有大量学者对目标跟踪算法进行研究，无论从民用还是军事应用角度，目标跟踪技术都是一个很有实用价值的研究课题。

思考题

1. 互联网领域包括什么？
2. 农业信息化建设领域包括什么？
3. 大数据在医疗行业中的应用包括哪些？
4. 大数据如何应用在城市规划与建筑工程中？

参考文献

[1] 梁凡. 云计算中的大数据技术与应用 [M]. 长春：吉林大学出版社，2018.

[2] 吴蓓. 云计算与大数据 [M]. 北京：中国商务出版社，2018.

[3] 刘宁. 云计算与大数据的应用 [M]. 北京：北京工业大学出版社，2018.

[4] 吕云翔，等. 云计算与大数据技术 [M]. 北京：清华大学出版社，2018.

[5] 张水利. 云计算与大数据技术及应用研究 [M]. 上海：上海交通大学出版社，2018.

[6] 李敬辉. 基于云计算的大数据技术与实践应用研究 [M]. 北京：中国原子能出版社，2018.

[7] 常国锋. 大数据和云计算浅谈 [M]. 昆明：云南人民出版社，2018.

[8] 申时凯，佘玉梅. 基于云计算的大数据处理技术发展与应用 [M]. 成都：电子科技大学出版社，2019.

[9] 韩义波. 云计算和大数据的应用 [M]. 成都：四川大学出版社，2019.

[10] 林伟伟，彭绍亮. 云计算与大数据技术理论及应用 [M]. 北京：清华大学出版社，2019.

[11] 舍乐莫，刘英，高锁军. 云计算与大数据应用研究 [M]. 北京：北京工业大学出版社，2019.

[12] 李玉萍. 云计算与大数据应用研究 [M]. 成都：电子科技大学出版社，2019.

[13] 钟绍辉. 云计算与大数据关键技术应用 [M]. 哈尔滨：黑龙江教育出版社，2019.

[14] 安俊秀，靳宇倡，等. 云计算与大数据技术应用 [M]. 北京：机械工业出版社，2019.

[15] 林楠，刘莹，王叶. 大数据与云计算研究 [M]. 哈尔滨：东北林业大学出版社，2019.

[16] 林凌. 大数据技术与云计算环境研究 [M]. 哈尔滨：哈尔滨地图出版社，2019.

[17] 齐宏卓，秦怡，高劼超. 云计算与大数据 [M]. 哈尔滨：哈尔滨工业大学出版社，2020.

[18] 宋宇翔. 云计算与大数据应用 [M]. 天津：天津科学技术出版社，2020.

[19] 丁蕙. 云计算与大数据的应用 [M]. 长春：吉林科学技术出版社，2020.

[20] 孙傲冰. 云计算、大数据与智能制造 [M]. 武汉：华中科技大学出版社，2020.

[21] 郭常山. 云计算技术与大数据应用 [M]. 西安：西北工业大学出版社，2020.

[22] 任伟. 大数据时代下云计算研究 [M]. 徐州：中国矿业大学出版社，2020.